Discrete Mathematics

离散数学
基础（第三版）

洪 帆 主编
洪 帆 付小青 编

华中科技大学出版社
中国·武汉

内 容 简 介

离散数学是计算机科学的理论基础,是计算机学科的核心课程,对于培养学生抽象思维、逻辑推理和分析问题的能力起着重要的作用.

本书系统地介绍了离散数学四个部分的内容:集合论、代数结构、图论和数理逻辑. 全书共分 10 章,主要包括集合、关系、函数;代数系统、群、环和域、格和布尔代数;图论;命题逻辑、谓词逻辑. 内容的安排由简单到复杂,由直观到抽象,循序渐进,便于学生理解和接受,叙述中概念清晰,推理严谨,并配有较多的例题和习题.

本书可作为高等学校计算机及相关专业的教材,也可供从事计算机科学、自动控制、电子工程等专业的科学工作者及工程技术人员参考.

再版前言

本书自1983年第一版出版以来,已被多所高等院校选作计算机专业本科生的教材,在使用中受到广大师生的好评.

1994年作者根据多年教学实践的体会,并听取了使用本书的一些高校的老师和学生的意见,进行了修改再版.为了更好地适应计算机科学和技术发展的需要,本书对图论和数理逻辑两部分的内容进行了加强.在第8章中增加了图的连通性、哈密顿图的判别、有向树中的数量关系、最优二元树等与计算机系统及应用密切相关的一些内容.将原第9章扩充成第9章命题逻辑和第10章谓词逻辑,对内容的叙述上作了若干改动,增加了一些例题,使其讨论的内容更加丰富,包括在谓词逻辑中增加了前束范式的讨论.鉴于第4章对一般代数系统的讨论显得过于抽象和复杂,将第4章对一般代数系统的讨论,简化为对仅具有二元运算和一元运算的代数系统的讨论,其对象多为较简单且常见的代数系统,这使学生理解这些抽象的概念变得容易多了,而所引入的概念和讨论的结果仍具有一般性,即稍加推广,就可以适用于任意的代数系统.对第1、2、3、5、7章的内容作了部分的修改.简化了求集合最小(最大)集标准形式成员表方法的讨论,群中与子群相关的陪集分划的推导;对等价关系、逆函数以及子格等作了一些补充.

由于离散数学内容涉及面较宽,概念多,定理多,推理多,理论性强,学生学起来仍感到较为抽象.为了使学生更好地理解教材中的各种概念、方法以及一些相互关系,同时也为了进一步培养学生逻辑思维、分析问题和知识应用的能力,本次修改版在每一章后面均增加了一节"实例解析",并适当地补充了一些练习题,以加强对学生能力的训练.另外,我们还将编写与本教材配套的《离散数学习题题解》(华中科技大学出版社出版),可供学生在学习时参考.

本次修改除了补充上述内容之外,还对原书中发现的错误和疏漏一一做了订正.

全书的内容可视教学对象的基础或学时的多少进行取舍.在学时较少的情况下,可以有选择地略去带"*"号的章节.专科班的学生除可略去带"*"号的章节外,还可略去 1.9 节、3.6 节、3.7 节和 7.6 节.

本书由洪帆主编,其中第 1 至第 8 章由洪帆修改补充,第 9、10 章由付小青修改补充,洪帆统编全稿.

在本书的修改再版过程中,得到了华中科技大学计算机学院许多教师的帮助和支持,得到了一些同仁和读者的关心和建议,华中科技大学出版社的工作人员为本书的编辑再版付出了辛勤的劳动.在此,一并表示衷心的感谢.

由于水平所限,书中难免还会有些疏忽和错误,恳请读者批评指正.

编　者

2008 年 10 月

于华中科技大学

前　言

由于计算机科学的发展和计算机应用领域的日益广泛,迫切需要用一些适当的数学工具来解决计算机科学各个领域中提出的有关离散量的理论问题.离散数学就是适应这种需要而建立的.它综合了计算机科学中所用到的研究离散量的各种数学问题,并进行系统的、全面的论述,从而为研究计算机科学提供了有力的理论基础和工具.学习和研究离散数学对计算机科学的发展必将起着重要的促进作用.

离散数学是理工科高等院校计算机系重要的专业基础课,它不仅为计算机系有关的专业课,如数据结构、编译原理、操作系统,可计算性理论、人工智能、形式语言与自动机、信息管理与检索以及开关理论等,作了必要的数学准备,而且为学生今后从事计算机科学各方面的工作提供重要的工具.此外,通过离散数学的学习,还可进一步培养学生抽象思维和逻辑推理的能力,因而具有较强的独立学习和工作的能力.

离散数学也是研究自动控制、管理科学、电子工程等的重要工具.因此,它越来越受到各有关方面的科学工作者的重视.

离散数学的内容十分丰富,涉及的面也比较广,凡是以离散量作为其研究对象的数学均属于离散数学.在本书中,不打算论及离散数学的所有内容,而着重讨论集合论、代数结构、图论和数理逻辑这四个方面.因为着眼于为计算机和自动控制等各专业的学生、工作者以及有关工程技术人员提供必备的数学工具,所以对它们的讨论不可能像这些数学分支的有关专著那样深入,只能有选择地对一些在计算机科学中所用到的最基本和最重要的概念及其性质和方法加以叙述,其目的是使初学者对离散数学的基础知识有一个较全面、系统的了解,为今后在实际工作中应用这些知识或进一步学习有关的内容打下一个良好的基础.

本书是笔者根据华中工学院自动控制与计算机系软件专业学生所用的离散数学讲义修改、补充而成的.在修改过程中,曾参考计算机学会教育专业组1981年8月在大连召开的计算机数学课程教学大纲讨论会所拟定的离散数学(单课型)教学大纲.在内容的安排上,力求做到由直观到抽象,由简单到复杂逐步深入;在叙述上,力求做到对基本概念的阐述通俗易懂,并配有各种例题,便于读者理解和掌握;最后,为了使篇幅不至太长,有些内容安排在练习中,希望读者通过正文的学习自己去完成.本书的绝大部分内容曾在华中工学院软件专业的学生中作过多次讲授.

在本书的编写过程中,经常得到武汉大学数学系主任张远达教授的热情指导,张老师仔细审阅了原稿,提出了许多指导性的意见,使笔者受到不少的启发和教益.集合论部分曾参考武汉大学齐民友教授编写的讲义,齐老师并对笔者原来的讲义提出了一些指导性的改进意见.在此,对两位老师表示深切的谢意.华中工学院自控与计算机系的领导对本书的编写工作给予了许多支持和帮助.计算机软件教研室的有关同志为本书的编写提供了有益的参考资料,在对文稿的抄写和校对上给予了帮助.余洪祖老师对最后一章提出了一些宝贵意见,王广泰老师对讲义的初稿提出了一些意见,最后一章曾参考北京大学陈进媛同志的讲义.华中工学院出版社的有关同志为本书的编辑和出版花了很多工夫.在此,一并表示衷心的感谢.

由于编者水平所限,书中定有许多错误和不妥之处,恳切希望读者批评指正.

洪 帆

1983 年 2 月于华中工学院

目录

第1章 集合 ……………………………………………………………… (1)

1.1 集合 …………………………………………………………………… (1)
1.2 集合的包含和相等 …………………………………………………… (3)
1.3 幂集 …………………………………………………………………… (4)
1.4 集合的运算 …………………………………………………………… (6)
1.5 文氏图 ………………………………………………………………… (8)
1.6 集合成员表 …………………………………………………………… (9)
1.7 集合运算的定律 ……………………………………………………… (11)
1.8 分划 …………………………………………………………………… (14)
1.9 集合的标准形式 ……………………………………………………… (15)
*1.10 多重集合 …………………………………………………………… (20)
1.11 实例解析 …………………………………………………………… (21)
习题 ……………………………………………………………………… (23)

第2章 关系 ……………………………………………………………… (27)

2.1 笛卡儿积 ……………………………………………………………… (27)
2.2 关系 …………………………………………………………………… (29)
2.3 关系的复合 …………………………………………………………… (32)
2.4 复合关系的关系矩阵和关系图 ……………………………………… (34)
2.5 关系的性质与闭包运算 ……………………………………………… (38)
2.6 等价关系 ……………………………………………………………… (42)
2.7 偏序 …………………………………………………………………… (45)
2.8 实例解析 ……………………………………………………………… (47)
习题 ……………………………………………………………………… (49)

第 3 章　函数 ……………………………………………………………… (55)

   3.1　函数 ………………………………………………………………… (55)

   3.2　函数的复合 ………………………………………………………… (58)

   3.3　逆函数 ……………………………………………………………… (62)

   3.4　置换 ………………………………………………………………… (65)

  *3.5　集合的特征函数 …………………………………………………… (66)

  *3.6　数学归纳法及其应用 ……………………………………………… (68)

   3.7　集合的基数 ………………………………………………………… (72)

  *3.8　整数的基本性质 …………………………………………………… (78)

   3.9　实例解析 …………………………………………………………… (83)

   习题 ……………………………………………………………………… (85)

第 4 章　代数系统 …………………………………………………………… (89)

   4.1　运算 ………………………………………………………………… (89)

   4.2　代数系统 …………………………………………………………… (93)

   4.3　同态和同构 ………………………………………………………… (96)

  *4.4　同余关系 …………………………………………………………… (102)

  *4.5　积代数 ……………………………………………………………… (106)

   4.6　实例解析 …………………………………………………………… (108)

   习题 ……………………………………………………………………… (110)

第 5 章　群 …………………………………………………………………… (113)

   5.1　半群和独异点 ……………………………………………………… (113)

   5.2　群的定义 …………………………………………………………… (117)

   5.3　群的基本性质 ……………………………………………………… (120)

   5.4　子群及其陪集 ……………………………………………………… (122)

  *5.5　正规子群与满同态 ………………………………………………… (128)

   5.6　实例解析 …………………………………………………………… (129)

   习题 ……………………………………………………………………… (131)

*第 6 章　环和域 (134)

6.1　环 (134)
6.2　子环与理想子环 (137)
6.3　理想与满同态 (138)
6.4　域 (141)
6.5　实例解析 (143)
习题 (145)

第 7 章　格和布尔代数 (147)

7.1　偏序集 (147)
7.2　格及其性质 (149)
7.3　格是一种代数系统 (153)
7.4　分配格和有补格 (155)
7.5　布尔代数 (159)
7.6　有限布尔代数的同构 (163)
*7.7　布尔代数 W_2^r (166)
7.8　布尔表达式和布尔函数 (167)
7.9　实例解析 (172)
习题 (173)

第 8 章　图论 (177)

8.1　基本概念 (177)
8.2　图的矩阵表示 (182)
*8.3　图的连通性 (187)
8.4　欧拉图和哈密顿图 (193)
8.5　树 (200)
8.6　有向树 (203)
8.7　二部图 (213)
8.8　平面图 (216)

8.9　有向图 ·· (220)
8.10　实例解析 ··· (224)
习题 ·· (225)

第 9 章　命题逻辑 ·· (230)

9.1　命题和命题联结词 ································· (230)
9.2　命题公式 ·· (234)
9.3　命题公式的等值关系和蕴含关系 ············· (236)
9.4　范式 ·· (246)
9.5　命题演算的推理理论 ······························ (253)
9.6　实例解析 ·· (259)
习题 ·· (261)

第 10 章　谓词逻辑 ······································ (264)

10.1　谓词、个体和量词 ································ (264)
10.2　谓词逻辑公式及解释 ····························· (269)
10.3　谓词演算的永真公式 ····························· (274)
*10.4　前束范式 ··· (281)
10.5　谓词演算的推理理论 ····························· (283)
10.6　实例解析 ·· (286)
习题 ·· (288)

参考文献 ··· (292)

第1章 集　　合

　　集合的概念是现代数学中最基本的概念之一,并已深入到各种科学和技术的领域中.对于计算机科学工作者来说,集合的概念是不可缺少的.在开关理论、有限自动机、形式语言等领域中,集合论有着广泛的应用.

　　本章介绍集合及其子集、幂集、分划等基本概念,集合的并、交、补运算以及这些运算的性质;介绍文氏图和成员表,它们是对集合进行运算和分析的有用工具;最后介绍集合的标准形式.

1.1　集　　合

　　集合是数学中的一个最基本的概念,很难再用别的词来定义它.通常只是给予一种描述,即：

　　当把一些确定的、彼此不同的事物作为一个整体来考虑时,这个整体便称为一个**集合**.这里所说的"事物"也称"个体",可以在极其广泛的意义上使用,甚至包括抽象的事物.例如,全体中国人,一本书中的全部概念,一群羊,所有自然数,等等,都分别可以构成集合.

　　集合里所含有的个体称为集合的**元素**.例如,全体中国人的集合,它的元素就是每一个中国人；一群羊的集合,它的元素就是该羊群中的每一只羊；所有自然数的集合,它的元素就是每一个自然数.

　　一般用大写拉丁字母表示集合,用小写拉丁字母表示元素.如果 a 是集合 A 的元素,则记作"$a \in A$",读作"a 属于集合 A"或"a 在集合 A 中".如果 a 不是集合 A 的元素,则记作"$a \notin A$",读作"a 不属于集合 A"或"a 不在集合 A 中".例如,若用 $\mathbf{N}$ 表示自然数的集合,则 $2 \in \mathbf{N}, 3 \in \mathbf{N}$,但 $2.3 \notin \mathbf{N}, -5 \notin \mathbf{N}$.

　　关于集合的概念,很重要的一点是当给出一个"个体"后,应该能够确定它是否是这个集合的元素.例如,"百货商店里好看的花布"就不成为一个集合,因为对每一种布,没有确定的标准说它是"好看"还是"不好看"."这个班里的高个子学生"也不构成一个集合,因为在"高个子"与"不是高个子"之间没有明确的界限.但是,如果给出一个完全确定的标准(如身高 $h \geqslant 1.7$ 米),合乎这个标准的算是"高个子",否则不算,那么对于这个班里的每一个学生,总可以明确地断定是否合乎这个标准,不会发生两可的情形,这时"这个班里的高个子学生"就构成一个集合.

　　下面介绍几个常见的集合的表示符号.

N：正整数或自然数集合$\{1,2,3,\cdots\}$.
Z：非负整数集合$\{0,1,2,3,\cdots\}$.
I：整数集合$\{0,-1,1,-2,2,\cdots\}$.
P：素数集合(只能被1和它本身整除,不能被其他正整数整除的大于1的正整数称作素数).
Q：有理数集合(有理数是可以表示成i/j形式的数,这里i和j都是整数,且$j\neq 0$).
R：实数集合(包括全部有理数和无理数).
C：复数集合(包括所有形如$a+ib$的数,其中a、b是实数,$i=\sqrt{-1}$).
$N_m(m\geqslant 1)$：介于1和m之间的正整数集合,计入1和$m\{1,2,\cdots,m\}$.
$Z_m(m\geqslant 1)$：介于0和$m-1$之间的非负整数集合,计入0和$m-1\{0,1,2,\cdots,m-1\}$.

对于集合,有下面两种常用的表示方法.

把集合的元素按任意顺序逐一写在一个花括弧里,并用逗号分开,这称为**列举法**.例如,设$a_1,a_2,\cdots,a_n$是集合A的元素,此外A无其他元素,则集合A可表示为$A=\{a_1,a_2,\cdots,a_n\}$.又如,绝对值不超过3的所有整数的集合,可记作$S=\{-3,-2,-1,0,1,2,3\}$.列举法必须把元素的全体尽列出来,而不能遗漏任何一个,因此,如果一个集合含有许多元素时,用列举法是极其麻烦的.当集合含有无穷多个元素时,列举法更是无能为力.但对这种情形,有时也可列举出集合的一部分元素,而略掉的元素应能由列举出的元素以及它们前后的关系所确定,使得人们一看就明白.例如,$N=\{1,2,3,\cdots\}$,$I=\{\cdots,-2,-1,0,1,2,\cdots\}$.但这种写法有时是很困难的,可采用另一种表示方法.

集合的另一种表示法称为**描述法**,它是利用详细说明元素$a\in A$的定义条件作出来的,即给定一个条件$P(x)$,当且仅当a使条件$P(a)$成立时,$a\in A$.其一般形式为$A=\{a\mid P(a)\}$,读成"A是使$P(a)$成立的所有元素a的集合".实际上,$P(a)$描述了一个规则或公式,它使得我们有可能确定a是否在A中.例如,绝对值不超过3的所有整数的集合用描述法可表示为$S=\{a\mid a\in I$且$-3\leqslant a\leqslant 3\}$.又如,$B=\{a\mid a$是中国的省$\}$.

用描述法来表示一个集合,其方式并不是唯一的,因为对一个集合的元素往往可以用多种不同的方式来确定.例如,集合$\{1,2,3,4\}$的元素可定义为不大于4的自然数,也可定义为小于6而能整除12的自然数,因此集合$\{1,2,3,4\}$可表示为$\{a\mid a\in N,a\leqslant 4\}$,也可表示为$\{a\mid a\in N,a<6,a\mid 12\}$.

关于集合的概念,还有一点需要注意的是,对作为集合的元素的个体,并没有给它们施加什么限制.常常有一些集合,其元素本身也是集合.例如,$A=\{5,\{1,2\},d,\{q\}\}$,$B=\{\{1\},\{2,3\},\{1,3\}\}$.对于这种情形,重要的是把集合$\{a\}$与元素$a$区别开来.例如,集合$\{q\}$是集合$A$的元素,$\{q\}\in A$,而$q$是集合$\{q\}$的元素,$q\in\{q\}$,但$q$不是$A$的元素,即$q\notin A$.

然而,对"包罗一切的集合"或"由一切集合组成的集合"等类似的术语,必须避

免使用,因为它们会导致集合论中的**悖论**.例如,著名的罗素悖论:

把不包含自身作为元素的集合称为**寻常集**,而把包含自身作为元素的集合称为**不寻常集**.于是可知,一个集合或者是寻常集,或者是不寻常集,二者必居其一,且只居其一.今设 T 是由所有寻常集组成的集合,即
$$T = \{A \mid A \text{ 是集合}, A \notin A\}$$

现在考虑,T 是寻常集还是不寻常集?若 T 是寻常集,则由 T 的定义,T 必包含自身为元素,因此 T 是不寻常集.这与假设矛盾,故 T 不是寻常集,即 T 是不寻常集.然而由不寻常集的定义,就必须有 $T \in T$,因此 T 包含一个不寻常集为元素,这又与 T 的定义矛盾.这就是说,由于假定 T 的存在,无论 T 是寻常集或不寻常集都将引出矛盾.

又如,研究下述情况:某理发师跟且只跟城里所有不能给自己理发的人理发.定义 A 为城里所有由该理发师理发的人的集合,稍加考虑就会明白,A 一定是这样的集合,该理发师 $\in A$,而又有该理发师 $\notin A$.显然这是一个矛盾.因此集合 A 不存在.

定义 1-1 不含有任何元素的集合,称为**空集**,记作 $\varnothing$.

空集看起来很不自然,但却是一个有用的概念.例如,说"两条平行线的交点之集是一个空集"即是说"两条平行线没有交点".又如 $\{x \mid x \in \mathbf{I}, x^2 = 8\} = \varnothing$,即意味着方程 $x^2 = 8$ 没有整数根.一般说来,如果想要证明命题 $P(x)$ 对于一切 x 均不真,则只要证明 $\{x \mid P(x)\} = \varnothing$ 即可.

集合 A 中不同元素的数目,称为集合 A 的**基数**,用 $\# A$ 表示.当集合 A 具有有限数目的不同元素,亦即 $\# A$ 为有限时,称 A 为**有限集**,否则称 A 为**无限集**.前述的集合 $\mathbf{N}, \mathbf{Z}, \mathbf{I}, \mathbf{P}, \mathbf{Q}, \mathbf{R}$ 和 $\mathbf{C}$ 都是无限集;集合 $\mathbf{N}_m$ 和 $\mathbf{Z}_m$ 是有限集,因为 $\# \mathbf{N}_m = \# \mathbf{Z}_m = m$.对于集合的基数,后面还要较详细地进行讨论.

1.2 集合的包含和相等

集合的包含和相等是集合间的两个基本关系.

定义 1-2 设有集合 A、B,如果 A 的每一个元素都是 B 的元素(即若 $a \in A$,必有 $a \in B$),则称 A 是 B 的**子集**,或说 A 被包含于 B 中(或 B 包含 A),记作 $A \subseteq B$ 或 $B \supseteq A$.反之,若 A 不是 B 的子集,则记作 $A \nsubseteq B$ 或 $B \nsupseteq A$.

例 1 设 $A = \{a, c, d, e\}, B = \{a, b, c, x, y\}, C = \{a, b\}$,则有 $C \subseteq B$,但 $C \nsubseteq A$.

注意区别属于关系和包含关系.属于关系 $a \in A$ 是指集合 A 的元素 a 与集合 A 的关系,而包含关系 $C \subseteq A$ 是指集合 A 与另一个集合 C 之间的关系.

例 2 设 $A = \{a, b, c, d\}$,则有 $a \in A$,而 $\{a\} \subseteq A$.

由属于关系和包含关系的定义可知,并不排斥同时有 $A \in B$ 和 $A \subseteq B$ 的可能性.

例 3 设 $A = \{a, b, c\}, B = \{\{a, b, c\}, a, b, c\}$,则显然有 $A \in B$,同时 $A \subseteq B$.

关于集合的包含有如下重要性质.

(1) 对于任意的集合 A，有 $\emptyset \subseteq A$；

(2) 对于任意的集合 A，有 $A \subseteq A$；

(3) 对于任意的集合 A、B、C，若 $A \subseteq B, B \subseteq C$，则有 $A \subseteq C$.

性质(2)和(3)的成立是明显的. 下面仅证明性质(1). 现用反证法，设空集 $\emptyset$ 不是某集合 A 的子集，即 $\emptyset \not\subseteq A$，则必存在元素 $x \in \emptyset$ 而 $x \notin A$，这与空集的定义矛盾，因此，$\emptyset \subseteq A$.

定义 1-3 设有集合 A、B，如果 A 的每一个元素都是 B 的元素，B 的每一个元素也都是 A 的元素，则称集合 A 与集合 B **相等**，记作 $A = B$.

显然，所谓集合 A 与集合 B 相等，即意味着 A 与 B 具有完全相同的元素.

由定义 1-2 和定义 1-3 可知，当且仅当 $A \subseteq B$ 且 $B \subseteq A$ 时，有 $A = B$.

定义 1-3 的实质是一个集合由它的全部元素所确定.

下面给出一些相等集合和不等集合的例子.

例 4 $\{1,2,4\} = \{1,2,2,4\}$

这就是说，在集合的列举法表示法中，某个元素的符号重复出现，不会改变这个集合. 然而为了叙述的方便，今后不使用这种表示方法，而要求列举的元素各不相同.

例 5 $\{1,4,2\} = \{1,2,4\}$

这说明在集合的列举法表示法中，若将元素的次序任意改变，集合不变.

例 6 设 $P = \{\{1,2\},4\}, Q = \{1,2,4\}$，则 $P \neq Q$. 如 $\{\{1\}\} \neq \{1\}$.

如果 $A = \{x \mid x(x-1) = 0\}, B = \{0,1\}$，则 $A = B$.

定义 1-4 设有集合 A、B，若 $A \subseteq B$，且 $A \neq B$，则称集合 A 是集合 B 的**真子集**，用 $A \subset B$ 表示.

例如，集合 $\{1,2,3\}$ 是集合 $\{x \mid x \in \mathbf{I}, -3 \leqslant x \leqslant 3\}$ 的真子集.

因为空集是每个集合的子集，所以可导出如下定理.

定理 1-1 空集合是唯一的.

证明 假设有两个空集合 $\emptyset_1$ 和 $\emptyset_2$，因为空集被包含于每一个集合中，因此有 $\emptyset_1 \subseteq \emptyset_2, \emptyset_2 \subseteq \emptyset_1$，这意味着 $\emptyset_1 = \emptyset_2$.

1.3 幂 集

任给一集合 A，我们知道空集和集合 A 都是 A 的子集. 对任何元素 $a \in A$，集合 $\{a\}$ 也是 A 的子集. 类似地，还可以举出 A 的其他子集. 下面讨论关于集合 A 的全部子集的集合.

定义 1-5 设有集合 A，由 A 的所有子集组成的集合，称为集合 A 的**幂集**，记作 2^A，即

$$2^A = \{S \mid S \subseteq A\}$$

例如,设 $A = \{a\}$,则 $2^A = \{\varnothing, \{a\}\}$
$\qquad B = \{a, b\}$,则 $2^B = \{\varnothing, \{a\}, \{b\}, \{a, b\}\}$
$\qquad C = \{a, b, c\}$,则 $2^C = \{\varnothing, \{a\}, \{b\}, \{c\}, \{a, b\}, \{a, c\}, \{b, c\}, \{a, b, c\}\}$

空集 $\varnothing$ 的幂集,仅含有元素 $\varnothing$,即 $2^\varnothing = \{\varnothing\}$.

从上述例子可看出,当集合的基数增加时,集合的幂集的基数也随之增加. 对于有限集,下面的定理给出两者之间的关系.

定理 1-2 设 A 是具有基数 $\# A$ 的有限集,则 $\#(2^A) = 2^{\# A}$.

证明 设 $\# A = n$,从 n 个元素中选取 i 个不同元素的方法共有 C_n^i 种,这里
$$C_n^i = \frac{n!}{i!(n-i)!}$$

所以 A 的不同子集的数目(包括 $\varnothing$)为
$$\#(2^A) = C_n^0 + C_n^1 + C_n^2 + \cdots + C_n^n$$

由二项式定理可知
$$(x + y)^n = C_n^0 x^n + C_n^1 x^{n-1} y + C_n^2 x^{n-2} y^2 + \cdots + C_n^n y^n$$

令 $x = y = 1$,便有
$$2^n = C_n^0 + C_n^1 + C_n^2 + \cdots + C_n^n$$

所以 $\#(2^A) = 2^n$. 因为 $\# A = n$,故有 $\#(2^A) = 2^{\# A}$. 证毕.

当集合 A 的元素个数较多时,要毫无遗漏地列出集合 A 的所有子集是一件相当困难的事情. 现在引进一种表示法,按照这种表示法,能够毫无遗漏地列出一个有限集合的每一个子集. 为此,对所给集合的元素规定某种次序,使得某个元素可以称为第一个元素,另一个元素称为第二个元素,等等(虽然在集合的定义中,并没有这样一种次序),即给每一元素附加一个标号,以便描述这个元素相对于该集合其他元素的位置. 例如,在集合 $A = \{a, b, c\}$ 中,可以令 a 是第一个元素,b 是第二个元素,c 是第三个元素. 在 A 的子集中,常常是有一些元素出现,而其余的元素不出现. 根据这一情况以及指定给集合中各元素的次序,就用以下方式来表示所有的子集,例如,A 的各个子集可以表示为
$$B_{000} = \varnothing, \quad B_{001} = \{c\}, \quad B_{010} = \{b\}, \quad B_{011} = \{b, c\}, \quad B_{100} = \{a\},$$
$$B_{101} = \{a, c\}, \quad B_{110} = \{a, b\}, \quad B_{111} = \{a, b, c\}$$

因此 $\qquad 2^A = \{B_{000}, B_{001}, B_{010}, B_{011}, \cdots, B_{110}, B_{111}\}$

其中,B 的下标是一个三位的二进制数,每一位对应集合 A 中的一个元素,左边第一位是 1 还是 0 表示第一个元素 a 在子集中出现与否. 类似地,第二位和第三位是 1 还是 0 分别表示第二个元素 b 和第三个元素 c 在子集中出现与否. 于是,A 的任一子集都可用 000 ~ 111 中的某一下标来表示;反之,若给出这 8 个(即 2^3 个)下标中的任何一个,就能够确定出相应的子集.

假设集合 $J = \{j \mid j\text{ 是二进制数}, 000 \leqslant j \leqslant 111\}$,则有

$$2^A = \{B_j \mid j \in J\}$$

可以看到,这里只用了下标来确定子集的各元素,而表示这些子集时用到的字母 B 则是无关紧要的.

上述表示法,可以推广到一般情形,用来表示具有任意 n 个不同元素的集合的各个子集.用来表示这些子集的下标是十进制数 0 到 2^n-1 的二进制表示.为了凑足 n 个数位,一定要在这些二进制数的左边插入所需个数的零.也可以使用从 0 到 2^n-1 的十进制数来作为子集的下标,则只在要确定所对应子集的元素时才转换为二进制数.例如,令 $A_6 = \{a_1, a_2, \cdots, a_6\}$,显然 A_6 有 $2^6 = 64$ 个子集,可称它们为 $B_0, B_1, \cdots, B_{2^6-1}$.下面看如何确定 A_6 的任何子集的各元素.

例如,
$$B_7 = B_{000111} = \{a_4, a_5, a_6\}$$
$$B_{12} = B_{001100} = \{a_3, a_4\}$$

类似于集合的幂集,即所有元素都是集合的这种集合,今后还会经常遇到.这种集合称为**集合族**.例如,其和为 6 的不同正整数的集合的集合
$$\{\{6\}, \{1,5\}, \{2,4\}, \{1,2,3\}\}$$
就是一个集合族.

常用记号 $\{A_i\}_{i \in K}$ 来表示所有集合 $A_i (i \in K)$ 所构成的集合族,即
$$\{A_i\}_{i \in K} = \{A_i \mid i \in K\}$$

这里 K 是指标集.例如,集合族 $\{A_0, A_1, A_2, A_3, A_4\}$ 可表示为 $\{A_i\}_{i \in K}$,这里 $K = \{0, 1, 2, 3, 4\}$.当 $K = (i \mid i \in J, i_a \leqslant i \leqslant i_b)$ 时,又可将集合族 $\{A_i\}_{i \in K}$ 表示为 $\{A_i\}_{i=i_a}^{i_b}$.例如上一集合族又可表示为 $\{A_i\}_{i=0}^{4}$.

1.4 集合的运算

下面再引进一个特殊的集合,它包含讨论中的每一个集合.

定义 1-6 如果一个集合包含了某个问题中所讨论的一切集合,则称它为该问题的全域集合,或简称为**全集合**,记作 U.

全集合 U 并非是唯一的,然而一般总是取一个较为方便取用的集合为 U.例如,若在实数范围内讨论问题,则可将实数集 **R** 取作全集合 U;若在正整数范围内讨论问题,则可将正整数集 **N** 取作全集合 U.全集合 U 在问题讨论之初便取定,以后在讨论中涉及的每个集合均看做是全集合 U 的子集.

这一节将讨论集合的几种运算.使用这些运算,通过对给定集合的元素进行组合,就能构成新的集合.

定义 1-7 设有集合 A、B,属于 A 或属于 B 的所有元素组成的集合,称为 A 与 B 的**并集**,记作 $A \cup B$,即
$$A \cup B = \{u \mid u \in A \text{ 或 } u \in B\}$$

定义 1-8 设有集合 A、B,属于 A 同时又属于 B 的所有元素组成的集合,称为 A 与 B 的**交集**,记作 $A \cap B$,即
$$A \cap B = \{u \mid u \in A \text{ 且 } u \in B\}$$

例 1 设 $A = \{a,b,c,d,e,f,g\}, B = \{e,f,g,h,i\}$,则
$$A \cup B = \{a,b,c,d,e,f,g,h,i\}$$
$$A \cap B = \{e,f,g\}$$

例 2 设 $U = \mathbf{N}, A = \mathbf{P}(\text{素数集}), B$ 为 $\mathbf{N}$ 中所有奇数的集合,则

$A \cup B$ 由所有正奇数和 2 组成;

$A \cap B$ 由除 2 以外的所有素数组成.

如果集合 A 与集合 B 没有公共元素,即 $A \cap B = \varnothing$,则称 A 与 B 是**不相交的**.

例 3 设 $A_1 = \{\{1,2\},\{3\}\}, A_2 = \{\{1\},\{2,3\}\}, A_3 = \{\{1,2,3\}\}$,

则 $A_1 \cap A_2 = \varnothing, A_1 \cap A_3 = \varnothing, A_2 \cap A_3 = \varnothing$. 所以集合 A_1、A_2 和 A_3 两两互不相交.

由上述定义,显然可以得到以下关系式:
$$A \subseteq A \cup B, \quad B \subseteq A \cup B$$
$$A \cap B \subseteq A, \quad A \cap B \subseteq B$$

如果 $A \subseteq B$,则 $A \cup B = B, A \cap B = A$.

定义 1-9 设有集合 A、B,由属于 B 而不属于 A 的所有元素组成的集合,称为 A 关于 B 的**相对补集**,记作 $B - A$,即
$$B - A = \{u \mid u \in B, u \notin A\}$$

A 关于 B 的相对补集,也称为 B 与 A 的差集.

例 4 设 $A = \{2,5,6\}, B = \{3,4,2\}$,则
$$B - A = \{3,4\}, \quad A - B = \{5,6\}$$

一个特别重要的情况,是集合 A 关于全集合 U 的相对补集.

定义 1-10 集合 A 关于全集合 U 的相对补集,称为 A 的**绝对补集**,简称为 A 的**补集**,记作 A',即
$$A' = U - A = \{u \mid u \in U, u \notin A\} = \{u \mid u \notin A\}$$

例 5 设 $U = \mathbf{Z}, A = \{2k \mid k \in \mathbf{Z}\}$,则 $A' = \{2k+1 \mid k \in \mathbf{Z}\}$ 是所有正奇数的集合.

显然 $U' = \varnothing, \varnothing' = U$.

假设 $\{A_i\}_{i=1}^{r}$ 是全集合 U 中的一组子集,把对 $\varnothing, U, A_1, A_2, \cdots, A_r$ 任意施加 $'$、$\cup$、$\cap$ 运算有限次所产生的集合,称为由 $A_1, A_2, \cdots, A_r$ 所产生的集合. 例如,$\varnothing, B \cap C'$,$((A \cup B') \cap C)' \cup A'$ 和 U 都是由 A、B、C 所产生的集合.

定义 1-11 设有集合 A、B,由属于 A 但不属于 B 以及属于 B 但不属于 A 的所有元素组成的集合,称为 A 与 B 的**对称差**,记作 $A \oplus B$,即

$$A \oplus B = (A - B) \cup (B - A)$$

例 6 对于例 1 中的集合 A、B,

$$A \oplus B = \{a,b,c,d\} \cup \{h,i\} = \{a,b,c,d,h,i\}$$

1.5 文 氏 图

全集的引进,使得我们能够利用图示的方法来研究全集中各子集之间的关系,以及它们的并、交、补等运算. 所用的图称为**文氏图**(John Venn,英国数学家,1834—1883). 文氏图使用点的集合作为一个集合的示意表示. 在文氏图中全集 U 用一长方形区域表示,长方形中的点表示全集 U 中的元素. U 的子集用该长方形内的圆形区域表示. 图 1-1 中的阴影区域表示了每个图形下边所指出的集合.

由图 1-1 的这些文氏图容易看出下列关系是成立的:

$$A \cup B = B \cup A, \quad A \cap B = B \cap A, \quad (A')' = A$$

而且,如果 $A \subseteq B$,则 $A - B = \varnothing$,$A \cap B = A$ 且 $A \cup B = B$.

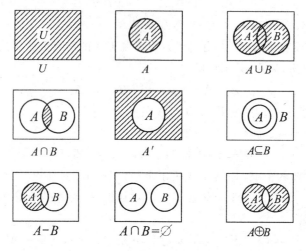

图 1-1

应该指出,文氏图只是起一种示意的作用,它可启示出子集之间的某些关系. 但利用文氏图来证明集合恒等式,一般来说是不合适的. 特别当集合的数目增多时,文氏图将变得很复杂. 而且,有些文氏图不能用来证明对于 U 中所有子集普遍成立的关系.

例如,图 1-2 中的文氏图.

由图(a)、(b)可以看出

$$A \cup B = (A \cap B') \cup (B \cap A') \cup (A \cap B) \tag{1-1}$$

但由图(c)得到

$$A \cup B = (A \cap B') \cup (B \cap A') \qquad (1\text{-}2)$$

式(1-2)虽然对 $A \cap B = \varnothing$ 这一特定情况来说是正确的,但在一般情况下,它是不正确的.

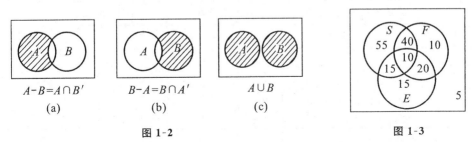

图 1-2   图 1-3

下面的例子说明,使用文氏图能够简单、直观地解决一些复杂的计数问题.

例1 在一个170人的班级里,120个学生会西班牙语;80个学生会法语;60个学生会英语;50个学生既会西班牙语又会法语;25个学生既会西班牙语又会英语;30个学生既会法语又会英语;10个学生三种语言全都会,问有多少学生对这三种语言一种也不会?

解 分别用 S、F、E 表示会西班牙语、法语、英语的学生的集合,于是

$\# S = 120$, $\# F = 80$, $\# E = 60$,

$\#(S \cap F) = 50$, $\#(S \cap E) = 25$, $\#(F \cap E) = 30$

$\#(S \cap F \cap E) = 10$

由这些数据,可以计算出图 1-3 所示文氏图各个区域中的元素个数,因而得出对三种语言一种也不会的学生人数为5.

1.6 集合成员表

前面定义了集合的并、交、补等运算. 不难理解,所有这些对全集 U 的子集进行的运算对全集 U 是封闭的,即由这些运算所产生的新的集合仍为全集 U 的子集. 下面,对上述集合的基本运算作出另外一种形式的定义.

(1) 集合 A 的补集,可定义如下:

若 $u \notin A$,则 $u \in A'$;若 $u \in A$,则 $u \notin A'$.

(2) 集合 A 和 B 的并集,可定义如下:

若 $u \notin A, u \notin B$,则 $u \notin A \cup B$;若 $u \notin A, u \in B$,则 $u \in A \cup B$;若 $u \in A$, $u \notin B$,则 $u \in A \cup B$;若 $u \in A, u \in B$,则 $u \in A \cup B$.

(3) 集合 A 和 B 的交集,可定义如下:

若 $u \notin A, u \notin B$,则 $u \notin A \cap B$;若 $u \notin A, u \in B$,则 $u \notin A \cap B$;若 $u \in A$, $u \notin B$,则 $u \notin A \cap B$;若 $u \in A, u \in B$,则 $u \in A \cap B$.

可以把这些定义加以概括,列举在表 1-1 所示的**成员表**中.表中标有集合 S 的列中的数字 0 和 1 分别表示元素 $u \notin S$ 和 $u \in S$.

表 1-1

A' 的成员表		$A \cup B$ 的成员表			$A \cap B$ 的成员表		
A	A'	A	B	$A \cup B$	A	B	$A \cap B$
0	1	0	0	0	0	0	0
1	0	0	1	1	0	1	0
		1	0	1	1	0	0
		1	1	1	1	1	1

A 和 B 所产生的集合的成员表,可推广到任意子集 $A_1,A_2,\cdots,A_r$ 所产生的集合上去.一般地,对于 $A_1,A_2,\cdots,A_r$ 所产生的集合 S 的成员表,其前 r 列标记 A_1, $A_2,\cdots,A_r$,最后一列标记 S,标记 A_i 的列中数字 0 表示 $u \notin A_i$,数字 1 表示 $u \in A_i$.若在第 k 行上,前 r 列所指明的条件下有 $u \notin S$,则在 S 列的第 k 行位置上记入 0,否则,即若有 $u \in S$,则记入 1.成员表共有 2^r 行,它相应于 u 在 $A_1,A_2,\cdots,A_r$ 中的 2^r 种可能的成员/非成员情况.为简化讨论,有时把标记 $A_1,A_2,\cdots,A_r$ 列中的一行数字 $\delta_1\delta_2\cdots\delta_r$(其中每个 δ_i 取 0 或 1)称为行 $\delta_1\delta_2\cdots\delta_r$.

例如,表 1-2 说明由 A,B,C 所产生的集合

$$S = ((A \cap B) \cup (A' \cap C)) \cup (B \cap C)$$

的成员表的构造.

在表 1-2 中前 3 列列出了 u 在 A、B、C 中的 8 种可能的成员/非成员情况,而最后一列列出了 u 在 S 中的相应成员/非成员情况.这一列是通过集合 A'、$A \cap B$、$A' \cap C$、$B \cap C$ 和 $(A \cap B) \cup (A' \cap C)$ 的中间成员表相继构造出来的.除前三列外,每一列都是由前面的列直接参照 $'$、$\cup$、$\cap$ 的成员表构造出来的.

表 1-2

$A\ B\ C$	A'	$A \cap B$	$A' \cap C$	$B \cap C$	$(A \cap B) \cup (A' \cap C)$	$((A \cap B) \cup (A' \cap C)) \cup (B \cap C)$
0 0 0	1	0	0	0	0	0
0 0 1	1	0	1	0	1	1
0 1 0	1	0	0	0	0	0
0 1 1	1	0	1	1	1	1
1 0 0	0	0	0	0	0	0
1 0 1	0	0	0	0	0	0
1 1 0	0	1	0	0	1	1
1 1 1	0	1	0	1	1	1

在成员表中，若某列的各记入值全为 0，则该列所标记的集合是空集 $\varnothing$；反之，若全为 1，则该列所标记的集合是全集合 U。如果成员表中标有 S 和 T 的两列是恒同的（即 S 和 T 的列中任何一行的记入值都相等），则 $u \in S$ 蕴含 $u \in T$，同时 $u \in T$ 蕴含 $u \in S$，所以 $S = T$。例如，在表 1-2 中 $(A \cap B) \cup (A' \cap C)$ 与 $((A \cap B) \cup (A' \cap C)) \cup (B \cap C)$ 的列是完全一样的，因此有

$$(A \cap B) \cup (A' \cap C) = ((A \cap B) \cup (A' \cap C)) \cup (B \cap C)$$

于是，成员表可以用来证明由全集合 U 的子集所产生的集合是否相等。

1.7 集合运算的定律

集合的并、交、补运算具有许多性质，在第 1.5 节中已初步看到了一些。下面列出这些性质中最主要的几条，并称它们为集合运算的基本定律。

对于全集合 U 的任意子集 A、B、C，有：

交换律	1. $A \cup B = B \cup A$	$1'$. $A \cap B = B \cap A$
结合律	2. $A \cup (B \cup C) = (A \cup B) \cup C$	
	$2'$. $A \cap (B \cap C) = (A \cap B) \cap C$	
分配律	3. $A \cap (B \cup C) = (A \cap B) \cup (A \cap C)$	
	$3'$. $A \cup (B \cap C) = (A \cup B) \cap (A \cup C)$	
同一律	4. $A \cup \varnothing = A$	$4'$. $A \cap U = A$
互补律	5. $A \cup A' = U$	$5'$. $A \cap A' = \varnothing$

此外，集合运算的下述定律也是经常用到的：

对合律	6.	$6'$. $(A')' = A$
等幂律	7. $A \cup A = A$	$7'$. $A \cap A = A$
零一律	8. $A \cup U = U$	$8'$. $A \cap \varnothing = \varnothing$
吸收律	9. $A \cup (A \cap B) = A$	$9'$. $A \cap (A \cup B) = A$
德·摩根律	10. $(A \cup B)' = A' \cap B'$	
	$10'$. $(A \cap B)' = A' \cup B'$	

对称差运算也有类似的一些性质。对于全集合 U 的任意子集 A、B、C，有：

11. $A \oplus B = B \oplus A$
12. $(A \oplus B) \oplus C = A \oplus (B \oplus C)$
13. $A \cap (B \oplus C) = (A \cap B) \oplus (A \cap C)$
14. $A \oplus \varnothing = A$ $14'$. $A \oplus U = A'$
15. $A \oplus A = \varnothing$ $15'$. $A \oplus A' = U$
16. $A \oplus (A \oplus B) = B$

由于以上各等式对于U的任意子集A、B和C都是成立的,因此它们是集合恒等式.这些集合恒等式的正确性,均可以一一加以证明.下面举例说明这些集合恒等式的证明方法.根据定义进行证明.

例1 德·摩根定律$(A\cup B)' = A'\cap B'$的证明.

证明 设$u\in (A\cup B)'$,则$u\notin A\cup B$,因而$u\notin A$且$u\notin B$,于是$u\in A'$且$u\in B'$,从而$u\in A'\cap B'$,故有$(A\cup B)'\subseteq A'\cap B'$.

反之,设$u\in A'\cap B'$,则$u\in A'$且$u\in B'$,于是$u\notin A$且$u\notin B$,因而$u\notin A\cup B$,有$u\in (A\cup B)'$,故有$A'\cap B'\subseteq (A\cup B)'$.

由上可知$(A\cup B)' = A'\cap B'$.

例2 证明集合恒等式$A - B = A\cap B'$.

证明 设$u\in A-B$,则$u\in A$且$u\notin B$,于是$u\in A$且$u\in B'$,因而$u\in A\cap B'$,故有$A-B\subseteq A\cap B'$.

反之,设$u\in A\cap B'$,则$u\in A$且$u\in B'$,于是$u\in A$且$u\notin B$,因而$u\in A-B$,故有$A\cap B'\subseteq A-B$.

由上可知$A-B = A\cap B'$.

这一集合恒等式常被用来将集合的差集运算转化为交集和补集的运算.

用列集合成员表的方法进行证明.

例3 结合律$A\cup (B\cup C) = (A\cup B)\cup C$的证明.

证明 列出集合$A\cup (B\cup C)$和$(A\cup B)\cup C$的成员表如表1-3所示.

表1-3

A B C	$B\cup C$	$A\cup B$	$A\cup (B\cup C)$	$(A\cup B)\cup C$
0 0 0	0	0	0	0
0 0 1	1	0	1	1
0 1 0	1	1	1	1
0 1 1	1	1	1	1
1 0 0	0	1	1	1
1 0 1	1	1	1	1
1 1 0	1	1	1	1
1 1 1	1	1	1	1

因为成员表中集合$A\cup (B\cup C)$与$(A\cup B)\cup C$所标记的列完全相同,所以$A\cup (B\cup C) = (A\cup B)\cup C$.

所有的集合恒等式都可用以上两种方法类似地加以证明.

以上所列举的集合恒等式不全都是独立的.如果证明了一些恒等式是正确的,那么就可以利用它们来证明另外的一些恒等式.

例 4 假设交换律、分配律、同一律和零一律都是正确的,试证明吸收律 $A \cup (A \cap B) = A$.

证明 $A \cup (A \cap B) = (A \cap U) \cup (A \cap B)$ （同一律）

$\qquad\qquad\qquad = A \cap (U \cup B)$ （分配律）

$\qquad\qquad\qquad = A \cap (B \cup U)$ （交换律）

$\qquad\qquad\qquad = A \cap U$ （零一律）

$\qquad\qquad\qquad = A$ （同一律）

例 5 证明集合恒等式
$$A \cap (B \oplus C) = (A \cap B) \oplus (A \cap C)$$

证明 $(A \cap B) \oplus (A \cap C)$

$= ((A \cap B) - (A \cap C)) \cup ((A \cap C) - (A \cap B))$

$= ((A \cap B) \cap (A \cap C)') \cup ((A \cap C) \cap (A \cap B)')$

$= ((A \cap B) \cap (A' \cup C')) \cup ((A \cap C) \cap (A' \cup B'))$

$= (A \cap B \cap A') \cup (A \cap B \cap C') \cup (A \cap C \cap A') \cup (A \cap C \cap B')$

$= (A \cap B \cap C') \cup (A \cap C \cap B')$

$= A \cap ((B \cap C') \cup (C \cap B'))$

$= A \cap ((B - C) \cup (C - B))$

$= A \cap (B \oplus C)$

结合律指出,对任何的集合 A、B、C,有 $A \cup (B \cup C) = (A \cup B) \cup C$ 以及 $A \cap (B \cap C) = (A \cap B) \cap C$. 因此,常删去括号而将其分别写作 $A \cup B \cup C$ 和 $A \cap B \cap C$. 用归纳法容易证明,对于任意 n 个集合 $A_1, A_2, \cdots, A_n$,它们的并与交也是满足结合律的,因此对其表达式也可以不加括号而写成

$$\bigcup_{i=1}^{n} A_i = A_1 \cup A_2 \cup \cdots \cup A_n = \{u \mid u \in A_1, 或 u \in A_2, \cdots, 或 u \in A_n\}$$

$$\bigcap_{i=1}^{n} A_i = A_1 \cap A_2 \cap \cdots \cap A_n = \{u \mid u \in A_1, u \in A_2, \cdots, u \in A_n\}$$

类似地,分配律也可以推广到一般情形,即

$$B \cap \left(\bigcup_{i=1}^{n} A_i\right) = \bigcup_{i=1}^{n} (B \cap A_i)$$

$$B \cup \left(\bigcap_{i=1}^{n} A_i\right) = \bigcap_{i=1}^{n} (B \cup A_i)$$

当连续进行并与交的运算时,为了避免含糊,必须使用括号. 和算术运算一样,总是约定从最内层的括号内的运算作起. 例如,在 $A = B \cup (C \cap D)$ 中,括号就规定了 A 由如下运算次序而得到:① 先求 C 与 D 的交集 E;② 再求 B 与 E 的并集. 其结果与 $(B \cup C) \cap D$ 是完全不同的. 因此,无括号的式子 $B \cup C \cap D$ 是含糊的. 下面以图 1-4

的阴影部分加以说明.

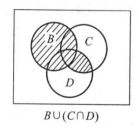
$B \cup (C \cap D)$

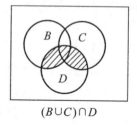
$(B \cup C) \cap D$

图 1-4

1.8 分　　划

定义 1-12　设 $\pi = \{A_i\}_{i \in K}$ 是集合 A 的某些非空子集的集合,如果集合 A 的每一元素在且只在其中之一 A_i 中,即如果

(1) 当 $i \neq j$ 时,$A_i \cap A_j = \varnothing$;

(2) $\bigcup_{i \in K} A_i = A$,

则称集合 π 是集合 A 的一个**分划**. 每个 A_i 称为这个分划的一个**分划块**.

例 1　设 $A = \{1, 2, 3\}$,则
$$\pi_1 = \{\{1\}, \{2\}, \{3\}\}, \pi_2 = \{\{1\}, \{2, 3\}\}$$
$$\pi_3 = \{\{2\}, \{1, 3\}\}, \pi_4 = \{\{3\}, \{1, 2\}\}, \pi_5 = \{\{1, 2, 3\}\}$$

都是 A 的分划. 由此可知,一个集合的分划,一般来说不是唯一的.

例 2　设 $A = \mathbf{I}, A_i$ 是 A 中被 5 除后余数为 i(参见第 3.8 节)的所有整数的集合,则
$$A_0 = \{\cdots, -10, -5, 0, 5, 10, \cdots\}$$
$$A_1 = \{\cdots, -9, -4, 1, 6, 11, \cdots\}$$
$$A_2 = \{\cdots, -8, -3, 2, 7, 12, \cdots\}$$
$$A_3 = \{\cdots, -7, -2, 3, 8, 13, \cdots\}$$
$$A_4 = \{\cdots, -6, -1, 4, 9, 14, \cdots\}$$

因为任何一个整数被 5 除后的余数 i 是唯一的,并且满足 $0 \leqslant i < 5$,所以集合 $\mathbf{I}$ 中的每一个整数在且只在上述五个集合之一中. 于是集合 $\{A_0, A_1, A_2, A_3, A_4\}$ 是整数集 $\mathbf{I}$ 的一个分划.

相应于子集和真子集的概念,分划中给出了细分和真细分的概念.

定义 1-13　设 $\bar{\pi} = \{\overline{A}_i\}_{i \in \overline{K}}$ 和 $\pi = \{A_j\}_{j \in K}$ 都是集合 A 的分划,如果 $\bar{\pi}$ 中的每一个 $\overline{A}_i$ 都是 π 中某个 A_j 的子集,则称分划 $\bar{\pi}$ 是分划 π 的一个**细分**. 如果 $\bar{\pi}$ 是 π 的细分,且 $\bar{\pi}$ 中至少有一个 $\overline{A}_i$ 为某个 A_j 的真子集,则称 $\bar{\pi}$ 是 π 的**真细分**.

例如,例1中的 π_1 是 π_2、π_3、π_4 和 π_5 的细分,也是它们的真细分. π_2、π_3、π_4 都是 π_5 的真细分. 显然,每个 π_i 都是自己的细分,但不是真细分.

在文氏图上,分划全集 U 的过程,可看做是在表示 U 的区域上划出分界线. 如果分划 $\bar{\pi}$ 的分界线是在分划 π 已有的分界线上至少加上了一根新的分界线所组成的,则 $\bar{\pi}$ 就是 π 的真细分.

1.9 集合的标准形式

1. 最小集标准形式

定义 1-14 设 $A_1,A_2,\cdots,A_r$ 是全集合 U 的子集,形为 $\bigcap_{i=1}^{r}\overline{A_i}$ 的集合称为由 $A_1,A_2,\cdots,A_r$ 所产生的**最小集**,其中每个 $\overline{A_i}$ 为 A_i 或 A'_i.

例如,由集合 A,B,C 所产生的全部最小集是 $A\cap B\cap C$、$A\cap B\cap C'$、$A\cap B'\cap C$、$A\cap B'\cap C'$、$A'\cap B\cap C$、$A'\cap B\cap C'$、$A'\cap B'\cap C$、$A'\cap B'\cap C'$.

显然,由 $A_1,A_2,\cdots,A_r$ 所产生的最小集共有 2^r 个.

图 1-5 所显示的情形是,由 A、B、C 所产生的 8 个最小集都不为空集. 图 1-6 所显示的情形是,在 A、B、C 所产生的最小集中,

$$A\cap B\cap C = A\cap B'\cap C = A'\cap B\cap C = \varnothing$$

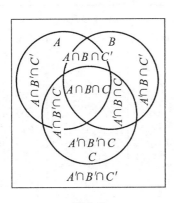

图 1-5

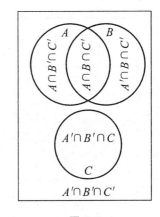

图 1-6

定理 1-3 由 $A_1,A_2,\cdots,A_r$ 所产生的所有非空最小集的集合构成 U 的一个分划.

图 1-5 与图 1-6 已初步显示了定理 1-3 所述的结论,下面给出定理的一般证明.

证明 设任一元素 $u\in U$,则 $u\in A_1$,否则 $u\in A'_1$;$u\in A_2$,否则 $u\in A'_2$;$\cdots$;

$u \in A_r$,否则 $u \in A_r'$. 因此 u 必在某个最小集 $\bigcap_{i=1}^{r} \overline{A}_i$ 中.

又设有某一元素 $u \in U$,使得 $u \in S_1 \cap S_2$,其中 S_1 和 S_2 是 $A_1, A_2, \cdots, A_r$ 产生的两个不同的最小集,则必存在一个 $i(1 \leqslant i \leqslant r)$,使得 $u \in A_i$ 同时 $u \in A_i'$,但 $A_i \cap A_i' = \varnothing$,因此 $u \in S_1 \cap S_2$ 是不可能的,即 U 中任一元素只能在一个最小集中. 证毕.

为了方便,用 $M_{\delta_1\delta_2\cdots\delta_r}$ 来表示最小集 $\overline{A}_1 \cap \overline{A}_2 \cap \cdots \cap \overline{A}_r$,其中

$$\delta_i = \begin{cases} 0 & \text{当 } \overline{A}_i = A_i' \\ 1 & \text{当 } \overline{A}_i = A_i \end{cases}$$

例如,$A_1 \cap A_2 \cap A_3' \cap A_4$ 表示为 M_{1101},$A_1' \cap A_2' \cap A_3 \cap A_4$ 表示为 M_{0011}. 这样 $M_{\delta_1\delta_2\cdots\delta_r}$ 的下标便唯一地描述了所要表示的最小集.

考察任意一个最小集 $M_{\delta_1\delta_2\cdots\delta_r} = \bigcap_{i=1}^{r} \overline{A}_i$ 和它的成员表. 按交集的定义,当且仅当 $u \in \overline{A}_1, u \in \overline{A}_2, \cdots, u \in \overline{A}_r$ 时,$u \in M_{\delta_1\delta_2\cdots\delta_r}$. 因此,在 $M_{\delta_1\delta_2\cdots\delta_r}$ 所标记的列中,有一个且仅有一个 1. 该 1 出现的行就是 $\overline{A}_1, \overline{A}_2, \cdots, \overline{A}_r$ 所标记的各列均为 1 的行,也就是 $A_1, A_2, \cdots, A_r$ 所标记的各列分别为 $\delta_1, \delta_2, \cdots, \delta_r$ 的行. 这就是说,$M_{\delta_1\delta_2\cdots\delta_r}$ 标记的列仅在 $\delta_1\delta_2\cdots\delta_r$ 行为 1,而在其他各行均为 0.

例如,在表 1-4 中,最小集 $M_{110} = A \cap B \cap C'$,当且仅当 $u \in A, u \in B, u \in C'$ 时,即当且仅当 $u \in A, u \in B, u \notin C$ 时,$u \in M_{110}$,即 M_{110} 所标记的列仅在行 110 取 1,而在其他各行为 0.

表 1-4

A B C	$A' \cap B' \cap C$ $= M_{001}$	$A' \cap B \cap C$ $= M_{011}$	$A \cap B \cap C'$ $= M_{110}$	$A \cap B \cap C$ $= M_{111}$	$M_{001} \cup M_{011}$ $\cup M_{110} \cup M_{111}$
0 0 0	0	0	0	0	0
0 0 1	1	0	0	0	1
0 1 0	0	0	0	0	0
0 1 1	0	1	0	0	1
1 0 0	0	0	0	0	0
1 0 1	0	0	0	0	0
1 1 0	0	0	1	0	1
1 1 1	0	0	0	1	1

再考察由 $A_1, A_2, \cdots, A_r$ 产生的任意 i 个 $(i \leqslant 2^r)$ 不同最小集的并集 $M_{\delta_{11}\delta_{12}\cdots\delta_{1r}} \cup M_{\delta_{21}\delta_{22}\cdots\delta_{2r}} \cup \cdots \cup M_{\delta_{i1}\delta_{i2}\cdots\delta_{ir}}$ 和它的成员表. 作出其列为 $A_1, A_2, \cdots, A_r, M_{\delta_{11}\delta_{12}\cdots\delta_{1r}}, M_{\delta_{21}\delta_{22}\cdots\delta_{2r}}, \cdots, M_{\delta_{i1}\delta_{i2}\cdots\delta_{ir}}$ 以及 $M_{\delta_{11}\delta_{12}\cdots\delta_{1r}} \cup M_{\delta_{21}\delta_{22}\cdots\delta_{2r}} \cup \cdots \cup M_{\delta_{i1}\delta_{i2}\cdots\delta_{ir}}$ 所标记的成员表,其最后一列可由它前面的 i 列借助 $\cup$ 运算的定义表 1-1 而直接得到. 显然,上述

并集所标记的列仅在 $\delta_{11}\delta_{12}\cdots\delta_{1r},\delta_{21}\delta_{22}\cdots\delta_{2r},\cdots,\delta_{i1}\delta_{i2}\cdots\delta_{ir}$ 这 i 行为 1, 在其他各行为 0. 例如, 表 1-4 说明了集合 $(A' \cap B' \cap C) \cup (A' \cap B \cap C) \cup (A \cap B \cap C') \cup (A \cap B \cap C)$ 的成员表的构造方法.

由最小集和最小集的并集的成员表的上述特点, 有下面的定理.

定理 1-4 由 $A_1, A_2, \cdots, A_r$ 产生的每个非空集合 S 恒可表示为由 $A_1, A_2, \cdots, A_r$ 产生的不同最小集的并集.

证明 由假设 $S \neq \varnothing$, 因此在 S 的成员表里 S 所标记的列中必有 l 个 $1(1 \leqslant l \leqslant 2^r)$. 设这 l 个 1 分别在 $\delta_{11}\delta_{12}\cdots\delta_{1r}, \delta_{21}\delta_{22}\cdots\delta_{2r}, \cdots, \delta_{i1}\delta_{i2}\cdots\delta_{ir}$ 行处. 作如下最小集的并集, 并用 T 表示, 即
$$T = M_{\delta_{11}\delta_{12}\cdots\delta_{1r}} \cup M_{\delta_{21}\delta_{22}\cdots\delta_{2r}} \cup \cdots \cup M_{\delta_{i1}\delta_{i2}\cdots\delta_{ir}}$$
将 T 所标记的列加到 S 的成员表中, 由前述的讨论, 它必与 S 所标记的列恒同, 因此 $S = T$. 证毕.

当一个集合被表示为不同最小集的并的形式时, 此形式称为该集合的**最小集标准形式**. 每一个非空集合必能表示为这种形式.

定理 1-4 的证明不仅肯定了集合的最小集标准形式, 而且给出了构造集合的最小集标准形式的方法.

例如, 从表 1-2 看出集合 $(A \cap B) \cup (A' \cap C)$ 所标记的列在 001, 011, 110, 111 这些行处为 1, 因此 $(A \cap B) \cup (A' \cap C)$ 的最小集标准形式为
$$(A' \cap B' \cap C) \cup (A' \cap B \cap C) \cup (A \cap B \cap C') \cup (A \cap B \cap C)$$

2. 最大集标准形式

定义 1-15 设 $A_1, A_2, \cdots, A_r$ 是全集合 U 的子集, 形为 $\bigcup\limits_{i=1}^{r} \overline{A}_i$ 的集合称为由 $A_1, A_2, \cdots, A_r$ 所产生的**最大集**, 其中每一个 $\overline{A}_i$ 为 A_i 或 A_i'.

显然, 由 $A_1, A_2, \cdots, A_r$ 所产生的最大集共有 2^r 个. 与最小集不同, 由 $A_1, A_2, \cdots, A_r$ 所产生的最大集的集合不构成 U 的分划. 这一情况是明显的.

为了方便, 用 $\overline{M}_{\delta_1\delta_2\cdots\delta_r}$ 表示最大集 $\overline{A}_1 \cup \overline{A}_2 \cup \cdots \cup \overline{A}_r$, 其中
$$\delta_i = \begin{cases} 0 & \text{当 } \overline{A}_i = A_i \\ 1 & \text{当 } \overline{A}_i = A_i' \end{cases}$$

例如, $A_1 \cup A_2 \cup A_3' \cup A_4$ 表示为 $\overline{M}_{0010}$, $A_1' \cup A_2' \cup A_3 \cup A_4$ 表示为 $\overline{M}_{1100}$. 这样 $\overline{M}_{\delta_1\delta_2\cdots\delta_r}$ 的下标便唯一地描述了所要表示的最大集.

考察最大集 $\overline{M}_{\delta_1\delta_2\cdots\delta_r}$ 和它的成员表, 作类似于最小集的讨论可知, $\overline{M}_{\delta_1\delta_2\cdots\delta_r}$ 所标记的列仅在 $\delta_1\delta_2\cdots\delta_r$ 行为 0, 而在其他各行均为 1.

例如, 在表 1-5 中, 最大集 $\overline{M}_{010} = A \cup B' \cup C$, 当且仅当 $u \notin A, u \notin B', u \notin C$

时，即当且仅当 $u \notin A, u \in B, u \notin C$ 时，$u \notin \overline{M}_{010}$，即 $\overline{M}_{010}$ 所标记的列仅在行 010 取 0，而在其他各行均为 1。

再考察由 $A_1, A_2, \cdots, A_r$ 产生的任意 i 个 ($i \leqslant 2^r$) 不同最大集的交集 $\overline{M}_{\delta_{11}\delta_{12}\cdots\delta_{1r}} \cap \overline{M}_{\delta_{21}\delta_{22}\cdots\delta_{2r}} \cap \cdots \cap \overline{M}_{\delta_{i1}\delta_{i2}\cdots\delta_{ir}}$ 和它的成员表，作类似于最小集的讨论可知，上述交集所标记的列仅在 $\delta_{11}\delta_{12}\cdots\delta_{1r}, \delta_{21}\delta_{22}\cdots\delta_{2r}, \cdots, \delta_{i1}\delta_{i2}\cdots\delta_{ir}$ 这 i 行为 0，而在其他各行为 1。例如，表 1-5 说明了集合 $(A \cup B \cup C) \cap (A \cup B' \cup C) \cap (A' \cup B \cup C) \cap (A' \cup B \cup C')$ 的成员表的构造方法。

类似于定理 1-4，有定理 1-5 成立。

定理 1-5 由 $A_1, A_2, \cdots, A_r$ 产生的任一集合或为全集合 U 或为由 $A_1, A_2, \cdots, A_r$ 所产生的不同最大集的交集。

本定理的证明方法与定理 1-4 完全类似。

当一个集合被表示为不同最大集的交的形式时，此形式称为该集合的**最大集标准形式**。定理 1-5 的证明给出了构造这一形式的方法。

例如，从表 1-5 看出集合 $(A \cap B) \cup (A' \cap C)$ 所标记的列在行 000、010、100 和 101 为 0，因此 $(A \cap B) \cup (A' \cap C)$ 的最大集标准形式为

$$(A \cup B \cup C) \cap (A \cup B' \cup C) \cap (A' \cup B \cup C) \cap (A' \cup B \cap C')$$

表 1-5

A	B	C	$A \cup B \cup C$ $= \overline{M}_{000}$	$A \cup B' \cup C$ $= \overline{M}_{010}$	$A' \cup B \cup C$ $= \overline{M}_{100}$	$A' \cup B \cup C'$ $= \overline{M}_{101}$	$\overline{M}_{000} \cap \overline{M}_{010}$ $\cap \overline{M}_{100} \cap \overline{M}_{101}$
0	0	0	0	1	1	1	0
0	0	1	1	1	1	1	1
0	1	0	1	0	1	1	0
0	1	1	1	1	1	1	1
1	0	0	1	1	0	1	0
1	0	1	1	1	1	0	0
1	1	0	1	1	1	1	1
1	1	1	1	1	1	1	1

3. 集合标准形式的进一步说明

如果把空集 $\varnothing$ 看做是空集自身的最小集标准形式，把全集 U 看做是全集自身的最大集标准形式，那么，就可得出这样的结论，每一个集合都能表示为最小集标准形式和最大集标准形式。而且根据定理 1-4 和定理 1-5 可构造出这两个标准形式。

例如，设集合 $S = B \cap (A \cup (B \cap C'))$，为找出 S 的最小集和最大集标准形式，

首先构造 S 的成员表如表 1-6 所示.

表 1-6

A	B	C	C'	$B \cap C'$	$A \cup (B \cap C')$	$B \cap (A \cup (B \cap C'))$
0	0	0	1	0	0	0
0	0	1	0	0	0	0
0	1	0	1	1	1	1
0	1	1	0	0	0	0
1	0	0	1	0	1	0
1	0	1	0	0	1	0
1	1	0	1	1	1	1
1	1	1	0	0	1	1

因为 S 所标记的列在 010、110、111 行为 1，所以 S 的最小集标准形式为

$$S = M_{010} \cup M_{110} \cup M_{111} = (A' \cap B \cap C') \cup (A \cap B \cap C') \cup (A \cap B \cap C)$$

S 所标记的列在 000、001、011、100、101 行为 0，所以 S 的最大集标准形式为

$$S = \overline{M}_{000} \cap \overline{M}_{001} \cap \overline{M}_{011} \cap \overline{M}_{100} \cap \overline{M}_{101}$$
$$= (A \cup B \cup C) \cap (A \cup B \cup C') \cap (A \cup B' \cup C') \cap (A' \cup B \cup C) \cap (A' \cup B \cup C')$$

一般地，若集合 S 的最小集和最大集标准形式分别为

$$S = M_{\delta_{11}\delta_{12}\cdots\delta_{1r}} \cup M_{\delta_{21}\delta_{22}\cdots\delta_{2r}} \cup \cdots \cup M_{\delta_{l1}\delta_{l2}\cdots\delta_{lr}}$$

$$S = \overline{M}_{\bar{\delta}_{11}\bar{\delta}_{12}\cdots\bar{\delta}_{1r}} \cap \overline{M}_{\bar{\delta}_{21}\bar{\delta}_{22}\cdots\bar{\delta}_{2r}} \cap \cdots \cap \overline{M}_{\bar{\delta}_{m1}\bar{\delta}_{m2}\cdots\bar{\delta}_{mr}}$$

则行集合

$$\{\delta_{11}\delta_{12}\cdots\delta_{1r}, \delta_{21}\delta_{22}\cdots\delta_{2r}, \cdots, \delta_{l1}\delta_{l2}\cdots\delta_{lr}\} \quad \text{与} \quad \{\bar{\delta}_{11}\bar{\delta}_{12}\cdots\bar{\delta}_{1r}, \bar{\delta}_{21}\bar{\delta}_{22}\cdots\bar{\delta}_{2r}, \cdots, \bar{\delta}_{m1}\bar{\delta}_{m2}\cdots\bar{\delta}_{mr}\}$$

是不相交的，它们的并等于 S 成员表中所有 2^r 个行的集合. 因此，如果 S 的最小集标准形式是 l 个最小集的并，则最大集标准形式就是 $2^r - l$ 个最大集的交. 而且，如果一种形式已知，则另一种形式也可直接构造出来.

下面介绍利用集合运算定律求集合标准形式的方法，它不需要求助于成员表，使得标准形式的构造非常容易.

例 1 构造 $S = B \cap (A \cup (B \cap C'))$ 的最小集标准形式为

$$S = B \cap (A \cup (B \cap C'))$$
$$= (B \cap A) \cup (B \cap B \cap C')$$
$$= (A \cap B \cap C) \cup (A \cap B \cap C') \cup (B \cap C')$$
$$= (A \cap B \cap C) \cup (A \cap B \cap C') \cup (A \cap B \cap C') \cup (A' \cap B \cap C')$$
$$= (A \cap B \cap C) \cup (A \cap B \cap C') \cup (A' \cap B \cap C')$$

构造 S 的最大集标准形式为

$$S = B \cap (A \cup (B \cap C'))$$

$$= B \cap (A \cup B) \cap (A \cup C')$$
$$= (A \cup B) \cap (A' \cup B) \cap (A \cup C')$$
$$= (A \cup B \cup C) \cap (A \cup B \cup C') \cap (A' \cup B \cup C) \cap (A' \cup B \cup C')$$
$$\cap (A \cup B \cup C') \cap (A \cup B' \cup C')$$
$$= (A \cup B \cup C) \cap (A \cup B \cup C') \cap (A' \cup B \cup C) \cap (A' \cup B \cup C')$$
$$\cap (A \cup B' \cup C')$$

通过上述例子发现,除了最小集(最大集)的排列次序可能不同外,用上述两种方法所得到的同一集合 S 的最小集(最大集)标准形式是相同的. 其原因在于任一集合 S 的标准形式是唯一的.

定理 1-6 设 S 是由 $A_1, A_2, \cdots, A_r$ 所产生的集合,若不计最小集(最大集)的排列次序,则 S 的最小集(最大集)标准形式是唯一的.

定理 1-7 是定理 1-6 的直接推论.

定理 1-7 由 $A_1, A_2, \cdots, A_r$ 产生的两个集合,当且仅当它们的最小集(最大集)标准形式相同时,这两个集合相等.

上述定理的证明都很简单,请读者自己给出.

集合的上述两种标准形式,使得由 $A_1, A_2, \cdots, A_r$ 产生的集合往往能被化简,而且借助于这两种形式,能判断任意两个这样的集合是否相等.

*1.10 多重集合

前面说过,一个集合是一些不同对象的聚集. 可是在许多场合会遇到聚集中有相同的对象. 例如,考虑一个学校中所有学生的名册,其中可能有两个或者更多个学生有相同的名字;200 个大小相同并涂上了颜色的彩球,其中有一些彩球的颜色可能也是相同的,等等. 因此有必要引进多重集合的概念. 所谓**多重集合**是不必一定要由不同的对象组成的聚集. 例如,$\{a,b,b,c,c,c\}$、$\{a,a,a,a\}$ 和 $\{a,b,c\}$ 都是多重集合. 多重集合中,一个元素的**重复度**定义为该元素在多重集合里出现的次数,因此多重集合 $\{a,b,b,c,c,c\}$ 里的元素 a 的重复度是 1,元素 b 的重复度是 2,元素 c 的重复度是 3,而元素 d 的重复度可看做是 0. 由此可见,原来定义的集合是多重集合里元素重复度为 0 或 1 的特殊情形. 一个多重集合的基数定义为由它对应的假定所有元素都不相同的集合的基数.

设 A 和 B 是两个多重集合,A 和 B 的并集记为 $A \cup B$,它是多重集合,其中每个元素的重复度等于该元素在 A 和 B 中的重复度的最大值. 例如,对于 $A = \{a,b,b,c,c,c\}$ 和 $B = \{a,a,b,c,d\}$,有
$$A \cup B = \{a,a,b,b,c,c,c,d\}$$

A 和 B 的交集记为 $A \cap B$,它是一个多重集合,其中每个元素的重复度等于该元

素在 A 和 B 中的重复度的最小值. 例如, 上述两个集合的交集为
$$A \cap B = \{a, b, c\}$$

设多重集合 $A = \{$电机工程师, 电机工程师, 电机工程师, 机械工程师, 数学家, 制图员$\}$ 是某工程设计的第一阶段所需要的全体工作人员, 多重集合 $B = \{$电机工程师, 机械工程师, 机械工程师, 数学家, 计算机科学家, 计算机科学家$\}$ 是该工程设计的第二阶段所需要的全体工作人员, 则多重集合 $A \cup B$ 是这个工程设计应该聘请的全体工作人员. 多重集合 $A \cap B$ 是在工程设计的两个阶段都必需参加的全体工作人员.

多重集合 A 与 B 的差集记作 $A - B$, 它是一个多重集合, 当某一元素在 A 中的重复度减去在 B 中的重复度的差为正数时, 就令此正数为该元素在 $A - B$ 中的重复度, 否则该元素在 $A - B$ 中的重复度为零. 例如, 设 $A = \{a, a, a, b, b, c, d, d, e\}$ 和 $B = \{a, a, b, b, b, c, c, d, d\}$, 则
$$A - B = \{a, e\}$$

在关于工程设计的工作人员的例子中, 多重集合 $A - B$ 是指在工程设计的第一阶段之后, 需要重新分配工作的人员.

注意, 多重集合的并、交、差的定义同集合中的有关定义完全一致.

最后, 定义两个多重集合 A 与 B 的和集为 $A + B$, 它是一个多重集合, 其中每一个元素的重复度等于该元素在 A 和 B 中的重复度之和. 例如, 设 $A = \{a, a, b, c, c\}$ 和 $B = \{a, b, b, d\}$, 则
$$A + B = \{a, a, a, b, b, b, c, c, d\}$$

设 A 是某一天到校图书馆查阅资料的所有学生的多重集合, B 是第二天去查阅资料的所有学生的多重集合. 这里 A 和 B 之所以是多重集合, 是因为在一天里, 一个学生可能要多次去图书馆查阅资料. 因此, $A + B$ 就是这两天到图书馆查阅资料的学生数的一个总记录.

今后, 如果不作特别声明, 所谓 "集合" 概指 1.1 节中所定义的集合.

1.11 实例解析

例 1 对于任意的集合 A、B, 等式 $2^{A-B} = 2^A - 2^B$ 是否成立?

解 判断两集合是否相等, 直观的方法是判断两集合中的元素是否完全相同. 因为 $\emptyset \in 2^A, \emptyset \in 2^B$, 所以 $\emptyset \notin 2^A - 2^B$. 但 $\emptyset \in 2^{A-B}$, 因此 $2^{A-B} \nsubseteq 2^A - 2^B$. 又若 $S \in 2^A - 2^B$, 则 $S \in 2^A, S \notin 2^B$, 因此 $S \subseteq A, S \nsubseteq B$. 虽然 $S \nsubseteq B$, 但这并不意味 S 中所有的元素 $x \notin B$, 即 S 中可能有某个元素 $y \in B$. 如果是这样, 则 $S \nsubseteq A - B$, 即 $S \notin 2^{A-B}$, 因此 $2^A - 2^B \nsubseteq 2^{A-B}$.

由上可知, 对于任意的集合 A、B, 等式 $2^{A-B} = 2^A - 2^B$ 不成立.

例如,设 $A=\{a,c\}, B=\{c,b\}$,则 $A-B=\{a\}, 2^{A-B}=\{\varnothing,\{a\}\}$,而 $2^A-2^B=\{\{a\},\{a,c\}\}$. 两个包含关系均不成立.

例 2 n 个元素的集合,有多少种不同的方法分划成为两块?

解法一 很自然想到拆分集合中的元素,两分划块中元素个数有如下 $n-1$ 种情形.

	一个分划块	另一个分划块
(1)	1	$n-1$
(2)	2	$n-2$
⋮	⋮	⋮
$(n-1)$	$n-1$	1

(1)中分划方法有 C_n^1 种;(2)中分划方法有 C_n^2 种,$\cdots$,$(n-1)$ 中分划方法有 C_n^{n-1} 种. 注意到 (m) 中的分划方法与 $(n-m)$ 中的分划方法是重复的,且 $C_n^m=C_n^{n-m}$,故 n 个元素的集合共有

$$\frac{C_n^1+C_n^2+\cdots+C_n^{n-1}}{2}=\frac{2^n-2}{2}=\frac{1}{2}(2^n-2)$$

种不同的分划方法.

不论 n 为偶数或为奇数,以上计算公式均成立,为什么?自己去想一想.

解法二 用子集的概念来讨论此问题.

令所讨论的集合为 A,将 A 分成两个分划块,即将 A 分成相对于 A(将 A 看做全集合 U)来说两个互补的子集.

A 有 2^n 个不同的子集,对任一子集,必唯一存在另一个子集与其互补,因此这 2^n 个不同的子集呈两两互补的关系,但 A 与 $\varnothing$ 虽互补却不能构成两块的分划. 故集合 A 分成两块的方法为 $\frac{1}{2}(2^n-2)$ 种.

例 3 某学院学生选课情况如下:246 人选修计算机,198 人选修法语,190 人选修管理,选修计算机又选修法语的有 56 人,选修计算机又选修管理的有 40 人,选修法语又选修管理的有 60 人,三门课程都选修的有 28 人,三门课程均不选修的有 132 人. 问:

(1) 有多少学生选修计算机和法语,但不选修管理课?

(2) 有多少学生选修计算机和管理,但不选修法语课?

(3) 有多少学生选修法语和管理,但不选修计算机课?

(4) 有多少学生只选修了一门课程?

(5) 总共有多少学生?

解 借用文氏图,此题所有的答案立刻可以得出.

如图 1-7 所示,分别用 A、B、C 表示选修计算机、法语和管理的学生的集合,全集

合 U 表示学院所有学生的集合.

根据题意,已知
$\# A = 246,$ $\# B = 198,$ $\# C = 190$
$\# (A \cap B) = 56,$ $\# (A \cap C) = 40,$ $\# (B \cap C) = 60,$
$\# (A \cap B \cap C) = 28,$ $\# (A \cup B \cup C)' = 132$

根据题设条件和图 1-7 中的数据,可计算出如下集合的人数(如图 1-8 所示)

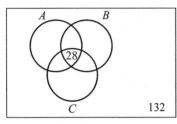

图 1-7

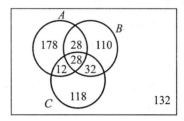

图 1-8

$\# (A \cap B \cap C') = 56 - 28 = 28$
$\# (A \cap C \cap B') = 40 - 28 = 12$
$\# (B \cap C \cap A') = 60 - 28 = 32$

进一步又可计算出
$\# (A \cap B' \cap C') = 246 - (28 + 28 + 12) = 178$
$\# (A' \cap B \cap C') = 198 - (28 + 28 + 32) = 110$
$\# (A' \cap B' \cap C) = 190 - (28 + 32 + 12) = 118$
$\# (A \cap B' \cap C') + \# (A' \cap B \cap C') + \# (A' \cap B' \cap C) = 406$
$\# U = 406 + 28 + 12 + 32 + 28 + 132 = 638$

因此答案为

(1)28 人; (2)12 人; (3)32 人; (4)406 人; (5)638 人.

习　题

1. 列举下列集合的元素.

   (1) 小于 20 的素数的集合;

   (2) 小于 5 的非负整数的集合;

   (3) $\{i \mid i \in \mathbf{I}, i^2 - 10i - 24 < 0 \text{ 且 } 5 \leqslant i \leqslant 15\}$.

2. 用描述法表示下列集合.

   (1) $\{a_1, a_2, a_3, a_4, a_5\}$; (2) $\{2, 4, 8, \cdots\}$;

   (3) $\{0, 2, 4, \cdots, 100\}$.

3. 下面哪些式子是错误的?

   (1) $\{a\} \in \{\{a\}\}$; (2) $\{a\} \subseteq \{\{a\}\}$;

(3) $\{a\} \in \{\{a\}, a\}$; (4) $\{a\} \subseteq \{\{a\}, a\}$.

4. 已给 $S = \{2, a, \{3\}, 4\}$ 和 $R = \{\{a\}, 3, 4, 1\}$,指出下面哪些论断是正确的?哪些是错误的?

(1) $\{a\} \in S$; (2) $\{a\} \in R$;

(3) $\{a, 4, \{3\}\} \subseteq S$; (4) $\{\{a\}, 1, 3, 4\} \subseteq R$;

(5) $R = S$; (6) $\{a\} \subseteq S$;

(7) $\{a\} \subseteq R$; (8) $\varnothing \subseteq R$;

(9) $\varnothing \subseteq \{\{a\}\} \subseteq R$; (10) $\{\varnothing\} \subseteq S$;

(11) $\varnothing \in R$; (12) $\varnothing \subseteq \{\{3\}, 4\}$.

5. 举出集合 A、B、C 的例子,使其满足 $A \in B, B \in C$ 且 $A \notin C$.

6. 给出下列集合的幂集.

(1) $\{a, \{b\}\}$; (2) $\{\varnothing, a, \{a\}\}$.

7. 设 $A = \{a\}$,给出 A 和 2^A 的幂集.

8. 设 $A = \{a_1, a_2, \cdots, a_8\}$,由 B_{17} 和 B_{31} 所表示的 A 的子集各是什么?应如何表示子集 $\{a_2, a_6, a_7\}$ 和 $\{a_1, a_3\}$?

9. 设 $U = \{1, 2, 3, 4, 5\}, A = \{1, 4\}, B = \{1, 2, 5\}, C = \{2, 4\}$,确定下列集合.

(1) $A \cap B'$; (2) $(A \cap B) \cup C'$;

(3) $A \cup (B \cap C)$; (4) $(A \cup B) \cap (A \cup C)$;

(5) $(A \cap B)'$; (6) $A' \cup B'$;

(7) $(B \cup C)'$; (8) $B' \cap C'$;

(9) $2^A - 2^C$; (10) $2^A \cap 2^C$.

10. 给定自然数集 N 的下列子集:

$A = \{1, 2, 7, 8\}$, $B = \{i \mid i^2 < 50\}$,

$C = \{i \mid i \text{ 可被 } 3 \text{ 整除}, 0 \leqslant i \leqslant 30\}$, $D = \{i \mid i = 2^k, k \in \mathbf{Z}, 0 \leqslant k \leqslant 6\}$.

求下列集合.

(1) $A \cup (B \cup (C \cup D))$; (2) $A \cap (B \cap (C \cap D))$;

(3) $B - (A \cup C)$; (4) $(A' \cap B) \cup D$.

11. 给定自然数集 N 的下列子集:

$A = \{n \mid n < 12\}$, $B = \{n \mid n \leqslant 8\}$,

$C = \{n \mid n = 2k, k \in \mathbf{N}\}$, $D = \{n \mid n = 3k, k \in \mathbf{N}\}$,

$E = \{n \mid n = 2k - 1, k \in \mathbf{N}\}$.

将下列集合表示为由 A、B、C、D、E 产生的集合.

(1) $\{2, 4, 6, 8\}$; (2) $\{3, 6, 9\}$;

(3) $\{10\}$; (4) $\{n \mid n = 3 \text{ 或 } n = 6 \text{ 或 } n \geqslant 9\}$;

(5) $\{n \mid n \text{ 是偶数且 } n \leqslant 10 \text{ 或 } n \text{ 是奇数且 } n > 9\}$; (6) $\{n \mid n \text{ 是 } 6 \text{ 的倍数}\}$.

12. 判断以下哪些论断是正确的,哪些论断是错误的,并说明理由.

(1) 若 $a \in A$,则 $a \in A \cup B$; (2) 若 $a \in A$,则 $a \in A \cap B$;

(3) 若 $a \in A \cap B$，则 $a \in B$；
(4) 若 $A \subseteq B$，则 $A \cap B = B$；
(5) 若 $A \subseteq B$，则 $A \cap B = A$；
(6) 若 $a \notin A$，则 $a \in A \cup B$；
(7) 若 $a \notin A$，则 $a \in A \cap B$。

13. 设 $A、B、C$ 是任意的集合，判断下述论断哪些是正确的，哪些是错误的，并说明理由。
    (1) 若 $A \cap B = A \cap C$，则 $B = C$；
    (2) 当且仅当 $A \cup B = B$，有 $A \subseteq B$；
    (3) 当且仅当 $A \cap B = A$，有 $A \subseteq B$；
    (4) 当且仅当 $A \subseteq C$，有 $A \cap (B-C) = \varnothing$；
    (5) 当且仅当 $B \subseteq C$，有 $(A-B) \cup C = A$。

14. 设 $A、B、C$ 和 D 是集合，判断下述论断哪些是正确的，哪些是错误的，并说明理由。
    (1) 若 $A \subseteq B, C \subseteq D$，则 $(A \cup C) \subseteq (B \cup D)$；
    (2) 若 $A \subseteq B, C \subseteq D$，则 $(A \cap C) \subseteq (B \cap D)$；
    (3) 若 $A \subseteq B, C \subseteq D$，则 $(A \cup C) \subseteq (B \cup D)$；
    (4) 若 $A \subseteq B, C \subseteq D$，则 $(A \cap C) \subseteq (B \cap D)$。

15. 设 $A、B$ 是两个集合，问：
    (1) 如果 $A - B = B$，那么 A 和 B 有什么关系？
    (2) 如果 $A - B = B - A$，那么 A 和 B 有什么关系？

16. 设 $A、B$ 是任意集合，判断下述论断哪些是正确的，哪些是错误的，并说明理由。
    (1) $2^{A \cup B} = 2^A \cup 2^B$；
    (2) $2^{A \cap B} = 2^A \cap 2^B$；
    (3) $2^{A'} = (2^A)'$。

17. 在一个班级的 50 个学生中，有 26 人在离散数学的考试中取得了优秀的成绩；有 21 人在程序设计的考试中取得了优秀的成绩。假如有 17 人两次考试中都没有取得优秀成绩，问有多少学生在两次考试中都得到了优秀成绩？

18. 设 $A、B、C$ 是任意集合，运用成员表证明：
    (1) $(A \cup B) \cap (A' \cup C) = (A \cap C) \cup (A' \cap B)$；
    (2) $(A \cup B) \cap (A \cup C) = A \cup (B \cap C)$；
    (3) $A - (B \cup C) = (A-B) \cap (A-C)$；
    (4) $A - (B \cap C) = (A-B) \cup (A-C)$。

19. 由 S 和 T 的成员表如何判断 $S \subseteq T$？应用成员表证明或否定 $(A \cup B) \cap (B \cup C)' \subseteq A \cap B'$。

20. $A_1, A_2, \cdots, A_r$ 为 U 的子集，$A_1, A_2, \cdots, A_r$ 至多能产生多少不同的子集？

21. 证明分配律、等幂律和吸收律 9′。

22. 设 $A、B、C$ 是任意集合，运用集合运算定律证明：
    (1) $B \cup ((A' \cup B) \cap A)' = U$；
    (2) $(A \cup B) \cap (B \cup C) \cap (C \cup A) = (A \cap B) \cup (B \cap C) \cup (C \cap A)$；
    (3) $(A \cup B) \cap (B \cup C) \cap (A \cup C) = (A \cap B) \cup (A' \cap B \cap C) \cup (A \cap B' \cap C)$。

23. 用德·摩根定律证明 $(A \cap B') \cup (A' \cap (B \cup C'))$ 的补集是 $(A' \cup B) \cap (A \cup B') \cap (A \cup C)$。

24. 设 A_i 为某些实数的集合，定义为

$$A_0 = \{a \mid a < 1\}$$
$$A_i = \left\{a \mid a \leqslant 1 - \frac{1}{i}\right\} \quad (i = 1, 2, \cdots)$$

试证明：$\bigcup\limits_{i=1}^{\infty} A_i = A_0$.

25. 设 $\{A_1, A_2, \cdots, A_r\}$ 是集合 A 的一个分划,试证明：$A_1 \cap B, A_2 \cap B, \cdots, A_r \cap B$ 中所有非空集合构成 $A \cap B$ 的一个分划.

26. 设 A、B、C 是任意集合,证明以下结论：
    (1) 若 $A \oplus B = A \oplus C$,则 $B = C$;　　(2) $A \oplus (A \oplus B) = B$.

27. 找出由 A、B 产生的如下集合的最小集标准形式.
    (1) U;　　(2) A;
    (3) A';　　(4) $A \cup B$.

28. 找出由 A、B 产生的如下集合的最大集标准形式.
    (1) $\varnothing$;　　(2) A;
    (3) A';　　(4) $A \cap B$.

29. 找出下列集合的最小集和最大集标准形式.
    (1) $(A \cap B') \cup (B \cap (A \cup C'))$　（由 A、B、C 产生）;
    (2) $((A \cup D') \cap (B' \cup C')) \cup (A \cap B \cap D)$　（由 A、B、C、D 产生）.

30. S 是一集合,其最小集标准形式由
    $$S = M_{\delta_{11}\delta_{12}\cdots\delta_{1r}} \cup M_{\delta_{21}\delta_{22}\cdots\delta_{2r}} \cup \cdots \cup M_{\delta_{i1}\delta_{i2}\cdots\delta_{ir}}$$
    给出,证明 S' 的最大集标准形式为
    $$S' = \overline{M}_{\delta_{11}\delta_{12}\cdots\delta_{1r}} \cap \overline{M}_{\delta_{21}\delta_{22}\cdots\delta_{2r}} \cap \cdots \cap \overline{M}_{\delta_{i1}\delta_{i2}\cdots\delta_{ir}}$$

31. 运用最小集和最大集标准形式证明：
    $(A \cap B') \cup (A' \cap (B \cup C'))$ 的补集是 $(A' \cup B) \cap (A \cup B') \cap (A \cup C)$

第2章 关 系

与集合的概念一样,关系的概念在计算机科学中也是最基本的.它在有限自动机和形式语言理论中,在应用领域如编译程序设计、信息检索和数据结构的描写中经常出现.在算法分析和程序结构中,关系的概念也起着重要的作用.

本章介绍 n 元组和笛卡儿积以及由笛卡儿积引出的关系的概念;说明如何用矩阵和图来表示关系;定义关系的复合运算;列举关系的几个主要性质;介绍两类重要的关系,等价关系和偏序关系;说明由等价关系如何导出分划,并介绍由这样的分划所定义的商集的概念.最后讨论称为偏序(全序和良序作为特殊情形)的关系.

2.1 笛卡儿积

定义 2-1 由 n 个具有给定次序的个体 $a_1, a_2, \cdots, a_n$ 组成的序列,称为**有序 n 元组**,记作 $(a_1, a_2, \cdots, a_n)$ 的形式.

有序 n 元组 $(a_1, a_2, \cdots, a_n)$ 中的第 i 个元素 a_i,常称为该有序 n 元组的第 i 个坐标.

注意,一个有序 n 元组不是由 n 个元素组成的集合.前者明确规定了元素的排列次序,而元素的集合则没有这一要求.

例如 $(a,b,c) \neq (b,a,c) \neq (c,b,a)$　　但　　$\{a,b,c\} = \{b,a,c\} = \{c,b,a\}$
又如　　　　　　　　　　$(a,a,a,) \neq (a,a) \neq \{a\}$
但在一般集合概念的意义下有 $\{a,a,a\} = \{a,a\} = \{a\}$.

定义 2-2 设 $(a_1, a_2, \cdots, a_n)$ 和 $(b_1, b_2, \cdots, b_n)$ 是两个有序 n 元组,若 $a_1 = b_1, a_2 = b_2, \cdots, a_n = b_n$,则称这两个有序 n 元组相等,并记作 $(a_1, a_2, \cdots, a_n) = (b_1, b_2, \cdots, b_n)$.

有序 n 元组的一种常见的特殊情形是 $n = 2$.有序二元组 (a,b) 又称为序偶.序偶的一个熟悉的例子是平面上点的笛卡儿坐标表示.例如,序偶 $(1,3)$、$(2,4)$ 和 $(3,1)$ 均表示平面上不同的点.

定义 2-3 设 $A_1, A_2, \cdots, A_n$ 是任意的集合,所有有序 n 元组 $(a_1, a_2, \cdots, a_n)$ 的集合,称为 $A_1, A_2, \cdots, A_n$ 的**笛卡儿积**,用 $A_1 \times A_2 \times \cdots \times A_n$ 表示,其中 $a_1 \in A_1, a_2 \in A_2, \cdots, a_n \in A_n$,即

$$A_1 \times A_2 \times \cdots \times A_n = \{(a_1, a_2, \cdots, a_n) \mid a_i \in A_i, \quad i = 1, 2, \cdots, n\}$$

例 1 设 $A_1 = \{0,1\}, A_2 = \{2,3\}, A_3 = \{1,4\}$,则

$$A_1 \times A_2 \times A_3 = \{(0,2,1),(0,2,4),(0,3,1),(0,3,4),\\(1,2,1),(1,2,4),(1,3,1),(1,3,4)\}$$

因为 $A_1 \times A_2 = \{(0,2),(0,3),(1,2),(1,3)\}$

$A_2 \times A_3 = \{(2,1),(2,4),(3,1),(3,4)\}$

所以 $(A_1 \times A_2) \times A_3 = \{((0,2),1),((0,2),4),((0,3),1),((0,3),4),\\((1,2),1),((1,2),4),((1,3),1),((1,3),4)\}$

而 $A_1 \times (A_2 \times A_3) = \{(0,(2,1)),(0,(2,4)),(0,(3,1)),(0,(3,4)),\\(1,(2,1)),(1,(2,4)),(1,(3,1)),(1,(3,4))\}$

由定义 2-2 可知 $(A_1 \times A_2) \times A_3 \neq A_1 \times (A_2 \times A_3)$

例 2 设 $A = \{\alpha,\beta\}, B = \{1,2,3\}$,则

$A \times B = \{(\alpha,1),(\alpha,2),(\alpha,3),(\beta,1),(\beta,2),(\beta,3)\}$

$B \times A = \{(1,\alpha),(2,\alpha),(3,\alpha),(1,\beta),(2,\beta),(3,\beta)\}$

$A \times A = \{(\alpha,\alpha),(\alpha,\beta),(\beta,\alpha),(\beta,\beta)\}$

$B \times B = \{(1,1),(1,2),(1,3),(2,1),(2,2),(2,3),(3,1),(3,2),(3,3)\}$

由定义 2-2 可知 $A \times B \neq B \times A$

例 3 设 $A = \varnothing, B = \{1,2,3\}$,则

$$A \times B = B \times A = \varnothing$$

若所有的 A_i 都是有限集,则 $A_1 \times A_2 \times \cdots \times A_n$ 也是有限集,且

$$\#(A_1 \times A_2 \times \cdots \times A_n) = (\#A_1) \times (\#A_2) \times \cdots \times (\#A_n)$$

当所有的 A_i 都相同且等于 A 时,则 $A_1 \times A_2 \times \cdots \times A_n$ 可用 A^n 表示.

例 4 设 $A_1 = \mathbf{R}$(实数集),$A_2 = \mathbf{R}$,则

$$A_1 \times A_2 = \mathbf{R} \times \mathbf{R} = \{(x,y) \mid x,y \in \mathbf{R}\}$$

即 $\mathbf{R} \times \mathbf{R}$ 是平面上所有点的集合,序偶 (x,y) 中第一个元素 x 是相应点在笛卡儿坐标系中的横坐标,第二个元素 y 是相应点的纵坐标.

例 5 对于任意集合 A、B 和 C,有

$$A \times (B \cup C) = (A \times B) \cup (A \times C)$$

证明 设 $(x,y) \in A \times (B \cup C)$,则 $x \in A, y \in (B \cup C)$,即

$x \in A, y \in B$ 或 $x \in A, y \in C$

因此 $(x,y) \in A \times B$ 或 $(x,y) \in A \times C$

于是 $(x,y) \in (A \times B) \cup (A \times C)$

故 $A \times (B \cup C) \subseteq (A \times B) \cup (A \times C)$

又设 $(x,y) \in (A \times B) \cup (A \times C)$

则 $(x,y) \in A \times B$ 或 $(x,y) \in A \times C$

即 $x \in A$ 且 $y \in B$ 或 $x \in A$ 且 $y \in C$

即 $x \in A$ 且 $(y \in B$ 或 $y \in C)$

即 $x \in A$ 且 $y \in B \bigcup C$

因此 $(x,y) \in A \times (B \bigcup C)$

故 $(A \times B) \bigcup (A \times C) \subseteq A \times (B \bigcup C)$

由上可知 $A \times (B \bigcup C) = (A \times B) \bigcup (A \times C)$

其他一些类似的关系,在习题中给出,留给读者作为练习.

2.2 关　系

在涉及离散对象的许多问题中,往往需要研究这些对象之间的某种关系.例如,在一组计算机程序中,如果两个程序共用某些数据,可以说这两个程序是相关的;又如考察集合$\{1,2,\cdots,15\}$,此集合中如果有三个数之和能被 5 整除,则可以说这三个数是相关的,如 2、3、5 是相关的,而 1、2、4 是无关的;又如日常生活中的父子关系、兄弟关系、上下级关系,等等,在这里都可以抽象概括为集合中元素之间的关系.为此给出关系的定义.

定义 2-4 笛卡儿积 $A_1 \times A_2 \times \cdots \times A_n$ 的任意一个子集称为 $A_1, A_2, \cdots, A_n$ 上的一个 **n 元关系**.

一个最重要的特殊情形是 $n=2$,在这种情况下,关系是 $A_1 \times A_2$ 的一个子集(一个序偶集,其第一个坐标取自 A_1,第二个坐标取自 A_2),称为由 A_1 到 A_2 的一个**二元关系**.下面主要讨论二元关系,因此,今后若无特别声明,则术语"关系"概指二元关系.

例 1 设有集合 $A = \{0,1\}, B = \{1,2,3\}$,则

$\rho_1 = \{(0,1),(0,3),(1,2)\}$ 是由 A 到 B 的一个关系,

$\rho_2 = \{(1,1),(1,3)\}$ 也是由 A 到 B 的一个关系,

而 $\rho_3 = \{(1,0),(1,1),(2,1)\}$ 是由 B 到 A 的一个关系.

因为 $\varnothing$ 是任何集合的子集,所以 $\varnothing$ 也定义一种关系,称为**空关系**.

若 ρ 是由 A 到 B 的一个关系,且 $(a,b) \in \rho$,则称 a 对 b 有关系 ρ,记作 $a\rho b$.如果 $(a,b) \notin \rho$,则记作 $a\rho' b$.于是对例 1 有

$$0\rho_1 1, \quad 0\rho_1 3, \quad 1\rho_1 2 \quad \text{但} \quad 0\rho_1' 2, \quad 1\rho_1' 1, \quad 1\rho_1' 3$$

定义 2-5 设 ρ 是由 A 到 B 的一个关系,则使得 $a\rho b (b \in B)$ 成立的所有元素 $a \in A$ 的集合,称为关系 ρ 的**定义域**,记作 D_ρ;使得 $a\rho b(a \in A)$ 成立的所有元素 $b \in B$ 的集合,称为关系 ρ 的**值域**,记作 R_ρ,即

$$D_\rho = \{a \mid a \in A, 存在 b \in B, 使得 a\rho b\}$$
$$R_\rho = \{b \mid b \in B, 存在 a \in A, 使得 a\rho b\}$$

由定义显然有 $D_\rho \subseteq A, \quad R_\rho \subseteq B$

例 2 考虑集合 $A = \{2,3,4\}, B = \{2,3,4,5,6\}$ 以及如下定义的由 A 到 B 的关系 ρ,当且仅当 a 能整除 b 时,$a\rho b$ 成立,于是

$$\rho = \{(2,2),(2,4),(2,6),(3,3),(3,6),(4,4)\}$$

ρ 的定义域 $D_\rho = \{2,3,4\}$,ρ 的值域 $R_\rho = \{2,3,4,6\}$.

定义 2-6 设 A 和 B 是两个集合,ρ 是由 A 到 B 的关系,则由 B 到 A 的关系
$$\tilde{\rho} = \{(b,a) \mid (a,b) \in \rho\}$$
称为关系 ρ 的**逆关系**.

由定义 2-6 可知,只要将 ρ 的每一个序偶中元素次序加以颠倒,就可以得到逆关系 $\tilde{\rho}$ 的所有序偶.例如,例 2 中关系 ρ 的逆关系为
$$\tilde{\rho} = \{(2,2),(4,2),(6,2),(3,3),(6,3),(4,4)\}$$
它是一个由 $B = \{2,3,4,5,6\}$ 到 $A = \{2,3,4\}$ 的关系.

图 2-1 给出了一个由 A 到 B 的关系的图示.在该图中,小圈标定的 a_i 和 b_j 分别表示 A 和 B 中的元素.当且仅当 $a_i \rho b_j$ 时,才有箭头从 a_i 指向 b_j(将各箭头反向,就得到关系 $\tilde{\rho}$ 的图示).

当 A 和 B 是有限集时,由 A 到 B 的关系 ρ 可以方便地用一个 $(\#A) \times (\#B)$ 矩阵来表示,该矩阵称为 ρ 的**关系矩阵**,记作 M_ρ.

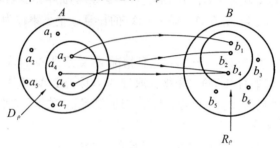

图 2-1

设集合 $A = \{a_1, a_2, \cdots, a_{\#A}\}$,$B = \{b_1, b_2, \cdots, b_{\#B}\}$,$\rho$ 是由 A 到 B 的关系,则关系矩阵 M_ρ 的第 i 行、第 j 列的元素 r_{ij} 如下定义:
$$r_{ij} = \begin{cases} 1 & \text{若 } a_i \rho b_j \\ 0 & \text{若 } a_i \rho' b_j \end{cases}$$
因此关系矩阵中的元素仅为 1 和 0.

例如,例 2 中的关系 ρ 可用关系矩阵
$$M_\rho = \begin{array}{c} \\ 2 \\ 3 \\ 4 \end{array} \begin{array}{cccccc} 2 & 3 & 4 & 5 & 6 \\ \begin{bmatrix} 1 & 0 & 1 & 0 & 1 \\ 0 & 1 & 0 & 0 & 1 \\ 0 & 0 & 1 & 0 & 0 \end{bmatrix} \end{array}$$
来表示.

例 3 设集合 $A = 2^{\{0,1\}}$,$B = 2^{\{0,1,2\}} - 2^{\{0\}}$,$\rho = \{(a,b) \mid a - b = \emptyset\}$ 是一个由 A 到 B 的关系,试列出关系 ρ 的元素,确定 ρ 的定义域和值域,构造 ρ 的关系矩阵.

解 因为 $A = \{\emptyset, \{0\}, \{1\}, \{0,1\}\}$

$$B = \{\varnothing, \{0\}, \{1\}, \{2\}, \{0,1\}, \{1,2\}, \{0,2\}, \{0,1,2\}\} - \{\varnothing, \{0\}\}$$
$$= \{\{1\}, \{2\}, \{0,1\}, \{1,2\}, \{0,2\}, \{0,1,2\}\}$$
$$\rho = \{(a,b) \mid a - b = \varnothing\} = \{(a,b) \mid a \subseteq b\}$$

所以　　$\rho = \{(\varnothing, \{1\}), (\varnothing, \{2\}), (\varnothing, \{0,1\}), (\varnothing, \{0,2\}), (\varnothing, \{1,2\}),$
$(\varnothing, \{0,1,2\}), (\{0\}, \{0,1\}), (\{0\}, \{0,2\}), (\{0\}, \{0,1,2\}),$
$(\{1\}, \{1\}), (\{1\}, \{0,1\}), (\{1\}, \{1,2\}), (\{1\}, \{0,1,2\}),$
$(\{0,1\}, \{0,1\}), (\{0,1\}, \{0,1,2\})\}$

$$D_\rho = A, \quad R_\rho = B$$

关系矩阵为

$$M_\rho = \begin{array}{c} \\ \varnothing \\ \{0\} \\ \{1\} \\ \{0,1\} \end{array} \begin{array}{cccccc} \{1\} & \{2\} & \{0,1\} & \{1,2\} & \{0,2\} & \{0,1,2\} \\ \begin{bmatrix} 1 & 1 & 1 & 1 & 1 & 1 \\ 0 & 0 & 1 & 0 & 1 & 1 \\ 1 & 0 & 1 & 1 & 0 & 1 \\ 0 & 0 & 1 & 0 & 0 & 1 \end{bmatrix} \end{array}$$

关系矩阵为在计算机上表达关系提供了一种方法. 将关系 ρ 的关系矩阵 M_ρ 的行和列加以交换,就得到关系 $\tilde{\rho}$ 的关系矩阵,即 $M_{\tilde{\rho}} = M_\rho^{\mathrm{T}}$.

二元关系的一种特殊情形,即由集合 A 到 A 自身的关系(是 A^2 的一个子集),称为**集合 A 上的关系**.

例 4　设 $A = \{0,1,2,3\}$,则
$$\rho = \{(0,0), (0,3), (2,0), (2,1), (2,3), (3,2)\}$$
是集合 A 上的一个关系.

例 5　设有实数集 **R**,而
$$\rho_1 = \{(x,y) \mid (x,y) \in \mathbf{R}^2, x < y\}$$
则 ρ_1 是实数集 **R** 上的一个关系,即常说的"小于"关系. 例如,序偶 $(3.5,5) \in \rho_1$,$(-1.2,0) \in \rho_1$ 而 $(5,1.05) \notin \rho_1$.

类似地,实数集 **R** 上还可定义"等于"和"大于"关系,即
$$\rho_2 = \{(x,y) \mid (x,y) \in \mathbf{R}^2, x = y\}$$
$$\rho_3 = \{(x,y) \mid (x,y) \in \mathbf{R}^2, x > y\}$$

这些关系的定义域是什么?值域是什么?它们在笛卡儿坐标平面上分别表示哪些点的集合?请读者自己作出回答.

若 $\rho = A^2$,则 ρ 称为 A 上的**普遍关系**,用 U_A 表示,即
$$U_A = \{(a_i, a_j) \mid a_i, a_j \in A\}$$

A 上的**恒等关系**用 I_A 表示,定义为
$$I_A = \{(a_i, a_i) \mid a_i \in A\}$$

例 6　设 $A = \{0,1,2\}$,则

$$U_A = \{(0,0),(0,1),(0,2),(1,0),(1,1),(1,2),(2,0),(2,1),(2,2)\}$$
$$I_A = \{(0,0),(1,1),(2,2)\}$$

一个有限集合 A 上的关系 ρ 不仅可以用上述的 $(\#A)\times(\#A)$ 矩阵来表示,也可以用一个称之为 ρ 的**关系图**的图形来表示.该图具有与 A 中元素个数相同的结点,每一个结点代表 A 中的一个元素,画作一个带有元素标号的小圆圈.当且仅当有 $a_i \rho a_j$ 时,用一条弧(或直线)连接结点 a_i 和 a_j,并在弧上(或直线上)沿着从 a_i 到 a_j 的方向画一箭头.当对应于 ρ 中的序偶的所有结点都用带有适当箭头的弧(或直线)连接起来时,就得到了 ρ 的关系图(若将所有的箭头反向,就得到了 $\tilde{\rho}$ 的关系图).图 2-2 给出了例 4 中关系 ρ 的图.图中每一条带有箭头的弧(或直线)称为该图的边.

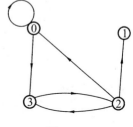

图 2-2

对于图中任意两结点 a_i 和 a_j,若存在 $l-1$ 个结点 $a_{k_1}, a_{k_2}, \cdots, a_{k_{l-1}}$,使得有 $a_i \rho a_{k_1}, a_{k_1} \rho a_{k_2}, \cdots, a_{k_{l-1}} \rho a_j$,则说从结点 a_i 到 a_j 有一条长为 l 的路 $(l \geqslant 1)$.若 $a_i = a_j$,这条路就成为一条回路.

例如,图 2-2 中对于结点 0 和 1,因为 $0\rho 3, 3\rho 2, 2\rho 1$,所以从结点 0 到 1 有长为 3 的路;因为 $3\rho 2, 2\rho 3$,所以从 3 到 3 有长为 2 的路;因为 $0\rho 3$,所以从 0 到 3 有长为 1 的路.

2.3 关系的复合

由于关系是一个集合,因此可对关系进行集合的运算,诸如求并、交、补等,从而产生其他新的关系.这些与一般集合一样.

例 1 设 $A = \{2,4,6,9\}$, $B = \{3,4,6\}$, ρ_1 和 ρ_2 分别是由 A 到 B 的关系,$\rho_1 = \{(a,b) \mid a$ 整除 $b\}$, $\rho_2 = \{(a,b) \mid (a-b)/3$ 是整数$\}$,求
$$\rho_1 \cup \rho_2, \quad \rho_1 \cap \rho_2, \quad \rho_1 - \rho_2, \quad \rho_1'$$

解 $\rho_1 = \{(2,4),(2,6),(4,4),(6,6)\}$
$\rho_2 = \{(4,4),(6,3),(6,6),(9,3),(9,6)\}$
$\rho_1 \cup \rho_2 = \{(2,4),(2,6),(4,4),(6,6),(6,3),(9,3),(9,6)\}$
$\rho_1 \cap \rho_2 = \{(4,4),(6,6)\}$
$\rho_1 - \rho_2 = \{(2,4),(2,6)\}$
$\rho_1' = (A \times B) - \rho_1$
$\quad = \{(2,3),(4,3),(4,6),(6,3),(6,4),(9,3),(9,4),(9,6)\}$

显然 $\rho_1 \cup \rho_2, \rho_1 \cap \rho_2, \rho_1 - \rho_2$ 和 ρ_1' 也都是由 A 到 B 的关系.

本节讨论关系的另一种运算,即关系的复合运算.

定义 2-7 设 ρ_1 是一个由 A_1 到 A_2 的关系,ρ_2 是一个由 A_2 到 A_3 的关系,则 ρ_1 和 ρ_2 的**复合关系**是一个由 A_1 到 A_3 的关系,用 $\rho_1 \cdot \rho_2$ 表示(或简记作 $\rho_1 \rho_2$),定义为当且

仅当存在某个 $a_k \in A_2$,使得 $a_i\rho_1 a_k, a_k\rho_2 a_j$ 时,有 $a_i(\rho_1 \cdot \rho_2)a_j$.

这种从 ρ_1 和 ρ_2 得到 $\rho_1 \cdot \rho_2$ 的运算,称为**关系的复合运算**.

例2 设 ρ_1 是一由 $A_1 = \{1,2,3,4\}$ 到 $A_2 = \{2,3,4\}$ 的关系,ρ_2 是一由 A_2 到 $A_3 = \{1,2,3\}$ 的关系,它们分别为

$$\rho_1 = \{(a_i, a_k) \mid a_i + a_k = 5\} = \{(1,4),(2,3),(3,2)\}$$
$$\rho_2 = \{(a_k, a_j) \mid a_k - a_j = 2\} = \{(3,1),(4,2)\}$$

复合关系 $\rho_1 \cdot \rho_2$ 由所有这样的序偶 (a_i, a_j) 组成,存在某个 $a_k \in A_2$,使得 $a_i + a_k = 5$ 且 $a_k - a_j = 2$,于是

$$\rho_1 \cdot \rho_2 = \{(1,2),(2,1)\}$$

图 2-3 给出了复合关系 $\rho_1 \cdot \rho_2$ 的图示.

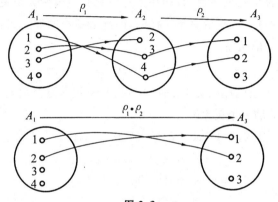

图 2-3

显然,如果 ρ_1 的值域和 ρ_2 的定义域的交集为空,则 $\rho_1 \cdot \rho_2$ 是空关系.

定理 2-1 设 ρ 是由集合 A 到 B 的关系,则 $I_A \cdot \rho = \rho \cdot I_B = \rho$.

证明 由复合关系的定义知,$I_A \cdot \rho$ 也是由 A 到 B 的关系,因此只要证明 $I_A \cdot \rho$ 和 ρ 作为集合是相等的,便有 $I_A \cdot \rho = \rho$.

对于任意的 $(a,b) \in I_A \cdot \rho$,由复合关系的定义,必存在 $a_i \in A$ 使得 $aI_A a_i, a_i\rho b$.由于 I_A 是恒等关系,必有 $a_i = a$,于是 $a\rho b$,即 $(a,b) \in \rho$,因此 $I_A \cdot \rho \subseteq \rho$.

又对于任意的 $(a,b) \in \rho$,因为 I_A 是恒等关系,必有 $aI_A a$.

由 $aI_A a, a\rho b$,可知 $a(I_A \cdot \rho)b$,即 $(a,b) \in I_A \cdot \rho$,因此 $\rho \subseteq I_A \cdot \rho$.

由上可知 $I_A \cdot \rho = \rho$.

类似地,可以证明 $\rho \cdot I_B = \rho$.

定理 2-2 设 ρ_1 是由 A_1 到 A_2 的关系,ρ_2 是由 A_2 到 A_3 的关系,ρ_3 是由 A_3 到 A_4 的关系,则有 $(\rho_1 \cdot \rho_2) \cdot \rho_3 = \rho_1 \cdot (\rho_2 \cdot \rho_3)$.

证明 根据复合关系的定义,$(\rho_1 \cdot \rho_2) \cdot \rho_3$ 和 $\rho_1 \cdot (\rho_2 \cdot \rho_3)$ 同是由 A_1 到 A_4 的关系.下面证明

$$(\rho_1 \cdot \rho_2) \cdot \rho_3 \subseteq \rho_1 \cdot (\rho_2 \cdot \rho_3)$$

设 $(a,d) \in (\rho_1 \cdot \rho_2) \cdot \rho_3$，由复合关系的定义，必有 $c \in A_3$ 使得 $a(\rho_1 \cdot \rho_2)c, c\rho_3 d$；又由 $a(\rho_1 \cdot \rho_2)c$，必有 $b \in A_2$ 使得 $a\rho_1 b, b\rho_2 c$。由 $b\rho_2 c, c\rho_3 d$，可得 $b(\rho_2 \cdot \rho_3)d$，于是由 $a\rho_1 b, b(\rho_2 \cdot \rho_3)d$，可得 $a(\rho_1 \cdot (\rho_2 \cdot \rho_3))d$，即 $(a,d) \in \rho_1 \cdot (\rho_2 \cdot \rho_3)$，故有 $(\rho_1 \cdot \rho_2) \cdot \rho_3 \subseteq \rho_1 \cdot (\rho_2 \cdot \rho_3)$。类似地，可以证明 $\rho_1 \cdot (\rho_2 \cdot \rho_3) \subseteq (\rho_1 \cdot \rho_2) \cdot \rho_3$。

由此 $(\rho_1 \cdot \rho_2) \cdot \rho_3 = \rho_1 \cdot (\rho_2 \cdot \rho_3)$ 得证。

由于 $(\rho_1 \cdot \rho_2) \cdot \rho_3$ 与 $\rho_1 \cdot (\rho_2 \cdot \rho_3)$ 相等，因此常删去括号将它们写作 $\rho_1 \cdot \rho_2 \cdot \rho_3$。一般地，若 ρ_1 是一由 A_1 到 A_2 的关系，ρ_2 是一由 A_2 到 A_3 的关系，$\cdots$，ρ_n 是一由 A_n 到 A_{n+1} 的关系，则 $(\cdots((\rho_1 \cdot \rho_2) \cdot \rho_3) \cdots \rho_{n-1})\rho_n$ 是一由 A_1 到 A_{n+1} 的关系。由归纳法容易证明，任意 n 个关系的复合也是可结合的，即在上式中只要不改变 n 个关系符号的次序，不论在它们中间怎样加括号，其结果是一样的，因此去括号的表达式 $\rho_1 \rho_2 \cdots \rho_n$ 唯一地表示一个由 A_1 到 A_{n+1} 的关系。

特别，当 $A_1 = A_2 = \cdots = A_n = A_{n+1} = A$ 且 $\rho_1 = \rho_2 = \cdots = \rho_n = \rho$ 时（即当所有的关系 ρ_i 都是集合 A 上同样的关系 ρ 时，$i = 1, 2, \cdots, n$），复合关系 $\rho_1 \rho_2 \cdots \rho_n$ 可以用 ρ^n 表示（它是集合 A 上的一个关系）。

例3 设 $A = \{1, 2, 3, 4\}$，A 上的关系 $\rho = \{(2,1), (3,2), (4,3)\}$，则有

$$\rho^2 = \{(3,1), (4,2)\}$$
$$\rho^3 = \{(4,1)\}$$
$$\rho^4 = \varnothing$$

2.4 复合关系的关系矩阵和关系图

在讨论复合关系矩阵之前，先介绍布尔运算，并用布尔运算来定义两个关系矩阵的乘积。布尔运算只涉及数字 0 和 1，这些数字的加法和乘法按下列方式进行：

$$0 + 0 = 0, \quad 0 + 1 = 1 + 0 = 1 + 1 = 1$$
$$1 \cdot 1 = 1, \quad 1 \cdot 0 = 0 \cdot 1 = 0 \cdot 0 = 0$$

例如，式子 $(1 \cdot 1) + (0 \cdot 0 \cdot 1) + (1 \cdot 1 \cdot 1) + 1 + (1 \cdot 0) = 1$。

一般地，在一个式子中当且仅当至少有一个乘积是形式 $1 \cdot 1 \cdots 1$ 时，乘积的和等于 1，否则为 0。

下面用布尔运算来定义两个关系矩阵的乘积。

定义 2-8 设 M_1 是一个 (i,j) 通路（即第 i 行、j 列的元素）为 $r_{ij}^{(1)}$ 的 $l \times m$ 关系矩阵，M_2 是一个 (i,j) 通路为 $r_{ij}^{(2)}$ 的 $m \times n$ 关系矩阵，则 M_1 与 M_2 乘积，记为 $M_1 \cdot M_2$，是一个 $l \times n$ 矩阵，其 (i,j) 通路为

$$r_{ij} = \sum_{k=1}^{m}(r_{ik}^{(1)} \cdot r_{kj}^{(2)}) \quad (i=1,2,\cdots,l; j=1,2,\cdots,n)$$

在这里全部加法和乘法都是布尔型的.

注意,M_1 的列数必须等于 M_2 的行数,这样 $M_1 \cdot M_2$ 才有意义.

例1 设 M_1 和 M_2 是两个关系矩阵,即

$$M_1 = \begin{pmatrix} 0 & 0 & 0 \\ 0 & 0 & 1 \\ 0 & 1 & 0 \\ 1 & 0 & 0 \end{pmatrix}, \quad M_2 = \begin{pmatrix} 1 & 0 & 0 \\ 0 & 1 & 0 \\ 0 & 0 & 1 \end{pmatrix}$$

则

$$M_1 \cdot M_2 = \begin{pmatrix} 0 & 0 & 0 \\ 0 & 0 & 1 \\ 0 & 1 & 0 \\ 1 & 0 & 0 \end{pmatrix}$$

根据定义 2-8 容易证明,关系矩阵的乘积是可结合的,即乘积 $(M_1 \cdot M_2) \cdot M_3$ 和 $M_1 \cdot (M_2 \cdot M_3)$ 当有意义时,是相等的.因此可以直接写成 $M_1 \cdot M_2 \cdot M_3$.一般地,若 $M_1 \cdot M_2, M_2 \cdot M_3, \cdots, M_{n-1} \cdot M_n$ 有意义,则去括号的式子 $M_1 \cdot M_2 \cdot \cdots \cdot M_n$ 唯一地表示 $M_1, M_2, \cdots, M_n$ 的乘积,特别,当这 n 个关系矩阵都相等时,即 $M_1 = M_2 = \cdots = M_n = M$ 时,其乘积可用 M^n 表示.

假设 ρ_1 是由 A 到 B 的关系,ρ_2 是由 B 到 C 的关系,这里 A、B 和 C 都是有限集.由 2.3 节所述,复合关系 $\rho_1 \cdot \rho_2$ 是一由 A 到 C 的关系.本节的任务是探讨复合关系的关系矩阵与构成这一复合关系的各关系的关系矩阵之间的联系.下面先看一例.

例2 设 ρ_1 是一由 $A = \{1,2,3,4\}$ 到 $B = \{2,3,4\}$ 的关系,ρ_2 是一由 B 到 $C = \{1,2,3\}$ 的关系,其定义分别为

$$\rho_1 = \{(a,b) \mid a+b=6\} = \{(2,4),(3,3),(4,2)\}$$
$$\rho_2 = \{(b,c) \mid b-c=1\} = \{(2,1),(3,2),(4,3)\}$$

则由复合关系的定义有 $\rho_1 \cdot \rho_2 = \{(2,3),(4,1),(3,2)\}$.

相应的关系矩阵为

$$M_{\rho_1} = \begin{array}{c} \\ 1 \\ 2 \\ 3 \\ 4 \end{array} \begin{pmatrix} 2 & 3 & 4 \\ 0 & 0 & 0 \\ 0 & 0 & 1 \\ 0 & 1 & 0 \\ 1 & 0 & 0 \end{pmatrix}, \quad M_{\rho_2} = \begin{array}{c} \\ 2 \\ 3 \\ 4 \end{array} \begin{pmatrix} 1 & 2 & 3 \\ 1 & 0 & 0 \\ 0 & 1 & 0 \\ 0 & 0 & 1 \end{pmatrix}, \quad M_{\rho_1 \rho_2} = \begin{array}{c} \\ 1 \\ 2 \\ 3 \\ 4 \end{array} \begin{pmatrix} 1 & 2 & 3 \\ 0 & 0 & 0 \\ 0 & 0 & 1 \\ 0 & 1 & 0 \\ 1 & 0 & 0 \end{pmatrix}$$

与例1比较可看出,这里的 M_{ρ_1}、M_{ρ_2} 分别就是例1中的 M_1、M_2,而 $M_{\rho_1 \rho_2} = M_1 \cdot M_2$,因而有 $M_{\rho_1 \rho_2} = M_{\rho_1} \cdot M_{\rho_2}$.这一结果并不偶然.实际上,对于复合关系的关系矩

阵,有下面的定理.

定理 2-3 设 ρ_1 是一由 A 到 B 的关系, ρ_2 是一由 B 到 C 的关系(这里 A、B 和 C 都是有限集),它们的关系矩阵分别为 M_{ρ_1}、M_{ρ_2},则复合关系 $\rho_1 \cdot \rho_2$ 的关系矩阵 $M_{\rho_1 \rho_2} = M_{\rho_1} \cdot M_{\rho_2}$.

证明 设 $A = \{a_1, a_2, \cdots, a_l\}$, $B = \{b_1, b_2, \cdots, b_m\}$, $C = \{c_1, c_2, \cdots, c_n\}$, 又设 M_{ρ_1}, M_{ρ_2}, $M_{\rho_1 \rho_2}$, $M_{\rho_1} \cdot M_{\rho_2}$ 的 (i,j) 通路分别为 $r_{ij}^{(1)}$, $r_{ij}^{(2)}$, r'_{ij}, r_{ij}.

由复合关系的定义,对于 A 与 C 中的任意两个元素 a_i 和 c_j,当且仅当存在某个 $b_k \in B$ 使得 $a_i \rho_1 b_k$, $b_k \rho_2 c_j$ 时,有 $a_i (\rho_1 \cdot \rho_2) c_j$,反映在关系矩阵上,这也就是说,当且仅当存在某个 $k(1 \leqslant k \leqslant m)$ 使得 $r_{ik}^{(1)} = 1$ 且 $r_{kj}^{(2)} = 1$ 时,有 $r'_{ij} = 1$. 另一方面,由关系矩阵乘积的定义可知,当且仅当存在某个 $k(1 \leqslant k \leqslant m)$ 使得 $r_{ik}^{(1)} = 1$ 且 $r_{kj}^{(2)} = 1$ 时,有 $r_{ij} = \sum_{k=1}^{m} r_{ik}^{(1)} r_{kj}^{(2)} = 1$. 因此当且仅当 $r_{ij} = 1$ 时,有 $r'_{ij} = 1$. 由 i、j 的任意性,故得 $M_{\rho_1 \rho_2} = M_{\rho_1} \cdot M_{\rho_2}$. 证毕.

更一般地,可以得到下述的结论.

定理 2-4 设 ρ_1 是一由 A_1 到 A_2 的关系, ρ_2 是一由 A_2 到 A_3 的关系, $\cdots$, ρ_n 是一由 A_n 到 A_{n+1} 的关系(这里 $A_1, A_2, \cdots, A_{n+1}$ 都是有限集). 它们的关系矩阵分别是 $M_{\rho_1}, M_{\rho_2}, \cdots, M_{\rho_n}$,则复合关系 $\rho_1 \rho_2 \cdots \rho_n$(由 A_1 到 A_{n+1})的关系矩阵 $M_{\rho_1 \rho_2 \cdots \rho_n} = M_{\rho_1} \cdot M_{\rho_2} \cdot \cdots \cdot M_{\rho_n}$.

此定理可根据定理 2-3 运用归纳法加以证明.

特别,当 $\rho_1 = \rho_2 = \cdots = \rho_n = \rho$, $A_1 = A_2 = \cdots = A_{n+1} = A$ 时,定理 2-4 又可简化为如下形式.

定理 2-5 设 ρ 是有限集 A 上的一个具有关系矩阵 M_ρ 的关系,则复合关系 ρ^n 的关系矩阵 $M_{\rho^n} = M_\rho^n$.

有限集 A 上的关系 ρ 的复合关系 ρ^n 仍为该有限集上的关系,因此它也可用关系图来表示. 类似于关系矩阵,给出如何由 ρ 的关系图构造 ρ^n 的关系图的简单方法.

根据复合关系的定义,当且仅当在 A 中有 $a_{k_1}, a_{k_2}, \cdots, a_{k_{n-1}}$ 存在,使得 $a_i \rho a_{k_1}$, $a_{k_1} \rho a_{k_2}, \cdots, a_{k_{n-1}} \rho a_j$ 时,有 $a_i \rho^n a_j$. 因此,当且仅当在 ρ 的图中,有结点 $a_{k_1}, a_{k_2}, \cdots, a_{k_{n-1}}$,其边的指向由 a_i 到 a_{k_1}, a_{k_1} 到 $a_{k_2}, \cdots, a_{k_{n-1}}$ 到 a_j 时,则在 ρ^n 的图中,边由结点 a_i 指向 a_j. 于是,对于如何由 ρ 的关系图构造 ρ^n 的关系图,可按如下步骤进行:对于 ρ 的图中的每一个结点 a_i,确定从 a_i 经由长为 n 的路能够到达的结点,这些结点在 ρ^n 的图中,边必须由结点 a_i 指向它们.

例如,图 2-4 所表示的 ρ^2 和 ρ^3 的图,就是由图 2-2 所示的 ρ 的图按上述方法构成的.

例 3 设 $A = \{0, 1, 2, 3\}$, A 上的关系为 $\rho = \{(0,1), (1,2), (2,3), (2,1), (0,0)\}$,求 ρ^3.

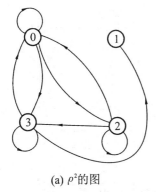 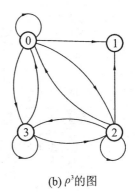

(a) ρ^2 的图   (b) ρ^3 的图

图 2-4

解 按照复合关系的定义有

$$\rho^2 = \rho \cdot \rho = \{(0,2),(1,3),(1,1),(2,2),(0,1),(0,0)\}$$

$$\rho^3 = \rho^2 \cdot \rho = \{(0,3),(0,1),(1,2),(2,3),(2,1),(0,2),(0,0)\}$$

构造 ρ 的关系矩阵为

$$M_\rho = \begin{matrix} & \begin{matrix} 0 & 1 & 2 & 3 \end{matrix} \\ \begin{matrix} 0 \\ 1 \\ 2 \\ 3 \end{matrix} & \begin{pmatrix} 1 & 1 & 0 & 0 \\ 0 & 0 & 1 & 0 \\ 0 & 1 & 0 & 1 \\ 0 & 0 & 0 & 0 \end{pmatrix} \end{matrix}$$

根据定理 2-3 有

$$M_\rho^2 = M_\rho \cdot M_\rho = \begin{pmatrix} 1 & 1 & 0 & 0 \\ 0 & 0 & 1 & 0 \\ 0 & 1 & 0 & 1 \\ 0 & 0 & 0 & 0 \end{pmatrix} \cdot \begin{pmatrix} 1 & 1 & 0 & 0 \\ 0 & 0 & 1 & 0 \\ 0 & 1 & 0 & 1 \\ 0 & 0 & 0 & 0 \end{pmatrix} = \begin{matrix} & \begin{matrix} 0 & 1 & 2 & 3 \end{matrix} \\ \begin{matrix} 0 \\ 1 \\ 2 \\ 3 \end{matrix} & \begin{pmatrix} 1 & 1 & 1 & 0 \\ 0 & 1 & 0 & 1 \\ 0 & 0 & 1 & 0 \\ 0 & 0 & 0 & 0 \end{pmatrix} \end{matrix}$$

$$M_\rho^3 = M_\rho^2 \cdot M_\rho = \begin{pmatrix} 1 & 1 & 1 & 0 \\ 0 & 1 & 0 & 1 \\ 0 & 0 & 1 & 0 \\ 0 & 0 & 0 & 0 \end{pmatrix} \cdot \begin{pmatrix} 1 & 1 & 0 & 0 \\ 0 & 0 & 1 & 0 \\ 0 & 1 & 0 & 1 \\ 0 & 0 & 0 & 0 \end{pmatrix} = \begin{matrix} & \begin{matrix} 0 & 1 & 2 & 3 \end{matrix} \\ \begin{matrix} 0 \\ 1 \\ 2 \\ 3 \end{matrix} & \begin{pmatrix} 1 & 1 & 1 & 1 \\ 0 & 0 & 1 & 0 \\ 0 & 1 & 0 & 1 \\ 0 & 0 & 0 & 0 \end{pmatrix} \end{matrix}$$

根据关系矩阵的表示方法,由关系矩阵 M_ρ^3 可列出 ρ^3 的全部序偶,显然,它与按照复合关系的定义求出来的结果完全一样.

构造 ρ 的关系图如图 2-5 所示。由 ρ 的关系图构造出 ρ^3 的关系图如图 2-6 所示。

由 ρ^3 的关系图可以看出,ρ^3 的关系图中所表示的序偶与上述两方法求出来的结果完全一样.

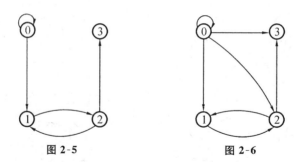

图 2-5　　　　　图 2-6

2.5　关系的性质与闭包运算

一个集合 A 上的关系 ρ 往往可以显出许多有用的性质. 在此仅列出一些基本性质.

定义 2-9　设 ρ 是集合 A 上的关系,

(1) 若对于所有的 $a \in A$, 有 $a\rho a$, 则称 ρ 是**自反的**. 否则, ρ 是**非自反的**.

(2) 若对于所有的 $a \in A$, 有 $a\rho' a$, 则称 ρ 是**反自反的**.

(3) 对于所有的 $a,b \in A$, 若每当有 $a\rho b$ 就有 $b\rho a$, 则称 ρ 是**对称的**. 否则, ρ 是**非对称的**.

(4) 对于所有的 $a,b \in A$, 若每当有 $a\rho b$ 和 $b\rho a$ 就必有 $a=b$, 则称 ρ 是**反对称的**.

(5) 对于所有的 $a,b,c \in A$, 若每当有 $a\rho b$ 和 $b\rho c$ 就有 $a\rho c$, 则称 ρ 是**可传递的**. 否则, ρ 是**不可传递的**.

注意区别自反关系和恒等关系,一个集合 A 上的恒等关系是自反关系,但自反关系却不一定是恒等关系.

显然,反对称关系的定义条件可等价地叙述为,对于所有的 $a,b \in A$, 若 $a \neq b$, 则 $a\rho b$ 与 $b\rho a$ 不能同时成立.

例 1　设 $A = \{0,1,2,3\}$, A 上的关系 $\rho = \{(1,2),(2,2),(2,3),(3,2)\}$, 判断 ρ 的性质.

解　$0 \in A$, 但 $(0,0) \notin \rho$, 所以 ρ 不是自反的.

由于 $(2,2) \in \rho$, 所以 ρ 也不是反自反的.

$(1,2) \in \rho$, 但 $(2,1) \notin \rho$, 所以 ρ 不是对称的.

$2 \neq 3$, 但 $(2,3) \in \rho$ 且 $(3,2) \in \rho$, 所以 ρ 不是反对称的.

$(1,2) \in \rho$, $(2,3) \in \rho$, 但 $(1,3) \notin \rho$, 所以 ρ 不是可传递的.

例 2　定义实数集 $\mathbf{R}$ 上的关系 ρ, 对于任意的 $r_1, r_2 \in \mathbf{R}$, 当且仅当 $r_1 \geq |r_2|$ 时, 有 $r_1 \rho r_2$, 试判断 ρ 的性质.

解　$-3 \in \mathbf{R}$, 但 $-3 \not\geq |-3|$, 所以 ρ 是非自反的.

ρ 不是反自反的,因为 $3\geqslant|3|$.

ρ 是非对称的,例如, $3\geqslant|-2|$,但 $-2\not\geqslant|3|$.

ρ 是反对称的,因为对于任意的 r_1、$r_2 \in \mathbf{R}$,若 $r_1 \geqslant |r_2|$ 且 $r_2 \geqslant |r_1|$,则必有 $r_1 \geqslant 0$ 且 $r_2 \geqslant 0$,因此 $r_1 = |r_1|$,$r_2 = |r_2|$,于是有 $r_1 \geqslant r_2$,$r_2 \geqslant r_1$,故有 $r_1 = r_2$.

ρ 是可传递的,因为对于任意的 r_1、r_2、$r_3 \in \mathbf{R}$,若 $r_1 \geqslant |r_2|$ 且 $r_2 \geqslant |r_3|$,则 $r_2 \geqslant 0$,因此 $r_2 = |r_2|$,于是有 $r_1 \geqslant r_2$,$r_2 \geqslant |r_3|$,由 "$\geqslant$" 关系的可传递性,必有 $r_1 \geqslant |r_3|$.

可以有这样的一种关系,它既是对称的,又是反对称的.例如,任何集合上的恒等关系就是这样的一种关系.

关系的这些性质,在关系矩阵和关系图上大多可以得到明确的反映.

若关系 ρ 是自反的,则 ρ 的关系图中的每一个结点引出一个单边环;若 ρ 是对称的,则在其关系图中,对每一由结点 a_i 指向结点 a_j 的边,必有一相反方向的边;若 ρ 是反对称的,则在其关系图中,任何两个不同的结点间最多只有一条边,而不会同时有两条相反方向的边;若 ρ 是可传递的,则若有由结点 a_i 指向 a_k 的边,且又有由结点 a_k 指向 a_j 的边,就必有一条由结点 a_i 指向 a_j 的边.

若关系 ρ 是自反的,则关系矩阵的主对角线上的元素全为 1;若 ρ 是对称的,则关系矩阵关于主对角线对称;若 ρ 是反对称的,则对 $i \neq j$,若 $r_{ij} = 1$,则 $r_{ji} = 0$.

当集合中元素的数目较大时,关系的图解表示和矩阵表达就变得不太方便了.然而在计算机上表达矩阵却不困难.根据关系矩阵,不难确定给定的关系是否是自反的或对称的,但根据关系矩阵确定给定的关系是否是可传递的,就不那么便当.

对于集合 A 上的任一个关系 ρ,它不一定会具有自反性、对称性或可传递性,但可以通过在 ρ 中添加一些序偶,使它具有上述的某个性质.如果要求添加的序偶尽可能少,则可以通过以下的闭包运算来实现,并分别称其运算结果为关系 ρ 的自反闭包、对称闭包和传递闭包.

定义 2-10 设 ρ 是集合 A 上的关系,ρ 的**自反闭包**用 $r(\rho)$ 表示,它是由下式定义的 A 上的关系,即
$$r(\rho) = \rho \cup I_A$$

定义 2-11 设 ρ 是集合 A 上的关系,ρ 的**对称闭包**用 $s(\rho)$ 表示,它是由下式定义的 A 上的关系,即
$$s(\rho) = \rho \cup \tilde{\rho}$$

定义 2-12 设 ρ 是集合 A 上的关系,ρ 的**传递闭包**用 $t(\rho)$ 表示,它是由下式定义的 A 上的关系,即
$$t(\rho) = \bigcup_{i=1}^{\infty} \rho^i$$

$r(\rho)$、$s(\rho)$ 和 $t(\rho)$ 具有以下类似的性质.

定理 2-6 设 ρ 是集合 A 上的一个关系,则 ρ 的自反闭包 $r(\rho)$ 具有以下性质:

(1) $\rho \subseteq r(\rho)$;

(2) $r(\rho)$ 是自反的;

(3) 对于 A 上的任何自反关系 ρ_r,若 $\rho \subseteq \rho_r$,则 $r(\rho) \subseteq \rho_r$.

定理 2-7 设 ρ 是集合 A 上的一个关系，则 ρ 的对称闭包 $s(\rho)$ 具有以下性质：

(1) $\rho \subseteq s(\rho)$；

(2) $s(\rho)$ 是对称的；

(3) 对于 A 上任何对称关系 ρ_s，若 $\rho \subseteq \rho_s$，则 $s(\rho) \subseteq \rho_s$。

定理 2-6 和定理 2-7 的结论是十分明显的，因此略去证明。

定理 2-8 设 ρ 是集合 A 上的一个关系，则 ρ 的传递闭包 $t(\rho)$ 具有以下性质：

(1) $\rho \subseteq t(\rho)$；

(2) $t(\rho)$ 是可传递的；

(3) 对于 A 上任何可传递的关系 ρ_t，若 $\rho \subseteq \rho_t$，则 $t(\rho) \subseteq \rho_t$。

证明 由 $t(\rho)$ 的定义，显然有 $\rho \subseteq t(\rho)$。设有 $at(\rho)b$ 和 $bt(\rho)c$，则必存在正整数 h 和 k，使得 $a\rho^h b$，$b\rho^k c$。由于关系的复合是可结合的，因此有 $a\rho^{h+k}c$，于是有 $at(\rho)c$，即 $t(\rho)$ 是可传递的。

其次，设 ρ_t 是 A 上任意一个包含 ρ 的可传递关系，又设 $at(\rho)b$，则由 $t(\rho)$ 的定义，必存在有正整数 k，使得 $a\rho^k b$。因此必有元素 $b_1, b_2, \cdots, b_{k-1} \in A$，使得 $a\rho b_1, b_1\rho b_2, \cdots, b_{k-1}\rho b$，由于 $\rho \subseteq \rho_t$，所以有 $a\rho_t b_1, b_1\rho_t b_2, \cdots, b_{k-1}\rho_t b$，而 ρ_t 是可传递的，因此有 $a\rho_t b$。由于 (a, b) 是 $t(\rho)$ 的任意元素，故有 $t(\rho) \subseteq \rho_t$。定理得证。

由上述定理的结论可知，$r(\rho)$，$s(\rho)$ 和 $t(\rho)$ 分别是集合 A 上包含 ρ 的最小（在 ρ 的基础上添加序偶最少）的自反关系、对称关系和可传递关系。

以上三个闭包中，传递闭包的构造过程较为复杂，甚至很难求出。但当 A 是有限集时，笛卡儿积 $A \times A$ 的基数 $\#(A \times A) = (\#A) \times (\#A) = (\#A)^2$，因此 $A \times A$ 的幂集 $2^{A \times A}$ 的基数 $\#(2^{A \times A}) = 2^{\#(A \times A)} = 2^{(\#A)^2}$，就是说 $A \times A$ 仅有 $2^{(\#A)^2}$ 个不同的子集，这就意味着集合 A 上仅有有限个不同的关系。因此，当 A 是有限集时，ρ 的传递闭包 $t(\rho)$ 又可写为 $t(\rho) = \bigcup_{i=1}^{m} \rho^i$（$m$ 为某正整数）。

于是，构造有限集上的关系 ρ 的传递闭包，其过程是有限的。例如，由 ρ 逐步构造出 $\rho^2, \rho^3, \rho^4, \cdots$，这样继续下去，一定存在某个正整数 k，使得 $\rho^k = \rho^h (k > h)$。设 k 就是使得这一等式成立的最小正整数，则 $t(\rho) = \bigcup_{i=1}^{k-1} \rho^i$。

事实上，若 $\#A = n$，则集合 A 上的传递闭包 $t(\rho) = \bigcup_{i=1}^{n} \rho^i$。这一结论的证明留给读者作为练习。

由定义 2-12，当且仅当存在某个正整数 k 使得 $a_i \rho^k a_j$ 时，有 $a_i t(\rho) a_j$。就 ρ 的关系图而言，当且仅当 a_j 是从 a_i 经由任意有限长 k 的路能够到达时，有 $a_i \rho^k a_j$，因而有 $a_i t(\rho) a_j$。因此由 ρ 的关系图可直接构造出 $t(\rho)$ 的关系图：对于 ρ 的关系图中的每一个结点 a_i，找出从 a_i 经由有限长的路能够到达（即有路到达）的结点，这些结点在 $t(\rho)$ 的关系图中边必须由结点 a_i 指向它们。就关系矩阵而言，当且仅当存在某个关系矩

阵 M_{ρ^k} 使得 $r_{ij}^{(k)} = 1$ 时, $t(\rho)$ 的关系矩阵 $M_{t(\rho)}$ 有 $r_{ij}^{(+)} = 1$. 于是, 关系矩阵 $M_{t(\rho)}$ 的 (i, j) 通路可由关系矩阵 $M_\rho, M_{\rho^2}, M_{\rho^3}, \cdots, M_{\rho^n}$ 的 (i,j) 通路相加(布尔加)而得到, 用符号写成

$$M_{t(\rho)} = \sum_{i=1}^{n} M_\rho^i = \sum_{i=1}^{n} M_\rho^i \quad (\# A = n)$$

例3 设 $A = \{1,2,3,4,5,6\}$ 上的关系 $\rho = \{(1,5),(1,3),(2,5),(4,5),(5,4),(6,3),(6,6)\}$, 求 ρ 的自反闭包、对称闭包和传递闭包.

解 根据定义 2-10,

$r(\rho) = \rho \bigcup I_A = \{(1,5),(1,3),(2,5),(4,5),(5,4),(6,3),(6,6)\}$
$\quad\quad\quad \bigcup \{(1,1),(2,2),(3,3),(4,4),(5,5),(6,6)\}$
$\quad\quad = \{(1,1),(2,2),(3,3),(4,4),(5,5),(6,6),(1,5),(1,3),(2,5),$
$\quad\quad\quad (4,5),(5,4),(6,3)\}$

根据定义 2-11,

$s(\rho) = \rho \bigcup \tilde{\rho} = \{(1,5),(1,3),(2,5),(4,5),(5,4),(6,3),(6,6)\}$
$\quad\quad\quad \bigcup \{(5,1),(3,1),(5,2),(5,4),(4,5),(3,6),(6,6)\}$
$\quad\quad = \{(1,5),(1,3),(2,5),(4,5),(5,4),(6,3),(6,6),(5,1),(3,1),$
$\quad\quad\quad (5,2),(3,6)\}$

又 $\rho^2 = \{(1,4),(2,4),(4,4),(5,5),(6,3),(6,6)\}$
$\quad \rho^3 = \{(1,5),(2,5),(4,5),(5,4),(6,3),(6,6)\}$
$\quad \rho^4 = \{(1,4),(2,4),(4,4),(5,5),(6,3),(6,6)\}$
$\quad \rho^4 = \rho^2$

所以 $t(\rho) = \rho \bigcup \rho^2 \bigcup \rho^3$
$\quad\quad = \{(1,3),(1,4),(1,5),(2,4),(2,5),(4,4),(4,5),(5,4),$
$\quad\quad\quad (5,5),(6,3),(6,6)\}$

关系 ρ 的闭包还具有许多性质, 下面仅列出几个最基本的.

定理 2-9 设 ρ 是集合 A 上的关系,

(1) 若 ρ 是自反的, 则 $r(\rho) = \rho$;

(2) 若 ρ 是对称的, 则 $s(\rho) = \rho$;

(3) 若 ρ 是可传递的, 则 $t(\rho) = \rho$.

证明 只证(1).

由 $r(\rho)$ 的定义可知, $\rho \subseteq r(\rho)$. 另一方面, 由于 ρ 是自反的, 且 $\rho \subseteq \rho$, 由定理 2-6, 又有 $r(\rho) \subseteq \rho$, 因此得到 $r(\rho) = \rho$.

(2) 和 (3) 的证明是类似的, 留作练习.

定理 2-10 设 ρ_1 和 ρ_2 是集合 A 上的关系, 且 $\rho_1 \subseteq \rho_2$, 则

(1) $r(\rho_1) \subseteq r(\rho_2)$;

(2) $s(\rho_1) \subseteq s(\rho_2)$;

(3) $t(\rho_1) \subseteq t(\rho_2)$.

证明 只证(2), (1)和(3)的证明留作练习.

设 $(a,b) \in s(\rho_1)$, 则 $(a,b) \in \rho_1$ 或 $(a,b) \in \widetilde{\rho_1}$, 因为 $\rho_1 \subseteq \rho_2$, 所以, 若 $(a,b) \in \rho_1$, 则必有 $(a,b) \in \rho_2$; 若 $(a,b) \in \widetilde{\rho_1}$, 则 $(b,a) \in \rho_1$, 于是 $(b,a) \in \rho_2$, 从而有 $(a,b) \in \widetilde{\rho_2}$. 因此两种情形下, 均有 $(a,b) \in s(\rho_2)$ 故 $s(\rho_1) \subseteq s(\rho_2)$.

2.6 等价关系

定义 2-13 集合 A 上的关系 ρ, 如果它是自反、对称且可传递的, 则称 ρ 为 A 上的**等价关系**. 也就是说, 具有以下性质的关系 ρ 称为等价关系.

(1) 对所有的 $a \in A$, 有 $a\rho a$;
(2) 对所有的 $a,b \in A$, 若 $a\rho b$, 则有 $b\rho a$;
(3) 对所有的 $a,b,c \in A$, 若有 $a\rho b$ 和 $b\rho c$, 则有 $a\rho c$.

最熟悉的等价关系是一个集合的元素之间的相等关系. 又如平面几何中的直线之间的平行关系、三角形的相似关系、在给定的城市中"住在同一条街上"的居民之间的关系等都是等价关系.

设 ρ 是 A 上的等价关系, 若 $a\rho b$ 成立, 则说 a 等价于 b (在 ρ 下). 如果 a 等价于 b, 则因为 ρ 是对称的, b 也等价于 a. 因此, 如果有 $a\rho b$, 则可以简单地说 a 和 b 是等价的 (在 ρ 下).

定义 2-14 设 ρ 是集合 A 上的等价关系, 则 A 中等价于 a 的全体元素的集合称为 a 所生成的**等价类**, 用 $[a]_\rho$ 表示, 即
$$[a]_\rho = \{b \mid b \in A, a\rho b\}$$

当集合 A 上仅定义了等价关系 ρ 时, 则常将 $[a]_\rho$ 简记成 $[a]$.

现在来看看由 A 中元素所生成的等价类的一些性质.

(1) 对于任意元素 $a \in A$, 有 $a\rho a$, 因此 $a \in [a]_\rho$, 即 A 中每一元素所生成的等价类非空.

(2) 若 $a\rho b$, 则 $[a]_\rho = [b]_\rho$. 这就是说, 彼此等价的元素属于同一个等价类. 这是因为, 若 $x \in [a]_\rho$, 则 $a\rho x$; 又因为 $a\rho b$, 由 ρ 的对称性和传递性有 $b\rho x$, 于是, 有 $x \in [b]_\rho$, 因此 $[a]_\rho \subseteq [b]_\rho$. 类似地, 也有 $[b]_\rho \subseteq [a]_\rho$, 故 $[a]_\rho = [b]_\rho$.

(3) 若 $a\rho'b$, 则 $[a]_\rho \cap [b]_\rho = \varnothing$. 这就是说, 彼此不等价的元素属于不同的等价类, 而且这些等价类之间没有公共元素. 这是因为, 如果有元素 $x \in [a]_\rho \cap [b]_\rho$, 则 $a\rho x$ 且 $b\rho x$, 从而 $a\rho b$, 这与假设 $a\rho'b$ 相矛盾.

由等价类的这些性质, 可以得到下面的定理.

定理 2-11 设 ρ 是集合 A 上的等价关系, 则等价类的集合 $\{[a]_\rho \mid a \in A\}$ 构成

A 的一个分划.

证明 由前述等价类的性质可知,对任意的 $a \in A$, $[a]_\rho$ 非空. 又任意两个等价类 $[a]_\rho$ 和 $[b]_\rho$,或者就是同一个等价类,或者 $[a]_\rho \cap [b]_\rho = \varnothing$. 剩下只要证明 $\bigcup_{a \in A}[a]_\rho = A$. 显然, $\bigcup_{a \in A}[a]_\rho \subseteq A$. 对任意的元素 $c \in A$,有 $c \in [c]_\rho$,而 $[c]_\rho \subseteq \bigcup_{a \in A}[a]_\rho$,因此 $c \in \bigcup_{a \in A}[a]_\rho$,从而 $A \subseteq \bigcup_{a \in A}[a]_\rho$,故有 $\bigcup_{a \in A}[a]_\rho = A$.

由上可知,等价类的集合 $\{[a]_\rho \mid a \in A\}$ 构成 A 的一个分划,定理得证.

定理 2-11 说明,集合 A 上任意一个等价关系 ρ 定义 A 的一个分划,每一个等价类就是一个分划块. 因为 A 的每一元素的等价类(在 ρ 下)是唯一的,所以这样的分划也是唯一的. 这种由等价关系 ρ 的等价类所组成的 A 的分划,称为 A 上由 ρ 所导出的等价分划,用 π_ρ^A 表示.

例 1 设 $A = \{0,1,2,3,4,5\}$ 上的关系
$$\rho = \{(0,0),(1,1),(2,2),(3,3),(1,2),(1,3),(2,1),(2,3),(3,1),$$
$$(3,2),(4,4),(4,5),(5,4),(5,5)\} \quad (2\text{-}1)$$
ρ 的关系图由图 2-7 给出. 由图可见 ρ 是自反的、对称的和可传递的,因此是一等价关系,它在 A 上所导出的等价分划为
$$\pi_\rho^A = \{[0],[1],[4]\} = \{\{0\},\{1,2,3\},\{4,5\}\}. \quad (2\text{-}2)$$

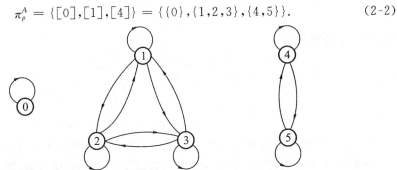

图 2-7

给出等价关系 ρ(如式(2-1)),根据定理 2-11,可以得到等价分划 π_ρ^A(如式(2-2)). 反之,若给定某等价分划 π_ρ^A,则根据同一等价类中元素都相互等价,不同等价类的元素都互不等价,可将凡属同一等价类中的元素所形成的所有可能的序偶列出,便得到等价关系 ρ. 因此,π_ρ^A 是 ρ 的另一种形式的表示方法. 借助 π_ρ^A 来表示等价关系 ρ,通常比列出其全部序偶的办法来得更简洁明了.

对于任何集合 A,恒等关系 I_A 和普遍关系 U_A 都是等价关系. 在由 I_A 所导出的等价分划中,每一等价类仅由一个元素组成,这显然是集合 A 的"最细"的分划. 在由 U_A 所导出的等价分划中,只有由 A 的全部元素组成的一个等价类,这是集合 A 的"最粗"的分划,这些分划有时称为 A 的**平凡分划**.

定义 2-15 设 ρ 是集合 A 上的等价关系,则等价类的集合 $\{[a]_\rho \mid a \in A\}$ 称为

A 关于 ρ 的**商集**,用 A/ρ 表示. A/ρ 的基数(即 A 在 ρ 下的不同等价类的个数)称为 ρ 的**秩**.

所谓集合 A 关于 ρ 的商集就是 ρ 在 A 上所导出的等价分划.

例 1 中 A 关于 ρ 的商集 $A/\rho = \{[0],[1],[4]\}$.

对于任何整数 i 和正整数 m,用 $\text{res}_m(i)$ 表示用 m 除 i 所得的余数. 显然,对于给定的 i 和 m, $\text{res}_m(i)$ 是唯一确定的,且 $0 \leqslant \text{res}_m(i) < m$(参见 3.8 节). 对于任意两个整数 i_1 和 i_2,如果 $\text{res}_m(i_1) = \text{res}_m(i_2)$,则说 i_1 和 i_2"模 m 相等"或"模 m 同余",写成 $i_1 \equiv i_2 (\text{mod } m)$. 设 $i_1 = q_1 m + \text{res}_m(i_1)$, $i_2 = q_2 m + \text{res}_m(i_2)$,则 $\text{res}_m(i_1) = i_1 - q_1 m$, $\text{res}_m(i_2) = i_2 - q_2 m$. 因此,当且仅当 $i_1 - q_1 m = i_2 - q_2 m$,也就是当且仅当 $i_1 - i_2 = (q_1 - q_2)m$ 时,有 $\text{res}_m(i_1) = \text{res}_m(i_2)$,即当且仅当 $i_1 - i_2$ 是 m 的整数倍时,$i_1 \equiv i_2 (\text{mod } m)$.

例 2 设 ρ 是整数集 $\mathbf{I}$ 上的关系,定义为当且仅当 $i_1 \equiv i_2 (\text{mod } 3)$ 时,有 $i_1 \rho i_2$(即 ρ 是"模 3 同余"关系). 因为 $i_1 - i_1 = 0 \cdot 3$,所以 ρ 是自反的. 又因为若 $i_1 - i_2 = q \cdot 3$,则 $i_2 - i_1 = (-q) \cdot 3$,所以 ρ 是对称的. 最后,若 $i_1 - i_2 = q \cdot 3$, $i_2 - i_3 = p \cdot 3$,则 $i_1 - i_3 = (i_1 - i_2) + (i_2 - i_3) = (q + p) \cdot 3$. 所以 ρ 是可传递的. 因此,ρ 是一个等价关系. ρ 在 $\mathbf{I}$ 上的所有等价类构成 $\mathbf{I}$ 的一个等价分划为

$$\pi_\rho^{\mathbf{I}} = \{[0]_\rho, [1]_\rho, [2]_\rho\}$$

故 $\mathbf{I}$ 关于 ρ 的商集为

$$\mathbf{I}/\rho = \{[0]_\rho, [1]_\rho, [2]_\rho\}$$

其中
$$[0]_\rho = \{\cdots, -6, -3, 0, 3, 6, \cdots\}$$
$$[1]_\rho = \{\cdots, -5, -2, 1, 4, 7, \cdots\}$$
$$[2]_\rho = \{\cdots, -4, -1, 2, 5, 8, \cdots\}$$

显然,对于任意正整数 m,"模 m 同余"关系都是整数集 $\mathbf{I}$ 上的等价关系.

由定理 2-9 可知,集 A 上每一等价关系定义 A 上的一个分划. 反之,若给定集合 A 上一个分划,是否可确定 A 上一等价关系呢?回答是肯定的.

定理 2-12 设 $\pi = \{A_i\}_{i \in k}$ 是集合 A 的一个分划,则存在 A 上的等价关系 ρ,使得 π 是 A 上由 ρ 导出的等价分划.

证明 定义 A 上的关系 ρ 为当且仅当 a 和 b 属于 π 的同一分划块 A_i 时,有 $a\rho b$,显然,ρ 是一个等价关系,且每一等价类就是一个分划块. 证毕.

由定理 2-11 和定理 2-12 可知,"分划"的概念和"等价关系"的概念,在本质上是相同的.

例 3 设集合 $A = \{a,b,c,d\}$, A 的一分划 $\pi = \{\{a,b\},\{c\},\{d\}\}$,则相应的等价关系 $\rho = \{(a,a),(b,b),(a,b),(b,a),(c,c),(d,d)\}$.

如果 ρ 是集合 A 上的一个等价关系,那么对于任意的 $(a,b) \in \rho$,因为 $(a,a) \in \rho$,所以必有 $(a,b) \in \rho^2$,于是 $\rho \subseteq \rho^2$. 反之,对于任意的 $(a,b) \in \rho^2$,必存在 $c \in A$,使 $(a,$

$c) \in \rho, (c,b) \in \rho$,由 ρ 的可传递性,又有 $(a,b) \in \rho$,于是 $\rho^2 \subseteq \rho$,由此可知 $\rho^2 = \rho$.

由 $\rho^2 = \rho$,容易证明对于任意的正整数 n,有 $\rho^n = \rho$.

又如果 ρ 是集合 A 上的一个等价关系,那么对于任意的 $(a,b) \in \rho$,由 ρ 的对称性,必有 $(b,a) \in \rho$,因此 $(a,b) \in \tilde{\rho}$,于是 $\rho \subseteq \tilde{\rho}$.反之,对于任意的 $(a,b) \in \tilde{\rho}$,则 $(b,a) \in \rho$,由 ρ 的对称性,又有 $(a,b) \in \rho$,于是 $\tilde{\rho} \subseteq \rho$,由此可知 $\rho = \tilde{\rho}$.

2.7 偏 序

定义 2-16 集合 A 上的一个关系 ρ,如果它是自反、反对称和可传递的,即

(1) 对所有的 $a \in A$,有 $a\rho a$;

(2) 对所有的 $a,b \in A$,若 $a\rho b$ 且 $b\rho a$,就必有 $a = b$;

(3) 对所有的 $a,b,c \in A$,若 $a\rho b$ 且 $b\rho c$,就必有 $a\rho c$,

则称 ρ 是 A 上的一个**偏序关系**,或简称为**偏序**.偏序通常用符号"$\leqslant$"表示.

显然,一个偏序的逆也是一个偏序.通常用符号"$\geqslant$"表示.

下面给出偏序的两个重要的特殊情形.

定义 2-17 一个集合 A 上的偏序,若对于所有的 $a,b \in A$,有 $a \leqslant b$ 或 $b \leqslant a$,则称它为 A 上的一个**全序**.

定义 2-18 一个集合 A 上的偏序,若对于 A 的每一个非空子集 $S \subseteq A$,在 S 中存在一个元素 a_s(称为 S 的最小元素),使得对于所有的 $s \in S$,有 $a_s \leqslant s$,则称它为 A 上的一个**良序**.

例 1 定义在实数集 $\mathbf{R}$ 上的"小于或等于"关系 $\leqslant$,是 $\mathbf{R}$ 上的偏序关系.实际上,表示偏序的符号"$\leqslant$"就是从此特例中借用来的,以表示更为普遍的偏序关系.

例 1 中的关系也是 $\mathbf{R}$ 上的一个全序,但它不是 $\mathbf{R}$ 上的良序,例如,开区间 $(0,1)$ 是 $\mathbf{R}$ 的子集,但 $(0,1)$ 中没有最小元素.

例 2 定义在正整数集 $\mathbf{N}$ 上的"小于或等于"关系 $\leqslant$ 是 $\mathbf{N}$ 上的偏序关系,也是 $\mathbf{N}$ 上的全序和良序.

例 3 定义在正整数集 $\mathbf{N}$ 上的整除关系(对于任意 $n_1, n_2 \in \mathbf{N}$,当且仅当存在一个整数 m,使得 $n_1 m = n_2$,则称"n_1 整除 n_2",记为 $n_1 \mid n_2$.)是一个偏序,但不是全序,也不是良序.因为,显然对于 $3,5 \in \mathbf{N}$,既没有 $3 \mid 5$,又没有 $5 \mid 3$,所以不是全序.由此可知,对于 $\mathbf{N}$ 的子集 $\{3,5\}$ 没有最小元素,因此也不是良序.

容易验证,以上例中的逆关系也都是相应集合上的偏序关系.

实数集 $\mathbf{R}$ 上的小于关系"$<$"和大于关系"$>$"都不是偏序关系,因为它们都不是自反的.

设 $\leqslant$ 是集合 A 上的偏序关系,对于任意 $a,b \in A$,如果有 $a \leqslant b$ 或 $b \leqslant a$,则元素 a 和 b 称为是**可比的**,否则称 a 和 b 是**不可比的**.如例 3 中的 3 和 5 就是不可比的.然

而,对于集合 A 上的任一全序,集合 A 中任意两个元素都是可比的.

例 4 设 $A=\{a,b,c\}$,幂集 2^A 上的包含关系,即当且仅当 $S_1 \subseteq S_2$ 时,有 $S_1 \rho S_2$,显然是自反、反对称和可传递的.因此是 2^A 上的一个偏序.但由于 $\{a\}$ 和 $\{b,c\}$, $\{a,b\}$ 和 $\{a,c\}$ 等是不可比的,故它不是全序.

由定义,一个集合 A 上的全序或良序一定是偏序,然而偏序却不一定是全序或良序.一个偏序若是良序,则一定也是全序.这是因为对于集合 A 的任何子集,譬如说 $\{a,b\}$,必定有 a 或 b 作它的最小元素.然而一个全序却不一定是良序,但若是有限集上的全序,则一定是良序.

全序的一个有用的例子是词典编辑次序.

例 5 设 L 表示一字母集(比如 26 个英文字母),在其上定义了一个全序 $\leqslant$(如通常的字母顺序, $A \leqslant B \leqslant C \leqslant D \cdots \leqslant Z$). $\bar{L}$ 表示由 L 中的元素构成的全部词的集合,则可如下定义 $\bar{L}$ 上的关系 ρ,对于 $\bar{L}$ 中的任意两个元素 $u_1 u_2 \cdots u_h$ 和 $v_1 v_2 \cdots v_k$ 其中 $h \leqslant k$(如果 $h \leqslant k$ 不成立,可交换这两个词以便使得 $h \leqslant k$),如果下述条件中的任何一个成立:

(1) $u_1 = v_1, u_2 = v_2, \cdots, u_h = v_h$;

(2) $u_1 \neq v_1$ 且在 L 中 $u_1 \leqslant v_1$;

(3) 对于某正整数 $r(1 \leqslant r < h)$,有 $u_1 = v_1, u_2 = v_2, \cdots, u_r = v_r$ 和 $u_{r+1} \neq v_{r+1}$ 以及在 L 中 $u_{r+1} \leqslant v_{r+1}$,则

$$(u_1 u_2 \cdots u_h) \rho (v_1 v_2 \cdots v_k)$$

如果这些条件中没有任何一个满足,则

$$(v_1 v_2 \cdots v_k) \rho (u_1 u_2 \cdots u_h)$$

可以证明, ρ 是 $\bar{L}$ 上的一个全序.

在英语词典中,词出现的顺序就是词典偏序的一个熟悉的例子.例如:

  compute ρ computer(由条件(1))

  eleven ρ relation(由条件(2))

  compute ρ comrade(由条件(3))

  get ρ go(由最后的规则)

上述词典编辑次序还可推广到一般.设 $\leqslant$ 是集合 A 上的全序,并设集合 $X = A \cup A^2 \cup A^3 \cup \cdots \cup A^n$($n$ 为某一正整数),即 X 是由长度小于或等于 n 的元素串所组成.于是,可以按照例 5 给出的三个条件,定义 X 中的全序关系 ρ.

无疑可以用前面讨论过的关系图来表示有限集 A 上的偏序关系.然而通常是使用更为简便的**次序图**(或称 Hasse 图)来表示它.这种图有 #A 个结点,每一个结点代表 A 的一个元素,并画作一个带有元素标号的小圆圈.若结点 $a \neq b$ 且 $a \leqslant b$,则结点 a 出现在结点 b 的下面.边连接这样的两个结点 a 和 b: $a \neq b, a \leqslant b$,且不存在任何其他元素 c,使得 $a \leqslant c \leqslant b$(对此情形有时称元素 b 覆盖 a).因此在次序图中,当且仅当 $a = b$ 或者从 b 经由一条下降的路可以到达 a 时,有 $a \leqslant b$ 成立.这样,所有的边的方向都是自下朝上,故可略去边上的全部箭头表示.

例6 $J = \{2,3,4,6,8,12,36,60\}$ 上的整除关系 | 是一个偏序，图 2-8 给出了该偏序的次序图．

例7 定义在全集合 U 的幂集上的包含关系 $\subseteq$ 是一个偏序．设 $U = \{a,b,c\}$，则该偏序的次序图由图 2-9 给出．

例8 设 $A = \{1,2,3,4\}$，$\leqslant$ 是"小于或等于"关系，则 $\leqslant$ 是集合 A 上的一个全序．其次序图由图 2-10 给出．

显然，全序的次序图仅由一条竖直边上结点的序列组成．

在第 7 章，将对偏序关系作更深入的讨论．

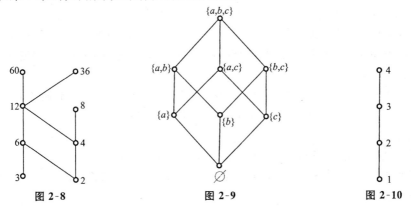

图 2-8　　　　　　图 2-9　　　　　　图 2-10

2.8 实例解析

例1 设 A 是具有 n 个元素的集合，求出 A 上具有对称性的二元关系的数目．

解 设 $A = \{a_1, a_2, \cdots, a_n\}$，则

$$A \times A = \{(a_1,a_1), (a_1,a_2), \cdots, (a_1,a_n),$$
$$(a_2,a_1), (a_2,a_2), \cdots, (a_2,a_n),$$
$$\vdots \quad \vdots \quad \ddots \quad \vdots$$
$$(a_n,a_1), (a_n,a_2), \cdots, (a_n,a_n)\}$$

$A \times A$ 中的 n^2 个元素如上所示，可排成一个 n 行 n 列的方阵．该方阵中包括主对角线在内的上半个三角形中的元素，其个数为

$$m = \frac{n^2 - n}{2} + n = \frac{n(n+1)}{2}$$

于是 A 上对称关系的个数为

$$C_m^0 + C_m^1 + \cdots + C_m^m = 2^m = 2^{\frac{n(n+1)}{2}}$$

例2 设 ρ_1 和 ρ_2 均是集合 A 上的等价关系．试证明当且仅当 $\rho_1 \cdot \rho_2 = \rho_2 \cdot \rho_1$ 时，有 $\rho_1 \cdot \rho_2$ 是 A 上的等价关系．

证明 设 $\rho_1 \cdot \rho_2 = \rho_2 \cdot \rho_1$，由 ρ_1 和 ρ_2 均自反，显然 $\rho_1 \cdot \rho_2$ 也自反．

对任意 $a,b \in A$，若 $(a,b) \in \rho_1 \cdot \rho_2$，则必存在 $c \in A$，使得 $(a,c) \in \rho_1$，$(c,b) \in \rho_2$，由 ρ_1 和 ρ_2 的对称性，有 $(b,c) \in \rho_2$，$(c,a) \in \rho_1$，从而 $(b,a) \in \rho_2 \cdot \rho_1$，因为 $\rho_1 \cdot \rho_2 = \rho_2 \cdot \rho_1$，所以 $(b,a) \in \rho_1 \cdot \rho_2$，故 $\rho_1 \cdot \rho_2$ 是对称的.

对任意 $a,b,c \in A$，若 $(a,b) \in \rho_1 \cdot \rho_2$，$(b,c) \in \rho_1 \cdot \rho_2$，则必存在 $e,d \in A$，使得
$$(a,e) \in \rho_1, (e,b) \in \rho_2, (b,d) \in \rho_1, (d,c) \in \rho_2,$$
于是 $(e,d) \in \rho_2 \cdot \rho_1$，因为 $\rho_1 \cdot \rho_2 = \rho_2 \cdot \rho_1$，所以 $(e,d) \in \rho_1 \cdot \rho_2$，因此 $(a,c) \in \rho_1 \cdot (\rho_1 \cdot \rho_2) \cdot \rho_2$，有 $(a,c) \in \rho_1^2 \cdot \rho_2^2$，由于 ρ_1 和 ρ_2 均是等价关系，$\rho_1^2 = \rho_1$，$\rho_2^2 = \rho_2$，因此 $(a,c) \in \rho_1 \cdot \rho_2$，故 $\rho_1 \cdot \rho_2$ 是可传递的.

由上证得，当 $\rho_1 \cdot \rho_2 = \rho_2 \cdot \rho_1$ 时，$\rho_1 \cdot \rho_2$ 是等价关系.

反之，设 $\rho_1 \cdot \rho_2$ 是等价关系. 又设 $(a,b) \in \rho_1 \cdot \rho_2$，则 $(b,a) \in \rho_1 \cdot \rho_2$，于是存在 $c \in A$，使 $(b,c) \in \rho_1$，$(c,a) \in \rho_2$，因此又有 $(a,c) \in \rho_2$，$(c,b) \in \rho_1$，从而 $(a,b) \in \rho_2 \cdot \rho_1$，故 $\rho_1 \cdot \rho_2 \subseteq \rho_2 \cdot \rho_1$.

设 $(a,b) \in \rho_2 \cdot \rho_1$，则必存在 $c \in A$，使 $(a,c) \in \rho_2$，$(c,b) \in \rho_1$，于是 $(b,c) \in \rho_1$，$(c,a) \in \rho_2$，因此 $(b,a) \in \rho_1 \cdot \rho_2$，由 $\rho_1 \cdot \rho_2$ 的对称性，$(a,b) \in \rho_1 \cdot \rho_2$，故 $\rho_2 \cdot \rho_1 \subseteq \rho_1 \cdot \rho_2$.

由上证得，若 $\rho_1 \cdot \rho_2$ 是等价关系，则 $\rho_1 \cdot \rho_2 = \rho_2 \cdot \rho_1$.

若将例 2 中的条件 $\rho_1 \cdot \rho_2 = \rho_2 \cdot \rho_1$ 改为 $\rho_2 \cdot \rho_1 \subseteq \rho_1 \cdot \rho_2$，结论还成立吗？请读者自己给出答案.

例 3 设 ρ 是集合 A 上的关系，
(1) 求 A 上包含 ρ 的最小等价关系 E 的表达式；
(2) 证明 E 的最小性；
(3) 以 $A = \{1,2,3,4,5,6\}$，$\rho = \{(1,2),(1,3),(4,4),(4,5)\}$ 为例求出 E.

解 (1) $E = rts(\rho)$
$$= I_A \cup (\rho \cup \tilde{\rho}) \cup (\rho \cup \tilde{\rho})^2 \cup (\rho \cup \tilde{\rho})^3 \cup \cdots$$

E 是 A 上包含 ρ 的最小等价关系.

因为 $I_A \subseteq E$，所以 E 是自反的.

因为 $s(\rho)$ 是对称的，所以 $ts(\rho)$ 是对称的，进而 E 也是对称的（参见习题 25 题）.

由传递闭包的性质，$ts(\rho)$ 是可传递的，因此 E 也是可传递的.

(2) 证明

设 ρ_e 是 A 上任一包含 ρ 的等价关系. 因为 ρ_e 自反，所以 $I_A \subseteq \rho_e$.

对任意 $(a,b) \in \tilde{\rho}$，必有 $(b,a) \in \rho$，而 $\rho \subseteq \rho_e$，所以 $(b,a) \in \rho_e$，由 ρ_e 的对称性，有 $(a,b) \in \rho_e$，因此 $\tilde{\rho} \subseteq \rho_e$，从而有 $(\rho \cup \tilde{\rho}) \subseteq \rho_e$.

由 $(\rho \cup \tilde{\rho}) \subseteq \rho_e$ 和 ρ_e 的可传递性，很容易证得，对任意正整数 k，$(\rho \cup \tilde{\rho})^k \subseteq \rho_e$，故有 $E \subseteq \rho_e$.

(3) $\rho \cup \tilde{\rho} = \{(1,2),(2,1),(1,3),(3,1),(4,4),(4,5),(5,4)\}$

构造 $\rho \cup \tilde{\rho}$ 的关系图如图 2-11 所示. 由它直接构造出 $t(\rho \cup \tilde{\rho})$ 的关系图. 在 $t(\rho \cup \tilde{\rho})$ 的关系图中, 对结点 6 加上单边圈, 便得 E 的关系图, 如图 2-12 所示.

于是 $E = \{(1,1),(2,2),(3,3),(4,4),(5,5),(6,6),(1,2),(2,1),(1,3),(3,1),(2,3),(3,2),(4,5),(5,4)\}$.

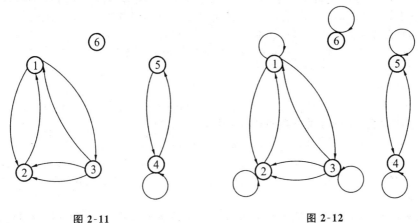

图 2-11   图 2-12

说明: 题目所要求的关系 E 实际上是 ρ 的自反、对称且传递的闭包, 为使 E 既具有对称性, 又具有传递性, 必须先求 $s(\rho)$, 然后求 $ts(\rho)$, 若先求 $t(\rho)$, 再求 $st(\rho)$, 则 $st(\rho)$ 不一定可传递. 至于求 $r(\rho)$ 的运算可前可后 (参见习题 28 题).

习 题

1. 若 $A = \{0,1\}, B = \{1,2\}$, 确定集合:
   (1) $A \times \{1\} \times B$;   (2) $A^2 \times B$;   (3) $(B \times A)^2$.

2. 在通常的具有 X 轴和 Y 轴的笛卡儿坐标系中, 若有
$$X = \{x \mid x \in \mathbf{R}, -3 \leqslant x \leqslant 2\}$$
$$Y = \{y \mid y \in \mathbf{R}, -2 \leqslant y \leqslant 0\}$$
试给出笛卡儿积 $X \times Y$ 的几何解释.

3. 设 A, B, C 和 D 是任意的集合, 证明:
   (1) $A \times (B \cap C) = (A \times B) \cap (A \times C)$;   (2) $A \times (B-C) = (A \times B) - (A \times C)$;
   (3) $(A \cap B) \times (C \cap D) = (A \times C) \cap (B \times D)$.

4. 对下列每种情形, 列出由 A 到 B 的关系 ρ 的元素, 确定 ρ 的定义域和值域, 构造 ρ 的关系矩阵.
   (1) $A = \{0,1,2\}, B = \{0,2,4\}, \rho = \{(a,b) \mid ab \in A \cap B\}$;
   (2) $A = \{1,2,3,4,5\}, B = \{1,2,3\}, \rho = \{(a,b) \mid a = b^2\}$.

5. 设 $A = \{1,2,3,4,5,6\}$, 对下列每一种情形, 构造 A 上的关系 ρ 的关系图, 并确定 ρ 的定义域和值域.
   (1) $\rho = \{(i,j) \mid i = j\}$;   (2) $\rho = \{(i,j) \mid i$ 整除 $j\}$;
   (3) $\rho = \{(i,j) \mid i$ 是 j 的倍数$\}$;   (4) $\rho = \{(i,j) \mid i > j\}$;
   (5) $\rho = \{(i,j) \mid i < j\}$;   (6) $\rho = \{(i,j) \mid i \neq j, ij < 10\}$;

(7) $\rho = \{(i,j) \mid (i-j)^2 \in A\}$；　　　　　(8) $\rho = \{(i,j) \mid i/j \text{ 是素数}\}$。

6. 设 $\rho_1 = \{(1,2),(2,4),(3,3)\}$ 和 $\rho_2 = \{(1,3),(2,4),(4,2)\}$，试求出 $\rho_1 \cup \rho_2, \rho_1 \cap \rho_2, D_{\rho_1}, D_{\rho_2},$ $D_{(\rho_1 \cup \rho_2)}, R_{\rho_1}, R_{\rho_2}$ 和 $R_{(\rho_1 \cap \rho_2)}$，并证明：
$$D_{(\rho_1 \cup \rho_2)} = D_{\rho_1} \cup D_{\rho_2}; R_{(\rho_1 \cap \rho_2)} \subseteq R_{\rho_1} \cap R_{\rho_2}$$

7. A_1 和 A_2 是分别具有基数 n_1 和 n_2 的有限集，试问有多少个由 A_1 到 A_2 的不同关系？

8. 指出集合 $A = \{a_1, a_2, \cdots, a_n\}$ 上的普遍关系和恒等关系的关系矩阵和关系图的特征。

9. 下列是集合 $A = \{0,1,2,3\}$ 上的关系：
$$\rho_1 = \{(i,j) \mid j = i+1 \text{ 或 } j = i/2\}$$
$$\rho_2 = \{(i,j) \mid i = j+2\}$$
试确定如下的复合关系：
　(1) $\rho_1 \cdot \rho_2$；　　　(2) $\rho_2 \cdot \rho_1$；　　　(3) $\rho_1 \cdot \rho_2 \cdot \rho_1$；　　　(4) ρ_1^3。

10. 设 ρ_1, ρ_2, ρ_3 是集合 A 上的关系，试证明：如果 $\rho_1 \subseteq \rho_2$，则有
　(1) $\rho_1 \cdot \rho_3 \subseteq \rho_2 \cdot \rho_3$；　(2) $\rho_3 \cdot \rho_1 \subseteq \rho_3 \cdot \rho_2$；　(3) $\tilde{\rho_1} \subseteq \tilde{\rho_2}$。

11. 给定 $\rho_1 = \{(0,1),(1,2),(3,4)\}, \rho_1 \cdot \rho_2 = \{(1,3),(1,4),(3,3)\}$，求一个基数最小的关系，使之满足 ρ_2 的条件。一般地说，若给定 ρ_1 和 $\rho_1 \cdot \rho_2, \rho_2$ 能被唯一地确定吗？基数最小的 ρ_2 能被唯一地确定吗？

12. 给定集合 A_1, A_2, A_3，设 ρ_1 是由 A_1 到 A_2 的关系，ρ_2 和 ρ_3 是由 A_2 到 A_3 的关系，试证明：
　(1) $\rho_1 \cdot (\rho_2 \cup \rho_3) = (\rho_1 \cdot \rho_2) \cup (\rho_1 \cdot \rho_3)$；
　(2) $\rho_1 \cdot (\rho_2 \cap \rho_3) \subseteq (\rho_1 \cdot \rho_2) \cap (\rho_1 \cdot \rho_3)$。

13. 给定 $\rho = \{(i,j) \mid i,j \in \mathbf{I}, j - i = 1\}, \rho^n$ 是什么？

14. 对第9题中的关系，构造关系矩阵：
　(1) $\mathbf{M}_{\rho_1}$；　(2) $\mathbf{M}_{\rho_2}$；　(3) $\mathbf{M}_{\rho_1 \cdot \rho_2}$；　(4) $\mathbf{M}_{\rho_2 \cdot \rho_1}$；　(5) $\mathbf{M}_{\rho_1 \cdot \rho_2 \cdot \rho_1}$；　(6) $\mathbf{M}_{\rho_1}^3$。

15. 设 A 是有 n 个元素的有限集，ρ 是 A 上的关系，试证明必存在两个正整数 k 和 t，使得 $\rho^k = \rho^t$。

16. 设 ρ_1 是由 A 到 B 的关系，ρ_2 是由 B 到 C 的关系，试证明 $\widetilde{\rho_1 \cdot \rho_2} = \tilde{\rho_2} \cdot \tilde{\rho_1}$。

17. (1) 设 ρ_1 和 ρ_2 是由 A 到 B 的关系，问 $\widetilde{\rho_1 \cup \rho_2} = \tilde{\rho_1} \cup \tilde{\rho_2}$ 成立吗？
　　(2) 设 ρ 是集合 A 上的关系，如果 ρ 是自反的，则 $\tilde{\rho}$ 一定是自反的吗？如果 ρ 是对称的，则 $\tilde{\rho}$ 一定是对称的吗？如果 ρ 是可传递的，则 $\tilde{\rho}$ 一定是可传递的吗？

18. 图 2-13 给出了集合 $\{1,2,3,4,5,6\}$ 上的关系 ρ 的关系图，试画出关系 ρ^5 和 ρ^8 的图，并利用关系图求出关系 ρ 的传递闭包。

19. 试证明：若 ρ 是基数为 n 的集合 A 上的一个关系，则 ρ 的传递闭包为 $\rho^+ = \bigcup_{i=1}^{n} \rho^i$。

20. 下列关系中哪一个是自反的、对称的、反对称的或可传递的？
　(1) 当且仅当 $|i_1 - i_2| \leqslant 10 (i_1, i_2 \in \mathbf{I})$ 时，有 $i_1 \rho i_2$；
　(2) 当且仅当 $n_1 n_2 > 8 (n_1, n_2 \in \mathbf{N})$ 时，有 $n_1 \rho n_2$；
　(3) 当且仅当 $r_1 \leqslant |r_2| (r_1, r_2 \in \mathbf{R})$ 时，有 $r_1 \rho r_2$。

21. 设 ρ_1 和 ρ_2 是集合 A 上的任意两个关系，判断下列命题是否正确，并说明理由。
　(1) 若 ρ_1 和 ρ_2 是自反的，则 $\rho_1 \cdot \rho_2$ 也是自反的；
　(2) 若 ρ_1 和 ρ_2 是非自反的，则 $\rho_1 \cdot \rho_2$ 也是非自反的；

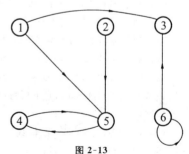

图 2-13

(3) 若 ρ_1 和 ρ_2 是对称的,则 $\rho_1 \cdot \rho_2$ 也是对称的;

(4) 若 ρ_1 和 ρ_2 是反对称的,则 $\rho_1 \cdot \rho_2$ 也是反对称的;

(5) 若 ρ_1 和 ρ_2 是可传递的,则 $\rho_1 \cdot \rho_2$ 也是可传递的.

22. 证明:若关系 ρ 是对称的,则 ρ^k(对任何整数 $k \geqslant 1$)也是对称的.

23. 已给 $A = \{1,2,3,4\}$ 和定义在 A 上的关系 $\rho = \{(1,2),(4,3),(2,2),(2,1),(3,1)\}$,试证明 ρ 不是可传递的.求出一个关系 $\rho_1 \supseteq \rho$,使得 ρ_1 是可传递的.你能求出另一个关系 $\rho_2 \supseteq \rho$ 也是可传递的吗?

24. 图 2-14 表示在 $\{1,2,3\}$ 上的 12 个关系的关系图.试对每一个这样的图,确定其表示的关系是自反的还是非自反的;是对称、非对称还是反对称的;是可传递的还是不可传递的.

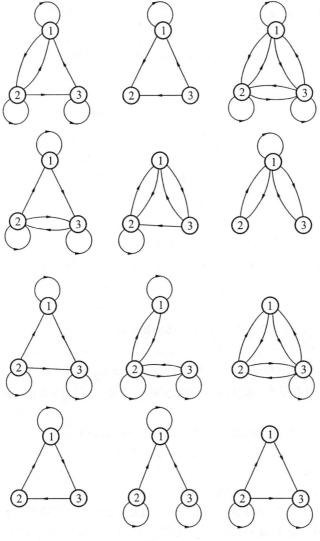

图 2-14

25. 设 ρ 是集合 A 上的关系,证明以下命题:
    (1) 若 ρ 是自反的,则 $s(\rho)$ 和 $t(\rho)$ 也是自反的;
    (2) 若 ρ 是对称的,则 $r(\rho)$ 和 $t(\rho)$ 也是对称的;
    (3) 若 ρ 是可传递的,则 $r(\rho)$ 也是可传递的.

26. 设 ρ 是集合 A 上的关系,且 ρ 是可传递的,试问 $s(\rho)$ 也是可传递的吗?对你的结论给出证明或举出反例.

27. 设 ρ_1 和 ρ_2 是集合 A 上的两个关系,且 $\rho_1 \subseteq \rho_2$,试证明:
    (1) $r(\rho_1) \subseteq r(\rho_2)$;   (2) $s(\rho_1) \subseteq s(\rho_2)$;   (3) $t(\rho_1) \subseteq t(\rho_2)$.

28. 设 ρ 是集合 A 上的关系,试证明:
    (1) $rs(\rho) = sr(\rho)$;   (2) $rt(\rho) = tr(\rho)$;   (3) $st(\rho) \subseteq ts(\rho)$.

29. 图 2-15 给出了 $\{1,2,3\}$ 上两个关系的关系图,这些关系是等价的吗?

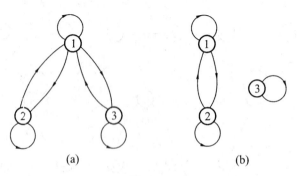

图 2-15

30. 在 $\mathbf{N}$ 上的关系 ρ 定义为当且仅当 n_i/n_j 可以用形式 2^m 表示时,有 $n_i\rho n_j$,这里 m 是任意整数.
    (1) 证明 ρ 是等价关系;   (2) 找出 ρ 的所有等价类.

31. 有人说,集合 A 上的关系 ρ,如果是对称的且可传递的,则它也是自反的,其理由是,从 $a_i\rho a_j$,由对称性得 $a_j\rho a_i$,再由可传递性便得 $a_i\rho a_i$. 你的意见如何?

32. 设有集合 A 和 A 上的关系 ρ,对于所有的 a_i、a_j、$a_k \in A$,若由 $a_i\rho a_j$ 和 $a_j\rho a_k$ 可推证 $a_k\rho a_i$,则称关系 ρ 是循环的. 试证明当且仅当 ρ 是等价关系时,ρ 是自反且循环的.

33. 设 ρ_1 和 ρ_2 是 A 上的等价关系,试证明:当且仅当 $\pi_{\rho_1}^A$ 中的每一等价类都包含于 $\pi_{\rho_2}^A$ 的某一等价类中时,有 $\rho_1 \subseteq \rho_2$.

34. 已知 ρ_1 和 ρ_2 是集合 A 上分别有秩 r_1 和 r_2 的等价关系,试证明 $\rho_1 \cap \rho_2$ 也是 A 上的等价关系,它的秩至多为 $r_1 r_2$. 再证明 $\rho_1 \cup \rho_2$ 不一定是 A 上的等价关系.

35. 设 ρ_1 是集合 A 上的一个关系,$\rho_2 = \{(a,b) \mid$ 存在 c,使 $(a,c) \in \rho_1$ 且 $(c,b) \in \rho_1\}$. 试证明:若 ρ_1 是一个等价关系,则 ρ_2 也是一个等价关系.

36. 设 A 是由 4 个元素组成的集合,试问在 A 上可以定义多少个不同的等价关系?

37. 设 ρ_1 和 ρ_2 是集合 A 上的等价关系,下列各式哪些是 A 上的等价关系?为什么?
    (1) $(A \times A) - \rho_1$;   (2) $\rho_1 - \rho_2$;   (3) ρ_1^2;   (4) $r(\rho_1 - \rho_2)$.

38. 对于下列集合中的"整除"关系,画出次序图.

(1) $\{1,2,3,4,6,8,12,24\}$ (2) $\{1,2,3,4,5,6,7,8,9,10,11,12\}$

39. 对于下列集合,画出偏序关系"整除"的次序图,并指出哪些是全序.

(1) $\{2,6,24\}$;   (2) $\{3,5,15\}$;   (3) $\{1,2,3,6,12\}$;

(4) $\{2,4,8,16\}$;   (5) $\{3,9,27,54\}$.

40. 如果 ρ 是集合 A 中的偏序关系,且 $B\subseteq A$,试证明:$\rho\cap(B\times B)$ 是 B 上的偏序关系.

41. 给出一个集合 A 的例子,使得包含关系 $\subseteq$ 是幂集 2^A 上的一个全序.

42. 给出一个关系,使它既是某一集合上的偏序关系,又是等价关系.

43. 图 2-16 表示 $\{1,2,3,4\}$ 上的四个偏序的关系图.画出每一个的次序图,并指出其中哪些是全序,哪些是良序.

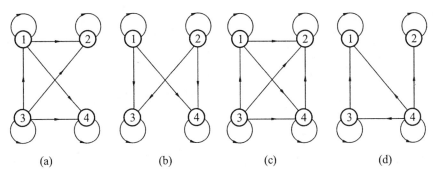

图 2-16

44. 一个集合上的自反和对称的关系称为相容关系.

(1) 设 A 是人的集合,ρ 是 A 上的关系,定义为当且仅当 a 是 b 的朋友时,有 $a\rho b$,试证明 ρ 是 A 上的相容关系;

(2) 设 ρ 是正整数集 $\mathbf{N}$ 上的关系,当且仅当两个正整数 n_1 和 n_2 中有相同的数字时,$n_1\rho n_2$,试证明 ρ 是一个相容关系;

(3) 再举出一个相容关系的例子;

(4) 设 ρ_1 和 ρ_2 是 A 上的两个相容关系,$\rho_1\cap\rho_2$ 是相容关系吗?$\rho_1\cup\rho_2$ 是相容关系吗?

45. 设 A 是一个集合,A 的一个覆盖是 A 的一个非空子集的集合 $\{A_1,A_2,\cdots,A_k\}$,它使得 $\bigcup_{i=1}^{k}A_i=A$.

(1) 给出一种由 A 的一个覆盖定义 A 上的一个相容关系的方法;

(2) $S=\{\{a_1,a_2,a_4\},\{a_2,a_3,a_5\},\{a_2,a_4,a_5\}\}$ 是集合 $A=\{a_1,a_2,a_3,a_4,a_5\}$ 上的一个覆盖.试定义 A 上的一个相容关系.

46. 设有集合 A,ρ 是 A 上的相容关系.如果 $A_i\subseteq A$,并且满足:

(a) A_i 中任一元素 a 与 A_i 中所有的元素都有相容关系 ρ;

(b) $A-A_i$ 中没有能与 A_i 中所有元素都有相容关系 ρ 的元素,

则称子集 A_i 为最大相容类.

(1) 图 2-17 和图 2-18 分别给出了集合 $A=\{1,2,3,4,5,6\}$ 上的相容关系 ρ_1 和 ρ_2 的关系图的简图(图中省略了由每一结点引出的单边环,并将两结点间方向相反的两条边用一条无向边

代替),试由这些图确定某相应的所有最大相容类;

(2) 试给出由相容关系的关系图求其最大相容类的一般方法;

(3) 如何由集合 A 上定义的一个相容关系 ρ 来定义 A 的一个覆盖?

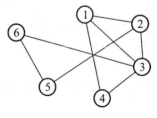

图 2-17

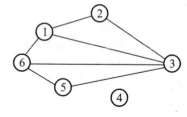

图 2-18

第3章 函 数

本章介绍函数的概念.函数是一种特殊的关系.在引入一般的函数概念之后,进一步研究三种特殊的函数,即内射、满射和双射.类似于关系,定义复合函数、恒等函数和逆函数.在整个计算机科学的理论研究中,数学归纳法是一种极为重要的方法,因此本章介绍了数学归纳法.在这一章的末尾,还讨论了整数的一些最基本的性质.因为这些性质对于研究计算机内的数字表示和算术运算有重要的意义,而且它们与数字系统中的误差检测和校正也是有关的.

与集合和关系的概念一样,函数的概念对于计算机科学工作者来说也是必不可少的.它直接应用到诸如开关理论、自动机理论和可计算性等领域中.

3.1 函 数

第2章曾详细讨论了定义在两个集合上的二元关系.我们知道,关系是一个意义相当广泛的概念,它没有对两个集合的元素作任何特殊的限制,只要是笛卡儿积 $A \times B$ 的子集,便可形成一由 A 到 B 的关系.

定义 3-1 设有集合 A、B,f 是一由 A 到 B 的关系,如果对于每个 $a \in A$,存在唯一的 $b \in B$ 使得 afb,则称关系 f 是由 A 到 B 的一个**函数**,记为 $f: A \to B$.

显然,f 的定义域 $D_f = A$,f 的值域 $R_f \subseteq B$.B 称为 f 的**值域包**.若 afb,则称 b 为 a 的**像**,用 $f(a)$ 表示,而称 a 为 b 的**像源**,也称 a 为自变量,对应的 b 称为函数 f 在 a 处的值.通过 f 和 A 中元素相对应的 B 中的所有元素的集合是 f 的值域 R_f,通常用 $f(A)$ 表示(参见图 3-1),即

$$f(A) = \{b \mid b \in B, 存在 a \in A, 使得 f(a) = b\}$$

若 $S \subseteq A$,则 S 中所有元素的像的集合,通常也将其记作 $f(S)$,即

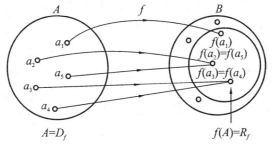

图 3-1

$$f(S) = \{b \mid b \in B, 存在 a \in S, 使得 f(a) = b\}$$

如果 A 本身是一个笛卡儿积 $A = A_1 \times A_2 \times \cdots \times A_n$,那么 A 中元素在函数 f 作用下的像 $f((a_1, a_2, \cdots, a_n))$ 通常就简写成 $f(a_1, a_2, \cdots, a_n)$.

函数也称**映射**或**变换**. 总之是将一个个体变成另一个个体的意思. 如果集合 A 和集合 B 都是通常的数集,不难看出,上面定义的由 A 到 B 的函数就是通常所说的函数. 因此这里所定义的函数是通常函数概念的推广.

图 3-2 给出了一些函数的图示. 由图 3-2 可看出,允许在集合 A 中多个元素共有一个相同的函数值. 例如,对于函数 $f_2, f_2(a_1) = f_2(a_2) = b_3$. 也允许集合 B 中有的元素在 A 中没有像源. 例如,对于 f_1 来说,$b_4 \in B$ 在 A 中无像源.

例 1 设 $A = \{a,b,c,d\}, B = \{2,5,7,9,3\}$
$$f = \{(a,2),(b,7),(c,9),(d,9)\}$$
则 f 是一由 A 到 B 的函数. $D_f = A, R_f = \{2,7,9\}$. $f(a) = 2, f(b) = 7, f(c) = f(d) = 9$.

例 2 设 $A = \mathbf{I}, B = \mathbf{N}, f = \{(i, |2i|+1) \mid i \in \mathbf{I}\}$ 或 $f(i) = |2i|+1 (i \in \mathbf{I})$,则 f 是一由整数集 $\mathbf{I}$ 到正整数集 $\mathbf{N}$ 的函数. 其值域是全部正奇数的集合.

例 3 设 $A = B = \mathbf{R}$,又设 $f = \{(a, a^2) \mid a \in \mathbf{R}\}$,$g = \{(a^2, a) \mid a \in \mathbf{R}\}$.

显然,f 是从 $\mathbf{R}$ 到 $\mathbf{R}$ 的函数,但 g 不是一个函数,因为像的存在性和唯一性条件都不能满足. 例如,序偶 $(4,2)$ 和 $(4,-2)$ 都属于 g. 又如,$-4 \in \mathbf{R}$ 在 $\mathbf{R}$ 中无像.

定义 3-2 设有函数 $f: A \to B$ 和 $g: C \to D$,如果 $A = C$ 和 $B = D$,并且对所有的 $a \in A$(或 $a \in C$)都有 $f(a) = g(a)$,则称函数 f 和 g 是**相等的**,记为 $f = g$.

定义 3-3 设有函数 $f: A \to B$ 和 $g: \widetilde{A} \to B$,如果 $\widetilde{A} \subseteq A$,且对于所有的 $a \in \widetilde{A}$,有 $g(a) = f(a)$,则称 g 是 f 在 $\widetilde{A}$ 上的**限制**,并称 f 是 g 在 A 上的**扩充**.

由定义,显然有 $g = f \cap (\widetilde{A} \times B)$.

例 4 函数 $g: \mathbf{Z} \to \mathbf{N}$,定义为 $g(z) = 2z+1$,就是例 2 中函数 $f: \mathbf{I} \to \mathbf{N}$ 在非负整数集上的限制.

例 5 函数 $h: \mathbf{R}_0 \to \mathbf{R}$,定义为 $h(a) = a^2$($\mathbf{R}_0$ 表示非负实数集),就是例 3 中的函数 $f: \mathbf{R} \to \mathbf{R}$ 在非负实数集 $\mathbf{R}_0$ 上的限制.

函数的限制和扩充是经常见到的概念. 要注意的是,一个函数与它的限制或扩充是不相同的函数,它们往往还具有完全不同的性质.

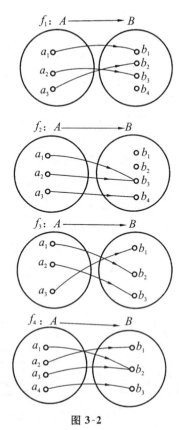

图 3-2

我们知道，$A \times B$ 的每一个子集都是由 A 到 B 的一个关系，但这些子集并不都是由 A 到 B 的函数，其中只有一部分子集可以用来定义由 A 到 B 的函数. 用 B^A 表示这些函数的集合，亦即

$$B^A = \{f \mid f:A \to B\}$$

当 A 和 B 都是有限集时，为了确定从 A 到 B 的函数的个数，假设 $\# A = m$，$\# B = n$，因为任一函数 f 是由 A 的 m 个元素上的取值所唯一确定的，而对于 A 中的任一元素 a，f 在 a 处的取值都有 n 种可能，因此由 A 到 B 的不同函数共有 $\underbrace{n \cdot n \cdots \cdot n}_{m} = n^m$ 个，亦即 $\#(B^A) = (\# B)^{\# A}$.

例 6 设 $A = \{a,b\}$，$B = \{0,1\}$

$$A \times B = \{(a,0),(a,1),(b,0),(b,1)\}$$

$A \times B$ 有 2^4 个不同的子集，其中只有 2^2 个子集定义由 A 到 B 的函数，它们是：

$$f_1 = \{(a,0),(b,0)\}, \quad f_3 = \{(a,1),(b,0)\}$$
$$f_2 = \{(a,0),(b,1)\}, \quad f_4 = \{(a,1),(b,1)\}$$

下面介绍三种特殊的函数.

定义 3-4 设 f 是一个由 A 到 B 的函数，

(1) 若当 $a_i \neq a_j$ 时，有 $f(a_i) \neq f(a_j)$（也就是当 $f(a_i) = f(a_j)$ 时，有 $a_i = a_j$），则称 f 为由 A 到 B 的**内射**.

(2) 若 $f(A) = B$，则称 f 为由 A 到 B 的**满射**.

(3) 若 f 既是内射又是满射，则称 f 为由 A 到 B 的**双射**.

由定义，所谓内射就是集合 A 中不同的元素在 B 中有不同的像，或者说 B 中的元素如果有像源，则只有唯一的像源. 因此，内射使得集合 A 的元素与 f 的值域 R_f 的元素之间一一对应. 所谓满射，即 B 中每一个元素都是 A 中至少一个元素的像. 若 f 是双射，则不仅 A 中每一个元素在 B 中有唯一的像，而且 B 中每一个元素在 A 中有唯一的像源，因此 f 必使得集合 A 与集合 B 的元素间一一对应. 显然，如果 A 和 B 都是有限集，那么只有当 A 中的元素个数少于或等于 B 中的元素个数，即 $\# A \leqslant \# B$ 时，$f: A \to B$ 才有可能是内射；只有当 $\# A \geqslant \# B$ 时，$f:A \to B$ 才有可能是满射；只有 $\# A = \# B$ 时，$f:A \to B$ 才有可能是双射.

在图 3-2 所给出的函数中，f_1 是内射但不是满射；f_4 是满射但不是内射；f_2 既不是满射也不是内射；f_3 既是满射又是内射，因而是双射.

例 7 函数 $f:\mathbf{Z} \to \mathbf{Z}$，这里 $f(z) = 2z$，就是一个由非负整数集到自身的内射，但它不是满射.

例 8 函数 $f:\mathbf{I} \to \mathbf{Z}_5$，这里 $f(i) = \text{res}_5(i)$，是一个由整数集到集 $\{0,1,2,3,4\}$ 的满射，但不是内射.

例 9 函数 $f:2^U \to 2^U$，这里 $f(S) = S'$，是一个由 U 的幂集到自身的双射.

现在再回过头去看看例 3 中的 $f:\mathbf{R}\to\mathbf{R}$ 和 f 在非负实数集 $\mathbf{R}_0$ 上的限制 h(见例 5),显然,函数 f 既不是内射又不是满射,但 h 是内射.

例 10 设集合 $A=\{a_1,a_2,\cdots,a_n\}$,$B=\{0,1\}$. 对于 A 的任一子集 S,将它对应如下的有序 n 元组 $f(S)=(b_1,b_2,\cdots,b_n)$,其中

$$b_i=\begin{cases}1 & \text{若 } a_i\in S \\ 0 & \text{若 } a_i\notin S\end{cases} \quad (i=1,2,\cdots,n)$$

显然,f 是一个由 A 的幂集 2^A 到集合 B^n 的函数,而且可以证明 f 是由 2^A 到 B^n 的双射.

首先,对于集合 B^n 中任一有序 n 元组 $(b_1,b_2,\cdots,b_n)$,令

$$S=\{a_i\mid a_i\in A, b_i=1\}$$

则有 $S\subseteq A$ 且 $f(S)=(b_1,b_2,\cdots,b_n)$. 这说明 f 是由 2^A 到 B^n 的满射.

其次,对于 B^n 中任一有序 n 元组 $(b_1,b_2,\cdots,b_n)$,按上述方法已知它有像源 S. 现假设它还有一像源 $\tilde{S}\in 2^A$,即 $f(\tilde{S})=(b_1,b_2,\cdots,b_n)$,则

$$a_i\in S\Longleftrightarrow b_i=1\Longleftrightarrow a_i\in \tilde{S}$$

这就意味着 $S=\tilde{S}$,因此 B^n 中任一元素只有一个像源. 于是证明了 f 是由 2^A 到 B^n 的双射(说明:"$\Longleftrightarrow$" 表示该记号两端的条件是等价的,以后相同).

因为 f 是由 2^A 到 B^n 的双射,所以集合 2^A 中元素个数必等于集合 B^n 中元素个数,而 $\#(B^n)=(\# B)^n=2^n$,故 $\#(2^A)=2^n$. 这就再一次地证明了 n 个元素的集合一共有 2^n 个子集.

事实上,上例中集合 B^n 中的所有有序 n 元组就是 1.3 节中用来表示集合 A 的各子集的二进制形式的下标. 正因为 2^A 与 B^n 的元素是一一对应的,因此可用 1.3 节中所介绍的表示方法来方便地表示集合 A 的各子集.

集合 A 上的恒等关系 $I_A=\{(a,a)\mid a\in A\}$ 显然是一个由 A 到 A 的双射,对于每一个元素 $a\in A$,其像就是元素 a 自身. I_A 称为集合 A 上的恒等函数.

3.2 函数的复合

定义 3-5 设有函数 $f:A\to B$,$g:B\to C$,则 f 和 g 的**复合函数**是一个由 A 到 C 的函数,记为 $g\cdot f$(或简记成 gf). 对于任一 $a\in A$,有 $(g\cdot f)(a)=g(f(a))$,即如果 $b\in B$ 是 $a\in A$ 在 f 作用下的像,且 $c\in C$ 是 b 在 g 作用下的像,那么 c 就是 a 在 gf 作用下的像.

定义 3-5 是定义 2-5 对于函数这一特殊关系的另一种叙述形式. 实际上,这里定义的复合函数 $g\cdot f:A\to C$ 也就是定义 2-5 中所说的由 A 到 C 的复合关系 $f\cdot g$. 需注意的是,当复合关系是一个复合函数时,在其表示记号中颠倒了 f 和 g 的位置而写

成 $g \cdot f$,为的是与通常意义下复合函数的表示方法一致.

图 3-3 给出了复合函数 $g \cdot f$ 的图示.

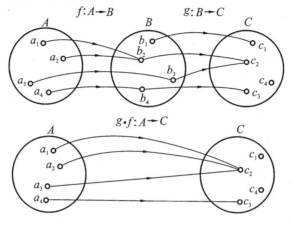

图 3-3

在上述复合函数的定义中,要求 f 的值域包与 g 的定义域相等.实际上,对此条件可以放宽,只要求 f 的值域 $R_f \subseteq D_g$,即若有函数 $f:A \to B, g:C \to D$,且 $R_f \subseteq C$,则同样可以定义一个由 A 到 D 的复合函数 $g \cdot f$.但若 $R_f \not\subseteq C$,则 $g \cdot f$ 就没有意义了.因此在定义 3-5 的条件下,虽然 $g \cdot f$ 有意义,但 $f \cdot g$ 不一定有意义.即使 $g \cdot f$ 与 $f \cdot g$ 都有意义,二者也不一定相等.

例1 设 $A = \{1,2,3\}, B = \{a,b\}, C = \{e,f\}$
$f:A \to B, f = \{(1,a),(2,a),(3,b)\}$
$g:B \to C, g = \{(a,e),(b,e)\}$
则 $gf = \{(1,e),(2,e),(3,e)\}$

是一由 A 到 C 的函数.

例2 设有函数 $f:2^A \to \mathbf{Z}$,其中 A 是一有限集合,且 $f(S) = \# S$. 函数 $g:\mathbf{Z} \to \mathbf{R}, g(z) = \dfrac{z-5}{2}$,则复合函数 $gf:2^A \to \mathbf{R}$,对于任意的 $S \subseteq A$,有

$$(gf)(S) = g(f(S)) = g(\# S) = \frac{\# S - 5}{2}$$

例3 设 $A = \{1,2,3\}$,且有函数
$f:A \to A, f = \{(1,2),(2,3),(3,1)\}$
$g:A \to A, g = \{(1,2),(2,1),(3,3)\}$
则复合函数
$gf = \{(1,1),(2,3),(3,2)\}$
$fg = \{(1,3),(2,2),(3,1)\} \neq gf$
$ff = \{(1,3),(2,1),(3,2)\}$
$gg = \{(1,1),(2,2),(3,3)\}$

因为函数的复合是关系复合的一种特殊情形,因此关系复合中成立的性质,对于函数复合也是成立的. 例如,对于任一函数 $f:A \to B$,有 $fI_A = I_B f = f$. 又如,设有三个函数 $f:A \to B, g:B \to C, h:C \to D$,根据定义3-5,这些函数可以构成复合函数 $gf: A \to C, hg:B \to D$,进而可以构成复合函数 $h(gf)$ 和 $(hg)f$,二者都是由 A 到 D 的函数. 因为关系的复合是可结合的,当然函数的复合也是可结合的,因此有下面的定理.

定理 3-1 设有函数 $f:A \to B, g:B \to C, h:C \to D$,则有
$$h(gf) = (hg)f$$
现根据复合函数的定义,给出该定理的证明.

证明 因为对于任意的 $a \in A$,有
$$[h(gf)](a) = h[(gf)(a)] = h(g(f(a))) = (hg)(f(a)) = [(hg)f](a)$$
所以,$h(gf) = (hg)f$. 证毕.

由于函数复合的可结合性,因此通常去掉括号而写成 hgf. 一般地,设有 n 个函数 $f_1:A_1 \to A_2, f_2:A_2 \to A_3, \cdots, f_n:A_n \to A_{n+1}$,则不加括号的表达式 $f_n f_{n-1} \cdots f_1$ 唯一地表示一个由 A_1 到 A_{n+1} 的函数.

特别,当 $A_1 = A_2 = \cdots = A_{n+1} = A$ 且 $f_1 = f_2 = \cdots = f_n = f$ 时(即当所有的 f_i 都是由集合 A 到 A 的同一函数时),复合函数 $f_n f_{n-1} \cdots f_1$ (是一个由 A 到 A 的函数)可表示为 f^n.

例4 设有函数 $f:\mathbf{I} \to \mathbf{I}$,给定为 $f(i) = 2i+1$,试求复合函数 f^3.

解 由定义3-5,复合函数 f^3 也是由 $\mathbf{I}$ 到 $\mathbf{I}$ 的函数. 对于任意的 $i \in \mathbf{I}$,有
$$f^3(i) = f(f^2(i)) = 2f^2(i) + 1 = 2f(f(i)) + 1 = 2(2f(i)+1) + 1$$
$$= 4f(i) + 3 = 4(2i+1) + 3 = 8i + 7$$

定义 3-6 设 f 是一个由 A 到 A 的函数,且 $f^2 = f$,则称 f 是**幂等函数**.

例5 函数 $f:2^{\mathbf{N}} \to 2^{\mathbf{N}}$,给定为 $f(S) = \{n \mid n \in S \cap P\}$,则 f 是一个幂等函数. 因为由 f 的定义,对于任一 $S \in 2^{\mathbf{N}}$,$f(S)$ 为 S 中所有素数的集合,记为 $S_P (S_P \subseteq \mathbf{N})$. 而 $f^2(S) = f(f(S)) = f(S_P) = S_P$. 所以 $f^2 = f$.

如果 f 是幂等的,则对于所有的正整数 $n \geqslant 1$,都是 $f^n = f$.

定理 3-2 设有函数 $f:A \to B$ 和 $g:B \to C$,那么:

(1) 如果 f 和 g 都是内射,则 gf 也是内射;

(2) 如果 f 和 g 都是满射,则 gf 也是满射;

(3) 如果 f 和 g 都是双射,则 gf 也是双射.

证明 (1) 设 $a_i, a_j \in A$ 且 $a_i \neq a_j$,由于 f 是内射,因此 $f(a_i) \neq f(a_j)$;由于 g 也是内射,故又有 $g(f(a_i)) \neq g(f(a_j))$,此即由 $a_i \neq a_j$,可得 $(gf)(a_i) \neq (gf)(a_j)$,故 gf 是内射.

(2) 设任一元素 $c \in C$,由于 g 是满射,因此必存在某一 $b \in B$,使得 $g(b) = c$. 又由于 f 也是满射,因而必存在某一 $a \in A$,使得 $f(a) = b$,于是有 $(gf)(a) = g(f(a))$

$= g(b) = c$,即 $c \in (gf)(A)$. 由 c 的任意性,故 gf 是满射.

(3) 由于 f 和 g 都是双射,因此它们既是内射,又是满射,由(1)和(2)可知 gf 是双射. 由此定理得证.

定理 3-2 的逆定理不成立,但有下面"部分可逆"的结论. 这里只给出(1)的证明,其余两条的证明留给读者作为练习.

定理 3-3 设有函数 $f:A \to B$ 和 $g:B \to C$,那么:

(1) 如果 gf 是内射,则 f 是内射;

(2) 如果 gf 是满射,则 g 是满射;

(3) 如果 gf 是双射,则 f 是内射而 g 是满射.

证明 (1) 假设 f 不是内射,则必存在两个元素 $a_i, a_j \in A, a_i \neq a_j$,使得 $f(a_i) = f(a_j)$. 令 $f(a_i) = f(a_j) = b$,且令 $g(b) = c$. 则由复合函数的定义有
$$(gf)(a_i) = g(f(a_i)) = g(b) = c$$
$$(gf)(a_j) = g(f(a_j)) = g(b) = c$$
此时 $(gf)(a_i) = (gf)(a_j)$ 与 gf 是内射矛盾,故 f 是内射. 证毕.

然而当 gf 是内射时,g 可以不是内射. 如图 3-4 所示就是一例,复合函数 gf 是内射,但 g 不是内射. 在那里 $g(b_3) = g(b_4) = c_3$,但 $b_3 \neq b_4$.

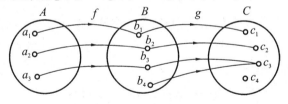

图 3-4

例 6 设有函数 $f:A \to B, g:B \to C, h:C \to D, gf$ 和 hg 是双射,试证明 f、g、h 也都是双射.

证明 因为 gf 是双射,所以 f 是内射,g 是满射. 因为 hg 是双射,所以 g 是内射,h 是满射. 因此,g 是双射.

对于任意的 $b \in B$,有 $c \in C$,使得 $g(b) = c$,因为 gf 是满射,所以必有 $a \in A$,使得 $gf(a) = g(f(a)) = c$,其中 $f(a) \in B$,令 $f(a) = b_1$,于是 $g(b_1) = c$,但 g 是内射,因此 $b = b_1$,于是 $f(a) = b$,故 f 是满射.

假设 h 不是内射,则存在 c_i、$c_j \in C, c_i \neq c_j$,但 $h(c_i) = h(c_j) = d$. 另一方面,因为 g 是满射,所以有 $b_k, b_l \in B$,使得 $g(b_k) = c_i, g(b_l) = c_j$,且 $b_k \neq b_l$,于是由复合函数的定义有
$$h \cdot g(b_k) = h(g(b_k)) = h(c_i) = d$$
$$h \cdot g(b_l) = h(g(b_l)) = h(c_j) = d$$
这与 hg 是双射矛盾,故 h 是内射.

由上可知,f、g、h 都是双射.

3.3 逆 函 数

在第 2 章曾把由集合 A 到集合 B 的关系 ρ 的逆关系 $\tilde{\rho}$ 定义为由 B 到 A 的关系,当且仅当 $(a,b) \in \rho$ 时,有 $(b,a) \in \tilde{\rho}$. 也就是简单地交换 ρ 的所有序偶中的元素,就可得到逆关系 $\tilde{\rho}$ 的各个序偶. 对于函数来说,情况就不这么简单. 如果 f 是一个从 A 到 B 的函数,因为 f 也是一个关系,因此可以按上述方法得到 f 的逆关系 $\tilde{f}$,但 $\tilde{f}$ 可能不是一个函数. 例如,如果 f 不是一个满射,则 $\tilde{f}$ 的定义域就只能是 B 的一个真子集而不能是 B. 又如果 f 不是一个内射,例如,有 $(a_1,b) \in f,(a_2,b) \in f$,则有 $(b,a_1) \in \tilde{f}$,$(b,a_2) \in \tilde{f}$,因而 $\tilde{f}$ 不满足像的唯一性条件.

例 1 设 $A = \{0,1,2\}, B = \{p,q,r,s\}, f: A \to B$ 由 $f = \{(0,p),(1,r),(2,s)\}$ 给出,则

$$\tilde{f} = \{(p,0),(r,1),(s,2)\}$$

因为 f 不是满射,所以 $\tilde{f}$ 中 B 的元素 q 在集合 A 中没有像,因此 $\tilde{f}$ 不是由 B 到 A 的函数.

例 2 设 $A = \{0,1,2,3,4\}, B = \{p,q,r,s\}, f: A \to B$ 由 $f = \{(0,p),(1,q),(2,r),(3,r),(4,s)\}$ 给出,则

$$\tilde{f} = \{(p,0),(q,1),(r,2),(r,3),(s,4)\}$$

因为 f 不是内射,所以 $\tilde{f}$ 中 B 的元素 r 在集合 A 中有两个元素与它对应,不满足像的唯一性,因此 $\tilde{f}$ 不是由 B 到 A 的函数.

例 3 设 $A = \{0,1,2\}, B = \{a,b,c\}, f: A \to B$ 由 $f = \{(0,a),(1,c),(2,b)\}$ 给出,则

$$\tilde{f} = \{(a,0),(c,1),(b,2)\}$$

显然 $\tilde{f}$ 是由 B 到 A 的函数.

如果 f 是一个由 A 到 B 的双射,则对于 B 中每一个元素 b,一定有一个而且只有一个 $a \in A$,使得 $f(a) = b$. 如果把这唯一对应的 a 看做是 b 在某个映射下的像,就可得到一个由 B 到 A 的函数,称为 f 的逆函数.

定义 3-7 设有函数 $f: A \to B$ 是一个双射,定义函数 $g: B \to A$,使得对于每一个元素 $b \in B, g(b) = a$,其中 a 是使得 $f(a) = b$ 的 A 中的元素,则称 g 为 f 的**逆函数**,记作 f^{-1}. 若函数 f 存在逆函数 f^{-1},则称 f 是**可逆**的.

注意,仅当 f 是双射函数时,才定义 f 的逆函数 f^{-1},而且 f^{-1} 就是 f 的逆关系 $\tilde{f}$.

定理 3-4 设函数 $f: A \to B$ 是双射,则逆函数 $f^{-1}: B \to A$ 也是一个双射.

证明 对于任一元素 $a \in A$,由函数 f 的定义,在 B 中必有一元素 b,使得 $f(a) = b$,于是由逆函数 f^{-1} 的定义,$f^{-1}(b) = a$,即 $a \in f^{-1}(B)$,由 a 的任意性,可知 f^{-1} 是一个满射.又设 $b_1, b_2 \in B$,且 $b_1 \neq b_2$,由双射函数 f 的定义,在 A 中必有两个元素 $a_1 \neq a_2$,使得 $f(a_1) = b_1, f(a_2) = b_2$.于是 $f^{-1}(b_1) = a_1, f^{-1}(b_2) = a_2$,并且 $f^{-1}(b_1) \neq f^{-1}(b_2)$,这就是说 f^{-1} 是一个内射.

因为 f^{-1} 既是一个满射,又是一个内射,所以 f^{-1} 是一个双射.定理得证.

既然 f^{-1} 也是一个双射,那么 f^{-1} 也应有逆函数.

定理 3-5 设函数 $f: A \to B$ 是一个双射,则 $(f^{-1})^{-1} = f$.

证明 由定理 3-4,f^{-1} 是一个由 B 到 A 的双射.因此 $(f^{-1})^{-1}$ 与 f 一样也是一个由 A 到 B 的函数.对于任一元素 $a \in A$,设 $f(a) = b$,则 $f^{-1}(b) = a$,因而 $(f^{-1})^{-1}(a) = b$,于是 $f(a) = (f^{-1})^{-1}(a)$,由 a 的任意性,即知 $(f^{-1})^{-1} = f$.证毕.

定理 3-5 说明 f 和 f^{-1} 互为逆函数.它们之间还有以下的关系.

定理 3-6 如果函数 $f: A \to B$ 是可逆的,则有
$$f^{-1}f = I_A, \quad ff^{-1} = I_B$$

证明 由复合函数的定义,$f^{-1}f$ 是一由 A 到 A 的函数.对于任一元素 $a \in A$,设 $f(a) = b$,则 $f^{-1}(b) = a$,于是 $(f^{-1}f)(a) = f^{-1}(b) = a$,由 a 的任意性,即得 $f^{-1}f = I_A$.类似地,可以证明 $ff^{-1} = I_B$.证毕.

值得注意的是,虽然 $f^{-1}f$ 与 ff^{-1} 都是恒等函数,但有不同的定义域,所以不能简单地写 $ff^{-1} = I$.只要 $A \neq B$,总有 $ff^{-1} \neq f^{-1}f$.

定理 3-7 设有函数 $f: A \to B$ 和 $g: B \to A$,当且仅当 $gf = I_A, fg = I_B$ 时,有 $g = f^{-1}$.

证明 必要性直接由定理 3-6 可得.下面证明充分性.

因为 $fg = I_B$ 是一满射,故由定理 3-3,f 是一满射;因为 $gf = I_A$ 是一内射,故由定理 3-3,f 是一内射.因而 f 是一双射,有逆函数 f^{-1}.

由于 $\quad f^{-1}(fg) = f^{-1}I_B = f^{-1}, \quad (f^{-1}f)g = I_A g = g$

故有 $\quad\quad\quad\quad\quad\quad\quad\quad g = f^{-1}$

证毕.

定理 3-8 设有函数 $f: A \to B$ 和 $g: B \to C$,且 f 和 g 都是可逆的,则
$$(gf)^{-1} = f^{-1} \cdot g^{-1}$$

证明 因为 f 和 g 都可逆,所以存在有逆函数 $f^{-1}: B \to A, g^{-1}: C \to B$,因而有复合函数 $f^{-1}g^{-1}: C \to A$.又因为 f 和 g 都是双射,由定理 3-2,gf 也是双射,因此有逆函数 $(gf)^{-1}: C \to A$.于是 $(gf)^{-1}$ 与 $f^{-1}g^{-1}$ 都是由 C 到 A 的函数.

对于任一元素 $c \in C$,设 $g^{-1}(c) = b, f^{-1}(b) = a$,则

$$(f^{-1}g^{-1})(c) = f^{-1}(b) = a$$

而
$$(gf)(a) = g(f(a)) = g(b) = c$$

所以
$$(gf)^{-1}(c) = a$$

因此
$$(f^{-1}g^{-1})(c) = (gf)^{-1}(c)$$

由 c 的任意性,故有 $(gf)^{-1} = f^{-1}g^{-1}$. 证毕.

此定理说明,复合函数的逆函数能够用相反次序的逆函数的复合来表示.

由上面的讨论可知,如果函数 f 不是双射函数,则 f 不可能有逆函数;但对于内射和满射函数来说,它们分别可以有左逆函数和右逆函数.

定义 3-8 设有函数 $f:A \to B$ 和 $g:B \to A$,若 $g \cdot f = I_A$,则称 g 是 f 的左逆函数,f 是 g 的右逆函数.

定理 3-9 设有函数 $f:A \to B$,则

(1) 当且仅当 f 是内射时,f 有左逆函数;

(2) 当且仅当 f 是满射时,f 有右逆函数.

证明 (1)若 f 是内射,则对于任意的 $a_i, a_j \in A$,如果 $a_i \neq a_j$,那么 $f(a_i) \neq f(a_j)$,即对于集合 B 中任一元素 b,如果 $b \in f(A)$,则只有唯一的元素 a,使得 $f(a) = b$.

定义函数 $g:B \to A$,使得对于任意的 $b \in B$,

若 $b \in f(A)$ 且 $f(a) = b$,则 $g(b) = a$;

若 $b \notin f(A)$,则 $g(b) = a_0$(a_0 为 A 中某一元素).

于是,对于任意的 $a \in A$,若 $f(a) = b$,则
$$gf(a) = g(f(a)) = g(b) = a$$

所以 g 是 f 的左逆函数.

反之,若 f 有左逆函数 $g:B \to A$,则 $gf = I_A$,因此 gf 是内射,由定理 3-3,f 是内射.

(2) 若 f 是一个满射,则 B 中任一元素 $b \in f(A)$,定义函数 $g:B \to A$,对于任意的 $b \in B, g(b) = a$,这里 a 是满足 $f(a) = b$ 的任意一个确定的 a.于是
$$fg(b) = f(g(b)) = f(a) = b$$

即 $fg = I_B$,g 是 f 的右逆函数.

反之,若 f 有右逆函数 $g:B \to A$,则 $fg = I_B$ 是满射,由定理 3-3,f 是满射. 证毕.

例 4 对 3.2 节中的例 6,下面给出另一种证明方法.

证明 例 6 中已根据定理 3-3,证明了 g 是双射,因此 g 存在逆函数 g^{-1},且 g^{-1} 也是双射.

因为 g^{-1} 和 gf 都是双射,所以 $g^{-1}(gf) = (g^{-1}g)f = I_Bf = f$ 也是双射.

因为 g^{-1} 和 hg 都是双射,所以 $(hg)g^{-1} = h(gg^{-1}) = hI_C = h$ 也是双射.

由上可知,f、g、h 都是双射.

3.4 置　　换

这一节介绍一种更为特殊的函数,即从有限集 A 到 A 自身的双射函数.

定义 3-9 设 $A=\{a_1,a_2,\cdots,a_n\}$ 是一个有限集合,从 A 到 A 的双射函数称为集合 A 上的**置换**.而整数 n 称为**置换的阶**.

一个 n 阶置换 $P:A\to A$ 常表示成如下形式:

$$P=\begin{pmatrix} a_1 & a_2 & \cdots & a_n \\ P(a_1) & P(a_2) & \cdots & P(a_n) \end{pmatrix}$$

这里 n 个列的次序当然是任意的,由于 P 是双射,因此 $P(a_1),P(a_2),\cdots,P(a_n)$ 各不相同,然而所有的 $P(a_i)$ 都是 A 中的元素,因此 $P(a_1),P(a_2),\cdots,P(a_n)$ 必为 a_1, $a_2,\cdots,a_n$ 的一个排列.由于 $a_1,a_2,\cdots,a_n$ 上排列的总数等于 $n!$,因此集合 A 上不同的 n 阶置换的数目是 $n!$ 个.

例如,设 $A=\{1,2,3\}$,因为 $n=3$,所以集合 A 上应有 $3!=6$ 个不同的三阶置换,它们是:

$$P_1=\begin{pmatrix} 1 & 2 & 3 \\ 1 & 2 & 3 \end{pmatrix},\quad P_2=\begin{pmatrix} 1 & 2 & 3 \\ 1 & 3 & 2 \end{pmatrix},\quad P_3=\begin{pmatrix} 1 & 2 & 3 \\ 2 & 1 & 3 \end{pmatrix}$$

$$P_4=\begin{pmatrix} 1 & 2 & 3 \\ 2 & 3 & 1 \end{pmatrix},\quad P_5=\begin{pmatrix} 1 & 2 & 3 \\ 3 & 1 & 2 \end{pmatrix},\quad P_6=\begin{pmatrix} 1 & 2 & 3 \\ 3 & 2 & 1 \end{pmatrix}$$

集合 A 上的恒等函数 $I_A=\{(a,a)\mid a\in A\}$ 是集合 A 上形为

$$\begin{pmatrix} a_1 & a_2 & \cdots & a_n \\ a_1 & a_2 & \cdots & a_n \end{pmatrix}$$

的一个置换,称为 A 上的**恒等置换**.上例中的 P_1 就是 $A=\{a,b,c\}$ 上的恒等置换.

因为双射函数是可逆的,所以集合 A 上的任何置换 $P:A\to A$ 都有逆函数 $P^{-1}:A\to A$,它也是由 A 到 A 的双射,因此也是 A 上的置换.P^{-1} 称为 P 的**逆置换**.若

$$P=\begin{pmatrix} a_1 & a_2 & \cdots & a_n \\ P(a_1) & P(a_2) & \cdots & P(a_n) \end{pmatrix}$$

则

$$P^{-1}=\begin{pmatrix} P(a_1) & P(a_2) & \cdots & P(a_n) \\ a_1 & a_2 & \cdots & a_n \end{pmatrix}$$

上例中的 $P_1^{-1}=P_1,P_2^{-1}=P_2,P_3^{-1}=P_3,P_4^{-1}=P_5,P_5^{-1}=P_4,P_6^{-1}=P_6$.

设 $P_1:A\to A,P_2:A\to A$ 是 A 上任意的两个置换,则置换的复合 $P_1\cdot P_2:A\to A$ 也必定是 A 上的一个置换.这就是说,置换在复合运算下是封闭的.有关置换的其他一些性质,将在第 5 章再作介绍.

*3.5 集合的特征函数

在这一节里讨论从全集合 U 到集合 $\{0,1\}$ 的函数,即 $f:U \to \{0,1\}$. 我们知道,这样的函数不止一个. 如果 U 是有限集, $\# U = n$,则有 2^n 个这样的函数;若 U 是无限集,则这样的函数有无穷多个.

因为 f 是由 U 到 $\{0,1\}$ 的函数,因此 U 中每一元素在集合 $\{0,1\}$ 中都有像,其像不是 1 就是 0. 若令 U 的子集 $A = \{u \mid u \in U, f(u) = 1\}$,则每一个函数 f 必对应着 U 的这样一个子集. 反之,对于 U 的每一个子集 A,定义一函数 $f:U \to \{0,1\}$,使得当 $u \in A$ 时, $f(u) = 1$;当 $u \notin A$ 时, $f(u) = 0$,则 U 的每一子集 A 必对应着一个由 U 到 $\{0,1\}$ 的函数. 因此集合 $\{0,1\}^U$ 与全集 U 的幂集 2^U 的元素之间有着一一对应关系(即存在着由 $\{0,1\}^U$ 到 2^U 的双射). 每一个由 U 到 $\{0,1\}$ 的函数称为相对应的子集的特征函数.

定义 3-10 全集合 U 的子集 A 的**特征函数**定义为 $e_A:U \to \{0,1\}$,这里

$$e_A(u) = \begin{cases} 1 & \text{当 } u \in A \\ 0 & \text{当 } u \notin A \end{cases}$$

特征函数有下述一些性质.

1. 设 A 和 B 是全集 U 的两个子集,于是有

(1) 当且仅当对所有的 $u \in U, e_A(u) = 0$,则 $A = \emptyset$;

(2) 当且仅当对所有的 $u \in U, e_A(u) = 1$,则 $A = U$;

(3) 当且仅当对所有的 $u \in U, e_A(u) \leqslant e_B(u)$,则 $A \subseteq B$;

(4) 当且仅当对所有的 $u \in U, e_A(u) = e_B(u)$,则 $A = B$.

2. 设 A 和 B 是全集 U 的两个子集,则对于所有的 $u \in U$,有

(1) $e_{A'}(u) = 1 - e_A(u)$

(2) $e_{A \cup B}(u) = e_A(u) + e_B(u) - e_A(u) \cdot e_B(u)$

(3) $e_{A \cap B}(u) = e_A(u) \cdot e_B(u)$

注意,由于特征函数的值是 0 或 1,因此用于特征函数间的关系符号和运算符号 $\leqslant$、$=$、$+$、$-$ 和 $\cdot$ 都是表示通常的数的关系和算术运算.

上述性质由特征函数的定义都容易得到证明. 下面仅以 $1_{(4)}$ 和 $2_{(3)}$ 为例给出其证明.

证明 $1_{(4)}$ 假设对所有的 $u \in U, e_A(u) = e_B(u)$ 成立,并设任一元素 $u \in A$,则 $e_A(u) = 1$. 因为 $e_A(u) = e_B(u)$,所以 $e_B(u) = 1$. 由特征函数 e_B 的定义,有 $u \in B$,因而有 $A \subseteq B$. 类似地,可以证明 $B \subseteq A$,故 $A = B$.

反之,设 $A = B$,对于任一元素 $u \in U$,若 $u \in A$,则由 $A = B$,有 $u \in B$,因此 $e_A(u) = e_B(u) = 1$;若 $u \notin A$,则由 $A = B$,有 $u \notin B$,因此 $e_A(u) = e_B(u) = 0$. 故对任意的元素 $u \in U$,有 $e_A(u) = e_B(u)$.

$2_{(3)}$ 对任意的 $u \in U$，若 $u \in A \cap B$，则 $u \in A$ 且 $u \in B$，因而有 $e_{A \cap B}(u) = e_A(u) = e_B(u) = 1$，所以 $e_{A \cap B}(u) = e_A(u) \cdot e_B(u) = 1$；若 $u \notin A \cap B$，则 $u \notin A$ 或 $u \notin B$，而因有 $e_{A \cap B}(u) = 0$，且有 $e_A(u) = 0$ 或 $e_B(u) = 0$，所以 $e_{A \cap B}(u) = e_A(u) \cdot e_B(u) = 0$. 故性质 $2_{(3)}$ 得证.

特征函数的上述性质可用来证明各种集合恒等式.

例1 $A \cap (B \cup C) = (A \cap B) \cup (A \cap C)$.

证明 由特征函数的性质 $2_{(3),(2)}$，对于所有的 $u \in U$，有

$$\begin{aligned}
e_{A \cap (B \cup C)}(u) &= e_A(u) \cdot e_{B \cup C}(u) \\
&= e_A(u) \cdot (e_B(u) + e_C(u) - e_B(u) \cdot e_C(u)) \\
&= e_A(u) \cdot e_B(u) + e_A(u) \cdot e_C(u) - e_A(u) \cdot e_B(u) \cdot e_A(u) \cdot e_C(u) \\
&= e_{A \cap B}(u) + e_{A \cap C}(u) - e_{A \cap B}(u) \cdot e_{A \cap C}(u) \\
&= e_{(A \cap B) \cup (A \cap C)}(u)
\end{aligned}$$

所以，由性质 $1_{(4)}$ 有 $A \cap (B \cup C) = (A \cap B) \cup (A \cap C)$. 证毕.

例2 $(A')' = A$.

证明 由性质 $2_{(1)}$，对所有的 $u \in U$，有

$$e_{(A')'}(u) = 1 - e_{A'}(u) = 1 - (1 - e_A(u)) = e_A(u)$$

因此有 $(A')' = A$. 证毕.

设有函数 $f: A \to B$，定义 A 上的关系 ρ_f：当且仅当 $f(a_i) = f(a_j)$ 时，有 $a_i \rho_f a_j$. 容易验证，ρ_f 是 A 上的一个等价关系（称 ρ_f 为 f 的等价核），因此它可以导致 A 上的一个等价分划 $\pi_{\rho_f}^A = \{[a]_{\rho_f} \mid a \in A\}$，其中 $[a]_{\rho_f}$ 是等价类. 由于同一等价类中的元素都以 B 中同一元素为像，因此每一等价类对应着 f 的值域中的一个元素. 反之，f 的值域中的每一个元素在 A 中至少有一个像源，因而该元素必与其像源所在的等价类对应. 于是存在一个由分划 $\pi_{\rho_f}^A$ 到 f 的值域的双射. 若 f 的值域有限，即若 $R_f = \{b_1, b_2, \cdots, b_k\} \subseteq B$，则 $\pi_{\rho_f}^A = \{A_1, A_2, \cdots, A_k\}$，其中 $A_i = \{a \mid a \in A, f(a) = b_i\}$ ($i = 1, 2, \cdots, k$). 因为对于任一个 $a \in A$，必存在且只存在一个 i ($1 \leqslant i \leqslant k$)，使得 $a \in A_i$，对于 $j \neq i$，$a \notin A_j$. 所以 $e_{A_1}(a), e_{A_2}(a), \cdots, e_{A_k}(a)$ 中只有 $e_{A_i}(a) = 1$，其他 $e_{A_j}(a) = 0$ ($j \neq i$). 于是可将 $f(a) = b_i$ 写成如下形式

$$f(a) = b_1 e_{A_1}(a) + b_2 e_{A_2}(a) + \cdots + b_i e_{A_i}(a) + \cdots + b_k e_{A_k}(a)$$

即对于所有的 $a \in A$，有

$$f(a) = \sum_{i=1}^{k} b_i e_{A_i}(a)$$

这说明特征函数可以用来表示具有有限值域的函数.

例3 函数 $f: \mathbf{I} \to \mathbf{Z}_m$ 定义为 $f(i) = \text{res}_m(i)$，显然 f 是值域 $R_f = \mathbf{Z}_m$ 的一个满射. 令 $C_j = \{i \mid i \in \mathbf{I}, i \equiv j \pmod{m}\}$ ($j = 0, 1, 2, \cdots, m-1$).

则 $\pi_{\rho_f}^{\mathbf{I}} = \{C_0, C_1, C_2, \cdots, C_{m-1}\}$ 是 $\mathbf{I}$ 的一个分划，因此

$$f(i) = 0 e_{C_0}(i) + 1 e_{C_1}(i) + 2 e_{C_2}(i) + \cdots + (m-1) e_{C_{m-1}}(i)$$

即
$$f(i) = \sum_{j=0}^{m-1} j e_{C_j}(i)$$

在第1章曾介绍过集合的成员表. 设 A、B 是全集合 U 的子集, 那么根据补、并、交的定义, 可作出 A'、$A \cap B$ 和 $A \cup B$ 的成员表如表 3-1 所示.

表 3-1

A	B	A'	$A \cap B$	$A \cup B$
0	0	1	0	0
0	1	1	0	1
1	0	0	0	1
1	1	0	1	1

表 3-2

e_A	e_B	$e_{A'}$	$e_{A \cap B}$	$e_{A \cup B}$
0	0	1	0	0
0	1	1	0	1
1	0	0	0	1
1	1	0	1	1

仿照作成员表的方法, 由 $e_A(u)$ 和 $e_B(u)$ 的值的所有可能的组合, 根据特征函数的性质 2 所给出的公式, 把计算出的 $e_{A'}(u)$、$e_{A \cap B}(u)$ 和 $e_{A \cup B}(u)$ 的相应值也列成表, 可得表 3-2.

比较表 3-1 和表 3-2 可以看出, 表 3-1 中集合 S 所标记的列在表 3-2 中由该集合的特征函数 e_S 所标记, 两者取值的情形完全一样. 这是由于成员表和特征函数两定义中的 0 与 1 所代表的意义完全相同. 因此一般地, 如果 S 是一个由 $A_1, A_2, \cdots, A_r$ 产生的集合, 则根据 $e_{A_1}(u), e_{A_2}(u), \cdots, e_{A_r}(u)$ 的值的所有可能的组合而计算出的相应 $e_S(u)$ 的值的表也必然与 S 的成员表完全一样. 由此可见, 成员表是表达集合的特征函数的一个方法.

*3.6 数学归纳法及其应用

自然数集 $\mathbf{N}$ 和它的许多性质早已为人们所熟知. 在这一节里, 不叙述以它的基本性质为特征的公理[①], 只叙述它的某些基本性质, 目的在于介绍数学归纳法的证明方法和定义方法, 以备以后引用.

我们知道, "小于或等于"关系是自然数集 $\mathbf{N}$ 上的全序关系, 特别对于任意两个自然数 n_1 和 n_2, 必有 $n_1 \leqslant n_2$ 或 $n_2 \leqslant n_1$. 这一全序关系使得自然数集 $\mathbf{N}$ 依照普通数的大小顺序可将其元素排成一个序列

$$1, 2, 3, 4, 5, \cdots$$

这性质有时称为**自然数的有序性**.

自然数集 $\mathbf{N}$ 是无限集, 即它的元素个数不是有限数. 也就是说, $\mathbf{N}$ 里面的数如果依大小的顺序排, 那么在任意一个数的后面还有数.

---

① И. В. 勃罗斯库列亚柯夫著, 吴品三译.《数与多项式》(第三章). 高等教育出版社, 1956 年 6 月.

自然数的另一基本性质是**自然数的最小性**.

定理 3-10 在自然数集 $\mathbf{N}$ 的任一非空子集 S 中,必定有一个最小数,也就是说在集合 S 中有不大于其他任意数的数.

证明 因为 S 非空,所以可以在 S 中取一数 n,令 S 中所有不大于 n 的数形成的非空集合(至少包含 n)为 T,则显然有 $T \subseteq S$. 但从 1 到 n 只有 n 个自然数,因此 T 中所含的数最多只有 n 个,由自然数的有序性可知,T 中必有一最小数,这最小数就是 S 的最小数. 证毕.

在第 2 章曾说自然数集 $\mathbf{N}$ 上的"$\leqslant$"关系是 $\mathbf{N}$ 上的良序,其根据也就是自然数的最小性这一性质. 由这一性质,又可推得下面的重要定理.

定理 3-11 设 S 是由自然数组成的集合,如果 $1 \in S$,并且当 $n \in S$ 时,也有 $n+1 \in S$,那么 S 含有所有的自然数.

证明 设 E 是 $\mathbf{N}$ 中所有不属于 S 的数组成的集合(即 $E = \mathbf{N} - S$),如果 E 非空,则由定理 3-10 知,E 中必有一个最小数 a. 因为 $a \notin S$,所以 $a \neq 1$,因此 $a-1$ 是自然数,且 $a-1 \in S$,于是由假设,有 $a \in S$. 这与 $a \notin S$ 矛盾,因此 E 是空集,故 $S = \mathbf{N}$. 证毕.

于是,为了要证明一个命题对于所有的自然数 n 都是真的,只要证明两件事:

(1) 当 $n = 1$ 时,命题是真的;

(2) 当 $n = k$ 时这个命题是真的,则 $n = k+1$ 时这个命题也是真的.

这就是通常的数学归纳法. 此外,数学归纳法还有下面的另一种形式.

为了要证明一个命题对于所有的自然数 n 都是真的,只要证明两点:

(1) 当 $n = 1$ 时,命题是真的;

(2) 若 $n = 1, 2, \cdots, k$ 时这个命题是真的,则 $n = k+1$ 时这个命题也是真的.

这种形式在应用上有时比上面的方便.

定理 3-11 是数学归纳法原理的基础. 下面给出关于数学归纳法证明的合理性定理.

定理 3-12 设 $P(n)$ 是一个与自然数 n 有关的命题,如果对于自然数 1,这个命题为真,而且当对于自然数 k 这个命题为真时,对于 $k+1$ 这个命题也为真,那么命题 $P(n)$ 对于所有的自然数都为真.

证明 令 $S = \{n \mid n \in \mathbf{N}, P(n) \text{ 为真}\}$,即 S 是使命题 $P(n)$ 为真的所有自然数 n 的集合. 如果命题 $P(1)$ 为真,则 $1 \in S$. 又若 $k \in S$,则命题 $P(k)$ 为真,由假设有 $P(k+1)$ 也为真,因此 $k+1 \in S$. 这就是说,由 $k \in S$ 可推得 $k+1 \in S$. 根据定理 3-11,$S = \mathbf{N}$,即对于所有的自然数 n,$P(n)$ 都为真.

定理 3-13 设 $P(n)$ 是一个与自然数 n 有关的命题,如果对于自然数 1,这个命题为真,而且当对于自然数 $1, 2, \cdots, k$ 这个命题都为真时,对于 $k+1$ 这个命题也为真,那么命题 $P(n)$ 对于所有的自然数都为真.

证明 令 $J = \{n \mid n \in \mathbf{N}, P(n) \text{ 为假}\}$,即 J 是使命题 $P(n)$ 为假的所有自然数

的集合. 若 $J \neq \emptyset$, 则由定理 3-10, J 中有一最小数, 设为 j. 如果命题 $P(1)$ 为真, 则 $1 \notin J$, 所以 $j > 1$, 由 j 的最小性可知, 当 $n = 1, 2, \cdots, j-1$ 时, 命题 $P(n)$ 为真 (其中, $j-1 \geqslant 1$), 因而又有命题 $P(j)$ 为真, 即 $j \notin J$. 这与 j 是 J 中最小数矛盾, 因此 $J = \emptyset$, 即对所有的自然数 $n, P(n)$ 都为真. 证毕.

在应用数学归纳法时, 不一定要以 $n = 1$ 为基础, 可以以任何自然数 $n = n_0$ 为基础, 在这种情况下, 命题对于所有自然数 $n \geqslant n_0$ 成立.

以下给出几个例子, 说明数学归纳法的应用.

例1 试证明对于所有的正整数 n, 有 $n < 2^n$.

证明 〈归纳基础〉当 $n = 1$ 时, 有 $1 < 2^1$. 结论成立.

〈归纳步骤〉假设对任一 $k \in \mathbf{N}$, 有 $k < 2^k$, 则
$$k + 1 < 2^k + 1 < 2^k + 2^k = 2^{k+1}$$
即
$$k + 1 < 2^{k+1}$$

根据数学归纳法原理, 对于所有的 $n \in \mathbf{N}$, 有 $n < 2^n$ 成立.

例2 试证明对于所有的正整数 $n \geqslant 4$, 有 $2^n < n!$.

证明 显然对于 $n = 1, 2, 3$, 结论均不成立, 也不需要它们成立.

〈归纳基础〉当 $n = 4$ 时, $2^4 = 16, 4! = 24$, 因此 $2^4 < 4!$, 结论成立.

〈归纳步骤〉假设对 $\mathbf{N}$ 中任一正整数 $k \geqslant 4, 2^k < k!$, 则
$$2 \cdot 2^k < 2(k!) < (k+1) \cdot k! = (k+1)!$$
即
$$2^{k+1} < (k+1)!$$
所以, 对于所有的正整数 $n \geqslant 4$, 有 $2^n < n!$ 成立.

例3 试证明对于所有的正整数 n, 有
$$(A_1 \cup A_2 \cup \cdots \cup A_n)' = A_1' \cap A_2' \cap \cdots \cap A_n'$$
$$(A_1 \cap A_2 \cap \cdots \cap A_n)' = A_1' \cup A_2' \cup \cdots \cup A_n'$$

证明 〈归纳基础〉当 $n = 1$ 时, 结论显然成立.

当 $n = 2$ 时, 由德·摩根定律, 结论成立.

〈归纳步骤〉假设对任一正整数 $k \geqslant 1$, 有
$$(A_1 \cup A_2 \cup \cdots \cup A_k)' = A_1' \cap A_2' \cap \cdots \cap A_k'$$
$$(A_1 \cap A_2 \cap \cdots \cap A_k)' = A_1' \cup A_2' \cup \cdots \cup A_k'$$
则
$$(A_1 \cup A_2 \cup \cdots \cup A_{k+1})' = [(A_1 \cup A_2 \cup \cdots \cup A_k) \cup A_{k+1}]'$$
$$= (A_1 \cup A_2 \cup \cdots \cup A_k)' \cap A_{k+1}'$$
$$= A_1' \cap A_2' \cap \cdots \cap A_k' \cap A_{k+1}'$$
$$(A_1 \cap A_2 \cap \cdots \cap A_{k+1})' = [(A_1 \cap A_2 \cap \cdots \cap A_k) \cap A_{k+1}]'$$
$$= (A_1 \cap A_2 \cap \cdots \cap A_k)' \cup A_{k+1}'$$
$$= A_1' \cup A_2' \cup \cdots \cup A_k' \cup A_{k+1}'$$

所以, 对所有的正整数 n, 结论成立.

例 4 试证明定理:每一正整数 $n \geqslant 2$ 可以写成素数的乘积.

证明 〈归纳基础〉当 $n=2$ 时,因为 2 是一个素数,所以定理成立.

〈归纳步骤〉设对任一正整数 $k+1>2$,整数 $2,3,4,\cdots,k$ 都能写成素数的乘积. 如果 $k+1$ 是素数,则得证. 否则 $k+1=i\cdot j$,其中 $2\leqslant i\leqslant k, 2\leqslant j\leqslant k$,根据归纳假设,$i$ 和 j 二者都能写成素数的乘积,所以 $k+1=i\cdot j$ 也能写成素数的乘积. 因此,对于所有的正整数 $n>2$,定理成立.

数学归纳法也常常是确定一个函数的比较方便的法则. 下面用例子来说明如何应用数学归纳法的原理在自然数集或非负整数集上定义函数.

例 5 阶乘函数 $n!(n \geqslant 0)$ 被定义为

$$0! = 1$$
$$(n+1)! = (n+1) \cdot n! \quad (n=0,1,2,3,\cdots)$$

例 6 斐波拉契(Fibonacci) 函数 $F_b : \mathbf{Z} \to \mathbf{Z}$ 被定义为

$$F_b(0) = 0, F_b(1) = 1$$
$$F_b(n+1) = F_b(n-1) + F_b(n) \quad (n=1,2,3,\cdots)$$

对于任何的 $n \in \mathbf{N}(n \geqslant 2)$,函数值 $F_b(n)$ 可依据上式归纳到计算 $F_b(0)$ 和 $F_b(1)$. 例如,求 $F_b(4)$ 时,可如下进行:

$$\begin{aligned}
F_b(4) &= F_b(2) + F_b(3) \\
&= F_b(0) + F_b(1) + F_b(1) + F_b(2) \\
&= F_b(0) + F_b(1) + F_b(1) + F_b(0) + F_b(1) \\
&= 0 + 1 + 1 + 0 + 1 \\
&= 3
\end{aligned}$$

这样,前 10 个斐波拉契数是 $0,1,1,2,3,5,8,13,21,34$.

在第 1 章,曾介绍了集合的两种表示方法,或者用列举法,或者用描述法. 注意,无限集仅能用描述法,但是利用说明元素 $a \in A$ 的定义条件,并不总是表示一个集合的便利的方法. 例如,全集合 U 的一组子集 $A_1, A_2, \cdots, A_r$ 所产生的所有集合的集合就不存在方便和清楚的定义条件来表示. 对于这样的一些集合经常是采用归纳定义的方法来加以定义. 一般说来,一个集合 S 的归纳定义由三个主要步骤组成:第一步是指定某集合 A 的元素是 S 的基本元素;第二步是指定一组规则,这些规则规定如何通过某些运算从 S 的元素求得 S 的其他元素,这一步称为归纳步;最后一步,它往往被省略,是说 S 仅仅由有限次地使用第一步和第二步而求得的那些元素组成.

例 7 求由下列定义所给出的集合:

(1) $3 \in S$;

(2) 若 $x、y \in S$,则 $x+y \in S$;

(3) 集合 S 是由有限次地使用步骤(1)和(2)而得到的那些元素所组成的.

解 由 3 的所有正整数倍组成集合 S.

例8 给出集合 $S = \{2,3,4,\cdots\} = \mathbf{N} - \{1\}$ 的归纳定义.

解 (1) $2 \in S, 3 \in S$;

(2) 如果 $x, y \in S$,则 $x + y \in S$;

(3) 集合 S 是由有限次地使用步骤(1)和(2)而得到的那些元素所组成的.

例9 试证明:对 $n \in \mathbf{N}$,定义在 $\mathbf{N}$ 上的形如 $f(x) = x + n$ 的所有函数组成的集合 S,可按下列步骤定义.

(1) $f_1(x) = x + 1$ 在 S 中;

(2) 若 $f, g \in S$,则 $fg \in S$;

(3) 只有有限次地使用步骤(1)和(2)而得到的函数才在 S 中.

证明 首先,有 $f_1(x) = x + 1$ 在 S 中,而且如果 $f_k(x) = x + k, k \in \mathbf{N}$ 在 S 中,则
$$(f_1 f_k)(x) = f_1(x+k) = (x+k) + 1 = x + (k+1)$$
即 f_{k+1} 也在 S 中.所以对任意的 $n \in \mathbf{N}, f(x) = x + n$ 在 S 中.

其次,如果 $f(x) = x + n_1$ 和 $g(x) = x + n_2$,则
$$(fg)(x) = f(x + n_2) = (x + n_2) + n_1 = x + (n_1 + n_2)$$
也具有 $x + n$ 的形式,这就保证步骤(2)只生成所求的函数.

例10 由 $A_1, A_2, \cdots, A_r$(都是全集 U 的子集)产生的集合,可如下归纳地定义:

(1) $\varnothing, U, A_1, A_2, \cdots, A_r$ 是由 $A_1, A_2, \cdots, A_r$ 产生的集合;

(2) 如果 S 和 T 是由 $A_1, A_2, \cdots, A_r$ 产生的集合,那么 $S', (S \cup T), (S \cap T)$ 也是由 $A_1, A_2, \cdots, A_r$ 产生的集合(在 $\cap$ 优先于 $\cup$ 的约定下,括号可省略).

根据以上定义,可以判定任一由符号 $\varnothing, U, A_1, A_2, \cdots, A_r, {}', \cup, \cap,$ "("和")"所构成的表达式是否为 $A_1, A_2, \cdots, A_r$ 产生的集合.

3.7 集合的基数

1.1 节中曾给出了集合的基数的概念,对于有限集来说,所谓集合的基数即为集合中不同元素的个数.但对于无限集来说,集合的基数是什么呢?是不是所有无限集的基数都一样呢?在讨论了关系和函数的概念之后,便能够以更严谨的方式来讨论集合的基数.

对于一个有限集合,其中不同的元素是如何进行计数的呢?例如,图书馆的藏书,可以一册一册地清点;一个城市的人口,可以逐个登记.这些做法的实质是使这些集合的元素和自然数集的一个子集的元素建立起一一对应关系.例如,一个小组有若干个同学,我们依次点名:

张华	王小平	曾梅	余立	李刚
↕	↕	↕	↕	↕
1	2	3	4	5

就发现这个小组的成员与 **N** 的子集 $\{1,2,3,4,5\}$ 的元素有一一对应的关系,所以就说这个小组有 5 个同学.但是为了计数,有时并不一定要建立该集合与自然数集的某个子集的一一对应.例如,一个剧场里,如果每个观众都坐在一把椅子上,既没有站着的人,又没有空着的位子,那么观众和椅子的数目就相同.也就是说,只要知道一个集合和另一个元素个数已知的集合之间有一一对应关系,则这个集合的元素个数也知道了.这个事实启发我们如何去研究无限集的基数.因为对无限集来说,"元素的个数"这个概念是没有意义的.

定义 3-11 设有集合 A、B,如果存在一个双射函数 $f:A \to B$,则说 A 和 B 有相同的基数,或者说 A 与 B **等势**,记作 $A \sim B$.

显然,对于有限集来说,所谓 A 和 B 具有相同的基数,即是指它们的元素个数相同.

例 1 设 $\mathbf{N}_e = \{2,4,6,8,\cdots\}$,定义函数 $f:\mathbf{N} \to \mathbf{N}_e$,使得对于任一 $n \in \mathbf{N}$,有 $f(n) = 2n$.显然,f 是从 **N** 到 $\mathbf{N}_e$ 的双射,所以 $\mathbf{N} \sim \mathbf{N}_e$.

例 2 设 $\mathbf{R}_+ = \{x \mid x \in \mathbf{R}, x > 0\}$,$\mathbf{R}_1 = \{x \mid x \in \mathbf{R}, 0 < x < 1\}$,定义函数 $f: \mathbf{R}_+ \to \mathbf{R}_1$,使得对于任一 $x \in \mathbf{R}_+$,有 $f(x) = \dfrac{x}{1+x}$.显然,f 是从 $\mathbf{R}_+$ 到 $\mathbf{R}_1$ 的双射,所以 $\mathbf{R}_+ \sim \mathbf{R}_1$.

注意,当 $A \sim B$ 时,双射 $f:A \to B$ 可能不止一个,但只要有一个双射存在,就足以证明两个集合等势.例如,在例 2 中,还有另一个双射 $h:\mathbf{R}_+ \to \mathbf{R}_1$,对于任一 $x \in \mathbf{R}_+$,$h(x) = \dfrac{x^2}{1+x^2}$.

定理 3-14 设 S 是一个集族,$\sim$ 是 S 上的一个关系,定义为当且仅当存在着一个由 A 到 B 的双射时,有 $A \sim B$,则"$\sim$"是 S 上的一个等价关系.

证明 显然对于任意集合 A,函数 I_A 是一个由 A 到 A 的双射,因此"$\sim$"是自反的.如果存在一个由 A 到 B 的双射 $f:A \to B$,则根据定理 3-4,f^{-1} 是一个由 B 到 A 的双射,因此"$\sim$"是对称的.如果存在一个由 A 到 B 的双射 f 和一个由 B 到 C 的双射 g,则根据定理 3-2,gf 是一个由 A 到 C 的双射,因此"$\sim$"是可传递的.故"$\sim$"是一个等价关系.证毕.

于是等价关系(或称等势关系)"$\sim$"导致 S 上的一个等价分划.这个等价分划的等价类称为基数类.凡属于同一基数类的集合必有相同的基数,称为**同基**.

到底什么是一个集合的基数,这里并没有给出明确的回答,事实上也很难给出一个明确的回答.只能说基数是集合的一个性质,任何两个集合,如果它们等势,它们便有相同的基数.

定义 3-12 如果集合 A 与集合 $\mathbf{N}_m = \{1,2,\cdots,m\}$($m$ 是某一正整数)属于同一基数类,则称集合 A 是**有限集**,$\# A = m$.$\# \varnothing = 0$,$\varnothing$ 也是有限集.不是有限集的集

合称为**无限集**.

由上述定义可知,有限集的基数就是该集合中元素的个数.

无限集中最简单的一种是可数集.

定义 3-13　如果集合 $A \sim \mathbf{N}$,则称 A 是**可数集**. 有限集和可数集总称为**可计数集**. 如果集合 A 是无限的但不是可数的,则称 A 是**不可数集**.

可数集的基数记作"$\aleph_0$",读作"阿列夫零".

下面给出一些可数集的例子.

例 3　$\mathbf{N}_0 = \{1,3,5,7,\cdots\} = \{2n-1 \mid n \in \mathbf{N}\}$,定义函数 $f:\mathbf{N} \to \mathbf{N}_0$,对于任一 $n \in \mathbf{N}, f(n) = 2n-1$. 显然 f 是一个双射,所以 $\mathbf{N}_0$ 是一个可数集.

例 4　整数集 $\mathbf{I} = \{\cdots, -3, -2, -1, 0, 1, 2, 3, \cdots\}$ 是一个可数集,因为可以把 $\mathbf{I}$ 的元素排成以下次序 $\mathbf{I} = \{0, 1, -1, 2, -2, 3, -3, \cdots\}$,然后使 $\mathbf{I}$ 与 $\mathbf{N}$ 一一对应:

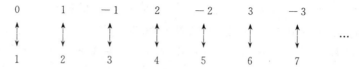

这个对应关系显然是一个双射.

因为正整数集 $\mathbf{N}$ 中的元素可以排成一个无穷序列的形式,即

$$1,2,3,4,5,\cdots$$

因此,在任何可数集 A 中令与自然数 n 对应的元素为 $a_n(n=1,2,3,\cdots)$,则 A 的元素按此编号也可以排成无穷序列的形式:

$$a_1, a_2, a_3, a_4, a_5, \cdots$$

反之,任一无限集合 A,如果它的元素可以排成上述序列的形式,则 A 一定是可数集. 因为可以令序列中的第 n 个元素和正整数 n 对应,所以一个集合是可数集的充分必要条件是它的全部元素可以排成一个无穷序列的形式.

定理 3-15　任一无限集 A 必包含一可数子集.

证明　从 A 中取出一元素 a_1,因 A 是无限集,故 $A - \{a_1\} \neq \emptyset$. 于是,在 $A - \{a_1\}$ 中又可取一元素 a_2,同理 $A - \{a_1, a_2\} \neq \emptyset$. 如此继续下去,设已从 A 中取出互不相同的元素:

$$a_1, a_2, a_3, \cdots, a_n$$

则因为 A 为无限,所以 $A - \{a_1, a_2, \cdots, a_n\} \neq \emptyset$. 从而可以在 $A - \{a_1, a_2, \cdots, a_n\}$ 中取一元素 a_{n+1},由归纳法,得到了一个由 A 中互不相同的元素组成的无穷序列:

$$a_1, a_2, \cdots, a_n, \cdots$$

显然,$A^* = \{a_1, a_2, \cdots, a_n, \cdots\}$ 是可数的,且 $A^* \subseteq A$. 证毕.

定理 3-16　可数集的无限子集仍是可数集.

证明　设 A_1 是可数集合 A 的无限子集. 因为 $A \sim \mathbf{N}$,所以有双射函数 $f:\mathbf{N} \to A$,

于是 A 的元素可以排列为：
$$f(1), f(2), f(3), f(4), \cdots$$
从这个序列中删去不在 A_1 中出现的那些元素，因为 A_1 为无限，剩下的元素个数必为无限。按照这些元素在序列中出现的先后次序，用 $f(i_1), f(i_2), f(i_3), \cdots$ 表示它们。定义函数 $g: \mathbf{N} \to A_1$，使得对于任一 $n \in \mathbf{N}, g(n) = f(i_n)$，那么 g 是由 $\mathbf{N}$ 到 A_1 的双射，所以 A_1 也是可数集。

定理 3-17 设集 A 可数，集 B 有限，且 $A \cap B = \varnothing$，则 $A \cup B$ 可数。

证明 因集 A 可数，故 A 的元素可排成无穷序列的形式，即 $A = \{a_1, a_2, \cdots, a_n, \cdots\}$。设 B 有 m 个元素，即 $B = \{b_1, b_2, \cdots, b_m\}$，则
$$A \cup B = \{b_1, b_2, \cdots, b_m, a_1, a_2, \cdots, a_n, \cdots\}$$
可见 $A \cup B$ 的元素可排成无穷序列的形式，因而可数。

定理 3-18 若 A、B 都是可数集，$A \cap B = \varnothing$，则 $A \cup B$ 可数。

证明 设 $A = \{a_1, a_2, a_3, \cdots\}, B = \{b_1, b_2, b_3, \cdots\}$，则
$$A \cup B = \{a_1, b_1, a_2, b_2, a_3, b_3, \cdots\}$$
显然，$A \cup B$ 是可数集。

定理 3-19 若 A 是可数集，B 是可数集或有限集，则 $A \cup B$ 是可数集。

证明 令 $B^* = B - (A \cap B)$，则 $A \cap B^* = \varnothing$，且 $A \cup B = A \cup B^*$。而由定理 3-16，B^* 是有限集或可数集，故由定理 3-17 或定理 3-18 知 $A \cup B$ 可数。

定理 3-20 有限个可数集的并集仍是可数集。

证明留给读者。

定理 3-21 可数个互不相交的可数集的并集仍是可数集。

证明 设 $A_i (i = 1, 2, 3, \cdots)$ 是可数集，且 $A_i \cap A_j = \varnothing (i \neq j)$。令
$$A_1 = \{a_{11}, a_{12}, a_{13}, a_{14}, \cdots\}$$
$$A_2 = \{a_{21}, a_{22}, a_{23}, a_{24}, \cdots\}$$
$$A_3 = \{a_{31}, a_{32}, a_{33}, a_{34}, \cdots\}$$
$$A_4 = \{a_{41}, a_{42}, a_{43}, a_{44}, \cdots\}$$
$$\cdots$$

按箭头所示的次序排列元素，于是有
$$\bigcup_{i=1}^{\infty} A_i = \{a_{11}, a_{12}, a_{21}, a_{31}, a_{22}, a_{13}, a_{14}, a_{23}, \cdots\}$$
所以 $\bigcup_{i=1}^{\infty} A_i$ 是可数集。

定理 3-22 可数个可数集的并集仍是可数集。

证明 设 $A_i(i=1,2,3,\cdots)$ 为可数集，令 $A_1^* = A_1, A_i^* = A_i - (A_1 \cap (\bigcup_{j=1}^{i-1} A_j))(i \geq 2)$，则 A_i^* 有限或可数，且 $A_i^* \cap A_j^* = \varnothing (i \neq j)$. 而 $\bigcup_{i=1}^{\infty} A_i = \bigcup_{i=1}^{\infty} A_i^*$，故知 $\bigcup_{i=1}^{\infty} A_i$ 是可数集. 证毕.

例 5 有理数集 **Q** 是一个可数集.

为了证明这一结论，令 $A_i = \left\{\frac{1}{i}, \frac{2}{i}, \frac{3}{i}, \cdots\right\}(i=1,2,3,\cdots)$，则 A_i 是可数集. 于是由定理 3-22 知所有正有理数的集合 $\mathbf{Q}^+ = \bigcup_{i=1}^{\infty} A_i$ 是可数集. 显然所有负有理数的集合 $\mathbf{Q}^-$ 与 $\mathbf{Q}^+$ 等势，故 $\mathbf{Q}^-$ 也是可数集. 而集合 $\mathbf{Q} = \mathbf{Q}^+ \cup \mathbf{Q}^- \cup \{0\}$，故由定理 3-17 和定理 3-18 知有理数集 **Q** 是可数集.

并不是所有的无限集都是可数的，下面将证明实数集合是不可数集.

定理 3-23 集合 $R_1 = \{x \mid x \in \mathbf{R}, 0 < x < 1\}$ 是不可数集.

证明 (用反证法) R_1 中任一元素必可写成无限的十进小数 $0.a_1 a_2 \cdots a_n \cdots$，其中 a_i 是 $0,1,2,\cdots,9$ 中某个数. 这里规定，所有的有限小数都写成以 9 为循环节的循环小数（例如，0.243 要写成 $0.24299\cdots$). 这样的规定使得每一个小数都只有唯一的一种小数表示法. 现设 R_1 是可数集，则它的元素可编号如下：

$$a_1 = 0.a_{11}a_{12}a_{13}\cdots a_{1n}\cdots,$$
$$a_2 = 0.a_{21}a_{22}a_{23}\cdots a_{2n}\cdots,$$
$$\cdots$$
$$a_n = 0.a_{n1}a_{n2}a_{n3}\cdots a_{nn}\cdots,$$
$$\cdots$$

而一切适合 $0 < x < 1$ 的实数应该完全在其中. 现在构造一个新的实数 $b = 0.b_{11}b_{22}b_{33}\cdots b_{nn}\cdots$，其中

$$b_{ii} = \begin{cases} 1 & a_{ii} \neq 1 \\ 2 & a_{ii} = 1 \end{cases}$$

所以 $b_{ii} \neq a_{ii}$，且 b 也是 $(0,1)$ 区间的一个数，即 $b \in R_1$，但显然 b 与所有实数 $a_1, a_2, a_3, \cdots$ 都不相同，因此 $b \notin R_1$. 这就产生了矛盾，所以 R_1 是一个不可数集. 证毕.

这里的证明方法，称为"对角线证法". 因为它是比照着上面的对角线上的元素 a_{ii} 来作 b_{ii} 的.

定理 3-23 说明集合 R_1 与正整数集 **N** 属于不同的基数类. 用"$\aleph_1$"表示 R_1 的基数，并称"$\aleph_1$"为**连续基数**.

定理 3-24 实数集 **R** 是不可数集，并且它的基数就是连续基数.

证明 定义函数 $f: R_1 \to \mathbf{R}$ 为

$$f(x) = \begin{cases} \dfrac{1}{2x} - 1 & 0 < x \leqslant \dfrac{1}{2} \\ \dfrac{1}{2(x-1)} + 1 & \dfrac{1}{2} < x < 1 \end{cases}$$

这是一个由 R_1 到 **R** 的双射,因此 **R** 是不可数集,且具有连续基数 $\aleph_1$. 证毕.

在有限集与无限集之间存在着一个重要的差别,这就是任何有限集都不可能与它的真子集等势,因为从一个有限集合 A 到 A 的真子集无法建立起双射函数的关系. 但是任何无限集都能够与它的一个真子集等势(证明留给读者). 于是可以看到,无限集具有的这种性质,是有限集所没有的. 因此,又可以用它来作为无限集的定义.

由以上讨论可知,虽然都是无限集,但它们可能有互不相同的基数. 那么各个集合的不同基数之间是否有大小关系呢?由于基数的概念是"元素个数"这一概念的推广,因此给出下述定义.

定义 3-14 设有集合 A、B,若 $A \nsim B$(即不等势),但 A 与 B 的某个真子集等势,则称 A 的基数小于 B 的基数,记作 $\# A < \# B$ 或 $\# B > \# A$.

显然,这个定义确实是有限集合 A 的元素个数小于有限集合 B 的元素个数这一概念的推广.

注意,上述定义中的 $A \nsim B$ 的限制是不可少的. 因为若 A 是无限集,则它可以和它的一个真子集等势. 如果取 $A = B$,则 A 与 B 的一个真子集等势. 可是,当然不应该得出结论 $\# A < \# A$. 因此必须加上 $A \nsim B$ 这样的限制. 在加上了这样的限制后,可以证明 $\# A = \# B$,$\# A < \# B$,$\# A > \# B$ 不可能有两个同时成立. 显然,根据定义 $\# A = \# B$ 和 $\# A < \# B$,$\# A = \# B$ 和 $\# A > \# B$ 不会同时成立. 为了断定 $\# A < \# B$ 和 $\# A > \# B$ 不可能同时成立,就必须证明在 A 和 B 不等势的前提下,不可能既有 A 的真子集 A_1 与 B 等势,又有 B 的真子集 B_1 与 A 等势.

定理 3-25 设 A、B 是两个集合,若有 A 的子集 A_1 和 B 的子集 B_1 使得 $A \sim B_1$,$B \sim A_1$,则 $A \sim B$.

证明略.

定理 3-15 说明可数集的基数是无限集的基数中的最小者. 特别有 $\aleph_0 < \aleph_1$.

我们知道,对于任一有限集 A,如果 A 的基数 $\# A = n$,则 A 的幂集 2^A 的基数 $\# (2^A) = 2^n$,因此任意一个有限集 A 的基数必然小于集合 2^A 的基数. 那么对于任一给定的无限集,是否也可以找到另一个集合使其基数大于给定集合的基数呢?下面的定理说明这样的集合是存在的.

定理 3-26 对于任何集合 A,有 $\# A < \# (2^A)$.

证明 定义函数 $f: A \to 2^A$,使得对于每个 $a \in A$,$f(a) = \{a\}$. 显然 f 是内射,但不是满射,即 f 是由 A 到 2^A 的一个真子集的双射. 为了证明 $A \nsim 2^A$,假设存在一个双射 $g: A \to 2^A$,对于每一个元素 $a \in A$,如果 $a \in g(a)$,则称 a 为 A 的"内元素";如

果 $a \notin g(a)$,则称 a 为 A 的"外元素"。设 B 是 A 中所有外元素的集合,即
$$B = \{x \mid x \in A, x \notin g(x)\}$$
显然 $B \subseteq A$,所以 $B \in 2^A$,因为 g 是双射,必存在一元素 $b \in A$,使得 $g(b) = B$. 现有两种情况,或者 $b \in B$,则 b 是一个内元素,这与 B 的定义矛盾;或者 $b \notin B$,则 b 是一个外元素,因而 $b \in B$,这又是一个矛盾. 所以,不存在由 A 到 2^A 的双射,即 $A \not\sim 2^A$,从而有 $\# A < \#(2^A)$. 证毕.

上述定理说明,无论一个集合的基数多么大,一定有更大基数的集合存在,即不可能存在一个最大的基数.

*3.8 整数的基本性质

我们知道,任意两个整数可以相加、相减和相乘,其结果仍是整数. 但两个整数不一定可以在整数的范围内相除. 研究整数的性质基本上就是研究整除性、素因子分解以及和这些有关的问题.

定理 3-27 设 a, b 是两个整数, $b \neq 0$,则必有二整数 q 及 r 存在,使得
$$a = qb + r, \quad 0 \leqslant r < |b|$$
且 q 及 r 是唯一存在的.

证明 用符号 $[\alpha]$ 表示不超过 α 的最大整数,于是,显然有 $[\alpha] \leqslant \alpha < [\alpha] + 1$.

先证明 q 与 r 的存在性. 因为 $\left[\dfrac{a}{|b|}\right] \leqslant \dfrac{a}{|b|} < \left[\dfrac{a}{|b|}\right] + 1$,所以 $0 \leqslant \dfrac{a}{|b|} - \left[\dfrac{a}{|b|}\right] < 1$,从而 $0 \leqslant a - \left[\dfrac{a}{|b|}\right] \cdot |b| < |b|$. 于是,当 $b > 0$ 时, $a = \left[\dfrac{a}{|b|}\right] \cdot b + \left(a - \left[\dfrac{a}{|b|}\right] \cdot |b|\right)$;当 $b < 0$ 时, $a = \left(-\left[\dfrac{a}{|b|}\right]\right) \cdot b + \left(a - \left[\dfrac{a}{|b|}\right] \cdot |b|\right)$. 这说明 q 和 r 是存在的.

现在来证明 q 与 r 的唯一性. 若 $a = qb + r = q_1 b + r_1 (0 \leqslant r_1 < |b|)$,则 $r_1 - r = (q - q_1)b$,但由于 $0 \leqslant |r_1 - r| < |b|$,就应该有 $0 \leqslant |(q - q_1)b| = |q - q_1| \cdot |b| < |b|$. 所以 $0 \leqslant |q - q_1| < 1$(因为 $b \neq 0$),于是必有 $q = q_1$,因此也就有 $r = r_1$. 定理得证.

定理 3-27 中的 q 和 r 就是通常所说的用 b 除 a 所得的商和余数. 若余数 $r = 0$,就说 b 整除 a.

定义 3-15 对于任意两个整数 a 和 $b \neq 0$,若存在一个整数 c,使得 $a = bc$,则说 b 能整除 a 或 a 能被 b 整除;也说 a 是 b 的**倍数**,b 是 a 的**因数**. 记作 $b \mid a$. 若 b 不能整除 a,则记作 $b \nmid a$.

例如,任一非零整数整除 0,而 ± 1 整除任意整数.

由整除的定义,很容易证明下面几条简单的性质.

(1) 若 $a \mid b, b \mid c$，则 $a \mid c$.

证明 因为 $a \mid b, b \mid c$，故有整数 d, e 使 $b = ad, c = be$，因此 $c = a(de)$，而 de 为整数，所以 $a \mid c$.

(2) 若 $a \mid b$，则对于任意整数 $c, a \mid bc$.

证明 由定义，$b \mid bc$，又由假设 $a \mid b$，故由(1) 有 $a \mid bc$.

(3) 若 $a \mid b, a \mid c$，则对任意的整数 m、n，有 $a \mid mb \pm nc$.

证明 因为 $a \mid b, a \mid c$，故有整数 d, e 使 $b = ad, c = ae$，所以，$mb \pm nc = mad \pm nae = a(md \pm ne)$，而 $md \pm ne$ 为整数，所以 $a \mid mb \pm nc$.

(4) 若在一个等式中，除某一项外，其余各项都是 a 的倍数，则此项也是 a 的倍数.

证明 设在等式 $b_1 + b_2 + \cdots + b_n = c_1 + c_2 + \cdots + c_m$ 中，$b_2, b_3, \cdots, b_n, c_1, c_2, \cdots, c_m$ 都是 a 的倍数，解出 $b_1 = c_1 + c_2 + \cdots + c_m - b_2 - b_3 - \cdots - b_n$，由(3) $c_1 + c_2 + \cdots + c_m - b_2 - b_3 - \cdots - b_n$ 是 a 的倍数，故 b_1 是 a 的倍数.

(5) 若 $a \mid b, b \mid a$，则 $b = \pm a$.

证明 因为 $a \mid b, b \mid a$，则有整数 d, e 使得 $b = ad, a = be$，于是 $a = ade$，消去 a 得 $1 = de$，而 d、e 都是整数，相乘得 1，故 d 和 e 都等于 ± 1，因而 $b = \pm a$.

定义 3-16 如果 c 是 a 的因数，同时又是 b 的因数，则称 c 是 a 和 b 的**公因数**.

显然，对于任意整数 a 和 b，± 1 是它们的公因数.

因为一个不等于 0 的整数的因数的绝对值不大于这个数本身的绝对值，所以两个整数 a、b（其中至少有一个不等于 0）的公因数的绝对值当然也不大于 a、b 中不等于 0 的整数的绝对值. 于是，a 与 b 的公因数的个数一定是有限多个，因此它们当中必有一个最大的.

定义 3-17 整数 a 和 b 的公因数中最大的一个称为 a、b 的**最大公因数**，用符号 (a, b) 表示.

于是由定义就知道，最大公因数是正整数.

若 a、b 中有一个是 0，则另一个的绝对值就是它们的最大公因数. 若 $a \neq 0, b \neq 0$，但 $b \mid a$，则 $\mid b \mid$ 就是 a、b 的最大公因数；若 $b \nmid a$，则以 b 除 a 得商 q 和余数 r，而

$$a = qb + r, \quad 0 < r < \mid b \mid \tag{3-1}$$

观察式(3-1) 可以发现，若 d 是 b 和 r 的公因数，则由(4)，d 也是 a 的因数，因而是 a、b 的公因数. 反之，若 d 是 a 和 b 的公因数，则由(4)，d 也是 r 的因数，因而是 b、r 的公因数. 由此可见，a、b 的公因数和 b、r 的公因数完全是相同的. 因此，为了求 a、b 的最大公因数，只要求 b、r 的最大公因数就行了. 若 $r \mid b$，则 r 就是 b、r 的最大公因数，因而也就是 a、b 的最大公因数；若 $r \nmid b$，则以 r 除 b 得商及余数 …… 如此作下去，因为所得的余数逐次减少，所以最后必将获得一个余数为 0 的式子. 这就是所谓辗转相除法. 设用辗转相除法得到的各式为

$$\left.\begin{array}{l}a = q_1 b + r_1 \\ b = q_2 r_1 + r_2 \\ r_1 = q_3 r_2 + r_3 \\ \vdots \\ r_{n-2} = q_n r_{n-1} + r_n \\ r_{n-1} = q_{n+1} r_n\end{array}\right\} \quad (3\text{-}2)$$

由以上的推理可以知道,a、b 的公因数和 b、r_1 的公因数相同,和 r_1、r_2 的公因数相同,…,和 r_{n-1}、r_n 的公因数相同,因此有

$$(a,b) = (b,r_1) = (r_1,r_2) = \cdots = (r_{n-2}, r_{n-1}) = (r_{n-1}, r_n)$$

但由式(3-2)的最后一式知 $r_n \mid r_{n-1}$,故 $(r_{n-1}, r_n) = r_n$,因此 $(a,b) = r_n$.

例 1 设 $a = 6099, b = 2166$. 求 (a,b).

解 因为
$$6099 = 2 \cdot 2166 + 1767$$
$$2166 = 1 \cdot 1767 + 399$$
$$1767 = 4 \cdot 399 + 171$$
$$399 = 2 \cdot 171 + 57$$
$$171 = 3 \cdot 57$$

所以
$$(6099, 2166) = 57$$

定理 3-28 设 a 和 b 是两个整数,且 $(a,b) = d$,则存在整数 s 和 t,使得 $d = sa + tb$.

证明 令 J 是可以写成 $ma + nb$(m,n 为整数)的全部正整数的集合,即

$$J = \{ma + nb \mid m, n \text{ 为整数}, ma + nb > 0\}$$

因为 J 非空(a 和 $-a$ 二者必有其一属于 J),所以它有一个最小元素,设为 k,并令 $k = m_0 a + n_0 b$,如果 $a = h_1 d, b = h_2 d$,则有

$$k = m_0 a + n_0 b = m_0 h_1 d + n_0 h_2 d = d(m_0 h_1 + n_0 h_2)$$

这意味着 $\qquad\qquad\qquad d \leqslant k \qquad\qquad\qquad (3\text{-}3)$

另一方面,根据定理 3-27,能够写出 $a = qk + r$,这里 $0 \leqslant r < k$,所以

$$r = a - qk = a - q(m_0 a + n_0 b) = (1 - m_0 q)a + (-n_0 q)b$$

这意味着或者 $r = 0$,或者 $r \in J$. 但由于 $r < k$,而 k 是 J 中最小的元素,因此必有 $r = 0$,所以 k 是 a 的因数. 同样的道理可以证明 k 是 b 的因数. 因此 k 是 a 和 b 的公因数,于是有 $\qquad\qquad\qquad k \leqslant d \qquad\qquad\qquad (3\text{-}4)$

由式(3-3)和式(3-4)可知,$d = k$. 定理得证.

例 2 以 $a = 6099$ 和 $b = 2166$ 为例,说明整数 s 和 t 的计算.

由例 1 能够写出

$$57 = 399 - 2 \cdot 171$$
$$= 399 - 2(1767 - 4 \cdot 399) = -2 \cdot 1767 + 9 \cdot 399$$
$$= -2 \cdot 1767 + 9(2166 - 1 \cdot 1767) = 9 \cdot 2166 - 11 \cdot 1767$$
$$= 9 \cdot 2166 - 11(6099 - 2 \cdot 2166)$$
$$= -11 \cdot 6099 + 31 \cdot 2166$$

所以　$(6099, 2166) = -11 \cdot 6099 + 31 \cdot 2166$

定理 3-29　整数 a、b 的任一公因数是它们的最大公因数的因数.

证明　设 c 是 a、b 的任一公因数,因为 $(a,b) = sa + tb$,所以由 $c \mid a, c \mid b$,即得 $c \mid (sa + tb)$,也就是 $c \mid (a,b)$. 证毕.

类似地,对于任意有限个整数 $a_1, a_2, \cdots, a_n$,只要这 n 个数中有一个不等于零,同样可以定义这 n 个数的最大公因数,并仍用符号 $(a_1, a_2, \cdots, a_n)$ 表示 $a_1, a_2, \cdots, a_n$ 的最大公因数. 如果 $(a_1, a_2, \cdots, a_n) = 1$. 就称 $a_1, a_2, \cdots, a_n$ 是**互素**的. 特别当 $a_1, a_2, \cdots, a_n$ 中每一个都和另一个互素时(即对所有的 $i \neq j, (a_i, a_j) = 1, i, j = 1, 2, \cdots, n$),称 $a_1, a_2, \cdots, a_n$ 是**两两互素**的. 显然,两两互素的数一定是互素的,但互素的诸数却不一定是两两互素的. 例如,整数 6、9 和 11 是互素的,但却不是两两互素的. 整数 5、9 和 11 是两两互素的. 当然,对于两个整数来说,互素和两两互素这两个概念是一致的.

定理 3-30　若 a、b 互素,而 $a \mid bc$,则 $a \mid c$.

证明　因为 a、b 互素,故由定理 3-28 有整数 s、t,使 $1 = sa + tb$,因而 $c = sac + tbc$,但 $a \mid sac, a \mid tbc$,因此 $a \mid c$.

定义 3-18　一个大于 1 的正整数,如果除了 1 和它自身以外,没有其他正因数,则称该正整数为**素数**(或称质数).

定理 3-31　若 p 为素数而 $p \mid a_1 a_2 \cdots a_n$,则 p 必整除 $a_1, a_2, \cdots, a_n$ 之一.

证明　若 $p \mid a_n$,则定理得证. 若 $p \nmid a_n$,则 p 不是 a_n 的因数,但 p 只有 1 和 p 两个正因数,故 p 和 a_n 的最大公因数是 1,即 p 和 a_n 互素,由 $p \mid (a_1 a_2 \cdots a_{n-1}) a_n$ 及定理 3-30, $p \mid a_1 a_2 \cdots a_{n-1}$. 同样,若 $p \mid a_{n-1}$,则定理得证,否则必有 $p \mid a_1 a_2 \cdots a_{n-2}$. 依次类推,必可找到 $a_n, a_{n-1}, \cdots, a_1$ 中的一个为 p 整除. 证毕.

定理 3-32　(素因数分解定理) 每个整数 $n \geqslant 2$ 恰有一种方法写成素数的乘积(不论素因数出现的先后次序).

证明　3.6 节例 4 中已用归纳法证明了每个整数 $n \geqslant 2$ 可以写成素数的乘积. 现只要说明这种素数乘积形式的唯一性.

设
$$n = p_1 p_2 \cdots p_h = q_1 q_2 \cdots q_k \tag{3-5}$$

这里 $p_1, p_2, \cdots, p_h, q_1, q_2, \cdots, q_k$ 都是素数,且可假定 $p_1 \leqslant p_2 \leqslant \cdots \leqslant p_h, q_1 \leqslant q_2 \leqslant \cdots \leqslant q_k$. 目的是要证明 $h = k$ 且 $p_i = q_i (i = 1, 2, \cdots, h)$.

首先,当 n 为素数时(即 $n = 2$ 或为奇素数),由素数的定义即知 $h = k = 1, p_1 = q_1 = n$,于是定理成立.

现设 n 不是素数(因此 $n > 2$),并假设定理对于小于 n 的数都成立. 由于 n 不是素数,必有 $h > 1, k > 1$. 因为 $q_1 \mid p_1 p_2 \cdots p_h, p_1 \mid q_1 q_2 \cdots q_k$,根据定理 3-31,必有 $q_1 \mid p_j (1 \leqslant j \leqslant h), p_1 \mid q_l (1 \leqslant l \leqslant k)$. 因为 p_j 也是素数,它只有 p_j 和 1 两个正因数,而 $q_1 \neq 1$,故必有 $q_1 = p_j$. 同样的道理,必有 $p_1 = q_l$. 因此得到 $q_1 = p_j \geqslant p_1, p_1 = q_l \geqslant q_1$,故必有 $p_1 = q_1$. 在式(3-5)中消去 p_1,得

$$p_2 p_3 \cdots p_h = q_2 q_3 \cdots q_k < n$$

根据归纳假设知 $h - 1 = k - 1$,因此 $h = k$,且 $p_i = q_i (i = 2, 3, \cdots, h)$,又由前面已证 $p_1 = q_1$,因此唯一性得证.

定理 3-33 对于任意整数 $n \geqslant 1$ 和 $b \geqslant 2$,n 能够唯一地表示成以下形式

$$n = a_0 + a_1 b + a_2 b^2 + \cdots + a_k b^k \tag{3-6}$$

其中,$0 \leqslant a_i < b (i = 0, 1, \cdots, k)$ 且 $a_k \neq 0$

证明 (对 n 进行归纳)当 $n = 1$ 时,取 $a_0 = 1, k = 0$,得到 $n = 1$. 这便是式(3-6)所给出的形式. 由于 $b \geqslant 2$,因此上述形式是唯一的.

假设对于整数 $1, 2, \cdots, m-1$,定理成立. 根据定理 3-27,能够唯一地写出

$$m = qb + r, \quad 0 \leqslant r < b$$

因为 $b \geqslant 2$,因此有 $q < m$,由归纳假设,能唯一地写出

$$q = a'_0 + a'_1 b + a'_2 b^2 + \cdots + a'_k b^k$$

这里,$0 \leqslant a'_i < b (i = 0, 1, \cdots, k)$ 且 $a'_k \neq 0$.

因此,能够唯一地写出

$$m = r + a'_0 b + a'_1 b^2 + \cdots + a'_k b^{k+1} = a_0 + a_1 b + a_2 b^2 + \cdots + a_{k+1} b^{k+1}$$

这里,$0 \leqslant a_i < b (i = 0, 1, \cdots, k+1)$ 和 $a_{k+1} \neq 0$. 证毕.

式(3-6)中的整数 b 可看做是该表达式的基,当基事先知道(如十进制中的 10 或二进制中的 2),式(3-6)就缩写成通常的形式 $a_k a_{k-1} \cdots a_1 a_0$.

例 3 把十进制数 427 表示成八进制数.

解 利用定理 3-33,取 $b = 8$,将十进制数 427 写成式(3-6)的形式

$$427 = a_0 + a_1 8 + a_2 8^2 + \cdots + a_k 8^k$$

逐步找出上式中的 a_i,注意到

$$427 = a_0 + 8(a_1 + a_2 8 + \cdots + a_k 8^{k-1})$$

因此,a_0 是 8 除 427 所得的余数,$427 = 53 \cdot 8 + 3$.

所以
$$a_0 = 3$$

而且 $\quad 53 = a_1 + a_2 8 + \cdots + a_k 8^{k-1} = a_1 + 8(a_2 + a_3 8 + \cdots + a_k 8^{k-2})$

同样,a_1 是 8 除 53 所得的余数,$53 = 6 \cdot 8 + 5$. 所以

$$a_1 = 5$$

而且 $\quad 6 = a_2 + a_3 8 + \cdots + a_k 8^{k-2}$

显然 $\quad a_2 = 6$

由上可知,十进制数 427 可表示成八进制数 653.

3.9 实例解析

例 1 设 $f:A\to A, g:A\to A$ 和 $h:A\to A$ 是集合 A 上三个任意的函数,试证明:
(1) 当且仅当 h 是满射时,由 $f\cdot h = g\cdot h$ 可推得 $f = g$;
(2) 当且仅当 h 是内射时,由 $h\cdot f = h\cdot g$ 可推得 $f = g$.

证明 (1) 充分性　设 h 是满射且有函数 $f, g, h \in A^A$,使得 $f\cdot h = g\cdot h$. 任取 $b \in A$,必有 $a \in A$,使 $h(a) = b$,于是
$$f(b) = f(h(a)) = f\cdot h(a)$$
$$g(b) = g(h(a)) = g\cdot h(a)$$

因为 $f\cdot h = g\cdot h$,所以 $f\cdot h(a) = g\cdot h(a)$,即 $f(b) = g(b)$,由 b 的任意性,得 $f = g$.

必要性　设对任意 $f, g, h \in A^A$,由 $f\cdot h = g\cdot h$ 可推得 $f = g$. 又假设 h 不是满射(反证法),则必有元素 $b \in A, b \notin h(A)$. 定义函数 $f = I_A$,定义函数 g 为
$$g(a) = \begin{cases} a & \text{当 } a \in h(A) \\ a_0 & \text{当 } a \notin h(A) \end{cases}$$

这里 a_0 是 $h(A)$ 中的某一个元素,于是对于任意的 $a \in A$,
$$f\cdot h(a) = f(h(a)) = h(a)$$
$$g\cdot h(a) = g(h(a)) = h(a)\,(因为 h(a) \in h(A))$$

因此有 $f\cdot h = g\cdot h$,但因 $f(b) = b$,而 $g(b) = a_0, a_0 \neq b$,所以 $f \neq g$,这与题设相矛盾. 故 h 必为满射.

下面给出一个反例的图示(见图 3-5).

集合 $A = \{a_0, a_1, b\}$,函数 f, g, h 如图 3-5 所示.

这里 h 不是满射,虽然有 $f\cdot h = g\cdot h$,但 $f \neq g$.

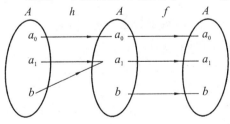 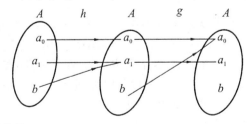

图 3-5

(2) 充分性　设 h 是内射,且有函数 $f, g, h \in A^A$,使 $h\cdot f = h\cdot g$. 假设 $f \neq g$(反证法),则必有元素 $a \in A$,使 $f(a) \neq g(a)$. 因为 h 是内射,所以 $h(f(a)) \neq h(g(a))$,即 $h\cdot f(a) \neq h\cdot g(a)$. 这与题设 $h\cdot f = h\cdot g$ 相矛盾,故有 $f = g$.

必要性　设对任意 $f、g、h \in A^A$,由 $h\cdot f = h\cdot g$ 可推得 $f = g$. 又假设 h 不是

内射(反证法),则必有元素 $a_i, a_j \in A, a_i \neq a_j$,使得 $h(a_i) = h(a_j)$. 定义函数 $f = I_A$,定义函数 g 为

$$\begin{cases} g(a_i) = a_j \\ g(a_j) = a_i \\ g(a) = a \quad a \neq a_i \text{ 且 } a \neq a_j \end{cases}$$

于是
$$h \cdot f(a_i) = h(f(a_i)) = h(a_i)$$
$$h \cdot g(a_i) = h(g(a_i)) = h(a_j)$$

因此
$$h \cdot f(a_i) = h \cdot g(a_i)$$
$$h \cdot f(a_j) = h(f(a_j)) = h(a_j)$$
$$h \cdot g(a_j) = h(g(a_j)) = h(a_i)$$

因此
$$h \cdot f(a_j) = h \cdot g(a_j)$$

对任意 $a \in A$,若 $a \neq a_i$ 且 $a \neq a_j$,则
$$h \cdot f(a) = h(f(a)) = h(a) = h(g(a)) = h \cdot g(a)$$

因此有 $h \cdot f = h \cdot g$. 但因 $f(a_i) = a_i$ 而 $g(a_i) = a_j$,所以 $f \neq g$,这与题设相矛盾. 故 h 必为内射.

下面给出一个反例的图示(见图 3-6).

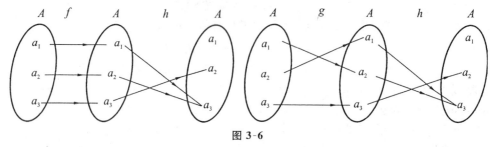

图 3-6

集合 $A = \{a_1, a_2, a_3\}$,函数 f、g、h 如图 3-6 所示,这里 h 不是内射,虽然有 $f \cdot h = g \cdot h$,但 $f \neq g$.

例 2 设有函数 $f: A \to B$,定义函数 $g: 2^B \to 2^A$,对于任意 $S \in 2^B$,有
$$g(S) = \{a \mid a \in A \text{ 且 } f(a) \in S\}$$

试问:(1) 当 f 是内射时,g 是否满射?

(2) 当 f 不是内射时,g 是否一定不是满射?

分析与解答 先弄清题意. $S \in 2^B$,则 S 是 B 的一个子集. $g(S)$ 是 A 的一个子集,它是 S 中所有元素的像源所组成的集合.

要注意的是,当不知道 f 是个什么样的函数时,B 中的元素,有些可能在 A 中无像源,有些可能在 A 中有像源,有些还可能在 A 中有多个像源.

(1) 为了判断在 f 是内射的条件下,g 是否为满射,在 2^A 中任取一元素 H,看 H 在 2^B 中是否有像源.

若 $H \neq \varnothing$,根据 f,在 B 中必存在非空子集 S,
$$S = f(H) = \{b \mid b \in B, 存在 a \in H, 使 f(a) = b\}$$
即 S 是 H 中所有元素在 f 作用下的像的集合. 也就是说,S 中的每一个元素必有一个像源在 H 中. 按照函数 g 的定义,$g(S)$ 是 S 中所有元素的所有像源的集合,因此 $H \subseteq g(S)$.

如果 f 是内射,则对于每一元素 $b \in S$,b 在 A 中只有唯一个像源 a,且 $a \in H$. 于是 $H = g(S)$. 这说明 S 是 H 在函数 g 作用下的像源.

若 $H = \varnothing$,则由于 $g(\varnothing) = \varnothing$,因此 $\varnothing$ 也有像源.

由上说明,当 f 是内射时,g 是满射.

(2) 如果 f 不是内射,那么必存在元素 $a_i, a_j \in A, a_i \neq a_j$,但 $f(a_i) = f(a_j) = b$,显然按照函数 g 的定义,$g(\{b\}) = \{a_i, a_j\}$,但 2^A 中的元素 $H_1 = \{a_i\}$ 和 $H_2 = \{a_j\}$,在 2^B 中均不存在像源. 因此,若 f 不是内射,则 g 一定不是满射.

下面给出两个由 A 到 B 的函数 f 的例子.

设 $A = \{a_1, a_2, a_3\}, B = \{b_1, b_2, b_3\}$,函数 $f_1: A \to B$ 和 $f_2: A \to B$ 的定义分别如图 3-7 和图 3-8 所示.

其中,f_1 是内射,f_2 不是内射. 读者可根据题意,将相应的函数 $g_1: 2^B \to 2^A$ 和 $g_2: 2^B \to 2^A$ 构造出来,以验证所得的结论.

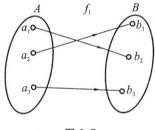

图 3-7

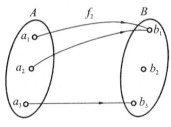

图 3-8

习　题

1. 以下关系中哪一个构成函数?

   (1) $\{(n_1, n_2) \mid n_1, n_2 \in \mathbf{N}, n_1 + n_2 < 10\}$;

   (2) $\{(n_1, n_2) \mid n_1, n_2 \in \mathbf{N}, n_2 = 小于 n_1 的素数的个数\}$.

2. 设 $A = 2^U \times 2^U, B = 2^U$,给定由 A 到 B 的关系
$$f = \{((S_1, S_2), S_1 \cap S_2) \mid S_1, S_2 \subseteq U\}$$
f 是函数吗?若是的话,f 的值域 $R_f = 2^U$ 吗?为什么?

3. 下列集合能够定义函数吗?如果能,试指出它们的定义域和值域?

   (1) $\{(1, (2, 3)), (2, (3, 4)), (3, (1, 4)), (4, (1, 4))\}$;

   (2) $\{(1, (2, 3)), (2, (3, 4)), (3, (3, 2))\}$;

   (3) $\{(1, (2, 3)), (2, (3, 4)), (1, (2, 4))\}$;

(4) $\{(1,(2,3)),(2,(2,3)),(3,(2,3))\}$.

4. 设有函数 $f:A \to B, S \subseteq A$，等式 $f(A) - f(S) = f(A - S)$ 成立吗?为什么?

5. 设有函数 $f:A \bigcup B \to C$，试证明等式 $f(A \bigcup B) = f(A) \bigcup f(B)$，等式 $f(A \bigcap B) = f(A) \bigcap f(B)$ 成立吗?为什么?

6. 设有函数 $f:A \to B$ 和 $g:B \to C$，使得 $g \cdot f$ 是一个内射，且 f 是满射.证明 g 是一个内射.举出一个例子说明，若 f 不是满射，则 g 不一定是内射.

7. 设有函数 $f:A \to B$ 和 $g:B \to C$，使得 $g \cdot f$ 是一个满射，且 g 是内射.证明 f 是一个满射.举出一个例子说明，若 g 不是内射，则 f 不一定是满射.

8. 在下列函数中，确定哪些是内射，哪些是满射，哪些是双射.

   (1) $f_1:\mathbf{N} \to \mathbf{Z}, f_1(n) =$ 小于 n 的完全平方数的个数；

   (2) $f_2:\mathbf{R} \to \mathbf{R}, f_2(r) = 2r - 15$；

   (3) $f_3:\mathbf{R} \to \mathbf{R}, f_3(r) = r^2 + 2r - 15$；

   (4) $f_4:\mathbf{N}^2 \to \mathbf{N}, f_4(n_1, n_2) = n_1^{n_2}$；

   (5) $f_5:\mathbf{N} \to \mathbf{R}, f_5(n) = \lg n$；

   (6) $f_6:\mathbf{N} \to \mathbf{Z}, f_6(n) =$ 等于或大于 $\lg n$ 的最小整数；

   (7) $f_7:(2^U)^2 \to (2^U)^2, f(S_1, S_2) = (S_1 \bigcup S_2, S_1 \bigcap S_2)$.

9. 设 A 和 B 都是有限集，$\# A = n, \# B = m$，问存在着多少个不同的内射 $f:A \to B$?存在多少个不同的双射?

10. 在下列函数中，确定哪些是内射，哪些是满射，哪些是双射.

    (1) $f_1:\mathbf{I} \to \mathbf{I}, f_1(i) = \begin{cases} \dfrac{i}{2} & i \text{ 是偶数,} \\ \dfrac{(i-1)}{2} & i \text{ 是奇数;} \end{cases}$

    (2) $f_2:\mathbf{Z}_7 \to \mathbf{Z}_7, f_2(x) = \text{res}_7(3x)$；

    (3) $f_3:\mathbf{Z}_6 \to \mathbf{Z}_6, f_3(x) = \text{res}_6(3x)$.

11. 设 $A = \{a_1, a_2, \cdots, a_n\}$，试证明任何从 A 到 A 的函数，如果它是内射，则它必是满射.反之亦真.

12. 设有函数 $f:A \to B$，定义函数 $g:B \to 2^A$，使得

    $$g(b) = \{x \mid x \in A, f(x) = b\}$$

    试证明如果 f 是满射，则 g 是内射;其逆成立吗?

13. 设函数 $f:\mathbf{Z} \times \mathbf{Z} \to \mathbf{Z}, g:\mathbf{Z} \times \mathbf{Z} \to \mathbf{Z}$.这里 $f(x,y) = x+y, g(x,y) = xy$.试证明 f 和 g 是满射，但都不是内射.

14. 设有函数 $f:\mathbf{R} \to \mathbf{R}$ 和 $g:\mathbf{R} \to \mathbf{R}$，这里 $f(x) = x^2 - 2$ 和 $g(x) = x + 4$.求出 $f \cdot g$ 和 $g \cdot f$.并说明这些函数是否是内射、满射或双射.

15. 设有函数 $f, g, h:\mathbf{R} \to \mathbf{R}$，给定为 $f(x) = x+2, g(x) = x-2, h(x) = 3x$.试求出 $g \cdot f, f \cdot g, f \cdot f, f \cdot h, h \cdot g, f \cdot h \cdot g$.

16. 设 A 为任意非空集合，$\mathbf{Z}_n = \{0, 1, \cdots, n-1\}, F = \{f \mid f:\mathbf{Z}_n \to A\}$.试证明存在由 F 到 A^n 的双射.

17. 设有函数 $f:A \to B, g:B \to C, h:C \to A$，且 hgf 和 gfh 是满射，fhg 是内射.试证明 g、f、h 都是双射.

18. 设有双射函数 $f:A \to B$，试构造一个从幂集 2^A 到 2^B 的双射函数，并证明构造的函数是双射.

19. 设有函数 $f:A \to B, g:C \to D$，定义函数 $h:A \times C \to B \times D$，对于任意 $(a,c) \in A \times C, h(a,c) = (f(a),g(c))$. 试证明当且仅当 h 是双射时 f 和 g 都是双射.

20. 设有函数 $f:A \to B$，定义函数 $g:2^A \to 2^B$，使得对于任意 $H \subseteq A$，有
$$g(H) = \{f(h) \mid h \in H\}$$
试问：对于任意 $H_1, H_2 \subseteq A$,
$$g(H_1) - g(H_2) = g(H_1 - H_2)$$ 成立吗？并说明理由.

21. 设 $A = \{1,2,3,4\}$，定义一个函数 $f:A \to A$，使得 $f \neq I_A$，而且是双射. 求 f^2, f^3, f^{-1} 以及 $f \cdot f^{-1}$. 能否找到一个双射 $g:A \to A$，使 $g \neq I_A$，但 $g^2 = I_A$？

22. 设 $f:\mathbf{R} \to \mathbf{R}, f(x) = x^3 - 2$. 试求 f^{-1}.

23. 完成定理 3-3 的证明，并相对定理 3-2 的不可逆部分举出反例.

24. 求出下列置换的逆置换 P_1^{-1} 和 P_2^{-1}，并求出 $P_1 P_2$、$P_2 P_1$、$(P_1 \cdot P_2 P_1)^2$.
$$P_1 = \begin{bmatrix} a & b & c & d & e & f & g \\ g & f & e & d & c & b & a \end{bmatrix}, \quad P_2 = \begin{bmatrix} a & b & c & d & e & f & g \\ e & g & f & b & a & c & d \end{bmatrix}$$

25. 已知函数 $f:A \to B$. 这里 $f(a) = 0 \cdot e_{A_1}(a) + 1 \cdot e_{A_2}(a)(\{A_1, A_2\}$ 是 ρ_f 导致的 A 上的等价分划). 函数 $g:A \to C$，这里 $g(a) = 0 \cdot e_{A_3}(a) + 1 \cdot e_{A_4}(a) + 3 \cdot e_{A_5}(a)(\{A_3, A_4, A_5\}$ 是 ρ_g 导致的 A 上的等价分划). 试证明：
$$f(a) + g(a) = 0 \cdot e_{A_1 \cap A_3}(a) + e_{A_1 \cap A_4}(a) + e_{A_2 \cap A_3}(a)$$
$$+ 2 e_{A_2 \cap A_4}(a) + 3 e_{A_1 \cap A_5}(a) + 4 e_{A_2 \cap A_5}(a)$$

26. 设 $S = (A \cap B) \cup (A' \cap C) \cup (B \cap C)$，这里 A,B 和 C 是全集 U 的子集. 根据 $e_A(u), e_B(u)$ 和 $e_C(u)$ 的值的所有可能的组合，把 $e_S(u)$ 的值列成表. 构造 S 的成员表，并将所构造的两表相比较.

27. 设 $A_1, A_2, \cdots, A_r$ 是全集 U 的子集，S 是一个由 $A_1, A_2, \cdots, A_r$ 产生的集合，S 的最小集标准形式为 $S = \bigcup_{i=1}^{k} M_i$（这里 M_i 是由 $A_1, A_2, \cdots, A_r$ 产生的最小集）. 试证明 $e_s(u) = \sum_{i=1}^{k} e_{M_i}(u)$.

28. 如果集合 A 和 B 都是可数集，试证明集合 $A \times B$ 也是可数集.

29. 如果 A 是可数集，试证明 A^n 也是可数集.

30. 证明区间 $(0,1)$ 和 $[0,1]$ 是等势的.

31. 证明全体无理数的集合是不可数集.

32. 证明任一无限集都包含有一个与它自身等势的真子集.

33. 设 f 是由 A 到 B 的函数，$\# A > \# B$.

   (1) 当 $\# A$ 除以 $\# B$ 时，设 i 是商，r 是余数，证明：
   $$\left\lceil \frac{\# A}{\# B} \right\rceil = \begin{cases} i+1 & \text{若 } r \neq 0 \\ i & \text{若 } r = 0 \end{cases} \quad (\lceil x \rceil \text{ 表示不小于 } x \text{ 的最小整数})$$

   (2) 证明在 A 中存在 j 个元素 $a_1, a_2, \cdots, a_j, j = \left\lceil \frac{\# A}{\# B} \right\rceil$，使得
   $$f(a_1) = f(a_2) = \cdots = f(a_j)$$

34. 对 n 应用归纳法证明以下命题.

(1) $\sum_{i=1}^{n}(2i-1) = n^2$;

(2) $\sum_{i=1}^{n} i^2 = \frac{1}{6}n(n+1)(2n+1)$;

(3) $\sum_{i=1}^{n} i^3 = \left[\frac{1}{2}n(n+1)\right]^2$;

(4) $\sum_{i=1}^{n} i(i!) = (n+1)! - 1$;

(5) 如果 f 是一个幂等函数,则 $f^n = f$;

(6) 对于任何一个满足 $0 < a < 1$ 的 a,
$$(1-a)^n \geqslant 1 - na \quad (n \geqslant 1)$$

(7) $2^n > n^3 (n \geqslant 10)$(提示:$(n+1)^3 = \left(1+\frac{1}{n}\right)^3 n^3$).

35. 归纳地定义下面函数:
$$E(i) = C_n^i \quad (i \geqslant 0)$$

36. 阿克曼(Ackerman)函数 $A: \mathbf{Z}^2 \to \mathbf{Z}$ 归纳地定义如下:
$A(0,n) = n+1$ $(n \geqslant 0)$
$A(m,0) = A(m-1,1)$ $(m > 0)$
$A(m,n) = A(m-1, A(m,n-1))$ $(m > 0, n > 0)$
计算 $A(2,3)$.

37. 设有函数 $f: \mathbf{I} \to \mathbf{I}$,这里 $f(i) = 2i+1$,给出函数 f^n 的表达式,并用对 n 进行归纳的方法证明这个表达式的正确性.

38. 对于下列 a 和 b 的值,计算 (a,b) 并以 $sa + tb$ 的形式表达它们.
(1) $a = 14, b = 35$;
(2) $a = 180, b = 252$;
(3) $a = 4148, b = 7684$.

39. 证明:如果 $(a,b) = d, (c,b) = 1$,则 $(ac,b) = d$.因此,若 a、c 都和 b 互素,则 ac 也和 b 互素.

40. 证明:若 $c > 0$,则 $(a,b) \cdot c = (ac,bc)$.

41. 证明:若 $(a,b) = d$,则 $\left(\frac{a}{d}, \frac{b}{d}\right) = 1$;反之,若 d 是 a、b 的一个正公因数且 $\left(\frac{a}{d}, \frac{b}{d}\right) = 1$,则 $(a,b) = d$.

第4章 代数系统

本章引入代数系统的概念,说明什么是代数系统,介绍几个熟悉的代数系统的例子,并讨论它们的基本性质.这些例子表明,不同的代数系统可以具有一些共同的性质,由此说明研究抽象的代数系统的必要性.下面还将介绍一些与代数系统相关联的、重要而有用的概念,如同态、同构、同余以及代数系统的直积等.

代数系统的概念在计算机科学的许多理论领域都是必不可少的.

4.1 运 算

第3章讨论了从集合 A 到集合 B 的一般的函数.现在把讨论局限于从集合 A^n 到集合 A 的函数 $f: A^n \to A$.由函数的定义,对于 A^n 中的每一个有序 n 元组,在 A 中都有唯一的元素与之对应.因为 A^n 的每个有序 n 元组 $(a_1, a_2, \cdots, a_n)$ 中的所有 $a_i \in A$,所以,函数关系 $f(a_1, a_2, \cdots, a_n) = a$ 就可以看做是集合 A 中的 n 个元素经过某种运算 f 后在 A 中得到运算结果 a.显然,这种运算对于集合 A 中任意 n 个元素都可进行.于是给出下面的定义.

定义4-1 设有非空集合 A,函数 $f: A^n \to A$ 称为 A 上的一个 n **元运算**. n 称为这个运算的**阶**.

特别,若函数 $f: A^2 \to A$,则 f 是 A 上的二元运算.若 $f: A \to A$,则 f 是 A 上的一元运算.这是两种最常见的运算.

例1 设 $A = \mathbf{I}$,可如下定义集合 $\mathbf{I}$ 上的一元和二元运算:

一元运算 $\sim: \mathbf{I} \to \mathbf{I}$,对于每一个非零整数 $i \in \mathbf{I}$, $\sim(i) = -i$, $\sim(0) = 0$.于是 $\sim(2) = -2$, $\sim(-3) = 3$, $\sim(5) = -5$.这就是通常的求相反数的运算.

二元运算 $+: \mathbf{I}^2 \to \mathbf{I}$,其中 $+(i_1, i_2) = i_1 + i_2$,即 $i_1 + i_2$ 是二元组 (i_1, i_2) 在 $+$ 运算下的像.于是 $+(3, 5) = 3 + 5 = 8$, $+(4, -6) = 4 + (-6) = -2$.这就是通常数的加法运算.

事实上,加、减、乘都是整数集合上,同时也是实数集合上的二元运算,但除不是这些集合上的二元运算.加和乘都是自然数集上的二元运算,但减不是自然数集上的二元运算.集合的并和交运算是全集合 U 的幂集 2^U 上的二元运算,也是任一集合的幂集上的二元运算.补运算是这些集合上的一元运算.

常用以下的符号来表示一元和二元运算,如 $\sim$, $*$, $\circ$, $+$, $-$, $\cup$, $\cap$,等等.对于一元运算,常将运算符号放在 $a_i \in A$ 的前面或上面,以表示在此运算下 a_i 的像.对于二元运算,常将运算符号放在 a_i 和 a_j 之间,以表示在此运算下 (a_i,a_j) 的像. 例如, $f(a_i,a_j)$ 可写成 $a_i f a_j$ 或 $a_i \cdot a_j$.

当 A 是有限集时,例如,$A = \{a_1, a_2, \cdots, a_n\}$,则 A 上的一元和二元运算常分别用形如表 4-1 来定义.

表 4-1

a_i	$\circ(a_i)$	$\circ$	a_1	a_2	$\cdots$	a_n
a_1	$\circ(a_1)$	a_1	$\circ(a_1,a_1)$	$\circ(a_1,a_2)$	$\cdots$	$\circ(a_1,a_n)$
a_2	$\circ(a_2)$	a_2	$\circ(a_2,a_1)$	$\circ(a_2,a_2)$	$\cdots$	$\circ(a_2,a_n)$
$\vdots$	$\vdots$	$\vdots$	$\vdots$	$\vdots$	$\cdots$	$\vdots$
a_n	$\circ(a_n)$	a_n	$\circ(a_n,a_1)$	$\circ(a_n,a_2)$	$\cdots$	$\circ(a_n,a_n)$

如果作用在一个集合 A 的元素上的运算,其运算结果也仍然是这同一集合中的元素,那么就称这个运算在集合 A 上是封闭的. 显然,定义在集合 A 上的 n 元运算在集合 A 上总是封闭的.

假设在集合 A 上定义了一个 n 元运算 $\circ$,S 是 A 的一个子集,由运算 $\circ$ 的定义,S 中任意 n 个元素经过运算 $\circ$ 后,所得的运算结果是集合 A 中的元素,但不一定是 S 中的元素,即虽然 $(a_1,a_2,\cdots,a_n) \in S^n$,但不能保证 $\circ(a_1,a_2,\cdots,a_n) \in S$. 于是给出下面的概念.

定义 4-2 设 $\circ$ 是集合 A 上的一个 n 元运算,$S \subseteq A$,如果对于每一个 $(a_1,a_2,\cdots,a_n) \in S^n$,都有 $\circ(a_1,a_2,\cdots,a_n) \in S$,则称运算 $\circ$ 在 S 上是**封闭的**.

例 2 正整数集 **N** 上定义了二元运算加:$+(n_1,n_2) = n_1 + n_2$,令

$$\mathbf{N}_e = \{2k \mid k \in \mathbf{N}\} = \{2,4,6,8,\cdots\}$$

$$S = \{n \mid n \in \mathbf{N}, n \text{ 整除 } 30\} = \{1,2,3,5,6,10,15,30\}$$

显然 $\mathbf{N}_e$ 和 S 都是 **N** 的子集,二元运算 $+$ 在 $\mathbf{N}_e$ 上是封闭的,但在 S 上不封闭.

定理 4-1 设 $\circ$ 是定义在集合 A 上的一个 n 元运算,且在 A 的两个子集 S_1 和 S_2 上均封闭,则 $\circ$ 在 $S_1 \cap S_2$ 上也是封闭的.

证明 对任意一组元素 $a_1,a_2,\cdots,a_n \in S_1 \cap S_2$,因为 $a_1,a_2,\cdots,a_n \in S_1$,且运算 $\circ$ 在 S_1 上是封闭的,所以 $\circ(a_1,a_2,\cdots,a_n) \in S_1$. 又因为 $a_1,a_2,\cdots,a_n \in S_2$,且运算 $\circ$ 在 S_2 上是封闭的,所以又有 $\circ(a_1,a_2,\cdots,a_n) \in S_2$. 因此有 $\circ(a_1,a_2,\cdots,a_n) \in S_1 \cap S_2$. 证毕.

下面讨论二元运算一些常见的性质.

定义 4-3 设 $*$ 是集合 A 上的一个二元运算,如果对于任意的 $a,b \in A$,有 $a*b = b*a$,则称 $*$ 在 A 上是**可交换的**.

定义 4-4 设 $*$ 是集合 A 上的一个二元运算,如果对于任意的 $a,b,c \in A$,有 $a*(b*c) = (a*b)*c$,则称 $*$ 在 A 上是**可结合的**.

定义 4-5 设 $*$ 和 $\circ$ 是集合 A 上的二元运算,如果对于任意的 $a,b,c \in A$,有
$$a*(b \circ c) = (a*b) \circ (a*c)$$
$$(b \circ c)*a = (b*a) \circ (c*a)$$
则称 $*$ 对于 $\circ$ 是可分配的.

例如,实数集合 **R** 上的加和乘运算是可交换的,也是可结合的,但 **R** 上的减运算却是不可交换和不可结合的. 乘对加是可分配的,但加对于乘是不可分配的.

任一集合的幂集上的并和交运算是可交换的和可结合的,而且并与交是相互可分配的.

若二元运算 $*$ 在 A 上是可结合的,则 $a*(b*c) = (a*b)*c$ 常记作没有括号的 $a*b*c$.

在前面各章曾多次提到把结合律推广到任意 n 个对象时,可用数学归纳法加以证明. 现在就集合 A 上的二元运算给出其证明.

证明 设 $*$ 是集合 A 上可结合的运算. 要证明运算 $*$ 对任意 n 个元素 $a_1, a_2, \cdots, a_n$ 也是可结合的,只要证明在 $a_1 * a_2 * \cdots * a_n$ 中任意加括号所得的积(简称 A 中元素经 $*$ 运算的结果为积)等于按次序由左而右加括号所得的积,即
$$(\cdots(((a_1 * a_2) * a_3) * a_4) \cdots a_{n-1}) * a_n$$

首先,当 $n = 1$ 和 $n = 2$ 时,上述命题显然成立.

当 $n = 3$ 时,由结合律上述命题也成立.

其次,假设对少于 n 个元素的乘积上述命题成立,并设由 $a_1 * a_2 * \cdots * a_n$ 任意加括号而得到的积为 α,设在 α 中最后一次计算是 β、γ 两部分相乘,即 $\alpha = (\beta) * (\gamma)$,因 γ 的元素个数小于 n,故由归纳假设,γ 等于按次序由左而右加括号所得的积 $(\cdots) * a_n$. 由结合律 $\alpha = (\beta) * (\gamma) = (\beta) * ((\cdots) * a_n) = ((\beta) * (\cdots)) * a_n$,而 $(\beta) * (\cdots)$ 的元素个数小于 n,故等于按次序由左而右加括号所得积
$$(\cdots((a_1 * a_2) * a_3) \cdots a_{n-2}) * a_{n-1}$$
因而 $\alpha = ((\cdots((a_1 * a_2) * a_3) \cdots a_{n-2}) * a_{n-1}) * a_n$. 这就证明了对于 A 中任意 n 个元素运算,$*$ 都是可结合的.

于是,在这样的集合中,无括号的表达式 $a_1 * a_2 * \cdots * a_n$ 唯一地表示 A 中的一个元素. 特别对于 $a * a * \cdots * a (n \text{次})$,记作 a^n,并且称为 **a 的 n 次幂**,n 称为 a 的指数. 形式上,a^n 还可归纳定义为
$$a^1 = a$$
$$a^{n+1} = a^n * a \quad (n = 1, 2, 3, \cdots)$$

显然,如果运算 $*$ 是可结合的,则对任意的正整数 m 和 n,有
$$a^m * a^n = a^{m+n}$$
$$(a^m)^n = a^{mn}$$

例 3 设 $*$ 是整数集 **I** 上的二元运算,对于任意的 $i, j \in \mathbf{I}$,有

$$i * j = i + j - i \cdot j$$

问运算 * 是否可交换和可结合?

解 因为 $i * j = i + j - i \cdot j = j + i - j \cdot i = j * i$,所以运算 * 是可交换的.

又
$$\begin{aligned}(i * j) * k &= (i + j - i \cdot j) * k \\ &= (i + j - i \cdot j) + k - (i + j - i \cdot j) \cdot k \\ &= i + j + k - i \cdot j - i \cdot k - j \cdot k + i \cdot j \cdot k \\ i * (j * k) &= i * (j + k - j \cdot k) \\ &= i + (j + k - j \cdot k) - i \cdot (j + k - j \cdot k) \\ &= i + j + k - j \cdot k - i \cdot j - i \cdot k + i \cdot j \cdot k\end{aligned}$$

显然 $(i * j) * k = i * (j * k)$,所以运算 * 是可结合的.

下面定义集合 A 中与二元运算相联系的一些特殊的元素.

定义 4-6 设 * 是集合 A 上的二元运算,如果存在一个元素 $e_l \in A$,使得对于所有的 $a \in A$ 有 $e_l * a = a$,则称 e_l 是 A 上关于运算 * 的**左单位元**;如果存在一个元素 $e_r \in A$,使得对于所有的 $a \in A$ 有 $a * e_r = a$,则称 e_r 是 A 上关于运算 * 的**右单位元**;如果存在一个元素 $e \in A$,使得对于所有的 $a \in A$ 有 $e * a = a * e = a$,则称 e 是 A 上关于运算 * 的**单位元**.

定理 4-2 设 * 是集合 A 上的二元运算,又设 e_l 和 e_r 分别是 * 的左单位元和右单位元,则 $e_l = e_r = e$,且 e 是 * 的唯一的单位元.

证明 因 e_l 和 e_r 分别是 * 的左、右单位元,所以 $e_l * e_r = e_r = e_l$.令 $e_l = e_r = e$,则 e 是 * 的一个单位元.设 e' 也是 * 的单位元,则 $e * e' = e = e'$,因此 e 是 * 的唯一的单位元.

定义 4-7 设 * 是集合 A 上的二元运算,如果存在一个元素 $z_l \in A$,使得对于所有的 $a \in A$ 有 $z_l * a = z_l$,则称 z_l 是 A 上关于运算 * 的**左零元**;如果存在一个元素 $z_r \in A$,使得对于所有的 $a \in A$ 有 $a * z_r = z_r$,则称 z_r 是 A 上关于运算 * 的**右零元**;如果存在一个元素 $z \in A$,使得对于所有的 $a \in A$ 有 $z * a = a * z = z$,则称 z 是 A 上关于运算 * 的**零元**.

类似于定理 4-2,有定理 4-3.

定理 4-3 设 * 是集合 A 上的二元运算,又设 z_l 和 z_r 分别是 * 的左零元和右零元,则 $z_l = z_r = z$,且 z 是 * 的唯一的零元.

其证明与定理 4-2 的证明完全类似.

例如,对于实数集 **R** 上的加法运算来说,0 是其单位元,它没有零元.而乘法运算的单位元是 1,零元是 0.减法运算的右单位元是 0,它没有左单位元,因而也没有单位元.

在幂集 2^U 上,$\emptyset$ 是集合并运算的单位元、交运算的零元;U 是交运算的单位元、并运算的零元.

定义 4-8 设 $*$ 是集合 A 上的二元运算。如果 $a*a=a$，则称元素 $a \in A$ 是 A 上关于运算 $*$ 的**幂等元**。

二元运算的单位元和零元都是幂等元。除了单位元和零元外，还可能有其他的幂等元。例如，每个集合都是并运算和交运算的幂等元。

定义 4-9 设 $*$ 是集合 A 上具有单位元 e 的二元运算，对于元素 $a \in A$，如果存在一元素 $a_l^{-1} \in A$，使得 $a_l^{-1}*a=e$，则称元素 a 对于运算 $*$ 是**左可逆的**，而称 a_l^{-1} 为 a 的**左逆元**；如果存在一元素 $a_r^{-1} \in A$，使得 $a*a_r^{-1}=e$，则称元素 a 关于运算 $*$ 是**右可逆的**，而称 a_r^{-1} 为 a 的**右逆元**；如果存在一元素 $a^{-1} \in A$，使得 $a^{-1}*a=a*a^{-1}=e$，则称 a 关于运算 $*$ 是**可逆的**，而称 a^{-1} 为 a 的**逆元**。

定理 4-4 设 $*$ 是集合 A 上具有单位元 e 且可结合的二元运算。如果元素 $a \in A$ 有左逆元和右逆元，则其左、右逆元相等，并且就是 a 的唯一的逆元。

证明 设 a_l^{-1} 和 a_r^{-1} 分别是 a 的左逆元和右逆元，则 $a_l^{-1}*a=a*a_r^{-1}=e$。因此

$$a_l^{-1}*a*a_r^{-1}=(a_l^{-1}*a)*a_r^{-1}=e*a_r^{-1}=a_r^{-1}$$
$$=a_l^{-1}*(a*a_r^{-1})=a_l^{-1}*e=a_l^{-1}$$

于是 $a_l^{-1}=a_r^{-1}=a^{-1}$ 是 a 的一个逆元。

设 b 也是 a 的一个逆元，则

$$b=b*e=b*(a*a^{-1})=(b*a)*a^{-1}=e*a^{-1}=a^{-1}$$

因此，a^{-1} 是 a 的唯一的逆元。证毕。

由逆元的定义可知，如果 $a \in A$ 有逆元 a^{-1}，则有 $a*a^{-1}=a^{-1}*a=e$。因此 $(a^{-1})^{-1}=a$（即 a 是 a^{-1} 的逆元）。

例如，每一个实数 $r \in \mathbf{R}$ 都有一个关于加法运算的逆元 $-r$。每一个非零实数 $r \in \mathbf{R}$ 都有一个关于乘法运算的逆元 $1/r$，但数 0 不是可逆的。

定理 4-5 设 $*$ 是集合 A 上的二元运算，且 $\# A > 1$，如果运算 $*$ 有单位元 e 和零元 z，则 $e \neq z$。

证明 设 $e=z$，因为 $\# A>1$，所以至少还有一元素 $x \in A$，$x \neq e$，但是 $x=e*x=z*x=z=e$，与上式矛盾，故必有 $e \neq z$。证毕。

显然，对于任何二元运算，单位元是可逆的，其逆元就是单位元自身。但一般来说，零元不是可逆的。

二元运算的上述性质在代数系统中常用来作为公理。

4.2 代数系统

定义 4-10 一个非空集合和定义在该集合上的一个或多个运算所组成的系统称为一个**代数系统**，用记号 $\langle S; o_1, o_2, \cdots, o_n \rangle$ 表示，其中，S 是非空集合，称为这个代数系统的**域**；$o_1, o_2, \cdots, o_n$ 是 S 上的运算。

集合 S 上的各个运算可以是具有不同阶的运算.

代数系统 $\langle S; o_1, o_2, \cdots, o_n \rangle$ 的基数与 S 的基数意义相同,因此当 S 是有限集时, $\langle S; o_1, o_2, \cdots, o_n \rangle$ 称为**有限代数系统**.

例 1　设 R_A 表示集合 A 上所有关系的集合,· 是求复合关系的运算. 显然运算 · 在 R_A 上是封闭的,因此它们可以构成一个代数系统 $\langle R_A; \cdot \rangle$. 其中 · 是 R_A 上的二元运算.

例 2　运算 $'$, $\cup$, $\cap$ 在全集合 U 的幂集 2^U 上显然是封闭的,因此可构成代数系统 $\langle 2^U; ', \cup, \cap \rangle$,称之为**集合代数**. 这里 $'$ 是 2^U 上的一元运算; $\cup$ 和 $\cap$ 是二元运算.

例 3　整数集 $\mathbf{I}$ 和定义在其上的通常的加法与乘法运算组成一个代数系统,记作 $\langle \mathbf{I}; +, \cdot \rangle$,这两个运算都是 $\mathbf{I}$ 上的二元运算,具有如下的一些重要性质.

(1) 交换律　对任意的 $i, j \in \mathbf{I}$,有
$$i + j = j + i, \quad i \cdot j = j \cdot i$$

(2) 结合律　对任意的 $i, j, k \in \mathbf{I}$,有
$$i + (j + k) = (i + j) + k, \quad i \cdot (j \cdot k) = (i \cdot j) \cdot k$$

(3) 分配律　对任意的 $i, j, k \in \mathbf{I}$,有
$$i \cdot (j + k) = i \cdot j + i \cdot k$$

(4) 单位元　$\mathbf{I}$ 含有特殊的元素 0 和 1,使得对于任意的 $i \in \mathbf{I}$,
$$i + 0 = 0 + i = i, \quad 1 \cdot i = i \cdot 1 = i$$

(5) 关于加法的可逆性　对于每一元素 $i \in \mathbf{I}$,都有一元素 $-i \in \mathbf{I}$,使得
$$(-i) + i = i + (-i) = 0$$

(6) 消去律　如果 $i \neq 0$,则对任意的 $j, k \in \mathbf{I}$ 由 $i \cdot j = j \cdot k$,可得 $j = k$.

例 4　实数集 $\mathbf{R}$ 和定义在其上的通常的加法和乘法运算组成代数系统 $\langle \mathbf{R}; +, \cdot \rangle$. 容易验证 $\langle \mathbf{R}; +, \cdot \rangle$ 具有上述对于代数系统 $\langle \mathbf{I}; +, \cdot \rangle$ 所列出的全部性质.

例 5　设有集合 $B = \{a, b\}$ 和由下表给出的 B 上的运算 $+$ 和 $\cdot$.

+	a	b
a	a	b
b	b	a

·	a	b
a	a	a
b	a	b

容易验证,代数系统 $\langle B; +, \cdot \rangle$ 也具有对 $\langle \mathbf{I}; +, \cdot \rangle$ 所列出的全部性质. 这里加法的单位元是 a,乘法的单位元是 b.

此外,有理数集 $\mathbf{Q}$ 及其上定义的通常的加法与乘法运算组成的代数系统 $\langle \mathbf{Q}; +, \cdot \rangle$ 也具有对 $\langle \mathbf{I}; +, \cdot \rangle$ 所列出的全部性质.

上述这些例子表明,不同的代数系统可能具有一些共同的性质. 这一事实启发我们,不必一个一个地去研究各个代数系统,而是列出一组性质,把这一组性质看做是公理,研究满足这些公理的抽象的代数系统. 在这样的抽象代数系统里,由这些公理

推导出的任何有效的结论(定理),对于满足这组公理的任何代数系统都将是成立的. 为了作这样的讨论,将不考虑任何特定的集合,也不给所具有的运算赋予任何特定的含义.这种系统的集合和运算仅仅是一些抽象的记号.而相应的代数系统就称为抽象代数.

例如,可以将例 3 所列出的六条性质作为公理,定义一个称为"整环"的抽象的代数系统.

定义 4-11 设 J 是一个非空集合,$+$ 和 $\cdot$ 是 J 上的两个二元运算,如果运算 $+$ 和 $\cdot$ 满足前述性质(1)~(6),则称代数系统 $\langle J; +, \cdot \rangle$ 为**整环**.

于是,代数系统 $\langle \mathbf{I}; +, \cdot \rangle$、$\langle \mathbf{R}; +, \cdot \rangle$、$\langle \mathbf{Q}; +, \cdot \rangle$ 和 $\langle B; +, \cdot \rangle$ 都是整环.

例 6 证明代数系统 $\langle \mathbf{Z}_3; \oplus_3, \odot_3 \rangle$ 是整环.其中二元运算 $\oplus_3$ 和 $\odot_3$ 的定义如下:对于任意的 $a, b \in \mathbf{Z}_3$,有 $a \oplus_3 b = \mathrm{res}_3(a+b)$,$a \odot_3 b = \mathrm{res}_3(a \cdot b)$.

证明 根据运算的定义,可构造出运算 $\oplus_3$ 和 $\odot_3$ 的运算表如下.

$\oplus_3$	0	1	2
0	0	1	2
1	1	2	0
2	2	0	1

$\odot_3$	0	1	2
0	0	0	0
1	0	1	2
2	0	2	1

(1) 显然,运算 $\oplus_3$ 和 $\odot_3$ 均满足交换律.

(2) 对于任意的 $a, b, c \in \mathbf{Z}_3$,令
$$a + b = 3m_1 + \mathrm{res}_3(a+b), \quad b + c = 3m_2 + \mathrm{res}_3(b+c)$$

于是
$$(a \oplus_3 b) \oplus_3 c = \mathrm{res}_3(a+b) \oplus_3 c = \mathrm{res}_3(\mathrm{res}_3(a+b) + c)$$
$$= \mathrm{res}_3((3m_1 + \mathrm{res}_3(a+b)) + c) = \mathrm{res}_3((a+b) + c)$$

$$a \oplus_3 (b \oplus_3 c) = a \oplus_3 \mathrm{res}_3(b+c) = \mathrm{res}_3(a + \mathrm{res}_3(b+c))$$
$$= \mathrm{res}_3(a + (3m_2 + \mathrm{res}_3(b+c))) = \mathrm{res}_3(a + (b+c))$$
$$= \mathrm{res}_3((a+b) + c)$$

因此
$$(a \oplus_3 b) \oplus_3 c = a \oplus_3 (b \oplus_3 c)$$

类似地,可以证明
$$(a \odot_3 b) \odot_3 c = a \odot_3 (b \odot_3 c)$$

(3) 对于任意的 $a, b, c \in \mathbf{Z}_3$,令
$$b + c = 3n_1 + \mathrm{res}_3(b+c)$$
$$a \cdot b = 3n_2 + \mathrm{res}_3(a \cdot b)$$
$$a \cdot c = 3n_3 + \mathrm{res}_3(a \cdot c)$$

于是
$$a \odot_3 (b \oplus_3 c) = a \odot_3 \mathrm{res}_3(b+c)$$
$$= \mathrm{res}_3(a \cdot \mathrm{res}_3(b+c))$$
$$= \mathrm{res}_3(a \cdot 3n_1 + a \cdot \mathrm{res}_3(b+c))$$

$$= \text{res}_3(a \cdot (b+c))$$
$$(a \odot_3 b) \oplus_3 (a \odot_3 c) = \text{res}_3(a \cdot b) \oplus_3 \text{res}_3(a \cdot c)$$
$$= \text{res}_3(\text{res}_3(a \cdot b) + \text{res}_3(a \cdot c))$$
$$= \text{res}_3((3n_2 + \text{res}_3(a \cdot b)) + (3n_3 + \text{res}_3(a \cdot c)))$$
$$= \text{res}_3(a \cdot b + a \cdot c)$$

因此 $a \odot_3 (b \oplus_3 c) = (a \odot_3 b) \oplus_3 (a \odot_3 c)$

(4) 由运算表可以看出,0 是 $\oplus_3$ 的单位元,1 是 $\odot_3$ 的单位元.

(5) 对于运算 $\oplus_3$,0 是 0 的逆元,1 和 2 互为逆元.

(6) 由 $\odot_3$ 的运算表可以看出,若 $a \neq 0$,则对于所有的 $b, c \in \mathbf{Z}_3$,当 $b \neq c$ 时,有 $a \odot_3 b \neq a \odot_3 c$,这说明运算 $\odot_3$ 满足消去律.

以上证明了代数系统 $\langle \mathbf{Z}_3; \oplus_3; \odot_3 \rangle$ 是一个整环.

定义 4-12 设有两个代数系统 $V_1 = \langle S_1; o_{11}, o_{12}, \cdots, o_{1n} \rangle$,$V_2 = \langle S_2; o_{21}, o_{22}, \cdots, o_{2n} \rangle$,如果运算 o_{1i} 和 $o_{2i} (i = 1, 2, \cdots, n)$ 具有相同的阶,则称代数系统 V_1 和 V_2 是同类型的.

为了使讨论简单和直观,本章后面的讨论将限于类型为 $\langle S; o_1, o_2, \sim \rangle$ 的代数系统,其中运算 o_1 和 o_2 是二元运算,$\sim$ 是一元运算.所引进的概念和讨论的结果都可以推广到任意类型的代数系统.

定义 4-13 设 $\langle S; o_1, o_2, \sim \rangle$ 是一代数系统,H 是 S 的一个非空子集,若 S 上的每一个运算在 H 上都是封闭的,即对于每一个二元运算 o_i 及任意的有序二元组 $(x_1, x_2) \in H^2$,都有 $x_1 o_i x_2 \in H$,对于一元运算 $\sim$ 及任意的 $x \in H$,都有 $\sim(x) \in H$,则称代数系统 $\langle H; o_1', o_2', \sim' \rangle$ 是 $\langle S; o_1, o_2, \sim \rangle$ 的子系统或子代数,其中运算 $o_i' (i = 1, 2)$ 是二元运算,对每一 $(x_1, x_2) \in H^2$,$x_1 o_i' x_2 = x_1 o_i x_2$. 运算 $\sim'$ 是一元运算,对每一 $x \in H$,$\sim'(x) = \sim(x)$.

若 H 是 S 的真子集,则称 $\langle H; o_1', o_2', \sim' \rangle$ 是 $\langle S; o_1, o_2, \sim \rangle$ 的**真子系统**或**真子代数**.

如上定义的运算 $o_1', o_2', \sim'$ 分别是运算 $o_1, o_2, \sim$ 在新域 H 上的限制,因此为简便起见,$\langle H; o_1', o_2', \sim' \rangle$ 有时就记作 $\langle H; o_1, o_2, \sim \rangle$.

例 7 代数系统 $\langle E; +, \cdot \rangle$(这里 E 是所有偶数的集合,$+$ 和 $\cdot$ 是通常的加法和乘法)就是 $\langle \mathbf{I}; +, \cdot \rangle$ 的子代数.若 M 表示所有奇数的集合,则 M 和运算 $+, \cdot$ 不能构成 $\langle \mathbf{I}; +, \cdot \rangle$ 的子代数.

例 8 代数系统 $\langle [0,1]; \cdot \rangle$(这里 $\cdot$ 是通常的乘法)是 $\langle R; \cdot \rangle$ 的子代数.

4.3 同态和同构

函数这个概念,对于代数系统来说,必须与代数系统中的运算发生联系,才能成为有力的工具. 因此在讨论代数系统时, 需要的是与运算有联系的函数. 显然, 元素运算的像等于这些元素的像的运算是一个重要的联系. 本节就是讨论具有这种联系的重要函数.

定义 4-14 设 $V_1 = \langle S_1; *_1, o_1, \sim_1 \rangle$ 和 $V_2 = \langle S_2; *_2, o_2, \sim_2 \rangle$ 是两个同类型的代数系统, 其中 $*_i$ 和 $o_i(i=1,2)$ 都是二元运算, $\sim_1$ 和 $\sim_2$ 都是一元运算, h 是一个从 S_1 到 S_2 的函数, 若对于任意的 $(x_1, x_2) \in S_1^2$, 有
$$h(x_1 *_1 x_2) = h(x_1) *_2 h(x_2)$$
$$h(x_1 o_1 x_2) = h(x_1) o_2 h(x_2)$$
对任意的 $x_1 \in S_1$, 有 $h(\sim_1(x_1)) = \sim_2(h(x_1))$, 则称 h 是从代数系统 V_1 到 V_2 的一个**同态**(见图 4-1). 代数系统 V_2 常称为 V_1 在 h 下的**同态像**. 在这种情况下, 有时称 h 将运算 $*_1$ 传送到 $*_2$, 将运算 o_1 传送到 o_2, 将运算 $\sim_1$ 传送到 $\sim_2$.

定义 4-14 中的三个等式要求函数 h 必须是这样的一个函数, 它使得代数系统 V_1 和 V_2 中相对应的元素分别经过相对应的运算后的运算结果仍然保持对应关系. 或者说代数系统 V_1 中的元素先进行运算然后再取像, 与元素先取像然后再进行 V_2 中的相应运算, 其结果是一样的.

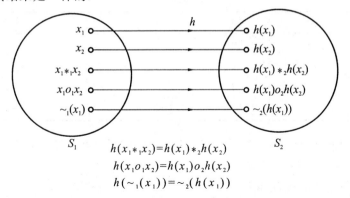

图 4-1

例 1 考虑代数系统 $V_1 = \langle \mathbf{I}; +, \cdot \rangle$, 其中 $\mathbf{I}$ 是整数集. $+$ 与 $\cdot$ 是通常的加法与乘法. 并考虑代数系统 $V_2 = \langle \mathbf{Z}_6; \oplus_6, \odot_6 \rangle$, 其中 $\mathbf{Z}_6 = \{0, 1, 2, 3, 4, 5\}$, 而 $\oplus_6$(模 6 的加法) 和 $\odot_6$(模 6 的乘法) 定义为:
$$z_1 \oplus_6 z_2 = \text{res}_6(z_1 + z_2), \quad z_1 \odot_6 z_2 = \text{res}_6(z_1 \cdot z_2)$$

定义函数 $h: \mathbf{I} \to \mathbf{Z}_6$, 对任意的 $i \in \mathbf{I}$, 有 $h(i) = \text{res}_6(i)$, 则 h 是一个从 V_1 到 V_2 的同态. 这是因为对于所有的 $(i_1, i_2) \in \mathbf{I}^2$, 有
$$\text{res}_6(i_1 + i_2) = \text{res}_6(i_1) \oplus_6 \text{res}_6(i_2) \tag{4-1}$$
$$\text{res}_6(i_1 \cdot i_2) = \text{res}_6(i_1) \odot_6 \text{res}_6(i_2) \tag{4-2}$$

下面给出式(4-1)的证明.

设 $i_1 = 6q_1 + r_1 (0 \leqslant r_1 < 6), i_2 = 6q_2 + r_2 (0 \leqslant r_2 < 6)$，则
$$i_1 + i_2 = 6(q_1 + q_2) + (r_1 + r_2)$$
所以
$$\text{res}_6(i_1 + i_2) = \text{res}_6(r_1 + r_2)$$
另一方面，$\text{res}_6(i_1) \oplus_6 \text{res}_6(i_2) = r_1 \oplus_6 r_2 = \text{res}_6(r_1 + r_2)$，因此
$$\text{res}_6(i_1 + i_2) = \text{res}_6(i_1) \oplus_6 \text{res}_6(i_2)$$
对式(4-2)可类似地加以证明.

例 2 我们知道，整数集 $\mathbf{I}$ 上的"模 m 同余"关系是 $\mathbf{I}$ 上的等价关系. 设 $m = 4$，并令 $\mathbf{I}_{(4)}$ 表示所生成的等价类集合，所以
$$\mathbf{I}_{(4)} = \{[0], [1], [2], [3]\}$$
其中，$[j]$ 表示所有与 j 等价的那些整数的集合. 下面定义 $\mathbf{I}_{(4)}$ 上的运算 $\oplus$. 对于任意的 $[i], [j] \in \mathbf{I}_{(4)}$，有
$$[i] \oplus [j] = [\text{res}_4(i + j)]$$
运算 $\oplus$ 描述在表 4-2 中. 由于运算 $\oplus$ 在集合 $\mathbf{I}_{(4)}$ 上是封闭的，因此可构成代数系统 $\langle \mathbf{I}_{(4)}; \oplus \rangle$.

表 4-2

$\oplus$	[0]	[1]	[2]	[3]
[0]	[0]	[1]	[2]	[3]
[1]	[1]	[2]	[3]	[0]
[2]	[2]	[3]	[0]	[1]
[3]	[3]	[0]	[1]	[2]

考虑代数系统 $\langle \mathbf{I}_{(4)}; \oplus \rangle$ 和 $\langle B; + \rangle$. $\langle B; + \rangle$ 中的域 B 和运算 $+$ 是 4.2 节例 5 中代数系统 $\langle B; +, \cdot \rangle$ 的域 B 和运算 $+$.

定义函数 $h: \mathbf{I}_{(4)} \to B$ 如下.
$$h([0]) = h([2]) = a, \quad h([1]) = h([3]) = b$$
因为对任意的 $i, j = 0, 1, 2, 3$，有
$$h([i] \oplus [j]) = h([i]) + h([j])$$
所以 h 是一个由 $\langle \mathbf{I}_{(4)}; \oplus \rangle$ 到 $\langle B; + \rangle$ 的同态.

例 3 给定代数系统 $\langle \mathbf{I}_{(4)}; \oplus \rangle$ 和 $\langle \mathbf{N}; + \rangle$，定义函数 $g: \mathbf{N} \to \mathbf{I}_{(4)}$ 如下：对任意的 $n \in \mathbf{N}$，有
$$g(n) = [\text{res}_4(n)]$$
对任意的 $n, m \in \mathbf{N}$，令 $g(n) = [i], g(m) = [j]$，则
$$g(n + m) = [\text{res}_4(n + m)] = [\text{res}_4(i + j)]$$
$$= [i] \oplus [j] = g(n) \oplus g(m)$$
因此，g 是一个由 $\langle \mathbf{N}; + \rangle$ 到 $\langle \mathbf{I}_{(4)}; \oplus \rangle$ 的同态.

不难看出,凡能满足定义 4-14 所给出的条件的函数,都是一个从 V_1 到 V_2 的同态.因此从一个代数系统到另一个代数系统,可能有多个同态映射.

根据函数是内射、满射和双射,可以将相应的同态分别称为单一同态、满同态和同构.

定义 4-15 设 $h:S_1 \to S_2$ 是从代数系统 $V_1 = \langle S_1; *_1, o_1, \sim_1 \rangle$ 到 $V_2 = \langle S_2; *_2, o_2, \sim_2 \rangle$ 的同态,

(1) 如果 h 是内射,则称 h 是从 V_1 到 V_2 的**单一同态**;

(2) 如果 h 是满射,则称 h 是从 V_1 到 V_2 的**满同态**;

(3) 如果 h 是双射,则称 h 是从 V_1 到 V_2 的**同构**.

如图 4-1 所示,所谓 h 将运算 $*_1$ 传送到运算 $*_2$,即若 S_1 中两个元素 x_1 和 x_2 经 $*_1$ 运算后的结果为 x,则 x 在 S_2 中的像 $h(x)$ 恰好就是 x_1 和 x_2 在 S_2 中的像 $h(x_1)$ 和 $h(x_2)$ 经 $*_2$ 运算后的结果.也就是说,S_1 中的元素之间由运算 $*_1$ 所构成的关系,经 h 映射到 S_2 中后,其像之间的类似关系由 $*_2$ 来构成,因此称同态是一个"保持运算"的映射.

既然同态 h 能保持运算,那么不禁要问,同态能不能保持运算的性质呢?即运算 $*_1$ 所具有的性质,运算 $*_2$ 是否也具有呢?对此,有下面的定理.

定理 4-6 设 $h:S_1 \to S_2$ 是从代数系统 $V_1 = \langle S_1; *_1, o_1, \sim_1 \rangle$ 到 $V_2 = \langle S_2; *_2, o_2, \sim_2 \rangle$ 的一个满同态,

(1) 若 $*_1(o_1)$ 是可交换的,则 $*_2(o_2)$ 也是可交换的;

(2) 若 $*_1(o_1)$ 是可结合的,则 $*_2(o_2)$ 也是可结合的;

(3) 若对于运算 $*_1(o_1)$,V_1 具有一个单位元 e,则对于运算 $*_2(o_2)$,V_2 也具有单位元 $h(e)$;

(4) 若对于运算 $*_1(o_1)$,V_1 具有零元 z,则对于运算 $*_2(o_2)$,V_2 也具有零元 $h(z)$;

(5) 若对于运算 $*_1(o_1)$,元素 $x \in S_1$ 有逆元 x^{-1},则对于运算 $*_2(o_2)$,元素 $h(x) \in S_2$ 也具有逆元 $h(x^{-1})$;

(6) 若运算 $*_1(o_1)$ 对运算 $o_1(*_1)$ 是可分配的,则运算 $*_2(o_2)$ 对运算 $o_2(*_2)$ 也是可分配的.

证明 (此处仅证明结论(1)、(3)、(6))

(1) 对任意的 $y_1, y_2 \in S_2$,因为 h 是满射,所以必有 $x_1, x_2 \in S_1$,使得 $h(x_1) = y_1, h(x_2) = y_2$,于是
$$y_1 *_2 y_2 = h(x_1) *_2 h(x_2) = h(x_1 *_1 x_2) = h(x_2 *_1 x_1) = h(x_2) *_2 h(x_1) = y_2 *_2 y_1$$
即证明了 $*_2$ 是可交换的.

(3) 对于任意的 $y \in S_2$,因为 h 是满射,所以必有 $x \in S_1$,使得 $h(x) = y$,于是
$$y *_2 h(e) = h(x) *_2 h(e) = h(x *_1 e) = h(e *_1 x) = h(x) = y$$

而其中 $h(e *_1 x) = h(e) *_2 h(x) = h(e) *_2 y$，因此得
$$y *_2 h(e) = h(e) *_2 y = y$$
即证明了 $h(e)$ 是运算 $*_2$ 的单位元.

(6) 对于任意的 $y_1, y_2, y_3 \in S_2$，因为 h 是满射，所以必有 $x_1, x_2, x_3 \in S_1$，使得 $y_1 = h(x_1), y_2 = h(x_2), y_3 = h(x_3)$，而由假设，$*_1$ 对 o_1 是可分配的，所以有
$$x_1 *_1 (x_2 o_1 x_3) = (x_1 *_1 x_2) o_1 (x_1 *_1 x_3)$$
因而有
$$h(x_1 *_1 (x_2 o_1 x_3)) = h((x_1 *_1 x_2) o_1 (x_1 *_1 x_3))$$
$$h(x_1) *_2 h(x_2 o_1 x_3) = h(x_1 *_1 x_2) o_2 h(x_1 *_1 x_3)$$
$$h(x_1) *_2 (h(x_2) o_2 h(x_3)) = (h(x_1) *_2 h(x_2)) o_2 (h(x_1) *_2 h(x_3))$$
即
$$y_1 *_2 (y_2 o_2 y_3) = (y_1 *_2 y_2) o_2 (y_1 *_2 y_3)$$
用类似的方法可证明定理中的其他结论. 证毕.

这个定理说明，与代数系统 V_1 相联系的一些重要公理，诸如交换律、结合律、分配律、同一律和可逆律，在 V_1 的任何满同态像中（特别在同构像中）能够被保持下来.

需要指出的是，若 $h: S_1 \to S_2$ 不是一个满同态，则定理 4-6 所列出的性质不一定成立. 因为这时在 S_2 中存在某些元素，它们不是 S_1 中任何元素的像.

如果 h 是从代数系统 V_1 到 V_2 的同构，那么 h 是从 S_1 到 S_2 的双射，由定理 3-4，h 的逆函数 h^{-1} 也是由 S_2 到 S_1 的双射. 而且，因为 S_2 中的每一元素都是 h 作用下 S_1 中某一元素的像，所以 S_2^2 中的任一有序二元组 (y_1, y_2) 可写成 $(h(x_1), h(x_2))$ 的形式，并有
$$h^{-1}(y_1 *_2 y_2) = h^{-1}(h(x_1) *_2 h(x_2)) = h^{-1}(h(x_1 *_1 x_2))$$
$$= (h^{-1} \cdot h)(x_1 *_1 x_2) = x_1 *_1 x_2 = h^{-1}(y_1) *_1 h^{-1}(y_2)$$
用类似的方法可以证明 $h^{-1}(y_1 o_2 y_2) = h^{-1}(y_1) o_1 h^{-1}(y_2)$.

对于任意的 $y \in S_2$，必有 $x \in S_1$，使得 $h(x) = y$，因此
$$h^{-1}(\sim_2 (y)) = h^{-1}(\sim_2 (h(x))) = h^{-1}(h(\sim_1 (x)))$$
$$= (h^{-1} \cdot h)(\sim_1 (x)) = \sim_1 (x) = \sim_1 (h^{-1}(y))$$

这就是说，当 h 是从代数系统 V_1 到 V_2 的同构时，h 的逆函数 h^{-1} 是从 V_2 到 V_1 的同构. 因此，称 V_1 和 V_2 是彼此同构的.

由上述讨论可知，如果两个代数系统 $V_1 = \langle S_1; *_1, o_1, \sim_1 \rangle$ 和 $V_2 = \langle S_2; *_2, o_2, \sim_2 \rangle$ 彼此同构，则集合 S_1 中所有元素与集合 S_2 中所有元素一一对应，V_1 中的各个运算与 V_2 中的各个运算一一对应. 若 S_1 中元素之间有由某运算所构成的关系时，则 S_2 中对应的元素之间也相应有由与上述运算相对应的运算构成的类似的关系. 反之亦然. 因此，如果在 V_1 中有一个与某运算 $\times_1$ 相关的性质，则只要将 $x \in S_1$ 改为与之相对应的 $h(x) \in S_2$，运算 $\times_1$ 改为 V_2 中相对应的运算 $\times_2$，在 V_2 中这个性质也同样成立. 反之，如果在 V_2 中有一个与某运算 $\times_2$ 有关的性质，则只要将 $h(x) \in S_2$ 改为与之相对应的 $x \in S_1$，运算 $\times_2$ 改为 V_1 中与之相对应的运算 $\times_1$，在 V_1 中这个性质也同样成立. 所以，两个同构的代数系统，除了集合中元素的名字和运算的符号可能不

同外，在本质上没有什么区别.研究 V_1 所导出的各种理论可直接应用于任一与 V_1 同构的各代数系统中，于是研究一个新的代数系统的性质时，确定这个代数系统与另一性质已知的代数系统的同构是十分重要的.

例 4 考虑代数系统 $V_1 = \langle \{\emptyset, A, A', U\}; ', \cup, \cap \rangle$，这里 A 是全集合 U 的一个固定的子集，而 $'$、$\cup$ 和 $\cap$ 是通常的集合运算.再考虑代数系统 $V_2 = \langle \{1, 2, 5, 10\}; \sim, \vee, \wedge \rangle$，这里 $i_1 \vee i_2$ 表示 i_1 和 i_2 的最小公倍数，$i_1 \wedge i_2$ 表示 i_1 和 i_2 的最大公因数，而 $\tilde{i}$ 表示 10 除以 i 所得的商.于是 V_1 和 V_2 上的运算表如下.

S	S'
$\emptyset$	U
A	A'
A'	A
U	$\emptyset$

$\cup$	$\emptyset$	A	A'	U
$\emptyset$	$\emptyset$	A	A'	U
A	A	A	U	U
A'	A'	U	A'	U
U	U	U	U	U

$\cap$	$\emptyset$	A	A'	U
$\emptyset$	$\emptyset$	$\emptyset$	$\emptyset$	$\emptyset$
A	$\emptyset$	A	$\emptyset$	A
A'	$\emptyset$	$\emptyset$	A'	A'
U	$\emptyset$	A	A'	U

i	$\tilde{i}$
1	10
2	5
5	2
10	1

$\vee$	1	2	5	10
1	1	2	5	10
2	2	2	10	10
5	5	10	5	10
10	10	10	10	10

$\wedge$	1	2	5	10
1	1	1	1	1
2	1	2	1	2
5	1	1	5	5
10	1	2	5	10

显然，下面的三张表可由上面的三张表简单地分别用 1、2、5 和 10 代替 $\emptyset$、A、A' 和 U，用 $\sim$、$\vee$ 和 $\wedge$ 分别代替 $'$、$\cup$ 和 $\cap$ 而得到.所以 V_1 和 V_2 同构.由于有同构 $h: \{\emptyset, A, A', U\} \to \{1, 2, 5, 10\}$，这里 $h(\emptyset) = 1, h(A) = 2, h(A') = 5, h(U) = 10$，因此对 V_1 所导出的任何性质，简单地作上述替换后可直接用于 V_2.

例 5 设 E 是偶数的集合，$E = \{\cdots, -4, -2, 0, 2, 4, \cdots\}$，则代数系统 $\langle \mathbf{I}; + \rangle$ 和 $\langle E; + \rangle$ 是同构的.因为存在函数 $f: \mathbf{I} \to E$ 使得 $f(i) = 2i$，显然 f 是一个双射，而且对于任意的整数 i 和 j，有

$$f(i + j) = 2(i + j) = 2i + 2j = f(i) + f(j)$$

例 6 代数系统 $\langle \mathbf{Z}; + \rangle$ 和 $\langle \mathbf{N}; \cdot \rangle$ 不是同构的.对于这一结论，可用反证法加以证明.假设 h 是从 $\langle \mathbf{Z}; + \rangle$ 到 $\langle \mathbf{N}; \cdot \rangle$ 的一个同构.在 $\mathbf{N}$ 里有无穷多个素数，因为 h 是从 $\mathbf{Z}$ 到 $\mathbf{N}$ 的满射，因此必存在某个 $x \in \mathbf{Z} (x \geqslant 3)$ 和某个素数 $p \in \mathbf{N}(p \geqslant 2)$，使得 $h(x) = p$，由于 h 是一个同构，因此有

$$p = h(x) = h(x + 0) = h(x) \cdot h(0)$$
$$p = h(x) = h((x-1) + 1) = h(x-1) \cdot h(1)$$

而 p 是一个素数，p 的因子仅是 p 和 1，所以有 $h(0) = 1$，且有 $h(x-1) = 1$ 或 $h(1) = 1$，但 $0 < 1 < x - 1 < x$，故在映射 h 之下 1 至少是两个元素的像，这与 h 是

双射矛盾. 因此, 从 $\langle \mathbf{Z}; +\rangle$ 到 $\langle \mathbf{N}; \cdot\rangle$ 不存在同构.

显然, 每一个代数系统对其自身是同构的. 又如果 V_1 对 V_2 是同构的, 则 V_2 对 V_1 也是同构的. 而且如果 V_1 对 V_2 是同构的, V_2 对 V_3 是同构的, 则 V_1 对 V_3 也是同构的. 因此, 在由代数系统所组成的集合上同构关系是一个等价关系. 于是可将这个集合分划成一些等价类. 其中每一类由具有相同"结构"的同构代数系统所组成.

若 V_1 和 V_2 是同一代数系统 V, 则从 V_1 到 V_2 的同态称为 V 的**自同态**; 从 V_1 到 V_2 的同构称为**自同构**.

*4.4 同余关系

定义 4-16 设 $\sim$ 和 o 分别是集合 S 上一元和二元运算, ρ 是 S 上的一个等价关系, 若对于所有的 $x, y \in S$, 由 $x\rho y$, 可得

$$(\sim(x))\rho(\sim(y))$$

则称 ρ 对于一元运算 $\sim$ 满足**代换性质**. 若对于所有的 $x_1, x_2, y_1, y_2 \in S$, 由 $x_1\rho y_1$, $x_2\rho y_2$, 可得 $(x_1 o x_2)\rho(y_1 o y_2)$, 则称 ρ 对于二元运算 o 满足**代换性质**.

由以上定义可知, 所谓等价关系 ρ 对于某个运算满足代换性质, 是指将运算对象代换为等价类中的其他元素时, 不改变运算结果所在的等价类.

定义 4-17 设有代数系统 $V = \langle S; *, \sim\rangle$, 其中 $*$ 是二元运算, $\sim$ 是一元运算, ρ 是 S 上的等价关系, 若 ρ 对于 S 上所有的运算都满足代换性质, 则称 ρ 是 V 上的一个**同余关系**.

例 1 设有代数系统 $\langle \mathbf{I}; o\rangle$, 这里 o 是一个一元运算, 定义为 $o(i) = \text{res}_m(i^2)$ (m 为某一正整数). 设 ρ 是 $\mathbf{I}$ 上的一个关系, 定义为: 当且仅当 $\text{res}_m(i_1) = \text{res}_m(i_2)$ 时, 有 $i_1 \rho i_2$. 由 2.6 节例 2, ρ 是一个等价关系. 现在设 $i_1, i_2 \in \mathbf{I}$ 且满足 $i_1 \rho i_2$, 于是 $\text{res}_m(i_1) = \text{res}_m(i_2)$. 将 i_1 和 i_2 分别写成 $i_1 = q_1 m + r$ 和 $i_2 = q_2 m + r$, 这里 $0 \leqslant r < m$, 从而

$$o(i_1) = \text{res}_m(i_1^2) = \text{res}_m((q_1 m + r)^2) = \text{res}_m(q_1^2 m^2 + 2q_1 mr + r^2) = \text{res}_m(r^2)$$
$$o(i_2) = \text{res}_m(i_2^2) = \text{res}_m((q_2 m + r)^2) = \text{res}_m(q_2^2 m^2 + 2q_2 mr + r^2) = \text{res}_m(r^2)$$

因此有 $o(i_1) = o(i_2)$. 当然有 $(o(i_1))\rho(o(i_2))$. 所以 ρ 是 $\langle \mathbf{I}; o\rangle$ 上的同余关系.

下面将要说明, 同余关系的概念和同态的概念有着密切的联系. 此外, 借助于同余关系, 可以由一个给定的代数系统构造出新的更简单的代数系统.

定理 4-7 设 h 是从代数系统 $V_1 = \langle S_1; o_1, \sim_1\rangle$ 到代数系统 $V_2 = \langle S_2; o_2, \sim_2\rangle$ 的同态, 其中 o_i 和 $\sim_i (i = 1, 2)$ 分别是二元运算和一元运算. 在 S_1 上定义关系 ρ_h, 使得当且仅当 $h(x) = h(y)$ 时 $x\rho_h y$, 则 ρ_h 是 V 上的同余关系.

证明 显然, ρ_h 是 S_1 上的等价关系. 设 $x_1 \rho_h y_1$, $x_2 \rho_h y_2$, 则 $h(x_1) = h(y_1)$, $h(x_2) = h(y_2)$, 因此

$$h(x_1) o_2 h(x_2) = h(y_1) o_2 h(y_2)$$

又因为 h 是同态,所以有 $h(x_1 o_1 x_2) = h(y_1 o_1 y_2)$,即
$$(x_1 o_1 x_2)\rho_h(y_1 o_1 y_2)$$
又设 $x\rho_h y$,则 $h(x) = h(y)$,因此
$$\sim_2(h(x)) = \sim_2(h(y))$$
因为 h 是同态,所以有 $h(\sim_1(x)) = h(\sim_1(y))$,即
$$(\sim_1(x))\rho_h(\sim_1(y))$$
由此 ρ_h 对于 V_1 中的所有的运算都满足代换性质,故 ρ_h 是 V_1 上的同余关系. 证毕.

在 2.6 节中曾介绍过商集的概念. 所谓集合 A 关于 ρ 的商集,是指当在给定集合 A 上定义了一个等价关系 ρ 时,ρ 可导致 A 上一等价分划 $\pi_\rho^A = \{[a]_\rho \mid a \in A\}$,这个分划,即所有等价类的集合,就称为集合 A 关于 ρ 的商集,用 A/ρ 来表示.

相应地,若在某代数系统 V 上定义了一个同余关系 ρ,则也可定义一个新的代数系统,并且称它为代数系统 V 关于 ρ 的商代数.

定义 4-18 设有代数系统 $V = \langle S; o, \sim \rangle$,其中 o 和 $\sim$ 分别是二元和一元运算,ρ 是 V 上的同余关系. 构造一个新的代数系统
$$V^* = \langle S^*; o^*, \sim^* \rangle,\text{其中},S^* = S/\rho = \{[x]_\rho \mid x \in S\} \tag{4-3}$$
即 S^* 是 S 关于 ρ 的商集. 运算 o^* 和 $\sim^*$ 分别是 S^* 上的二元和一元运算,定义如下
$$[x]_\rho o^* [y]_\rho = [xoy]_\rho,\quad \sim^*([x]_\rho) = [\sim(x)]_\rho \tag{4-4}$$
则代数系统 V^* 称为 V 关于 ρ 的**商代数**,并表示为 V/ρ.

为了说明上面所定义的系统确实是一个代数系统,必须证明运算 o^* 和 $\sim^*$ 是有定义的,也就是要证明运算 o^* 和 $\sim^*$ 的运算结果不依赖于表示等价类所使用的元素.

事实上,若 $[x]_\rho = [a]_\rho$,$[y]_\rho = [b]_\rho$,则有 $x\rho a$,$y\rho b$. 因为 ρ 是同余关系,所以有 $(xoy)\rho(aob)$,因而有 $[xoy]_\rho = [aob]_\rho$. 这也就是 $[x]_\rho o^* [y]_\rho = [a]_\rho o^* [b]_\rho$,因此运算 o^* 在 S^* 上是有定义的.

又若 $[x]_\rho = [y]_\rho$,则有 $x\rho y$,因为 ρ 是同余关系,所以有 $(\sim(x))\rho(\sim(y))$,因而有
$$[\sim(x)]_\rho = [\sim(y)]_\rho$$
这即意味着 $\sim^*([x]_\rho) = \sim^*([y]_\rho)$,因此运算 $\sim^*$ 在 S^* 上是有定义的.

关于商代数有如下两个性质.

定理 4-8 设 $V = \langle S; o, \sim \rangle$ 是一个代数系统,其中 o 和 $\sim$ 分别是二元和一元运算,ρ 是 V 上的一个同余关系,则存在一个从 V 到 V/ρ 的满同态.

证明 定义函数 $h: S \to S^*$(即 S/ρ),使得对于任意的 $x \in S$,$h(x) = [x]_\rho$. 因为每个 $[x]_\rho$ 非空,所以必有元素 x,使得 $h(x) = [x]_\rho$,因此 h 是一个满射.

又对于任意的 $x, y \in S$,有
$$h(xoy) = [xoy]_\rho = [x]_\rho o^* [y]_\rho = h(x) o^* h(y)$$
对于任意的 $x \in S$,有

$$h(\sim(x)) = [\sim(x)]_\rho = \sim^*([x]_\rho) = \sim^*(h(x))$$

由上可知,h 是一个由 V 到 V/ρ 的满同态. 证毕.

上述两定理说明了同态与同余关系的密切联系,即对于任何一个从代数系统 V_1 到 V_2 的同态 h,可以定义一个 V_1 上的同余关系;而对于代数系统 V 上的任何一个同余关系 ρ,可以定义一个从 V 到 V 关于 ρ 的商代数的一个满同态.

定理 4-9 设 h 是从 $V_1 = \langle S_1; o_1, \sim_1 \rangle$ 到 $V_2 = \langle S_2; o_2, \sim_2 \rangle$ 的满同态,其中 o_i 和 $\sim_i (i=1,2)$ 分别是二元和一元运算,则 V_2 和 V_1/ρ_h 同构.

证明 因为 h 是同态,根据定理 4-7,ρ_h 是 V_1 上的同余关系,因此可按式(4-1)和式(4-2)来构造商代数,即

$$V_1/\rho_h = \langle S_1/\rho_h; o_1^*, \sim_1^* \rangle$$

因为 h 是从 S_1 到 S_2 的满射,所以对于每个 $x' \in S_2$,必存在某个 $x \in S_1$,使得 $x' = h(x)$. 现定义函数 $f: S_2 \to S_1/\rho_h$,使得 $f(h(x)) = [x]_{\rho_h}$(参见图 4-2).

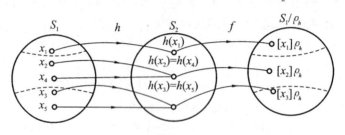

图 4-2

f 是一个满射. 因为每个 $[x]_\rho$ 非空,所以必有 $x \in [x]_\rho$,而 $h(x) \in S_2$,于是有 $f(h(x)) = [x]_{\rho_h}$.

f 是一个内射. 因为如果 $[x]_{\rho_h} = [y]_{\rho_h}$,则 $x\rho_h y$,由 ρ_h 的定义,有 $h(x) = h(y)$. 因此,f 是一个双射.

对于任意的 $x', y' \in S_2$,令 $h(x) = x', h(y) = y'$,则

$$f(x' o_2 y') = f(h(x) o_2 h(y)) = f(h(x o_1 y)) = [x o_1 y]_{\rho_h}$$
$$= [x]_{\rho_h} o_1^* [y]_{\rho_h} = f(h(x)) o_1^* f(h(y)) = f(x') o_1^* f(y')$$

又对于任意的 $x' \in S_2$,有

$$f(\sim_2(x')) = f(\sim_2(h(x))) = f(h(\sim_1(x))) = [\sim_1(x)]_{\rho_h}$$
$$= \sim^*([x]_{\rho_h}) = \sim^*(f(h(x))) = \sim^*(f(x'))$$

所以 V_2 和 V_1/ρ_h 是同构的.

例 2 设有代数系统 $V = \langle \mathbf{I}; , \rangle$(这里 $\mathbf{I}$ 是整数集,$i' = i+1$) 和代数系统 $V^* = \langle B; * \rangle$(这里 $B = \{0,1\}, b* = \mathrm{res}_2(b+1)$),定义满射 $h: \mathbf{I} \to B$,使得 $h(i) = \mathrm{res}_2(i)$. 由于

$$h(i') = h(i+1) = \text{res}_2(i+1) = \text{res}_2(\text{res}_2(i)+1) = (\text{res}_2(i))^{\star} = (h(i))^{\star}$$

因此 h 是一个从 V 到 V^* 的满同态.

现在在 $\mathbf{I}$ 上定义关系 ρ_h. 当且仅当 $h(i_1) = h(i_2)$ 时, 即当且仅当 $\text{res}_2(i_1) = \text{res}_2(i_2)$ 时, $i_1 \rho_h i_2$, 显然 ρ_h 是一个等价关系. 又若 $i_1 \rho_h i_2$, 则 $\text{res}_2(i_1) = \text{res}_2(i_2)$, 作与前面类似的推导, 有

$$h(i'_1) = (\text{res}_2(i_1))^{\star}, \quad h(i'_2) = (\text{res}_2(i_2))^{\star}$$

因而有
$$h(i_1) = h(i_2)$$

于是 $i'_1 \rho_h i'_2$ (根据定理 4-7, ρ_h 的确是一个同余关系).

ρ_h 在 $\mathbf{I}$ 上导出的等价分划是 $\pi^{\mathbf{I}}_{\rho_h} = \{[0], [1]\}$, V 关于 ρ_h 的商代数是 $\widetilde{V} = \langle \widetilde{I}; \star \rangle$, 其中
$$\widetilde{I} = \mathbf{I}/\rho_h = \{[0], [1]\}, \text{ 而 } [i]^{\star} = [i'] \, (i = 0, 1)$$

定义函数 $f: B \to \widetilde{I}$, 使得 $f(b) = [b]$. 显然, f 是一个双射, 又
$$f(b^*) = [b^*] = [\text{res}_2(b+1)]$$
$$(f(b))^{\star} = ([b])^{\star} = [b'] = [b+1] = [\text{res}_2(b+1)]$$

所以 $f(b^*) = (f(b))^{\star}$, 因此 f 是一个从 V^* 到 $\widetilde{V}$ 的同构 (根据定理 4-9 也知 V^* 和 $\widetilde{V}$ 是同构的).

例3 设有代数系统 $V = \langle \mathbf{N}; + \rangle$, 其中 $+$ 是通常的加法运算, 在 $\mathbf{N}$ 上定义一个关系 ρ, 使得当且仅当 $x_1 - x_2$ 能被 4 整除时, $x_1 \rho x_2$ (即"模 4 同余"关系). 显然 ρ 是一个等价关系. 此外, ρ 还是一个同余关系. 因为对于任意 $x_1 \rho x'_1$, $x_2 \rho x'_2$, 有 $4 \mid x_1 - x'_1$, $4 \mid x_2 - x'_2$, 所以 $(x_1 + x_2) - (x'_1 + x'_2) = (x_1 - x'_1) + (x_2 - x'_2)$ 也能被 4 整除, 于是 $(x_1 + x_2) \rho (x'_1 + x'_2)$.

V 关于 ρ 的商代数 $V/\rho = \langle \widetilde{N}; \oplus \rangle$, 其中
$$\widetilde{N} = N/\rho = \{[1]_\rho, [2]_\rho, [3]_\rho, [4]_\rho\}$$
$$[i_1]_\rho \oplus [i_2]_\rho = [i_1 + i_2]_\rho$$

定义函数 $f: \mathbf{N} \to \widetilde{N}$, 使得 $f(x) = [x]_\rho$, 则 f 是由 V 到 V/ρ 的满同态. 因为, 显然 f 是一个满射, 又对于任意的 $x_1, x_2 \in \mathbf{N}$, 有
$$f(x_1 + x_2) = [x_1 + x_2]_\rho = [x_1]_\rho \oplus [x_2]_\rho = f(x_1) \oplus f(x_2)$$

(根据定理 4-8, 也可知 f 是一个由 V 到 V/ρ 的满同态.)

定义 4-19 设 $V = \langle S; * \rangle$ 是一个代数系统, 这里 $*$ 是一个二元运算. 若对于任意的 $x_1, x_2, x_3 \in S$, 由 $x_1 \rho x_2$, 可得 $(x_1 * x_3) \rho (x_2 * x_3)$, 则称 S 上的等价关系 ρ 为 V 上的一个**右同余关系**.

若对于任意的 $x_1, x_2, x_3 \in S$, 由 $x_1 \rho x_2$, 可得 $(x_3 * x_1) \rho (x_3 * x_2)$, 则称 S 上的等价关系 ρ 为 V 上的一个**左同余关系**.

定理 4-10 若 ρ 在 $V=\langle S;*\rangle$ 上既是右同余关系，又是左同余关系，则 ρ 是 V 上的一个同余关系。

证明 对于任意的 $x_1,x_2,x_3,x_4\in S$，若 $x_1\rho x_2,x_3\rho x_4$，则由 ρ 既是右同余，又是左同余，可得
$$(x_1*x_3)\rho(x_2*x_3),(x_2*x_3)\rho(x_2*x_4)$$
又由于 ρ 是等价关系，故由 ρ 的可传递性，有
$$(x_1*x_3)\rho(x_2*x_4)$$
所以 ρ 是 V 上的一个同余关系。证毕。

上述同余关系是定义在所有运算都是一元和二元运算的代数系统上。同余关系的概念也可推广到具有任意阶运算的代数系统上。推广的关键是推广等价关系 ρ 对于任意 k_i 阶运算（k_i 是正整数）的代换性质。读者可作为练习，自己去进行推广。

*4.5 积 代 数

在 4.4 节里，介绍了借助于同余关系由一个给定的代数系统构造出另一个新的代数系统的方法。本节再介绍借助于集合的笛卡儿积由有限个给定的同类型的代数系统构造出一个新的代数系统的方法。

定义 4-20 设有代数系统
$$\begin{aligned} V_1 &= \langle S_1,o_{11},o_{12},\sim_1\rangle \\ V_2 &= \langle S_2,o_{21},o_{22},\sim_2\rangle \\ &\vdots \\ V_n &= \langle S_n,o_{n1},o_{n2},\sim_n\rangle \end{aligned} \quad (4\text{-}5)$$

式中：$o_{i1},o_{i2}(i=1,2,\cdots,n)$ 是二元运算，$\sim_i(i=1,2,\cdots,n)$ 是一元运算；$V_1,V_2,\cdots,V_n$ 的积代数或直积是代数系统
$$V=\langle S;o_1,o_2,\sim\rangle \quad (4\text{-}6)$$

其中，$S=S_1\times S_2\times\cdots\times S_n=\{(x_1,x_2,\cdots,x_n)\mid x_i\in S_i,i=1,\cdots,n\}$；$o_j(j=1,2)$ 是二元运算；$\sim$ 是一元运算，其定义如下：对于任意 $(x_1,x_2,\cdots,x_n),(x_1',x_2',\cdots,x_n')\in S$，

$$\begin{aligned} &(x_1,x_2,\cdots,x_n)o_j(x_1',x_2',\cdots,x_n') \\ &= ((x_1o_{1j}x_1'),(x_2o_{2j}x_2'),\cdots,(x_no_{nj}x_n')) \\ &\sim(x_1,x_2,\cdots,x_n) = (\sim_1(x_1),\sim_2(x_2),\cdots,\sim_n(x_n)) \end{aligned}$$

V 一般表示为 $V_1\times V_2\times\cdots\times V_n$。

例 1 代数系统
$$V_1=\langle A;*\rangle=\langle\{a_1,a_2\};*\rangle,V_2=\langle B;o\rangle=\langle\{b_1,b_2,b_3\};o\rangle$$
其中，$*$ 和 o 都是二元运算，由表 4-3 给出。

表 4-3

*	a_1	a_2
a_1	a_1	a_2
a_2	a_2	a_1

∘	b_1	b_2	b_3
b_1	b_1	b_1	b_3
b_2	b_2	b_2	b_3
b_3	b_1	b_2	b_3

V_1 和 V_2 的积代数是代数系统

$$V_1 \times V_2 = \langle A \times B; \square \rangle$$

其中,$A \times B = \{(a_1,b_1),(a_1,b_2),(a_1,b_3),(a_2,b_1),(a_2,b_2),(a_2,b_3)\}$. 对于任意的 $(a_i,b_j),(a_k,b_l) \in A \times B$,有

$$(a_i,b_j) \square (a_k,b_l) = (a_i * a_k, b_j \circ b_l)$$

例如
$$(a_1,b_2) \square (a_2,b_1) = (a_1 * a_2, b_2 \circ b_1) = (a_2,b_2)$$
$$(a_2,b_1) \square (a_1,b_2) = (a_2 * a_1, b_1 \circ b_2) = (a_2,b_1)$$

表 4-4 给出了 $\square$ 的运算表.

表 4-4

$\square$	(a_1,b_1)	(a_1,b_2)	(a_1,b_3)	(a_2,b_1)	(a_2,b_2)	(a_2,b_3)
(a_1,b_1)	(a_1,b_1)	(a_1,b_1)	(a_1,b_3)	(a_2,b_1)	(a_2,b_1)	(a_2,b_3)
(a_1,b_2)	(a_1,b_2)	(a_1,b_2)	(a_1,b_3)	(a_2,b_2)	(a_2,b_2)	(a_2,b_3)
(a_1,b_3)	(a_1,b_1)	(a_1,b_2)	(a_1,b_3)	(a_2,b_1)	(a_2,b_2)	(a_2,b_3)
(a_2,b_1)	(a_2,b_1)	(a_2,b_1)	(a_2,b_3)	(a_1,b_1)	(a_1,b_1)	(a_1,b_3)
(a_2,b_2)	(a_2,b_2)	(a_2,b_2)	(a_2,b_3)	(a_1,b_2)	(a_1,b_2)	(a_1,b_3)
(a_2,b_3)	(a_2,b_1)	(a_2,b_2)	(a_2,b_3)	(a_1,b_1)	(a_1,b_2)	(a_1,b_3)

定理 4-11 设 $V_1,V_2,\cdots,V_n$ 和 V 是式(4-5)和式(4-6)中所定义的代数系统,那么(1) 若 $o_{i1}(i=1,2,\cdots,n)$ 是可交换的运算,则 o_1 也是可交换的运算;

(2) 若 $o_{i1}(i=1,2,\cdots,n)$ 是可结合的运算,则 o_1 也是可结合的运算;

(3) 若对于运算 o_{i1},V_i 有单位元 $e_i(i=1,2,\cdots,n)$,则 V 对于运算 o_1 有单位元 $(e_1,e_2,\cdots,e_n)$;

(4) 若每一元素 $x_i \in S_i$ 对于 $o_{i1}(i=1,2,\cdots,n)$ 有逆元 x_i^{-1},则元素$(x_1,x_2,\cdots,x_n) \in S$ 对于运算 o_1 有逆元$(x_1^{-1},x_2^{-1},\cdots,x_n^{-1})$;

(5) 若 o_{i1} 对二元运算 $o_{i2}(i=1,2,\cdots,n)$ 是可分配的,则 o_1 对 o_2 也是可分配的.

证明 (此处仅证明结论(1)、(4))

(1) 若 $o_{i1}(i=1,2,\cdots,n)$ 都是可交换的,则对于所有的
$$(x_1,x_2,\cdots,x_n),(x'_1,x'_2,\cdots,x'_n) \in S$$

$$(x_1, x_2, \cdots, x_n) o_1 (x'_1, x'_2, \cdots, x'_n) = (x_1 o_{11} x'_1, x_2 o_{21} x'_2, \cdots, x_n o_{n1} x'_n)$$
$$= (x'_1 o_{11} x_1, x'_2 o_{21} x_2, \cdots, x'_n o_{n1} x_n)$$
$$= (x'_1, x'_2, \cdots, x'_n) o_1 (x_1, x_2, \cdots, x_n)$$

因此 o_1 也是可交换的.

(4) 若 x_1 对于运算 o_{11} 有逆元 x_1^{-1}, x_2 对于运算 o_{21} 有逆元 x_2^{-1}, $\cdots$, x_n 对于运算 o_{n1} 有逆元 x_n^{-1}, 则

$$(x_1, x_2, \cdots, x_n) o_1 (x_1^{-1}, x_2^{-1}, \cdots, x_n^{-1}) = (x_1 o_{11} x_1^{-1}, x_2 o_{21} x_2^{-1}, \cdots, x_n o_{n1} x_n^{-1})$$
$$= (x_1^{-1} o_{11} x_1, x_2^{-1} o_{21} x_2, \cdots, x_n^{-1} o_{n1} x_n)$$
$$= (x_1^{-1}, x_2^{-1}, \cdots, x_n^{-1}) o_1 (x_1, x_2, \cdots, x_n)$$
$$= (e_1, e_2, \cdots, e_n)$$

因此 $(x_1, x_2, \cdots, x_n)^{-1} = (x_1^{-1}, x_2^{-1}, \cdots, x_n^{-1})$.

其他结论的证明类似. 证毕.

由于代数系统中运算符号的排列次序是任意的,因此定理 4-11 不仅对于运算 o_1 成立,对于运算 o_2 也是成立的.

定理 4-11 说明,与代数系统相联系的某些重要公理(如交换律、结合律、分配律、同一律和可逆律)在这些系统的积代数中被保持.

4.6 实例解析

例 1 代数系统 $V_1 = \langle \mathbf{R}; \cdot \rangle$ 与 $V_2 = \langle \mathbf{R}; + \rangle$ 同构吗?这里 $\mathbf{R}$ 表示实数集,$\cdot$ 和 $+$ 分别表示通常数的乘法和加法运算.

分析 根据 4.3 节的讨论可以知道,如果两个代数系统同构的话,那么这两个代数系统不仅元素之间、运算之间均呈一一对应关系,而且这两个代数系统相对应的两个运算应具有完全相同的性质.

在本例中,代数系统 V_1 的运算 $\cdot$ 具有单位元 1 和零元 0,V_2 的运算 $+$ 虽具有单位元 0 但不存在零元. 这显然不符合定理 4-6 的结论,故 $\langle \mathbf{R}; \cdot \rangle$ 与 $\langle \mathbf{R}; + \rangle$ 不同构.

例 2 去掉例 1 中代数系统 V_1 中的零元 0,考虑代数系统 $V_3 = \langle \mathbf{R} - \{0\}; \cdot \rangle$ 与 $V_2 = \langle \mathbf{R}; + \rangle$ 是否同构?

分析 代数系统 V_3 和 V_2 的运算均没有零元了,在这方面它们的性质是相同的,但在其他方面它们的性质是否完全相同呢?

我们观察发现,V_3 中有一特殊的元素 -1,$(-1) \cdot (-1) = 1$,即 -1 的逆元是自身. 但在 V_2 中除单位元 0 以外,找不出以自身为逆元的元素,即不存在满足 $r + r = 0$ 的非零实数 r. 为此判定 V_3 与 V_2 不可能同构.

下面从 -1 这个元素入手,用反证法给出证明.

证明 假设 f 是从 V_3 到 V_2 的一个同构,则有 $f(1) = 0$. 又令 $f(-1) = b$,由于

f 是双射,因此 $b \neq 0$. 于是
$$f(1) = f((-1) \cdot (-1)) = f(-1) + f(-1) = 2b$$
$2b = 0$,所以 $b = 0$,与 $f(-1) = b \neq 0$ 相矛盾. 因此 $\langle \mathbf{R} - \{0\}; \cdot \rangle$ 与 $\langle \mathbf{R}; + \rangle$ 不同构.

为了得到两个同构的代数系统,能否从 V_3 中将元素 -1 去掉,考虑集合 $\mathbf{R} - \{0, -1\}$ 呢?不行!因为运算 $\cdot$ 在 $\mathbf{R} - \{0, -1\}$ 这一集合上不封闭,它们不能构成代数系统.

例 3 将例 2 代数系统 V_3 中的所有负实数去掉,考虑代数系统 $V_4 = \langle \mathbf{R}_+; \cdot \rangle$ 与 $V_2 = \langle \mathbf{R}; + \rangle$ 是否同构. 这里 $\mathbf{R}_+$ 表示所有正实数的集合.

分析 粗略地看,这两个代数系统有许多相同的性质,如集合 $\mathbf{R}$ 与 $\mathbf{R}_+$ 等势,运算 $+$ 和 $\cdot$ 都是可交换和可结合的,两个代数系统都有单位元而没有零元.

在 $\mathbf{R}$ 与 $\mathbf{R}_+$ 之间,很容易想到一个双射函数 $f: \mathbf{R} \to \mathbf{R}_+, f(r) = e^r$. 而且也很容易证明 f 满足同态的定义条件. 因此 V_4 与 V_2 是同构的. 证明如下.

证明 定义函数 $f: \mathbf{R} \to \mathbf{R}_+$,对任意 $r \in \mathbf{R}, f(r) = e^r$.

因为对任意 $r_1, r_2 \in \mathbf{R}$,若 $r_1 \neq r_2$,则 $e^{r_1} \neq e^{r_2}$,所以 f 是内射. 对任意 $y \in \mathbf{R}_+$,存在 $r = \ln y$,使 $e^r = y$,所以 f 是满射.

又对于任意 $r_1, r_2 \in \mathbf{R}$,
$$f(r_1 + r_2) = e^{r_1 + r_2} = e^{r_1} \cdot e^{r_2} = f(r_1) \cdot f(r_2)$$
所以 f 是由 $\langle \mathbf{R}; + \rangle$ 到 $\langle \mathbf{R}_+; \cdot \rangle$ 的同构.

例 4 代数系统 $V_5 = \langle \mathbf{R}; - \rangle$ 与 $V_6 = \langle \mathbf{R}_+; \div \rangle$ 同构吗?

这里 $\mathbf{R}$ 与 $\mathbf{R}_+$ 含义与上同,$-$ 与 $\div$ 分别表示数的减法和除法运算.

解 与例 3 类似地定义函数 $f: \mathbf{R} \to \mathbf{R}_+, f(r) = e^r$.

对任意 $r_1, r_2 \in \mathbf{R}$,
$$f(r_1 - r_2) = e^{r_1 - r_2} = e^{r_1} \div e^{r_2} = f(r_1) \div f(r_2)$$
因此 f 是由 $\langle \mathbf{R}; - \rangle$ 到 $\langle \mathbf{R}_+; \div \rangle$ 的同构.

例 5 证明代数系统 $V = \langle \mathbf{I}; + \rangle$ 只有形如 $f: \mathbf{I} \to \mathbf{I}, f(i) = \pm i$ 的两个自同构. 这里 $\mathbf{I}$ 表示整数集,$+$ 表示通常数的加法运算.

证明 (1) 定义函数 $f_1: \mathbf{I} \to \mathbf{I}$.

对任意的 $i \in \mathbf{I}, f_1(i) = i, f_1$ 是集合 $\mathbf{I}$ 上的恒等函数,显然是一个双射.

对于任意 $i, j \in \mathbf{I}$,根据定义,显然有
$$f_1(i + j) = i + j = f_1(i) + f_1(j)$$
因此 f_1 是 V 上的自同构.

(2) 定义函数 $f_2: \mathbf{I} \to \mathbf{I}$.

对任意的 $i \in \mathbf{I}, f_2(i) = -i$. 显然 f_2 也是一个双射.

对于任意 $i, j \in \mathbf{I}$,根据定义
$$f_2(i + j) = -(i + j) = (-i) + (-j) = f_2(i) + f_2(j)$$

因此 f_2 也是 V 上的自同构.

(3) 假设代数系统 V 上还有自同构,并设 $h: \mathbf{I} \to \mathbf{I}$ 是 V 上的任一自同构,则 h 是双射,且根据定理 4-6(3),$h(0) = 0$.

对于 $\mathbf{I}$ 中数 1,必存在某个整数 $k \in \mathbf{I}, k \neq 0$,使得 $h(k) = 1$.

若 $k > 0$,则
$$h(k) = h\underbrace{(1+1+\cdots+1)}_{k \text{个}} = \underbrace{h(1) + h(1) + \cdots + h(1)}_{k \text{个}} = 1$$
即
$$k \cdot h(1) = 1, \text{于是 } h(1) = \frac{1}{k}$$
因为 $h(1)$ 是整数,所以 $k = 1$. 因此
$$h(1) = 1$$

若 $k < 0$,则
$$h(k) = h\underbrace{((-1)+(-1)+\cdots+(-1))}_{|k| \text{个}} = \underbrace{h(-1) + h(-1) + \cdots + h(-1)}_{|k| \text{个}} = 1$$
即 $|k| h(-1) = 1$,于是 $\quad h(-1) = 1/|k|$
同理 $h(-1)$ 只能是整数,所以 $\quad |k| = 1$
因此 $\quad h(-1) = 1$
因为 1 和 -1 互为逆元,根据定理 4-6(5),
$$h(1) = -1$$

以上说明,对于 V 上任一自同构 $h: \mathbf{I} \to \mathbf{I}$ 必有
$$h(0) = 0$$
$$h(1) = \pm 1 \quad (\text{因而 } h(-1) = \mp 1)$$

于是,对任意正整数 $i \in \mathbf{I}$,有
$$h(i) = \underbrace{h(1) + h(1) + \cdots + h(1)}_{i \text{个}} = i \cdot h(1) = \pm i$$

对任意负整数 $i \in \mathbf{I}$,有
$$h(i) = \underbrace{h(-1) + h(-1) + \cdots + h(-1)}_{|i| \text{个}} = |i| \cdot h(-1) = \mp |i| = \pm i$$

由 h 的任意性知,V 上只有形如
$$f: \mathbf{I} \to \mathbf{I}, \text{对任意 } i \in \mathbf{I}, f(i) = \pm i$$
的两个自同构.

习 题

1. 在下列 $\mathbf{N}$ 的子集中,哪些在加法下是封闭的?证明你的回答.

(1) $\{n \mid n$ 的某一次幂可被 16 整除$\}$; (2) $\{n \mid n$ 与 5 互素$\}$;

(3) $\{n \mid 6\text{ 整除 }n,\text{而 }24\text{ 整除 }n^2\}$; (4) $\{n \mid 9\text{ 整除 }21n\}$.

2. 证明在减法下封闭的整数的集合在加法下一定也是封闭的.
3. 下面是实数集合 **R** 上的二元运算 * 的不同定义.在每一情况下,判定 * 是否是可交换的,是否是可结合的,**R** 对于 * 是否有单位元?如果有单位元的话,**R** 中的每一元素对于 * 是否都是可逆的?

   (1) $r_1 * r_2 = \mid r_1 - r_2 \mid$; (2) $r_1 * r_2 = (r_1^2 + r_2^2)^{1/2}$;

   (3) $r_1 * r_2 = r_1 + 2r_2$; (4) $r_1 * r_2 = \frac{1}{2}(r_1 + r_2)$.

4. 根据运算表怎样识别一个可交换的二元运算?怎样识别单位元和逆元(如果存在的话)?
5. 列举几个你所熟悉的代数系统.
6. $\langle A;*\rangle$ 是一个代数系统,这里 * 是可结合的二元运算,并且对于所有的 $a_i, a_j \in A$,由 $a_i * a_j = a_j * a_i$,可推得 $a_i = a_j$. 试证明对于任意的 $a \in A$,有 $a * a = a$.
7. 若 $\langle J;+,\cdot\rangle$ 是一整环,证明:

   (1) 对所有的 $i, j, k \in J$,若 $i + j = i + k$,则 $j = k$;

   (2) 对所有的 $i, j \in J$,方程 $i + x = j$ 在 J 上有唯一解;

   (3) 对所有的 $i \in J$,有 $i \cdot 0 = 0 \cdot i = 0$;

   (4) 对所有的 $i, j \in J$,若 $i \cdot j = 0$,则 $i = 0$ 或 $j = 0$;

   (5) 对所有的 $i \in J$,有 $-(-i) = i$;

   (6) 对所有的 $i \in J$,有 $-i = (-1) \cdot i$;

   (7) 对所有的 $i, j \in J$,有 $-(i + j) = (-i) + (-j)$;

   (8) 对所有的 $i, j \in J$,有 $(-i) \cdot j = i \cdot (-j) = -(ij)$;

   (9) 对所有的 $i, j \in J$,有 $(-i) \cdot (-j) = i \cdot j$.

8. 证明 $\langle C;+,\cdot\rangle$ 是一整环,其中,C 是复数的集合;而 + 和 · 是复数的加法和乘法.
9. $\langle\{2i \mid i \in \mathbf{I}\};+,\cdot\rangle$(此处 + 和 · 是通常的加法和乘法)是整环吗?
10. 设有代数系统 $\langle\mathbf{N};\cdot\rangle$ 和 $\langle\{0,1\};\cdot\rangle$,这里 · 是通常的乘法. 证明函数 $h:\mathbf{N} \to \{0,1\}$ 是一个从 $\langle\mathbf{N};\cdot\rangle$ 到 $\langle\{0,1\};\cdot\rangle$ 的同态,这里

$$h(n) = \begin{cases} 1 & n = 2^k (k \geqslant 0) \\ 0 & \text{否则} \end{cases}$$

11. 下表定义了代数系统 $\langle\{a,b,c,d\};*\rangle$ 和 $\langle\{\alpha,\beta,\gamma,\delta\};\cdot\rangle$,证明这两个代数系统同构.

*	a	b	c	d
a	d	a	d	d
b	d	b	c	d
c	a	d	c	c
d	a	b	a	a

·	α	β	γ	δ
α	β	β	β	δ
β	α	α	δ	β
γ	γ	β	γ	α
δ	α	α	γ	δ

12. 考虑代数系统 $\langle C;+,\cdot\rangle$(这里 C 是复数集合,+ 和 · 是复数的加法和乘法)和代数系统 $\langle H;+,\cdot\rangle$(这里 H 是所有形如

$$\begin{bmatrix} r_1 & r_2 \\ -r_2 & r_1 \end{bmatrix} (r_1, r_2 \in \mathbf{R})$$

的 2×2 矩阵的集合,$+$ 和 $\cdot$ 是矩阵的加法和乘法),证明这两个代数系统同构.

13. 代数系统 $\langle\{0,1\};+,\cdot\rangle$(这里 $+$ 和 $\cdot$ 表示布尔加法和乘法)与代数系统 $\langle\{-1,1\};\vee,\wedge\rangle$(这里 $i\vee j$ 和 $i\wedge j$ 分别表示元素 i 和 j 的最大者和最小者)是同构的吗?证明你的回答.

14. 完成定理 4-6 的证明.

15. 设 $f:X\to Y$ 是从 $V_1=\langle X;o\rangle$ 到 $V_2=\langle Y;*\rangle$ 的同态,$g:Y\to Z$ 是从 V_2 到 $V_3=\langle Z;\times\rangle$ 的同态,其中运算 o、$*$ 和 $\times$ 都是二元运算. 试证明:$gf:X\to Z$ 是从 V_1 到 V_3 的同态.

16. 设函数 $h:S_1\to S_2$ 是从代数系统 $V_1=\langle S_1;o_{11},o_{12},\cdots,o_{1n}\rangle$ 到 $V_2=\langle S_2;o_{21},o_{22},\cdots,o_{2n}\rangle$ 的同态. 试证明 $\langle h(S_1);o_{21},o_{22},\cdots,o_{2n}\rangle$ 是 V_2 的子代数.

17. 证明代数系统 $\langle \mathbf{Q};+,\cdot\rangle$ 上的自同构只有一个. 这里 $\mathbf{Q}$ 表示有理数集,$+$ 和 $\cdot$ 分别表示数的加法和乘法运算.

18. 设 $\mathbf{N}$ 表示正整数集,E 表示正偶数集,证明代数系统 $\langle \mathbf{N};+\rangle$ 与 $\langle E;+\rangle$ 同构. 这里 $+$ 表示数的加法运算.

19. 证明代数系统 $\langle \mathbf{N};\cdot\rangle$ 与 $\langle E;\cdot\rangle$ 不同构. 其中 $\mathbf{N}$ 与 E 的含义与题 18 同,$\cdot$ 表示数的乘法运算.

20. 设 $\mathbf{N}$ 表示正整数集,$+$ 为数的加法运算. 证明代数系统 $\langle \mathbf{N};+\rangle$ 只有一个自同构.

21. 考虑代数系统 $\langle \mathbf{I};o\rangle$(这里 o 是一元运算,定义为 $o(i)=\mathrm{res}_m(i^k)(m>0,k>0)$). $\mathbf{I}$ 上的关系 ρ 定义为:当且仅当 $\mathrm{res}_m(i_1)=\mathrm{res}_m(i_2)$ 时,$i_1\rho i_2$. ρ 是 $\langle \mathbf{I};o\rangle$ 上的同余关系吗?

22. 考虑代数系统 $\langle \mathbf{I};+,\cdot\rangle$(其中 $+$ 和 $\cdot$ 是通常的加法和乘法)和关系 ρ(这里,当且仅当 $|i_1|=|i_2|$ 时,$i_1\rho i_2$). ρ 对于 $+$ 满足代换性质吗?对于 $\cdot$ 呢?

23. 代数系统 $V=\langle A;o_1,o_2\rangle$,这里 $A=\{a_1,a_2,a_3,a_4,a_5\}$,运算 o_1 和 o_2 由下表定义.
 A 上的等价关系 ρ 产生 A 的分划 $\{\{a_1,a_3\},\{a_2,a_5\},\{a_4\}\}$. 证明 ρ 是 V 上的同余关系. 确定商代数 V/ρ(通过构造它的运算表)和从 V 到 V/ρ 上的满同态.

a_i	$o_1(a_i)$	$o_2(a_i)$
a_1	a_4	a_3
a_2	a_3	a_2
a_3	a_4	a_1
a_4	a_2	a_3
a_5	a_1	a_5

24. 证明集合 A 上的恒等关系 I_A 和普遍关系 U_A 都是 $\langle A;o_1,o_2,\cdots,o_n\rangle$ 上的同余关系. 这里 o_i 都是一元运算.

25. 完成定理 4-11 的证明.

26. 考虑代数系统 $V=\langle Z_3;\oplus_3,\odot_3\rangle$ 和 Z_3 上的等价关系 ρ,试:
 (1) 证明若 ρ 对于 $\oplus_3$ 满足代换性质,则它对 $\odot_3$ 一定也满足代换性质;
 (2) 找出一个 Z_3 上的等价关系,它对于 $\odot_3$ 满足代换性质,但对 $\oplus_3$ 不满足.

27. 代数系统 $V_1=\langle Z_2;\oplus_2,\odot_2\rangle$ 和 $V_2=\langle Z_3;\oplus_3,\odot_3\rangle$ 构造 $V_1\times V_2$ 和 $V_2\times V_1$ 的运算表.

28. 给定代数系统 $V_1=\langle Z_2;\oplus_2\rangle$,$V_2=\langle Z_3;\oplus_3\rangle$ 和 $V_3=\langle Z_6;\oplus_6\rangle$,试:
 (1) 证明 $V_1\times V_2$ 同构于 V_3;
 (2) 给出 $V_1\times V_2$ 上的所有同余关系.

第 5 章 群

第 4 章介绍了一般代数系统的概念,并举出了一些代数系统的例子.从本章开始,将进入抽象代数系统的讨论.

本章讨论具有一个二元运算的抽象代数系统,这样的代数系统通常称为二元代数.这里从最简单的二元代数半群开始,然后研究独异点,最后研究在理论上和应用上都十分重要的二元代数 —— 群.在介绍群的基本性质后,引入子群和陪集的概念.

对于计算机科学工作者来说,掌握群的知识是重要的.因为对于代码的查错、纠错的研究,自动机理论等各个方面的研究,群是其基础.

5.1 半群和独异点

定义 5-1 设 S 是一个非空集合,$*$ 是 S 上的一个二元运算,如果运算 $*$ 是可结合的,则称代数系统 $\langle S;*\rangle$ 为**半群**.

例 1 代数系统 $\langle N;\cdot\rangle$ 和 $\langle N;+\rangle$ 都是半群.其中 $\cdot$ 和 $+$ 分别表示通常的乘法和加法.

例 2 仍用 $\cdot$ 表示通常的乘法运算,则代数系统 $\langle [0,1];\cdot\rangle$ 和 $\langle (0,1);\cdot\rangle$ 也都是半群.

例 3 代数系统 $\langle I;+\rangle$ 和 $\langle R_+;\cdot\rangle$ 是半群,但代数系统 $\langle I;-\rangle$ 和 $\langle R_+;/\rangle$ 不是半群.其中 R_+ 表示所有正实数的集合,$+$、$-$、$*$、$/$ 是通常的四则运算.

一个半群对于它的运算 $*$,可以有单位元,也可以没有单位元.

定义 5-2 若半群 $\langle S;*\rangle$ 对于运算 $*$ 有单位元,则称该半群为**独异点**.

在 4.1 节中已证明了,对于任意二元运算的单位元,如果它存在,则它是唯一的.因此独异点具有唯一的单位元.

例 4 $\langle Z;\cdot\rangle$ 和 $\langle Z;+\rangle$ 都是独异点.其中 $\cdot$ 和 $+$ 是通常的乘法和加法运算.其单位元分别是数 1 和 0.例 1 中的 $\langle N;\cdot\rangle$ 是独异点.因为它具有单位元 1.但 $\langle N;+\rangle$ 不是独异点.

例 5 代数系统 $\langle 2^U;\cup\rangle$ 和 $\langle 2^U;\cap\rangle$ 分别是以 $\varnothing$ 和 U 为单位元的独异点.

例 6 设 S 是一个非空集合,$P(S)$ 是 S 的所有分划的集合.定义集合 $P(S)$ 上的二元运算 $*$,使得对于任意的 $\pi_1,\pi_2 \in P(S)$,$\pi_1*\pi_2$ 是由 π_1 的每个元素与 π_2 的每个元素的交集所组成的集合,其中去掉空集.

例如,若 $S = \{a,b,c,d,e,f\}$

$$\pi_1 = \{\{a,b\},\{c\},\{d,e,f\}\}$$
$$\pi_2 = \{\{a,b,c\},\{d\},\{e,f\}\}$$

则 $\pi_1 * \pi_2 = \{\{a,b\},\{c\},\{d\},\{e,f\}\}$.

容易证明，集合 $P(S)$ 对于运算 $*$ 是封闭的，即对任意的 $\pi_1,\pi_2 \in P(S)$，$\pi_1 * \pi_2$ 仍是集合 S 的一个分划. 且由 $*$ 的定义可知，$*$ 是可结合的，分划 $\pi = \{S\}$ 是运算 $*$ 的单位元，因此 $\langle P(S); *\rangle$ 是一个独异点.

定义 5-3 如果独异点 $\langle S;*\rangle$ 中的运算 $*$ 是可交换的，则称独异点 $\langle S;*\rangle$ 是**可交换的独异点**.

前面已遇到过许多可交换的独异点. 例如，$\langle 2^U;\cup\rangle$ 和 $\langle 2^U;\cap\rangle$，$\langle Z;\cdot\rangle$ 和 $\langle Z;+\rangle$ 以及 $\langle P(S);*\rangle$ 都是可交换的独异点.

例 7 设 R_A 表示集合 A 上所有关系的集合，$\cdot$ 表示求复合关系的运算，则代数系统 $\langle R_A;\cdot\rangle$ 是一个独异点. 恒等关系 I_A 是其单位元. 由于关系的复合不满足交换律，故 $\langle R_A;\cdot\rangle$ 不是可交换的独异点.

例 8 设 $V=\{a,b,c,\cdots,z\}$. 这样的集合 V 称为字母表. 其中的元素称为字母、字符或符号. 由字母表 V 中有限个字母组成的任何行，称为字母表 V 上的句子或行. 由 m 个字母($m \geqslant 0$)组成的行称为长度为 m 的行. 例如，ab,ba,aa,bb 都是长度为 2 的行；aba,abb 是长度为 3 的行. 空行是不包含任何字母的行，通常用 ε 表示. 字母表 V 上所有行的集合用 V^* 表示. 而非空行的集合用 $V^+ = V^* - \{\varepsilon\}$ 表示.

定义 V^* 上的一个二元运算 $\circ$，对于任意的 $\alpha,\beta \in V^*$，$\alpha \circ \beta$ 是把行 α 写在行 β 的左边而得到的行. 即 $\alpha \circ \beta = \alpha\beta$. 显然，$\alpha \circ \beta \in V^*$. 因此 V^* 对于运算 $\circ$ 是封闭的. V^* 上的这一运算 $\circ$ 称为链接. 例如，行 $abaab$ 和行 bb 的链接就产生 $abaabbb$. 容易看出，链接是可结合的. 因此 $\langle V^*;\circ\rangle$ 是一个半群. 又因为对于任意的行 $\alpha \in V^*$，有 $\alpha \circ \varepsilon = \varepsilon \circ \alpha = \alpha$，即 ε 是链接运算的单位元. 所以 $\langle V^*;\circ\rangle$ 是一个独异点. 但运算 $\circ$ 是不可交换的，所以 $\langle V^*;\circ\rangle$ 是一个不可交换的独异点.

在具有单位元 e 的独异点 $\langle S;*\rangle$ 中，元素 a 的幂可如下归纳地定义为
$$a^0 = e$$
$$a^{n+1} = a^n * a \quad (n=0,1,2,\cdots)$$

不难证明，对于任意非负整数 m 和 n，有
$$a^m * a^n = a^{m+n}, \quad (a^m)^n = a^{mn}$$

定义 5-4 在独异点 $\langle S;*\rangle$ 中，如果存在一个元素 $g \in S$，使得每一个元素 $a \in S$ 都能写成 $g^i (i \geqslant 0)$ 的形式，则称独异点 $\langle S;*\rangle$ 为**循环独异点**，元素 g 称为该循环独异点的**生成元**.

定理 5-1 每一个循环独异点都是可交换的.

证明 设 $\langle S;*\rangle$ 是一具有生成元 g 的循环独异点，则对于任意的 $a,b \in S$，必存在整数 $m,n \geqslant 0$，使得 $a=g^m, b=g^n$，因此

$$a*b = g^m * g^n = g^{m+n} = g^n * g^m = b*a$$

例9 $\langle \mathbf{Z};+\rangle$ 是一循环独异点,1是其生成元.因 0 是单位元,故 $0=1^0$.对于任意正整数 n,因 $n=1+1+\cdots+1$,故 $n=1^n$.

要注意的是,在独异点 $\langle S;*\rangle$ 中,元素的幂的表示方法与数的乘幂的表示方法虽然形式上相同,但 $\langle S;*\rangle$ 中元素之间的运算并非是数的乘法运算,它是独异点 $\langle S;*\rangle$ 上的二元运算 $*$.在例 9 中是数的加法运算.

例10 设 $\langle S;*\rangle$ 是一个独异点.其中 $S=\{1,a,b,c,d\}$,表 5-1 给出了运算 $*$ 的定义.

显然 1 是单位元.因而有 $1=c^0$,又 $c=c^1$,$b=c*c=c^2$,$a=b*c=c^2*c=c^3$,$d=a*c=c^3*c=c^4$.

表 5-1

$*$	1	a	b	c	d
1	1	a	b	c	d
a	a	a	a	b	d
b	b	b	b	a	a
c	c	d	a	b	e
d	d	d	d	d	d

所以 $\langle S;*\rangle$ 是一循环独异点,其生成元是 c.

设 $\langle S;*\rangle$ 是具有单位元 e 和生成元 g 的一有限循环独异点.考虑无限序列 $e,g,g^2,g^3,\cdots$,此序列必然包含 S 的所有元素,而且,由于 S 只有有限个元素,因此必存在这样的正整数 n,它使得 g^n 是在序列中已经出现过的元素.设 n 是一个这样的最小的正整数,使得 $g^n=g^m(m<n)$,则此序列可以写成如下形式:

$$e,g,g^2,\cdots,g^m,g^{m+1},\cdots,g^{n-1},g^m,g^{m+1},\cdots,$$
$$g^{n-1},g^m,g^{m+1},\cdots,g^{n-1},\cdots$$

从而 S 恰好具有 n 个元素,即

$$S=\{e,g,g^2,\cdots,g^{n-1}\}$$

设 $n-m=l$,则对于任意的 $i\geqslant m$,有 $g^i=g^{i+hl}$(h 是任意的非负整数).取 $i=kl$,这里 kl 是使得 $kl\geqslant m$ 的 l 的最小倍数,取 $h=k$,则有

$$g^{kl}=g^{kl+kl}=g^{kl}*g^{kl}$$

因此,g^{kl} 是一幂等元,当 $m\neq 0$ 时,$g^{kl}\neq e$,所以 S 至少含有一个除 e 以外的幂等元.

定理 5-2 设 $\langle S;*\rangle$ 是一有限独异点,则对每一 $a\in S$,存在一个整数 $j\geqslant 1$,使得 a^j 是一幂等元.

证明 对任一元素 $a\in S$,考虑二元代数 $\langle S_a;*\rangle$,这里 $S_a=\{e,a,a^2,a^3,\cdots\}$.显然,$\langle S_a;*\rangle$ 是一具有生成元 a 的有限循环独异点.因此至少有一幂等元 a^{kl}.这里的 k 和 l 如前所定义.证毕.

例 10 中,由于 $c^5=c*d=b=c^2$,因此 $m=2,n=5,l=5-2=3$.故对于任意的 $i\geqslant 2$,有 $c^{i+3h}=c^i(h\geqslant 0)$,特别 $c^{3+3}=c^3$,因此 $c^3=a$ 是幂等元(实际上,从表 5-1,有 $a^2=a$).

为了说明定理 5-2,考虑独异点 $\langle\{1,d,d^2,d^3,\cdots\};*\rangle$,因为

$$d^1=d,\quad d^2=b,\quad d^3=a,\quad d^4=d$$

所以对于任意的 $i \geqslant 1$,有 $d^{i+3h} = d^i$,特别 $d^{3+3} = d^3$,因此 d^3 是幂等元.

将子代数的概念应用到半群和独异点上,可得到子半群和子独异点的概念.

定义 5-5 设 $\langle S; * \rangle$ 是一个半群,如果 $\langle T; * \rangle$ 是 $\langle S; * \rangle$ 的子代数,则称 $\langle T; * \rangle$ 是 $\langle S; * \rangle$ 的**子半群**.

子半群也是一个半群. 因为运算 $*$ 在 S 上是可结合的,当限制在 T 上时,它当然也是可结合的.

对任意的 $a \in S$,令 $T = \{a, a^2, a^3, \cdots\}$,则 $\langle T; * \rangle$ 是 $\langle S; * \rangle$ 的一个子半群.

定义 5-6 设 $\langle S; * \rangle$ 是一个独异点,$\langle T; * \rangle$ 是 $\langle S; * \rangle$ 的子代数,且单位元 $e \in T$,则称 $\langle T; * \rangle$ 是 $\langle S; * \rangle$ 的**子独异点**.

与子半群一样,子独异点也是一个独异点.

例 11 对半群 $\langle \mathbf{N}; \cdot \rangle$(其中 $\cdot$ 是通常的乘法),设 $\mathbf{N}_e = \{2n \mid n \in \mathbf{N}\}$,由于 $\langle \mathbf{N}_e; \cdot \rangle$ 是 $\langle \mathbf{N}; \cdot \rangle$ 的子代数. 因而是 $\langle \mathbf{N}; \cdot \rangle$ 的子半群.

例 12 设有独异点 $\langle S; * \rangle$,其中 $S = \{e, 0, 1\}$,运算 $*$ 由右表定义.

$*$	e	0	1
e	e	0	1
0	0	0	0
1	1	0	1

$\langle S; * \rangle$ 的子代数 $\langle \{0, 1\}; * \rangle$ 是 $\langle S; * \rangle$ 的子半群. 虽然它是一个独异点(1 是其单位元),但它不是 $\langle S; * \rangle$ 的子独异点. 因为单位元 $e \notin \{0, 1\}$.

$\langle \{e, 0\}; * \rangle$ 是 $\langle S; * \rangle$ 的子独异点.

例 13 $\langle \mathbf{R}; + \rangle$ 是一独异点. 数 0 是其单位元(其中 + 是通常的加法运算). 显然,$\langle \mathbf{I}; + \rangle$ 和 $\langle \mathbf{Z}; + \rangle$ 都是 $\langle \mathbf{R}; + \rangle$ 的子独异点.

定理 5-3 设 $\langle S; * \rangle$ 是一个可交换的独异点,则 S 的所有幂等元的集合形成 $\langle S; * \rangle$ 的一个子独异点.

证明 设 T 是 S 中所有幂等元的集合. 因为单位元 e 是幂等的,所以 $e \in T$. 又设 $a, b \in T$,则有 $a * a = a, b * b = b$,因而由 $*$ 的可交换性,有
$$(a * b) * (a * b) = (a * a) * (b * b) = a * b$$
即 $a * b \in T$. 故 $\langle T; * \rangle$ 是 $\langle S; * \rangle$ 的一个子独异点. 证毕.

代数系统的同态(包括单一同态、满同态)、同构和积代数的概念以及一些有关的结论,对于半群和独异点来说都是适用的. 而且,由于半群和独异点都是十分简单的代数系统,因此把这些概念和结论应用于半群和独异点是一件很容易的事,这里不再赘述. 需要指出的是利用满同态的关系可以判定某些代数系统是半群或独异点.

定理 5-4 设 h 是从代数系统 $V_1 = \langle S_1; * \rangle$ 到 $V_2 = \langle S_2; \circ \rangle$ 的满同态. 其中运算 $*$ 和 $\circ$ 都是二元运算,则

(1) 若 V_1 是半群,则 V_2 也是半群;

(2) 若 V_1 是独异点,则 V_2 也是独异点.

证明 (1)因为 $V_1 = \langle S_1; * \rangle$ 是半群,所以运算 $*$ 是可结合的,而 h 是从 V_1 到 V_2

的满同态,由定理 4-6 可知,运算 。也是可结合的,所以 $V_2 = \langle S_2; \circ \rangle$ 也是一个半群.

(2) 的证明可类似地给出.

5.2 群的定义

定义 5-7 设 $\langle G; * \rangle$ 是一个代数系统.如果 G 上的二元运算 $*$ 满足下列三个条件,则称 $\langle G; * \rangle$ 是一个群.

(1) 对任意的 $a, b, c \in G$,有
$$a * (b * c) = (a * b) * c$$

(2) 存在一元素 $e \in G$,使得对所有的 $a \in G$,有
$$e * a = a * e = a$$

(3) 对每一个 $a \in G$,存在一个元素 $a^{-1} \in G$,使得
$$a^{-1} * a = a * a^{-1} = e$$

定义 5-8 如果群 $\langle G; * \rangle$ 的运算 $*$ 是可交换的,则称该群为**交换群**或**阿贝尔群**(N. H. Abel. 1802—1829,挪威数学家).

例 1 二元代数 $\langle \mathbf{I}; + \rangle$ 是一个群.这里运算 $+$ 是通常的加法,其单位元是 0,每一个整数 i 的逆元是 $-i$.由于加法运算是可交换的,因此 $\langle \mathbf{I}; + \rangle$ 是一个阿贝尔群.

例 2 二元代数 $\langle \mathbf{Q} - \{0\}; \cdot \rangle$.其中 $\cdot$ 是通常的乘法,是一个阿贝尔群.其单位元是 1,每一个有理数 q 的逆元是 $\frac{1}{q}$.

例 3 独异点 $\langle \mathbf{Z}; + \rangle$ 和 $\langle \mathbf{I}; \cdot \rangle$ 都不是群.因为在 $\langle \mathbf{Z}; + \rangle$ 中每一个正整数都没有逆元.在 $\langle \mathbf{I}; \cdot \rangle$ 中除 ± 1 以外,每一元素都没有逆元.

例 4 集合 $A = \{a, b, c\}$ 上的所有置换的集合 $P = \{1, \alpha, \beta, \gamma, \delta, \varepsilon\}$,其中

$$1 = \begin{pmatrix} a & b & c \\ a & b & c \end{pmatrix}, \quad \alpha = \begin{pmatrix} a & b & c \\ a & c & b \end{pmatrix}, \quad \beta = \begin{pmatrix} a & b & c \\ b & a & c \end{pmatrix}$$

$$\gamma = \begin{pmatrix} a & b & c \\ b & c & a \end{pmatrix}, \quad \delta = \begin{pmatrix} a & b & c \\ c & a & b \end{pmatrix}, \quad \varepsilon = \begin{pmatrix} a & b & c \\ c & b & a \end{pmatrix}$$

由于集合 A 上置换的集合对于置换的复合运算是封闭的,因此可以定义代数系统 $\langle P; \circ \rangle$,其中运算 $\circ$ 表示集合 A 上置换的复合运算. p 和 q 的复合 $p \circ q (p, q \in P)$ 是表示置换 p 后再接着置换 q 所产生的一种置换.例如

$$\beta \circ \delta = \begin{pmatrix} a & b & c \\ b & a & c \end{pmatrix} \begin{pmatrix} a & b & c \\ c & a & b \end{pmatrix} = \begin{pmatrix} a & b & c \\ a & c & b \end{pmatrix} = \alpha$$

运算 $\circ$ 的运算表列在表 5-2 中.

置换的复合就是函数的复合,因此 $\circ$ 是可结合的.显然,恒等置换 1 是其单位元.

每一个置换都有逆置换,即逆元($1^{-1}=1, \alpha^{-1}=\alpha, \beta^{-1}=\beta, \gamma^{-1}=\delta, \delta^{-1}=\gamma, \varepsilon^{-1}=\varepsilon$),因此$\langle P;\circ\rangle$是一个群.由运算表关于主对角线不是对称的这一事实可知,$\langle P;\circ\rangle$不是阿贝尔群.

事实上,任一 $\# A=n(n\in \mathbf{N})$ 的集合 A 上的所有($n!$个)n 次置换的集合,对于置换的复合运算总是构成一个群.这种群称为 **n 次对称群**,n 次对称群的任何子群称为(n 次)**置换群**.例如,$\langle P;\circ\rangle$ 是一个 3 次置换群.$\langle\{1,\gamma,\delta\};\circ\rangle$,$\langle\{1,\alpha\};\circ\rangle$,$\langle\{1,\beta\};\circ\rangle$,$\langle\{1,\varepsilon\};\circ\rangle$ 也都是 3 次置换群.由于每一有限群与一个置换群同构,因此抽象群的研究可以转化为置换群的研究.

表 5-2

$\circ$	1	α	β	γ	δ	ε
1	1	α	β	γ	δ	ε
α	α	1	γ	β	ε	δ
β	β	δ	1	ε	α	γ
γ	γ	ε	α	δ	1	β
δ	δ	β	ε	1	γ	α
ε	ε	γ	δ	α	β	1

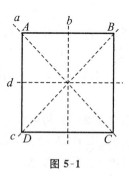

图 5-1

例 5 图 5-1 给出了一个用四元组 (A,B,C,D) 表示其角的正方形,可以用各种方法使该正方形转动,作变成它自己的刚性运动,而这些角表示四元组 (A,B,C,D) 的各种重新排列.

这样的刚性运动共有 8 个,每一个都可以用四个顶点的置换表示出来:

$$1=\begin{pmatrix} A & B & C & D \\ A & B & C & D \end{pmatrix} \quad \text{(同一变换)}$$

$$\alpha_1=\begin{pmatrix} A & B & C & D \\ D & A & B & C \end{pmatrix} \quad \text{(顺时针方向旋转 90°)}$$

$$\alpha_2=\begin{pmatrix} A & B & C & D \\ C & D & A & B \end{pmatrix} \quad \text{(顺时针方向旋转 180°)}$$

$$\alpha_3=\begin{pmatrix} A & B & C & D \\ B & C & D & A \end{pmatrix} \quad \text{(顺时针方向旋转 270°)}$$

$$\alpha_4=\begin{pmatrix} A & B & C & D \\ A & D & C & B \end{pmatrix} \quad \text{(绕直线 a 翻转 180°)}$$

$$\alpha_5=\begin{pmatrix} A & B & C & D \\ B & A & D & C \end{pmatrix} \quad \text{(绕直线 b 翻转 180°)}$$

$$\alpha_6 = \begin{pmatrix} A & B & C & D \\ C & B & A & D \end{pmatrix} \qquad (\text{绕直线 } c \text{ 翻转 } 180°)$$

$$\alpha_7 = \begin{pmatrix} A & B & C & D \\ D & C & B & A \end{pmatrix} \qquad (\text{绕直线 } d \text{ 翻转 } 180°)$$

虽然集合$\{A,B,C,D\}$上可能的置换的数目是$4!=24$,然而借助于正方形的刚性运动,可能得到的所有置换仅上面的 8 种. 表 5-3 定义了集合 $P=\{1,\alpha_1,\alpha_2,\alpha_3,\alpha_4,\alpha_5,\alpha_6,\alpha_7\}$ 上的二元运算 $\cdot$,例如,$\alpha_6 \cdot \alpha_3$ 就是置换 α_6 将(A,B,C,D)变换成为(C,B,A,D),继而用 α_3 将(C,B,A,D)变换成为(D,C,B,A),因此 $\alpha_6 \cdot \alpha_3 = \alpha_7$.

表 5-3

$\cdot$	1	α_1	α_2	α_3	α_4	α_5	α_6	α_7
1	1	α_1	α_2	α_3	α_4	α_5	α_6	α_7
α_1	α_1	α_2	α_3	1	α_5	α_6	α_7	α_4
α_2	α_2	α_3	1	α_1	α_6	α_7	α_4	α_5
α_3	α_3	1	α_1	α_2	α_7	α_4	α_5	α_6
α_4	α_4	α_7	α_6	α_5	1	α_3	α_2	α_1
α_5	α_5	α_4	α_7	α_6	α_1	1	α_3	α_2
α_6	α_6	α_5	α_4	α_7	α_2	α_1	1	α_3
α_7	α_7	α_6	α_5	α_4	α_3	α_2	α_1	1

由表 5-3 可看出,P 对于运算 $\cdot$ 是封闭的. 而运算 $\cdot$ 是可结合的,有单位元 1,P 中每一个元素都可逆,这些也是显而易见的. 因此$\langle P;\cdot\rangle$ 是一个群(该群称为这正方形的对称性群).

在独异点中,定义了元素的非负整数次幂,即

$$a^0 = e, \quad a^{n+1} = a^n * a \quad (n = 0,1,2,\cdots)$$

现在再定义 $\quad a^{-n} = (a^{-1})^n \quad (n=1,2,3,\cdots)$

容易验证,对于任意的整数 m 和 n(正、负或零),下面二式仍然成立

$$a^m * a^n = a^{m+n}, \quad (a^m)^n = a^{mn}$$

因此又有 $\quad a^{-n} = (a^n)^{-1}$

定义 5-9 在群$\langle G;*\rangle$中,如果存在一个元素 $g \in G$,使得每一元素 $a \in G$ 都能写成 $g^i (i \in \mathbf{I})$ 的形式,则称群$\langle G;*\rangle$为**循环群**. 而 g 称为该循环群的**生成元**,并说群$\langle G;*\rangle$ 由 g 生成.

例 6 群$\langle J;+\rangle$是一个循环群,其生成元是 1. 因为定义单位元 $0 = 1^0$,又任一正整数 $n = \underbrace{1+1+\cdots+1}_{n\text{个}}$,任一负整数 $-n = \underbrace{(-1)+(-1)+\cdots+(-1)}_{n\text{个}}$.

由定理 5-1,每一循环群必是阿贝尔群.

定义 5-10　设$\langle G;*\rangle$是一个群,如果G是有限集,则称$\langle G;*\rangle$是一**有限群**. G中元素的个数称为群$\langle G;*\rangle$的**阶**. 若G是无限集,则称$\langle G;*\rangle$为**无限群**.

定义 5-11　对于群$\langle G;*\rangle$的元素a,若存在一正整数r,使得$a^r=e$,则称元素a具有有限周期;而使$a^r=e$成立的最小的正整数称为a的**周期**. 如果对于任何正整数r,总有$a^r\neq e$,则称a的周期为无限.

显然,单位元的周期是 1.

定理 5-5　设$\langle G;*\rangle$是一由元素g生成的循环群,

(1) 若g的周期为n,则$\langle G;*\rangle$是一个n阶的有限循环群;

(2) 若g的周期为无限,则$\langle G;*\rangle$是一个无限阶的循环群.

证明　(1) 设g的周期为n,则$g^n=e$. 对于任一元素$g^k\in G$,令$k=nq+r$ ($0\leqslant r<n$),则
$$g^k=g^{nq+r}=(g^n)^q*g^r=e*g^r=g^r$$
即$\langle G;*\rangle$中任一元素都可写成g^r,而$0\leqslant r<n$,这说明G中至多只有n个不同的元素$g,g^2,\cdots,g^n(=e)$.

今假设n个元素$g,g^2,\cdots,g^n$中有某两个元素相同,$g^i=g^j(1\leqslant i<j\leqslant n)$,则$g^{j-i}=e$. 由于$0<j-i<n$,这与$g$的周期为$n$矛盾. 因此$g,g^2,\cdots,g^n$是$G$中$n$个互不相同的元素.

由上所证可知,$\langle G;*\rangle$是一个n阶的有限循环群.

(2) 设g的周期为无限,并假设$\langle G;*\rangle$是一个n阶的有限循环群(n为正整数),则在$g,g^2,\cdots,g^n,g^{n+1}$中至少有两个元素是相同的,设为$g^i=g^j(1\leqslant i<j\leqslant n+1)$,则$g^{j-i}=e$,而$j-i>0$. 这说明$g$具有有限周期,与假设矛盾. 因此,$\langle G;*\rangle$是一个无限阶的循环群. 证毕.

因为群中每一个元素都是可逆的,所以在阶大于 1 的群中没有零元. 另外,除了单位元以外,群没有任何幂等元. 为了说明这点,假定$a\in G$是幂等元,于是有$a*a=a$,则
$$a=(a^{-1}*a)*a=a^{-1}*(a*a)=a^{-1}*a=e$$

5.3　群的基本性质

在这节里,讨论群的一些重要性质.

定理 5-6　如果$\langle G;*\rangle$是一个群,则对于任意的$a,b\in G$,有

(1) 存在唯一的元素$x\in G$,使得$a*x=b$;

(2) 存在唯一的元素$y\in G$,使得$y*a=b$.

证明　(1) 因为$a*(a^{-1}*b)=(a*a^{-1})*b=e*b=b$. 所以至少存在一个元素$x=a^{-1}*b$,满足$a*x=b$. 现设$x'\in G$也使得$a*x'=b$成立,则
$$x'=e*x'=(a^{-1}*a)*x'=a^{-1}*(a*x')=a^{-1}*b$$
因此,$x=a^{-1}*b$是满足$a*x=b$的唯一元素.

(2) 用类似的方法可以证明 $y = b * a^{-1}$ 是 G 中满足 $y * a = b$ 的唯一元素.

定理 5-7 如果 $\langle G; * \rangle$ 是一个群,则对于任意的 $a, b, c \in G$,有

(1) 若 $a * b = a * c$,则有 $b = c$;

(2) 若 $b * a = c * a$,则有 $b = c$.

该定理是定理 5-6 的一个直接推论.它说明群满足消去律.由上述定理可知,在群 $\langle G; * \rangle$ 的运算表中,任一给出的行和任一给出的列内,G 的每一元素都必然出现一次且只能出现一次.因此群 $\langle G; * \rangle$ 的运算表的每一行和每一列都是 G 的元素的一个排列或置换.

定理 5-8 如果 $\langle G; * \rangle$ 是一个群,则对于任意的 $a, b \in G$,有
$$(a * b)^{-1} = b^{-1} * a^{-1}$$

证明 因为 $(a * b) * (a * b)^{-1} = e$,而
$$(a * b) * (b^{-1} * a^{-1}) = a * (b * b^{-1}) * a^{-1} = a * a^{-1} = e$$
故由定理 5-7,有 $(a * b)^{-1} = b^{-1} * a^{-1}$. 证毕.

用归纳法很容易将定理 5-8 的结论推广到任意 n 个元素的情形.即对于任意 $a_1, a_2, \cdots, a_n \in G$,有
$$(a_1 * a_2 * \cdots * a_n)^{-1} = a_n^{-1} * a_{n-1}^{-1} * \cdots * a_2^{-1} * a_1^{-1}$$

特别,当 $\langle G; * \rangle$ 是阿贝尔群时,上式又可写成
$$(a_1 * a_2 * \cdots * a_n)^{-1} = a_1^{-1} * a_2^{-1} * \cdots * a_n^{-1}$$

定理 5-9 若群 $\langle G; * \rangle$ 的元素 a 具有有限周期 r,则当且仅当 k 是 r 的倍数时,$a^k = e$.

证明 设 $k = mr$(m 为一整数),则
$$a^k = a^{mr} = (a^r)^m = e^m = e$$

反之,假定 $a^k = e$,并设 $k = mr + i$($0 \leqslant i < r$),则有 $a^i = a^{k-mr} = a^k * a^{-mr} = e * e^{-m} = e * e = e$,因为 $0 \leqslant i < r$,而由假设,r 是使 $a^r = e$ 的最小正整数,所以必有 $i = 0$,因此 $k = mr$. 证毕.

于是,若 $a^r = e$,并且对于 r 的因子 d($1 < d < r$),有 $a^d \neq e$,则 r 是 a 的周期.例如,若 $a^8 = e$,且 $a^2 \neq e, a^4 \neq e$,则 8 必定是 a 的周期.

定理 5-10 群中任一元素与它的逆元具有相同的周期.

证明 若 a 是一具有有限周期 r 的元素,则 $a^r = e$,并由此有
$$(a^{-1})^r = (a^r)^{-1} = e^{-1} = e$$
因此,a^{-1} 必有有限周期,设为 r',则有 $r' \leqslant r$.

又
$$a^{r'} = ((a^{-1})^{r'})^{-1} = e^{-1} = e$$
所以又有 $r \leqslant r'$. 最后得 $r = r'$. 证毕.

由上述证明可知,当元素 a 的周期为无限时,a^{-1} 的周期也为无限.

定理 5-11 在有限群 $\langle G; * \rangle$ 中,每个元素有一有限周期,而且每个元素的周期

不超过 #G.

证明 设 a 是 G 中的任一元素,因为 $\langle G;*\rangle$ 是有限群,所以在序列 $a,a^2,\cdots,$ $a^{(\#G)+1}$ 中,至少有两个元素是相同的,设 $a^p = a^r (1 \leq p < r \leq (\#G)+1)$,则

$$a^{r-p} = a^r * a^{-p} = a^p * a^{-p} = a^0 = e \quad (0 < r-p \leq \#G)$$

因此,a 的周期至多是 $r-p \leq \#G$. 证毕.

然而当 $\langle G;*\rangle$ 是无限群时,G 中的元素的周期不一定是有限. 例如,在群 $\langle \mathbf{I};+\rangle$ 中,除单位元 0 外,其他元素的周期都为无限.

5.4 子群及其陪集

类似于子半群和子独异点,有子群的概念.

定义 5-12 设 $\langle G;*\rangle$ 是一个群,$\langle H;*\rangle$ 是 $\langle G;*\rangle$ 的子代数,如果

(1) 单位元 $e \in H$,

(2) 对于任意的 $a \in H$,有 $a^{-1} \in H$,

则称 $\langle H;*\rangle$ 是 $\langle G;*\rangle$ 的**子群**. 如果 H 是 G 的真子集,则称子群 $\langle H;*\rangle$ 是 $\langle G;*\rangle$ 的**真子群**.

由定义,群 $\langle G;*\rangle$ 的任一子群本身也是一个群.

对于任意群 $\langle G;*\rangle$,$\langle G;*\rangle$ 和 $\langle \{e\};*\rangle$ 都是 $\langle G;*\rangle$ 的子群. 它们称为群 $\langle G;*\rangle$ 的**平凡子群**.

例 1 对于群 $\langle \mathbf{I};+\rangle$,定义集合 $\mathbf{N}_e = \{2,4,6,\cdots\}$,显然 $\langle \mathbf{N}_e;+\rangle$ 是 $\langle \mathbf{I};+\rangle$ 的子代数. 但单位元 $0 \notin \mathbf{N}_e$,且对于任意的元素 $a \in \mathbf{N}_e$,a 的逆元 $-a \notin \mathbf{N}_e$,因为 $\langle \mathbf{N}_e;+\rangle$ 不是 $\langle \mathbf{I};+\rangle$ 的子群.

$\langle \mathbf{Z};+\rangle$ 是 $\langle \mathbf{I};+\rangle$ 的子代数,且单位元 $0 \in \mathbf{Z}$,但对于 $\mathbf{Z}$ 中任一元素 $a(\neq 0)$,a 的逆元 $-a \notin \mathbf{Z}$,因此 $\langle \mathbf{Z};+\rangle$ 也不是 $\langle \mathbf{I};+\rangle$ 的子群.

定义集合 $\mathbf{I}_6 = \{6i \mid i \in \mathbf{I}\}$,显然 $\langle \mathbf{I}_6;+\rangle$ 是 $\langle \mathbf{I};+\rangle$ 的子代数,且 $0 \in \mathbf{I}_6$,又对于任一元素 $6i \in \mathbf{I}_6$,有 $6(-i) = -6i \in \mathbf{I}_6$,所以 $\langle \mathbf{I}_6;+\rangle$ 是 $\langle \mathbf{I};+\rangle$ 的子群,一般地,对于任意整数 m,$\langle \mathbf{I}_m;+\rangle$ 是 $\langle \mathbf{I};+\rangle$ 的子群.

事实上,定义 5-12 中关于单位元的要求是多余的. 因为由 $a \in H$,根据(2)有 $a^{-1} \in H$,因而有 $a * a^{-1} = e \in H$,这样就证明了下面的结论.

定理 5-12 设 $\langle H;*\rangle$ 是群 $\langle G;*\rangle$ 的子代数,则当且仅当对于任意的 $a \in H$,有 $a^{-1} \in H$ 时,$\langle H;*\rangle$ 是 $\langle G;*\rangle$ 的子群.

于是,若给定一群 $\langle G;*\rangle$,为了确定 G 的任一非空子集 H 是否构成 $\langle G;*\rangle$ 的一个子群,只须检验以下两条是否成立.

(1) 封闭性:对于任意的 $a,b \in H$,有 $a*b \in H$;

(2) 可逆性:对于任意的 $a \in H$,有 $a^{-1} \in H$.

还可以把上述两个条件合并成为一个条件,即有以下定理.

定理 5-13 设 $\langle G;*\rangle$ 是一个群,H 是 G 的一非空子集,则当且仅当由 $a,b \in H$,可得 $a*b^{-1} \in H$ 时,$\langle H;*\rangle$ 是 $\langle G;*\rangle$ 的子群.

证明 设 $\langle H;*\rangle$ 是群 $\langle G;*\rangle$ 的子群,由定义 5-12,若 $a,b \in H$,则 $b^{-1} \in H$,因而 $a*b^{-1} \in H$.

反之,设由元素 $a,b \in H$,可得 $a*b^{-1} \in H$ 之条件成立,则由 $a \in H$,可知 $a*a^{-1} = e \in H$,且 $e*a^{-1} = a^{-1} \in H$,这就证明了可逆性.其次,如果 $a,b \in H$,则由上所证 $b^{-1} \in H$,因此 $a*(b^{-1})^{-1} = a*b \in H$,这就证明了封闭性.故由定理 5-12 可知,$\langle H;*\rangle$ 是群 $\langle G;*\rangle$ 的子群.证毕.

特别地,如果 $\langle G;*\rangle$ 是有限群,那么定理 5-12 中可逆性的要求也是多余的,即有下面的定理.

定理 5-14 设 $\langle G;*\rangle$ 是一个有限群,若 $\langle H;*\rangle$ 是 $\langle G;*\rangle$ 的子代数,则 $\langle H;*\rangle$ 是 $\langle G;*\rangle$ 的子群.

证明 设 $a \in H$,由定理 5-11,a 有一有限周期,设为 r.又因为 H 对运算 $*$ 是封闭的,所以元素 $a, a^2, \cdots, a^{r-1}, a^r$ 均在 H 中,其中
$$a^{r-1} = a^r * a^{-1} = e * a^{-1} = a^{-1}$$
因此有 $a^{-1} \in H$.故 $\langle H;*\rangle$ 是 $\langle G;*\rangle$ 的子群.证毕.

于是,若给定一有限群 $\langle G;*\rangle$,为了确定 G 的某一非空子集 H 能否构成 $\langle G;*\rangle$ 的一个子群,只需检验 H 对运算 $*$ 是否封闭即可.

定理 5-14 的条件还可以削弱,即只要 H 是 G 的有限子集合,而并不一定要求 $\langle G;*\rangle$ 是有限群,子代数 $\langle H;*\rangle$ 也能成为 $\langle G;*\rangle$ 的子群.

定理 5-15 设 $\langle G;*\rangle$ 是一个群.$\langle H;*\rangle$ 是 $\langle G;*\rangle$ 的有限子代数,则 $\langle H;*\rangle$ 是 $\langle G;*\rangle$ 的子群.

对定理 5-14 的证明略加修改,便可类似地给出本定理的证明.

显然,任一阿贝尔群的子群也必为阿贝尔群.

例 2 在 5.2 节例 4 中 $\{1,\alpha\}$ 对运算 $\circ$ 是封闭的(见表 5-2).因此 $\langle\{1,\alpha\};\circ\rangle$ 是 $\langle\{1,\alpha,\beta,\gamma,\delta,\varepsilon\};\circ\rangle$ 的子群.类似地,因为 $\{1,\gamma,\delta\}$ 对于运算 $\circ$ 也是封闭的,所以 $\langle\{1,\gamma,\delta\};\circ\rangle$ 也是 $\langle\{1,\alpha,\beta,\gamma,\delta,\varepsilon\};\circ\rangle$ 的子群.

表 5-4 和表 5-5 分别给出了这两个子群的运算 $\circ$ 的定义(请读者自己识别另一些子群).

表 5-4

$\circ$	1	α
1	1	α
α	α	1

表 5-5

$\circ$	1	γ	δ
1	1	γ	δ
γ	γ	δ	1
δ	δ	1	γ

事实上,对任一群$\langle G; *\rangle$,若群$\langle G; *\rangle$的子代数$\langle H; *\rangle$也是一个群,则$\langle H; *\rangle$一定是$\langle G; *\rangle$的子群. 因为,如果假设e'是群$\langle H; *\rangle$的单位元,则有$e' * e' = e'$. 因而,群$\langle G; *\rangle$的单位元$e = (e')^{-1} * e' = (e')^{-1} * (e' * e') = ((e')^{-1} * e') * e' = e * e' = e'$,即$e \in H$. 又若$a \in H$,并设$a'$是$a$在$H$内的逆元,于是有$a * a' = e$. 另一方面又有$a * a^{-1} = e$,由消去律有$a' = a^{-1}$,即$a^{-1} \in H$.

这样一来,对任一群$\langle G; *\rangle$来说,若H是G的一个非空子集,且$\langle H; *\rangle$成群,则$\langle H; *\rangle$是$\langle G; *\rangle$的子群;反之,若$\langle H; *\rangle$是$\langle G; *\rangle$的子群,则$\langle H; *\rangle$也一定是一个群. 于是,$\langle H; *\rangle$是$\langle G; *\rangle$的子群的充要条件是,$\langle H; *\rangle$是一个群. 因此在许多数学书中常这样来定义子群:设$\langle G; *\rangle$是一个群,H是G的一个非空子集,若$\langle H; *\rangle$也是一个群,则称$\langle H; *\rangle$是群$\langle G; *\rangle$的子群.

下面考虑群$\langle G; *\rangle$中与子群$\langle H; *\rangle$有关的这样一些子集.

定义 5-13 设$\langle H; *\rangle$是群$\langle G; *\rangle$的子群. a是G的任意一个元素,则集合
$$H * a = \{h * a \mid h \in H\}$$
称为子群$\langle H; *\rangle$在群$\langle G; *\rangle$中的一个**右陪集**. 集合
$$a * H = \{a * h \mid h \in H\}$$
称为子群$\langle H; *\rangle$在群$\langle G; *\rangle$中的一个**左陪集**.

如果$a \in H$,则$H * a = a * H = H$. 这就是说,H自身是一个右陪集且也是一个左陪集.

例 3 考虑 5.2 节例 4 中的 3 次对称群$\langle P; \circ\rangle = \langle \{1, \alpha, \beta, \gamma, \delta, \varepsilon\}; \circ\rangle$和它的子群$\langle \{1, \alpha\}; \circ\rangle$. 在$\langle P; \circ\rangle$中该子群的右陪集是

$$\{1, \alpha\} \circ 1 = \{1, \alpha\} \qquad \{1, \alpha\} \circ \gamma = \{\gamma, \beta\}$$
$$\{1, \alpha\} \circ \alpha = \{\alpha, 1\} \qquad \{1, \alpha\} \circ \delta = \{\delta, \varepsilon\}$$
$$\{1, \alpha\} \circ \beta = \{\beta, \gamma\} \qquad \{1, \alpha\} \circ \varepsilon = \{\varepsilon, \delta\}$$

于是$\langle \{1, \alpha\}; \circ\rangle$在$\langle P; \circ\rangle$中有三个相异的右陪集:$\{1, \alpha\}, \{\beta, \gamma\}, \{\delta, \varepsilon\}$.

在$\langle P; \circ\rangle$中$\langle \{1, \alpha\}; \circ\rangle$的左陪集是

$$1 \circ \{1, \alpha\} = \{1, \alpha\} \qquad \gamma \circ \{1, \alpha\} = \{\gamma, \varepsilon\}$$
$$\alpha \circ \{1, \alpha\} = \{\alpha, 1\} \qquad \delta \circ \{1, \alpha\} = \{\delta, \beta\}$$
$$\beta \circ \{1, \alpha\} = \{\beta, \delta\} \qquad \varepsilon \circ \{1, \alpha\} = \{\varepsilon, \gamma\}$$

于是$\langle \{1, \alpha\}; \circ\rangle$在$\langle P; \circ\rangle$中有三个相异的左陪集:$\{1, \alpha\}, \{\beta, \delta\}, \{\gamma, \varepsilon\}$.

考虑群$\langle P; \circ\rangle$的子群$\langle \{1, \gamma, \delta\}; \circ\rangle$,在$\langle P; \circ\rangle$中该子群的右陪集是

$$\{1, \gamma, \delta\} \circ 1 = \{1, \gamma, \delta\} \qquad \{1, \gamma, \delta\} \circ \gamma = \{\gamma, \delta, 1\}$$
$$\{1, \gamma, \delta\} \circ \alpha = \{\alpha, \varepsilon, \beta\} \qquad \{1, \gamma, \delta\} \circ \delta = \{\delta, 1, \gamma\}$$
$$\{1, \gamma, \delta\} \circ \beta = \{\beta, \alpha, \varepsilon\} \qquad \{1, \gamma, \delta\} \circ \varepsilon = \{\varepsilon, \beta, \alpha\}$$

于是$\langle \{1, \gamma, \delta\}; \circ\rangle$在$\langle P; \circ\rangle$中有两个相异的右陪集:$\{1, \gamma, \delta\}, \{\alpha, \beta, \varepsilon\}$.

容易验证,对于每一个$a \in \{1, \alpha, \beta, \gamma, \delta, \varepsilon\}$,有$\{1, \gamma, \delta\} \circ a = a \circ \{1, \gamma, \delta\}$.

定义 5-14 设 $\langle H;*\rangle$ 是群 $\langle G;*\rangle$ 的子群,如果对于每一个 $a\in G$,有 $a*H=H*a$,则称 $\langle H;*\rangle$ 是群 $\langle G;*\rangle$ 的**正规子群**. 此时右陪集和左陪集简称为**陪集**.

例 3 中,$\langle\{1,\gamma,\delta\};\circ\rangle$ 是群 $\langle P;\circ\rangle$ 的正规子群. 但 $\langle\{1,\alpha\};\circ\rangle$ 不是 $\langle P;\circ\rangle$ 的正规子群. 下面给出判别一个子群为正规子群的条件. 为此先引进下面的符号.

设 H 是群 $\langle G;*\rangle$ 中 G 的一个子集. 对于任一元素 $a\in G$,用符号 $a*H*a^{-1}$ 表示下面的集合 $\qquad a*H*a^{-1}=\{a*h*a^{-1}\mid h\in H\}$

一般地,若 A、B 是 G 的子集,定义
$$A*B=\{a*b\mid a\in A, b\in B\}$$

定理 5-16 设 $\langle H;*\rangle$ 是群 $\langle G;*\rangle$ 的一个子群,当且仅当对于任意的 $a\in G$,有 $a*H*a^{-1}=H$ 时,$\langle H;*\rangle$ 是 $\langle G;*\rangle$ 的正规子群.

证明 设 $\langle H;*\rangle$ 是 $\langle G;*\rangle$ 的正规子群,则对于任意的 $a\in G$,有 $a*H=H*a$. 因此,由运算 $*$ 的可结合性和符号 $a*H*a^{-1}$ 的定义可知
$a*H*a^{-1}=(a*H)*a^{-1}=(H*a)*a^{-1}=H*(a*a^{-1})=H*e=H$

反之,假设对任意的 $a\in G$,有 $a*H*a^{-1}=H$,则 $H*a=(a*H*a^{-1})*a=(a*H)*(a^{-1}*a)=(a*H)*e=a*H$,即 $\langle H;*\rangle$ 是 $\langle G;*\rangle$ 的正规子群. 证毕.

上述 $\langle H;*\rangle$ 为正规子群的充要条件还可以削弱,即有下面的定理.

定理 5-17 设 $\langle H;*\rangle$ 是群 $\langle G;*\rangle$ 的一个子群,当且仅当对于任意的 $a\in G$,有 $a*H*a^{-1}\subseteq H$ 时,$\langle H;*\rangle$ 是 $\langle G;*\rangle$ 的正规子群.

证明 必要性显然成立.

设对任意的 $a\in G$,有 $\qquad a*H*a^{-1}\subseteq H \qquad\qquad$ (5-1)

由于 $a^{-1}\in G$,因此以 a^{-1} 代 a 仍有 $a^{-1}*H*a\subseteq H$ 成立. 以 a 左乘,以 a^{-1} 右乘得 $\qquad a*(a^{-1}*H*a)*a^{-1}\subseteq a*H*a^{-1}$

即 $\qquad\qquad H\subseteq a*H*a^{-1} \qquad\qquad$ (5-2)

由式(5-1)和式(5-2)得 $\qquad a*H*a^{-1}=H$

因而由定理 5-16,$\langle H;*\rangle$ 是正规子群. 证毕.

在例 3 中可以发现,子群 $\langle\{1,\alpha\};\circ\rangle$ 在 $\langle P;\circ\rangle$ 中所有相异的右陪集和所有相异的左陪集分别组成 P 的一个分划. 子群 $\langle\{1,\gamma,\delta\};\circ\rangle$ 在 $\langle P;\circ\rangle$ 中的所有相异的陪集也组成 P 的一个分划. 这一结论是否具有一般性呢?即群的子群在该群中的所有相异右(左)陪集是否一定组成该群之域的分划呢?回答是肯定的. 为此,先证明下面的定理.

定理 5-18 设 $\langle H;*\rangle$ 是群 $\langle G;*\rangle$ 的一个子群,a 和 b 是 G 的任意两个元素,则有:
(1) $H*a=H*b$ 或者 $(H*a)\bigcap(H*b)=\varnothing$;
(2) $a*H=b*H$ 或者 $(a*H)\bigcap(b*H)=\varnothing$.

证明 (1)设 $(H*a)\bigcap(H*b)\neq\varnothing$,并设 $x\in(H*a)\bigcap(H*b)$,则有
$$x=h_1*a=h_2*b \quad (h_1,h_2\in H)$$

于是 $\quad a = \{h_1^{-1} * h_2\} * b = h_3 * b \quad (h_3 \in H)$

因此,对任一 $\quad h * a \in H * a, h * a = (h * h_3) * b = h_4 * b \quad (h_4 \in H)$

这意味着 $\quad H * a \subseteq H * b$

类似地,有 $\quad b = (h_2^{-1} * h_1) * a = h_5 * a \quad (h_5 \in H)$

因此,对任一 $\quad h * b \in H * b, h * b = (h * h_5) * a = h_6 * a \in H * a$

这意味着 $\quad H * b \subseteq H * a$

故由上得 $\quad H * a = H * b$

(2)的证明与(1)的证明类似.证毕.

对于群$\langle G; * \rangle$中的任意两个元素a和b,在什么情形下有$H * a = H * b$,在什么情形下有$(H * a) \cap (H * b) = \varnothing$呢?关于这,有下面的定理.

定理 5-19 设$\langle H; * \rangle$是群$\langle G; * \rangle$的一个子群,则

(1) 当且仅当$b \in H * a$时,$H * b = H * a$;

(2) 当且仅当$b \in a * H$时,有$b * H = a * H$.

证明 (1)设$b \in H * a$,又因为$e \in H$,所以$b = e * b \in H * b$.于是$(H * a) \cap (H * b) \neq \varnothing$,由定理5-18,有$H * b = H * a$.

反之,设$H * b = H * a$,则由$b = e * b \in H * b$可知$b \in H * a$.

(2)的证明与(1)的证明类似.证毕.

定理5-19说明,由元素a所确定的$\langle H; * \rangle$的右(左)陪集与该右(左)陪集中任一元素b所确定的右(左)陪集相同.由元素a所确定的$\langle H; * \rangle$的右(左)陪集与该右(左)陪集以外的任一元素b所确定的右(左)陪集相交为空.

定理 5-20 设$\langle H; * \rangle$是群$\langle G; * \rangle$的子群,则

(1)$\langle G; * \rangle$中$\langle H; * \rangle$的所有相异的右陪集组成G的一个分划;

(2)$\langle G; * \rangle$中$\langle H; * \rangle$的所有相异的左陪集组成G的一个分划.

证明 (1)因为$\langle H; * \rangle$是群$\langle G; * \rangle$的子群,有$e \in H$,所以对任一$a \in G$,有$a = e * a \in H * a$,即$H * a$非空,又由定理5-18(1),$\langle G; * \rangle$中$\langle H; * \rangle$的任意两个相异的右陪集相交为$\varnothing$,而且每一元素$a \in G$必在右陪集$H * a$中,因此H的所有相异的右陪集组成G的一个分划.

(2)的证明与(1)的证明类似.证毕.

定理5-20中的分划称为群$\langle G; * \rangle$中与$\langle H; * \rangle$相关的**右(左)陪集分划**.这种分划可看做是由G上某一等价关系ρ所导致的等价分划,这里ρ是当且仅当a和b是在$\langle H; * \rangle$的相同的右(左)陪集中时,有$a \rho b$.当$\langle H; * \rangle$是$\langle G; * \rangle$的正规子群时,这种分划简单地称为$\langle G; * \rangle$中与$\langle H; * \rangle$相关的**陪集分划**.

上述这些定理还给出了构造右(左)陪集分划的方法.若$\langle H; * \rangle$是$\langle G; * \rangle$的真子群,则必有一元素$a_1 \in G$而$a_1 \notin H$,于是作H的右陪集$H * a_1$(或左陪集$a_1 * H$),如果G的子集$H \cup H * a_1$(或$H \cup a_1 * H$)还不能包含G的全部元素,则再取一不

属于 $H \bigcup H * a_1$(或 $H \bigcup a_1 * H$)的 G 之一元 a_2,并作右陪集 $H * a_2$(或 $a_2 * H$),若 G 中还有元素不属于子集合 $H \bigcup H * a_1 \bigcup H * a_2$(或 $H \bigcup a_1 * H \bigcup a_2 * H$),设 a_3 是这样的一个元素,则与上面同样,可作右陪集 $H * a_3$(或 $a_3 * H$). 继续这样作下去,有可能把集合 G 分划成有限多个右(左)陪集的并,例如

$$G = H * a_0 \bigcup H * a_1 \bigcup \cdots \bigcup H * a_n \quad \text{或} \quad G = a_0 * H \bigcup a_1 * H \bigcup \cdots \bigcup a_n * H$$

$a_0 \in H$,所以 $H * a_0 = H$. 但 G 亦有可能不能分划成有限多个右(左)陪集的并. 例如,当 $\langle H; * \rangle = \langle \{e\}; * \rangle$ 而 $\langle G; * \rangle$ 是无限群时,就会发生这种现象.

定理 5-21 设 $\langle H; * \rangle$ 是群 $\langle G; * \rangle$ 的子群,则对于任意的 $a \in G$,有 $\#(H * a) = \#(a * H) = \# H$.

证明 定义函数 $f: H \to H * a$,使得对于任一 $h \in H, f(h) = h * a$. 显然 f 是一个满射,又由定理 5-7 可知,f 是一个内射,所以 f 是一个双射,因此 $\#(H * a) = \# H$.

类似地,可以证明 $\#(a * H) = \# H$. 证毕.

不仅如此,还有下面的结论,即 $\langle H; * \rangle$ 的所有相异右陪集的个数和所有相异左陪集的个数相同.

事实上,若 $\langle H; * \rangle$ 的所有相异右陪集的个数为有限数 n 个,设为 $H * a_1, H * a_2, \cdots, H * a_n$,则 $a_1^{-1} * H, a_2^{-1} * H, \cdots, a_n^{-1} * H$ 必为 $\langle H; * \rangle$ 的所有相异的左陪集. 为此要证明以下两点:① 任意两个左陪集 $a_i^{-1} * H \neq a_j^{-1} * H (i \neq j)$;② G 中任一元素 g 必在某个左陪集 $a_i^{-1} * H$ 中 $(1 \leqslant i \leqslant n)$.

假设在 $i \neq j$ 时 $(1 \leqslant i, j \leqslant n)$,有 $a_i^{-1} * H = a_j^{-1} * H$,则 $a_j^{-1} \in a_i^{-1} * H, a_j^{-1} = a_i^{-1} * h (h \in H), a_j = h^{-1} * a_i \in H * a_i$,于是 $H * a_i = H * a_j$,这与假设矛盾,所以当 $i \neq j$ 时,$a_i^{-1} * H \neq a_j^{-1} * H$.

对任一元素 $g \in G$,有 $g^{-1} \in G$,因此 g^{-1} 必在某个右陪集 $H * a_i$ 中,即 $g^{-1} = h * a_i (h \in H)$,于是 $g = (h * a_i)^{-1} = a_i^{-1} * h^{-1} \in a_i^{-1} * H (1 \leqslant i \leqslant n)$.

用同样的方式亦可证明,当 $\langle H; * \rangle$ 的所有相异的左陪集为 n 个时,$\langle H; * \rangle$ 的所有相异右陪集也是 n 个. 因此当一方为无限时,另一方也为无限.

定义 5-15 设 $\langle H; * \rangle$ 是群 $\langle G; * \rangle$ 的子群,群 $\langle G; * \rangle$ 中 $\langle H; * \rangle$ 的所有相异右(左)陪集的个数称为 $\langle H; * \rangle$ 在 $\langle G; * \rangle$ 中的**指数**.

例 3 中,$\langle \{1, \alpha\}; \circ \rangle$ 在 $\langle P; \circ \rangle$ 中的指数是 3,$\langle \{1, \gamma, \delta\}; \circ \rangle$ 在 $\langle P; \circ \rangle$ 中的指数是 2. 由上面的讨论,可以得到如下的定理.

定理 5-22 (拉格朗日定理)设 $\langle G; * \rangle$ 是一具有子群 $\langle H; * \rangle$ 的有限群,且 $\langle H; * \rangle$ 在 $\langle G; * \rangle$ 中的指数为 d,则 $\# G = d \cdot (\# H)$.

此定理的结论是显然的,而且由此可知有限群 $\langle G; * \rangle$ 的任一子群的阶必为该群的阶的因子,因此任何素数阶的群只有平凡子群. 在此还可得到比定理 5-11 更进一步的结果.

定理 5-23 在有限群 $\langle G;*\rangle$ 中，每个元素的周期是 $\#G$ 的因子.

证明 设 $a\in G$，且 a 的周期为 r，则 $(\{e,a,a^2,\cdots,a^{r-1}\};*)$ 是 $\langle G;*\rangle$ 的一个子群. 由定理 5-22，r 是 $\#G$ 的因子. 证毕.

由上可知，若 $\langle G;*\rangle$ 是一 n 阶的有限群，那么对任何的 $a\in G$，有 $a^n=e$，若 $\langle G;*\rangle$ 是一素数阶的群，则 G 中任何非单位元素的周期恰好是 $\#G$.

*5.5 正规子群与满同态

应用代数系统的同态概念于群，可得到群之间的同态关系.

设 $\langle G;*\rangle$ 和 $\langle G';\circ\rangle$ 是两个群，f 是由 G 到 G' 的一个函数. 若对于所有的 $a,b\in G$，有
$$f(a*b)=f(a)\circ f(b)$$
则 f 是由群 $\langle G;*\rangle$ 到群 $\langle G';\circ\rangle$ 的同态.

根据 f 是内射、满射或双射，上述群之间的同态也可区分为单一同态、满同态或同构.

定理 5-24 设 $\langle G;*\rangle$ 是一个群，$\langle G';\circ\rangle$ 是一个二元代数，若 f 是由 $\langle G;*\rangle$ 到 $\langle G';\circ\rangle$ 的满同态，则 $\langle G';\circ\rangle$ 也是一个群.

这个定理用不着证明，因为根据定理 4-6，该定理的结论是显然的.

定义 5-16 设 f 是由群 $\langle G;*\rangle$ 到群 $\langle G';\circ\rangle$ 的满同态，则称 $\langle G';\circ\rangle$ 的单位元 e' 在 G 中所有像源的集合
$$K=\{a\mid a\in G,f(a)=e'\}$$
为满同态 f 的核.

定理 5-25 设 K 是由群 $\langle G;*\rangle$ 到群 $\langle G';\circ\rangle$ 的满同态 f 的核，则 $\langle K;*\rangle$ 是群 $\langle G;*\rangle$ 的正规子群.

证明 首先证明 $\langle K;*\rangle$ 是 $\langle G;*\rangle$ 的子群，显然 $\langle G;*\rangle$ 的单位元 $e\in K$，因此 K 非空. 若 $a,b\in K$，则 $f(a)=f(b)=e'$，因此
$$f(a*b^{-1})=f(a)\circ f(b^{-1})=f(a)\circ[f(b)]^{-1}=e'\circ[e']^{-1}=e'$$
于是 $a*b^{-1}\in K$，因此 $\langle K;*\rangle$ 是 $\langle G;*\rangle$ 的子群.

其次，对任意的 $a\in G$ 和任意的 $k\in K$，有
$$f(a*k*a^{-1})=f(a*k)\circ f(a^{-1})=f(a)\circ f(k)\circ[f(a)]^{-1}$$
$$=f(a)\circ e'\circ[f(a)]^{-1}=f(a)\circ[f(a)]^{-1}=e'$$
所以，对任意的 $a\in G$，有
$$a*K*a^{-1}\subseteq K$$
于是，$\langle K;*\rangle$ 是 $\langle G;*\rangle$ 的正规子群，故定理成立.

定理 5-26 设 f 是由群 $\langle G;*\rangle$ 到群 $\langle G';\circ\rangle$ 的满同态，f 的核为 K，若 G 中元素

a 在 G' 中的像是 a'，则 a' 在 G 中所有像源的集合是陪集 $a*K$.

证明 对任一元素 $a*k \in a*K(k \in K)$，有
$$f(a*k) = f(a) \circ f(k) = a' \circ e' = a'$$
所以陪集 $a*K$ 中所有元素都是 a' 的像源.

再假设 b 是 a' 的像源，从
$$f(a^{-1}*b) = f(a^{-1}) \circ f(b) = [f(a)]^{-1} \circ f(b) = (a')^{-1} \circ a' = e'$$
就得到 $a^{-1}*b \in K$. 于是，有 $b \in a*K$，即 b 在陪集 $a*K$ 中. 因此 a' 的所有像源的集合是 $a*K$. 定理得证.

于是，由群 $\langle G;*\rangle$ 到群 $\langle G';\circ\rangle$ 的一个满同态 f，就得到一个正规子群 $\langle K;*\rangle$. 该正规子群的所有陪集构成 G 的一个分划，而这个分划可看做是由 G 上的某个等价关系 ρ 所导致的. 这个关系 ρ 是，当且仅当 a 和 b 是在 $\langle K;*\rangle$ 的同一陪集中时，有 $a\rho b$. 由于当且仅当元素在同一陪集中时，在 f 作用下的函数值相等，因此该等价关系 ρ 就是 ρ_f.

反之，假设 $\langle K;*\rangle$ 是群 $V=\langle G;*\rangle$ 的任意一个正规子群，则导致 $\langle G;*\rangle$ 中与 $\langle K;*\rangle$ 相关的陪集分划的等价关系 ρ 是 $\langle G;*\rangle$ 上的一个同余关系（见习题第 36 题）. 因而由定理 4-8，存在一个由 V 到 V/ρ 的满同态，这里 $V/\rho = \langle G/\rho; \widetilde{*}\rangle$. 其中
$$G/\rho = \{a*K \mid a \in G\}$$
$$(a*K)\,\widetilde{*}\,(b*K) = (a*b)*K \tag{5-3}$$
由定理 5-24，V/ρ 也是一个群. 于是，给出下面的定义.

定义 5-17 群 $V=\langle G;*\rangle$ 的正规子群 $\langle K;*\rangle$ 的所有陪集对于式(5-3)所规定的运算构成的群，称为群 $\langle G;*\rangle$ 关于 $\langle K;*\rangle$ 的**商群**，常用记号 V/K 表示（而不用 V/ρ）.

定理 5-27 设 $\langle K;*\rangle$ 是群 $V=\langle G;*\rangle$ 的一个正规子群，则存在一个由群 V 到 V 关于 $\langle K;*\rangle$ 的商群 V/K 的满同态，这个满同态的核就是 K.

根据定理 4-9，又直接可得下述结论.

定理 5-28 设 f 是由群 $V=\langle G;*\rangle$ 到群 $V'=\langle G';\circ\rangle$ 的一个满同态，其核是 K，则群 $V'=\langle G';\circ\rangle$ 与群 V 关于 $\langle K;*\rangle$ 的商群 V/K 同构.

5.6 实 例 解 析

例 1 设 $\langle G;*\rangle$ 是群，$F=\{f_a \mid f_a:G\to G,\text{且}\ f_a(x)=a*x, a\in G\}$

证明 (1) f_a 是双射；

(2) $\langle F;\cdot\rangle$ 也是群（其中 $\cdot$ 表示函数的复合运算）；

(3) $\langle G;*\rangle$ 与 $\langle F;\cdot\rangle$ 同构.

证明 (1) 对任意的 $a, x, y \in G$,根据群的性质,若 $x \neq y$,则 $a * x \neq a * y$,即 $f_a(x) \neq f_a(y)$. 因此 f_a 是内射.

又对任意的 $y \in G$,存在 $a^{-1} * y \in G$,使 $f_a(a^{-1} * y) = a * a^{-1} * y = y$. 因此 f_a 是满射.

综上 f_a 是双射.

(2) 对任意 $f_a, f_b \in F$,$f_a \cdot f_b$ 仍是由 G 到 G 的函数,且 $f_a \cdot f_b = f_{a*b}$,因此 $\cdot$ 在 F 上是封闭的,且函数的复合运算满足结合律.

显然 $f_e(x) = e * x = x$,是 $\langle F; \cdot \rangle$ 的单位元.

对任意 $f_a \in F$,

$$(f_{a^{-1}} \cdot f_a)(x) = f_{a^{-1}}(a * x) = a^{-1} * a * x = f_e(x) = (f_a \cdot f_{a^{-1}})(x)$$

因此
$$f_{a^{-1}} \cdot f_a = f_a \cdot f_{a^{-1}} = f_e$$

即 $f_{a^{-1}}$ 是 f_a 的逆元.

综上证得 $\langle F; \cdot \rangle$ 是群.

(3) 定义函数 $h: G \to F$,对任意 $a \in G, h(a) = f_a$. 显然 h 是一个双射.

又对任意 $a, b \in G$ 和任意 $x \in G$,

$$f_{a*b}(x) = (a * b) * x$$

$$(f_a \cdot f_b)(x) = f_a(f_b(x)) = f_a(b * x) = a * (b * x)$$

由群中运算的可结合性,$f_{a*b}(x) = (f_a \cdot f_b)(x)$,又由 x 的任意性,$f_{a*b} = f_a \cdot f_b$,即

$$h(a * b) = h(a) * h(b)$$

由 a、b 的任意性,证得 $\langle G; * \rangle$ 与 $\langle F; \cdot \rangle$ 同构.

例 2 设 $\langle G; * \rangle$ 是群,ρ 是 G 上的等价关系,且对于任意的 a、b、$c \in G$,若 $(a*c)\rho(b*c)$,则 $a\rho b$. 令集合

$$H = \{h \mid h \in G \text{ 且 } h\rho e\}$$

其中,e 是 $\langle G; * \rangle$ 的单位 e.

证明 $\langle H; * \rangle$ 是 $\langle G; * \rangle$ 的子群.

分析 要证 $\langle H; * \rangle$ 是 $\langle G; * \rangle$ 的子群,根据定理 5-12,要证明如下两点.

(1) 对于任意 h_1、$h_2 \in H$,有 $h_1 * h_2 \in H$,即由 $h_1 \rho e$ 和 $h_2 \rho e$,要推出 $h_1 * h_2 \rho e$;

(2) 对任意 $h \in H$,有 $h^{-1} \in H$,即由 $h \rho e$,要推出 $h^{-1} \rho e$.

为此,在式 $h_1 \rho e$ 的左边利用 $h_1 = h_1 * e$,进而引进 h_2,即利用 $h_1 = h_1 * e = h_1 * (h_2 * h_2^{-1})$.

同样在式 $h \rho e$ 中,利用 $e = h * h^{-1}$,使之引进 h^{-1},便可达到证明的目的.

证明 证法一 因为 ρ 是等价关系,所以 $e \rho e$,因此 $e \in H$,H 是 G 的非空子集.

设 h_1、$h_2 \in H$,则 $h_1 \rho e, h_2 \rho e$,于是

$$h_1 * (h_2 * h_2^{-1}) \rho h_2 * h_2^{-1}$$

即
$$(h_1 * h_2) * h_2^{-1} \rho h_2 * h_2^{-1}$$

因此 $\quad h_1 * h_2 \rho h_2$
由 ρ 的传递性,得 $\quad h_1 * h_2 \rho e$
因此 $\quad h_1 * h_2 \in H$

又设 $h \in H$,则 $h\rho e$,因此 $(h * h^{-1}) * h \rho h^{-1} * h$,由题设条件,有 $\quad h * h^{-1} \rho h^{-1}$
由 ρ 的对称性,有 $\quad h^{-1} \rho e$
因此 $\quad h^{-1} \in H$
由上证得 $\langle H; * \rangle$ 是 $\langle G; * \rangle$ 的子群.

利用定理 5-13,证明过程更为简单.

证法二 设 $h_1, h_2 \in H$,则 $h_1 \rho e, h_2 \rho e$,
由 ρ 的对称性和传递性,有 $\quad h_1 \rho h_2$
于是 $\quad h_1 * (h_2^{-1} * h_2) \rho h_2$
因此 $\quad (h_1 * h_2^{-1}) * h_2 \rho e * h_2$
由题设条件,有 $\quad h_1 * h_2^{-1} \rho e$
因此 $\quad h_1 * h_2^{-1} \in H$
故 $\langle H; * \rangle$ 是 $\langle G; * \rangle$ 的子群.

例 3 设 $\langle A; * \rangle$ 和 $\langle B; * \rangle$ 都是群 $\langle G; * \rangle$ 的正规子群,令
$$AB = \{a * b \mid a \in A, b \in B\}$$
试证明 AB 对于运算 $*$ 也构成群 $\langle G; * \rangle$ 的正规子群.

证明 因为 $e \in A, e \in B$,所以有 $e \in AB$,因此 AB 非空.

因为 $\langle A; * \rangle$ 是 $\langle G; * \rangle$ 的正规子群,所以对于任意 $g \in G$,有 $g * A = A * g$,因此对于任意的 $a \in A$ 和任意的 $g \in G$,必有元素 $a' \in A$,使得 $g * a = a' * g$.

设 $a_1 * b_1, a_2 * b_2 \in AB$,由 $\langle A; * \rangle$ 是 $\langle G; * \rangle$ 的正规子群,则有
$$(a_1 * b_1) * (a_2 * b_2)^{-1} = (a_1 * b_1) * (b_2^{-1} * a_2^{-1}) = (a_1 * b_1) * (a_3 * b_2^{-1})$$
$$= a_1 * (b_1 * a_3) * (b_2^{-1}) = (a_1 * a_4) * (b_1 * b_2^{-1}) \in AB$$

由上可知 $\langle AB; * \rangle$ 是 $\langle G; * \rangle$ 的子群.

又对于任意的 $g \in G$ 和任意的 $a * b \in AB$,因为 $\langle B; * \rangle$ 也是 $\langle G; * \rangle$ 的正规子群,所以有
$$g * (a * b) * g^{-1} = (g * a) * (b * g^{-1}) = (a' * g) * (b * g^{-1})$$
$$= a' * (g * b) * g^{-1} = (a' * b') * (g * g^{-1})$$
$$= a' * b' \in AB$$

这说明 $g * AB * g^{-1} \subseteq AB$,由 g 的任意性和定理 5-17 可知,$\langle AB; * \rangle$ 是 $\langle G; * \rangle$ 的正规子群.

习 题

1. 给出一个半群,使其具有左单位元和右零元,但又不是独异点.

2. 独异点 $\langle 2^U; \cup \rangle$、$\langle 2^U; \cap \rangle$、$\langle \mathbf{Z}; + \rangle$、$\langle \mathbf{Z}; \cdot \rangle$、$\langle R_A; \circ \rangle$ 和 $\langle V^*; \circ \rangle$ 具有零元吗?如果有,它们是什么?

3. 设有二元代数 $V = \langle \{a,b,c,d\}; \cdot \rangle$,其中运算 · 由右表定义:

   (1) 证明 V 是一循环独异点,并列出它的生成元;
   (2) 如果 g 是生成元,将 V 的每一元素表示成 g 的幂;
   (3) 列出 V 的所有幂等元;
   (4) 证明 V 中每一个元素的某次乘方是幂等的.

·	a	b	c	d
a	a	b	c	d
b	b	c	d	a
c	c	d	a	b
d	d	a	b	c

4. 证明自然数集 $\mathbf{N}$ 对于运算 $x * y = \max\{x,y\}$ 构成一个半群. 它是独异点吗?

5. 设 $S = \{a,b\}$,试证半群 $\langle S^S; \circ \rangle$ 是不可交换的. 这里 。是函数的复合运算.

6. 试证,每一个有限半群都有一个幂等元.

7. 证明在一个独异点中左可逆元(右可逆元)的集合形成一个子独异点.

8. 设 $\langle S; * \rangle$ 是一个半群,如果对于所有的 $x, y \in S$,由 $a * x = a * y \Rightarrow x = y$,则元素 $a \in S$ 称为左可约的. 试证明:若 a 和 b 是左可约的,则 $a * b$ 也是左可约的.

9. 试证明一独异点的所有可逆元素的集合,对于该独异点所具有的运算,能够构成群.

10. 下列的二元代数 $\langle G; * \rangle$ 中哪一个构成群?在 $\langle G; * \rangle$ 是群的情况下,指出其单位元并确定每个元素的逆.

    (1) $G = \{1,10\}$,$*$ 是按模 11 的乘法;
    (2) $G = \{1,3,4,5,9\}$,$*$ 是按模 11 的乘法;
    (3) $G = Q$,$*$ 是通常的加法;
    (4) $G = Q$,$*$ 是通常的乘法;
    (5) $G = I$,$*$ 是通常的减法;
    (6) $G = \{\alpha,\beta,\gamma,\delta\}$,$*$ 是右表定义的运算.

*	α	β	γ	δ
α	β	δ	α	γ
β	δ	γ	β	α
γ	α	β	γ	δ
δ	γ	α	δ	β

11. 如果 $\langle G; * \rangle$ 是一个阿贝尔群,则对于所有的 $a, b \in G$,证明 $(a * b)^n = a^n * b^n (n \in \mathbf{N})$.

12. 试证明在一个群 $\langle G; * \rangle$ 中,如果对于任意的 $a, b \in G$,有 $(a * b)^2 = a^2 * b^2$,则 $\langle G; * \rangle$ 必定是一个阿贝尔群.

13. 试证明如果一个群的每一个元素都是它自己的逆元,则该群必是阿贝尔群.

14. 试证明 $\langle \{1\}; \cdot \rangle$ 和 $\langle \{1,-1\}; \cdot \rangle$ 是非零实数在乘法运算下仅有的有限群.

15. 试证明 x 的所有多项式的集合在加法运算下是一个群.

16. 试证明 $\langle \mathbf{Z}_3; \oplus_3 \rangle$ 是一个群,其中 $\mathbf{Z}_3 = \{0,1,2\}$,$\oplus_3$ 是按模 3 的加法.

17. 试证明在一个有限群里,周期大于 2 的元素的个数一定是偶数.

18. 设 $\langle G; * \rangle$ 是一个阶为偶数的有限群,试证明在 G 里周期等于 2 的元素的个数一定是奇数.

19. 设 $\langle G; * \rangle$ 是循环群,f 是从 $\langle G; * \rangle$ 到 $\langle G'; \circ \rangle$ 的满同态(。是二元运算),试证明 $\langle G'; \circ \rangle$ 也是循环群.

20. 设 $\langle G; * \rangle$ 是无限阶的循环群,$\langle G'; \circ \rangle$ 是任意循环群,试证明存在由 $\langle G; * \rangle$ 到 $\langle G'; \circ \rangle$ 的同态.

21. 设 $\langle G; * \rangle$ 是一个由 g 生成的阶为 n 的有限循环群,证明 g^r 也生成 $\langle G; * \rangle$(这里 r 与 n 互素).

22. 试证明所有无限阶的循环群都相互同构. 又凡阶等于 n 的有限循环群也都相互同构.

23. 设 $\langle H_1; * \rangle$ 和 $\langle H_2; * \rangle$ 是群 $\langle G; * \rangle$ 的子群,G 的子集 $H_1 * H_2$ 是否能构成 $\langle G; * \rangle$ 的子群?

24. 试证明群 $\langle G; * \rangle$ 的两个子群的交集也构成 $\langle G; * \rangle$ 的子群.

25. 试证明循环群的子群也是循环群.
26. 试证明阶为素数的群一定是循环群.
27. 试证明两个正规子群的交集还是构成正规子群.
28. 设$\langle S;*\rangle$是一有限可交换的独异点,并且对于任意的$a,b,c \in S$,由$a*b=a*c$可得$b=c$,证明$\langle S;*\rangle$是一交换群.
29. 设$\langle G;*\rangle$是一个群,$\langle \widetilde{G};*\rangle$是$\langle G;*\rangle$的一个子群,定义$G$的子集$H$为
$$H = \{a \mid a*\widetilde{G} = \widetilde{G}*a\}$$
试证明:(1) $\langle H;*\rangle$是$\langle G;*\rangle$的子群;
(2) $\langle \widetilde{G};*\rangle$是$\langle H;*\rangle$的正规子群.
30. 设$\langle G;*\rangle$是一个群,定义G的子集H为
$$H = \{a \mid a*x = x*a, 对于任意的 x \in G\}$$
证明$\langle H;*\rangle$是$\langle G;*\rangle$的子群.
31. 设$G = \{(a,b) \mid a,b \in \mathbf{R} 且 a \neq 0\}$,其中$\mathbf{R}$是实数集合.定义$G$上的二元运算$*$,对任意$(a,b), (c,d) \in G, (a,b)*(c,d) = (a \times c, b \times c + d)$,这里$+$和$\times$分别表示通常数的加法和乘法运算.试证明:
(1) $\langle G;*\rangle$是群;
(2) 设$H = \{(1,b) \mid b \in \mathbf{R}\}$,则$\langle H;*\rangle$是$\langle G;*\rangle$的子群.
32. 设$\langle H;*\rangle$是群$\langle G;*\rangle$的子群.试证明:若G的其他子群都不与H等势,则$\langle H;*\rangle$是$\langle G;*\rangle$的正规子群.
33. 设$\langle G;*\rangle$是一个n阶的非交换群,$n \geqslant 3$.试证明G中存在非单位元a和$b, a \neq b$,使得$a*b = b*a$.
34. 设$\langle G;*\rangle$是一个三阶群,$G = \{e,a,b\}$,试给出$\langle G;*\rangle$的运算表并证明其必为交换群.
35. 设$\langle G;*\rangle$是一个交换群,H是G中所有具有有限周期的元素构成的集合.试证明$\langle H;*\rangle$是$\langle G;*\rangle$的正规子群.
36. 设$\langle G;*\rangle$是一个群,$\langle H;*\rangle$是$\langle G;*\rangle$的一个正规子群,证明导致$\langle G;*\rangle$中与$\langle H;*\rangle$相关的陪集分划的等价关系ρ是$\langle G;*\rangle$上的一个同余关系.
37. 设g是由群$\langle G;*\rangle$到群$\langle G';\circ\rangle$的满同态,试证明:
(1) 若$\langle H;*\rangle$是群$\langle G;*\rangle$的子群,则H的像H'对于运算$\circ$构成$\langle G';\circ\rangle$的子群;
(2) 若$\langle N;*\rangle$是群$\langle G;*\rangle$的正规子群,则N的像N'对于运算$\circ$构成$\langle G';\circ\rangle$的正规子群.
38. 设g是由群$\langle G;*\rangle$到群$\langle G';\circ\rangle$的满同态,试证明:
(1) 若$\langle H';\circ\rangle$是群$\langle G';\circ\rangle$的子群,则H'的像源H对于运算$*$也构成$\langle G;*\rangle$的子群;
(2) 若$\langle N';\circ\rangle$是群$\langle G';\circ\rangle$的正规子群,则N'的像源N对于运算$*$也构成$\langle G;*\rangle$的正规子群.
39. 设$V = \langle G;*\rangle$是一个循环群,$\langle N;*\rangle$是$\langle G;*\rangle$的子群,证明V/N也是循环群.

*第6章 环 和 域

本章继续讨论代数系统,研究具有两个二元运算的代数系统——环和域.在高等代数里已经看到,对于通常的加法和乘法运算,全体整数构成一个环,全体有理数、全体实数或全体复数都构成一个域.由此可见,环和域这两个概念的重要性.和对于群的讨论一样,这里只是对环和域作某些最基本的介绍.

环和域的知识在研究错误检测、代码校正及其物理实现上是必不可少的.

6.1 环

定义 6-1 代数系统$\langle R;+,\cdot \rangle$[①]如果对于二元运算$+$和$\cdot$满足以下三个条件,则称$\langle R;+,\cdot \rangle$是一个**环**:

(1) $\langle R;+ \rangle$是阿贝尔群;

(2) $\langle R;\cdot \rangle$是半群;

(3) 运算$\cdot$对于$+$是可分配的,即对于任意的$a,b,c \in R$,有
$$a \cdot (b+c) = a \cdot b + a \cdot c \quad (b+c) \cdot a = b \cdot a + c \cdot a$$

用归纳法很容易证明,在环$\langle R;+,\cdot \rangle$中,对于任意的$a,b_1,b_2,\cdots,b_n \in R$,有
$$a \cdot (b_1 + b_2 + \cdots + b_n) = a \cdot b_1 + a \cdot b_2 + \cdots + a \cdot b_n$$
$$(b_1 + b_2 + \cdots + b_n) \cdot a = b_1 \cdot a + b_2 \cdot a + \cdots + b_n \cdot a$$

习惯上把环$\langle R;+,\cdot \rangle$中的运算$+$称为加法,把运算$\cdot$称为乘法,虽然这些运算不一定就是通常的加法和乘法.在群中,如果一个群的运算称为加法,并用符号$+$表示,那么就把这个群称为**加法群**,而且总假定一个加法群是一个交换群.环$\langle R;+,\cdot \rangle$中,$R$对于加法构成加法群.

在环$\langle R;+,\cdot \rangle$中,加法运算的单位元用$0$表示,称为**零元**.如果乘法运算有单位元,则用1表示,并称它为**单位元**.环中元素a对加法的逆元用$-a$表示,称它为a的**负元**.$a+(-b)$通常写成$a-b$.而乘法逆元如果存在的话,用a^{-1}表示,称它为a的**逆元**.积$a \cdot b$通常写成ab.对于运算$+$,a的n次幂表示成na,即$na = \underbrace{a+a+\cdots+a}_{n\text{个}}$.

而对于运算$\cdot$,a的n次幂表示成a^n,即$a^n = \underbrace{a \cdot a \cdots a}_{n\text{个}}$.在没有括号时,约定指数优先于

[①] 在这里,R表示一个非空集合,不表示实数集.

乘法,而乘法优先于加法.

由环的定义可以看出,一个环$\langle R;+,\cdot\rangle$中的运算 · 可以满足也可以不满足以下条件.

(1) **交换律**:对于任意的$a,b\in R, ab=ba$.

(2) **单位元**:存在一个元素$1\in R$,使得对于所有的$a\in R$,有
$$1\cdot a = a\cdot 1 = a$$

(3) **消去律**:若$a\neq 0$,则对于任意的$b,c\in R$,

由$ab=ac$,可推得 $b=c$;

由$ba=ca$,可推得 $b=c$.

定义 6-2 如果环$\langle R;+,\cdot\rangle$对于运算 · 满足交换律,则称环$\langle R;+,\cdot\rangle$是**交换环**.

例 1 代数系统$\langle \mathbf{I};+,\cdot\rangle$是一个环,其中 + 和 · 都是通常的加法和乘法,它是具有单位元 1 且满足消去律的交换环.

例 2 $\langle \mathbf{I}_2;+,\cdot\rangle$也是一个环,这里$\mathbf{I}_2=\{2i\mid i\in \mathbf{I}\}$, + 和 · 的意义同上. 这个环不具有单位元,是一个满足消去律的交换环.

例 3 $\langle \mathbf{Z}_3;\oplus_3,\odot_3\rangle$是一个环,其中$\oplus_3$与$\odot_3$是按模 3 的加与乘,即
$$a\oplus_3 b = \mathrm{res}_3(a+b) \quad a\odot_3 b = \mathrm{res}_3(ab)$$

其运算表如下:

$\oplus_3$	0	1	2
0	0	1	2
1	1	2	0
2	2	0	1

$\odot_3$	0	1	2
0	0	0	0
1	0	1	2
2	0	2	1

该环的单位元是 1,而且从$\odot_3$的运算表中可看出,对于任意的$a\neq 0$,当$b\neq c$时,有$a\odot_3 b\neq a\odot_3 c$,且$b\odot_3 a\neq c\odot_3 a$. 因此该环满足消去律且是一个交换环.

类似地,$\langle \mathbf{Z}_4;\oplus_4,\odot_4\rangle$也是一个环,这里$\oplus_4$和$\odot_4$是按模 4 的加与乘. 其运算表如下:

$\oplus_4$	0	1	2	3
0	0	1	2	3
1	1	2	3	0
2	2	3	0	1
3	3	0	1	2

$\odot_4$	0	1	2	3
0	0	0	0	0
1	0	1	2	3
2	0	2	0	2
3	0	3	2	1

它是具有单位元 1 的交换环,但它不满足消去律. 例如,$2\odot_4 1 = 2\odot_4 3$.

一般来说,对于任意的正整数 m,$\langle \mathbf{Z}_m; \oplus_m; \odot_m \rangle$ 是一个具有单位元的交换环. 数 0 是零元,对任一 $a(\neq 0) \in \mathbf{Z}_m$,$b = m - a$ 是其负元,0 的负元是 0 自身.

比较环和整环的定义(参见 4.2 节),可以发现,整环是一个具有单位元、满足消去律的交换环.

定理 6-1 设 $\langle R; +, \cdot \rangle$ 是一个环,则对于任意的 $a, b \in R$,有

(1) $a \cdot 0 = 0 \cdot a = 0$

(2) $(-a) \cdot b = a \cdot (-b) = -(ab)$

证明 (1) 因为 $\quad 0 \cdot a + 0 \cdot a = (0 + 0) \cdot a = 0 \cdot a$

所以 $\qquad 0 \cdot a + 0 \cdot a - (0 \cdot a) = 0 \cdot a - (0 \cdot a)$

即得 $\qquad 0 \cdot a = 0$

同样地有 $\qquad a \cdot 0 = 0$

因此 $\qquad a \cdot 0 = 0 \cdot a = 0$

(2) $(-a) \cdot b = ab + (-a) \cdot b - (ab) = (a + (-a))b - (ab)$

$\qquad\qquad\qquad = 0 \cdot b - (ab) = -(ab)$

同样地有 $\qquad\qquad a \cdot (-b) = -(ab)$.

所以 $\qquad\qquad (-a) \cdot b = a \cdot (-b) = -(ab)$

证毕.

(1) 说明环中加法的单位元对于乘法来说是零元. 也就是说,两个元素相乘,当至少有一个因子是零时,乘积一定等于零. 下面将看到,这个结论的逆不成立,即可能有 $a \cdot b = 0$,但 $a \neq 0, b \neq 0$. 例如,在上述例 3 环 $\langle \mathbf{Z}_4; \oplus_4, \odot_4 \rangle$ 中 $2 \odot_4 2 = 0$.

定义 6-3 若在环 $\langle R; +, \cdot \rangle$ 里,$a \neq 0, b \neq 0$,但有 $ab = 0$,则称 a 是这个环的一个**左零因子**. b 是这个环的一个**右零因子**.

上例中的 2 既是环 $\langle \mathbf{Z}_4; \oplus_4, \odot_4 \rangle$ 的一个左零因子,也是一个右零因子. 显然,一个环若是交换环,则它的左零因子当然也是右零因子. 但在非交换环中,一个左零因子不一定同时也是右零因子.

如果一个环没有零因子,也就是说,由 $ab = 0$ 必然推出 $a = 0$ 或者 $b = 0$,那么这个环就称为是**无零因子环**.

定理 6-2 环 $\langle R; +, \cdot \rangle$ 成为无零因子环的充要条件是它满足消去律.

证明 设 $\langle R; +, \cdot \rangle$ 是无零因子环,且设 $a, b, c \in R$,其中 $a \neq 0$ 使得 $ab = ac$,$ba = ca$,因此 $ab - (ac) = 0 \quad ba - (ca) = 0$,从而 $a(b - c) = 0 \quad (b - c)a = 0$. 因为 $\langle R; +, \cdot \rangle$ 是无零因子环,且 $a \neq 0$,所以必有 $b - c = 0$ 即 $b = c$. 故 $\langle R; +, \cdot \rangle$ 满足消去律.

反之,设 $\langle R; +, \cdot \rangle$ 满足消去律,且设 $a, b \in R$ 使 $ab = 0$. 如果 $a \neq 0$,则有 $ab = a0$,由消去律得 $b = 0$. 因此,$\langle R; +, \cdot \rangle$ 是无零因子环.

6.2 子环与理想子环

类似于子群,环中也有子环的概念.

定义 6-4 如果环 $\langle R;+,\cdot\rangle$ 的子代数 $\langle \widetilde{R};+,\cdot\rangle$ 也是一个环,则称 $\langle \widetilde{R};+,\cdot\rangle$ 是环 $\langle R;+,\cdot\rangle$ 的**子环**.如果 $\widetilde{R}$ 是 R 的真子集,则称 $\langle \widetilde{R};+,\cdot\rangle$ 是 $\langle R;+,\cdot\rangle$ 的**真子环**.

环 $\langle R;+,\cdot\rangle$ 的子代数 $\langle \widetilde{R};+,\cdot\rangle$ 在什么条件下构成 $\langle R;+,\cdot\rangle$ 的子环呢?由定义,$\langle \widetilde{R};+\rangle$ 必须成群,$\langle \widetilde{R};\cdot\rangle$ 必须成半群,且满足 $\cdot$ 对 $+$ 的分配律和运算 $+$ 的可交换性.因为后三条显然是成立的,所以 $\langle \widetilde{R};+,\cdot\rangle$ 成为 $\langle R;+,\cdot\rangle$ 的子环的充要条件是 $\langle \widetilde{R};+\rangle$ 成群,即 $\langle \widetilde{R};+\rangle$ 是 $\langle R;+\rangle$ 的子群.因此有下面的定理.

定理 6-3 设 $\langle R;+,\cdot\rangle$ 是一个环,$\langle \widetilde{R};+,\cdot\rangle$ 是 $\langle R;+,\cdot\rangle$ 的子代数,当且仅当 $\langle \widetilde{R};+,\cdot\rangle$ 对于运算 $+$ 满足可逆性时,$\langle \widetilde{R};+,\cdot\rangle$ 是 $\langle R;+,\cdot\rangle$ 的子环.

证明 由定理 5-12,当且仅当 $\langle \widetilde{R};+,\cdot\rangle$ 关于运算 $+$ 满足可逆律时,$\langle \widetilde{R};+\rangle$ 成群.此外,$\langle \widetilde{R};+,\cdot\rangle$ 从 $\langle R;+,\cdot\rangle$ 自动保持了关于运算 $+$ 的可交换性,关于运算 $\cdot$ 的可结合性以及 $\cdot$ 对 $+$ 的可分配性.证毕.

于是,若给定一环 $\langle R;+,\cdot\rangle$,为了确定 R 的某一非空子集 $\widetilde{R}$ 能否构成 $\langle R;+,\cdot\rangle$ 的子环,只需检验以下条件是否成立:

对于任意的 $a,b\in\widetilde{R}$,有 $a-b\in\widetilde{R}$ 和 $ab\in\widetilde{R}$.

显然,如果 $\langle R;+,\cdot\rangle$ 是交换环,则其子环也是交换环.

例 1 $\langle R;+,\cdot\rangle$ 和 $\langle\{0\};+,\cdot\rangle$ 都是 $\langle R;+,\cdot\rangle$ 的子环.

例 2 $\langle \mathbf{I}_m;+,\cdot\rangle$,其中 $\mathbf{I}_m=\{mi\mid i\in\mathbf{I}\}$ 是 $\langle\mathbf{I};+,\cdot\rangle$ 的一个可换子环(m 是任一整数).

例 3 $\langle\{0,2\};\oplus_4,\odot_4\rangle$ 是 $\langle \mathbf{Z}_4;\oplus_4,\odot_4\rangle$ 的可换子环.

定义 6-5 设 $V=\langle R;+,\cdot\rangle$ 是一个环,$\langle D;+,\cdot\rangle$ 是 V 的子环,如果对于所有的 $a\in R$ 和 $d\in D$,ad 和 da 都属于 D,则称 $\langle D;+,\cdot\rangle$ 为 V 的**理想子环**,简称为**理想**.若 D 是 R 的真子集,则称理想 $\langle D;+,\cdot\rangle$ 是 V 的**真理想**.

显然,若 $D=R$ 或 $D=\{0\}$,则 $\langle D;+,\cdot\rangle$ 是 $\langle R;+,\cdot\rangle$ 的理想.在这种情形下,称 $\langle D;+,\cdot\rangle$ 为**平凡理想**.

例 4 对于任意整数 m,环 $\langle \mathbf{I};+,\cdot\rangle$ 的子环 $\langle \mathbf{I}_m;+,\cdot\rangle$ 是理想子环.

6.3 理想与满同态

理想在环论里所占的地位同正规子群在群论里所占的地位类似,下面来说明这一点.

设$\langle R;+,\cdot\rangle$和$\langle R';+',\cdot'\rangle$是两个环,$g$是由$R$到$R'$的一个函数. 我们知道,若对于所有的$a,b\in R$,有
$$g(a+b)=g(a)+'g(b),\quad g(a\cdot b)=g(a)\cdot'g(b)$$
则g是由环$\langle R;+,\cdot\rangle$到$\langle R';+',\cdot'\rangle$的同态.

定理 6-4 设$\langle R;+,\cdot\rangle$是一个环,$\langle R';+',\cdot'\rangle$是一个具有两个二元运算的代数系统,若$g$是由$\langle R;+,\cdot\rangle$到$\langle R';+',\cdot'\rangle$的满同态,则$\langle R';+',\cdot'\rangle$也是一个环.

该定理的结论由定理 4-5 直接可得.

设g是由环$\langle R;+,\cdot\rangle$到环$\langle R';+',\cdot'\rangle$的满同态,下面证明$g$的核,即$\langle R';+',\cdot'\rangle$的零元$0'$在$R$中的所有像源的集合,对运算$+$和$\cdot$构成$\langle R;+,\cdot\rangle$的一个理想.

定理 6-5 设K是由环$\langle R;+,\cdot\rangle$到环$\langle R';+',\cdot'\rangle$的满同态$g$的核,则$\langle K;+,\cdot\rangle$是$\langle R;+,\cdot\rangle$的一个理想.

证明 因为g是由加法群$\langle R;+\rangle$到加法群$\langle R';+'\rangle$的满同态,所以g的核K对运算$+$构成$\langle R;+\rangle$的子群$\langle K;+\rangle$. 又若$a\in K, b\in R$,则
$$g(a\cdot b)=g(a)\cdot'g(b)=0'\cdot'g(b)=0'$$
所以$a\cdot b\in K$. 同样地$g(b\cdot a)=g(b)\cdot'g(a)=g(b)\cdot'0'=0'$,所以$b\cdot a\in K$. 由上可知$\langle K;+,\cdot\rangle$是$\langle R;+,\cdot\rangle$的一个理想. 证毕.

于是,由环$\langle R;+,\cdot\rangle$到环$\langle R';+',\cdot'\rangle$的一个满同态,就得到环$\langle R;+,\cdot\rangle$的一个理想.

反之,假设$\langle D;+,\cdot\rangle$是环$V=\langle R;+,\cdot\rangle$的任一个理想,根据理想的定义可知,$\langle D;+\rangle$是$V$的一个正规(加法)子群,因此,在$V$中导致与$\langle D;+\rangle$相关的陪集分划的等价关系$\rho$对于运算$+$满足代换性质(参见第5章习题第36题). 现在证明ρ对于运算$\cdot$也满足代换性质.

事实上,若$a_1\rho a_2, b_1\rho b_2$,则a_1与a_2属于同一个陪集,设为c_1+D,b_1与b_2属于同一个陪集,设为c_2+D. 因此存在元素$d_1,d_2\in D$,使$a_1=c_1+d_1, a_2=c_1+d_2$,同样也存在元素$d_3,d_4\in D$,使$b_1=c_2+d_3, b_2=c_2+d_4$,因而
$$a_1b_1=(c_1+d_1)(c_2+d_3)=c_1c_2+(d_1c_2+c_1d_3+d_1d_3)$$
$$a_2b_2=(c_1+d_2)(c_2+d_4)=c_1c_2+(d_2c_2+c_1d_4+d_2d_4)$$
因为$\langle D;+,\cdot\rangle$是一个理想,所以d_1c_2,c_1d_3,d_1d_3都在D中,从而$d_1c_2+c_1d_3+d_1d_3\in D$,因此$a_1b_1\in(c_1c_2)+D$,同样地,$a_2b_2\in(c_1c_2)+D$,故有$(a_1b_1)\rho(a_2b_2)$,即$\rho$对于运算$\cdot$也满足代换性质. 于是,$\rho$是$\langle R;+,\cdot\rangle$上的同余关系.

因为 ρ 是环 $\langle R;+,\cdot\rangle$ 上的同余关系,所以由定理 4-8 可知,此时必存在一个由 V 到 V/ρ 的满同态. 这里 V/ρ 是 V 关于 ρ 的商代数,即

$$V/\rho = \langle R/\rho; \widetilde{+}, \widetilde{\cdot} \rangle$$

其中,$R/\rho = \{a + D \mid a \in R\}$ 是 $\langle D;+\rangle$ 的所有陪集的集合.

$$(a_1 + D) \widetilde{+} (a_2 + D) = (a_1 + a_2) + D$$

$$(a_1 + D) \widetilde{\cdot} (a_2 + D) = (a_1 a_2) + D$$

由于 $V = \langle R;+,\cdot\rangle$ 是一个环,由定理 6-4,V/ρ 也是一个环,称为 V 关于 $\langle D;+,\cdot\rangle$ 的**商环**,常用记号 V/D 表示(而不用 V/ρ).

定理 6-6 若 $\langle D;+,\cdot\rangle$ 是环 $V = \langle R;+,\cdot\rangle$ 的一个理想,则存在一个由环 V 到 V 关于 $\langle D;+,\cdot\rangle$ 的商环 V/D 的满同态.

这一定理说明由环 $V = \langle R;+,\cdot\rangle$ 的任一理想 $\langle D;+,\cdot\rangle$ 可以确定一个由 V 到 V 关于 $\langle D;+,\cdot\rangle$ 的商环的满同态,这个满同态的核是 D.

根据定理 4-9,又可直接得到下述结论.

定理 6-7 若 g 是由环 $V_1 = \langle R;+,\cdot\rangle$ 到环 $V_2 = \langle R';+',\cdot'\rangle$ 的一个满同态,其核是 K,则环 V_2 与环 V_1 关于 $\langle K;+,\cdot\rangle$ 的商环 V_1/K 同构.

例 1 考虑环 $V = \langle \mathbf{I};+,\cdot\rangle$ 和它的理想 $\langle \mathbf{I}_5;+,\cdot\rangle$. 因为 $\langle \mathbf{I}_5;+\rangle$ 是 V 的正规(加法)子群,所以 $\langle \mathbf{I}_5;+\rangle$ 的所有陪集构成 $\mathbf{I}$ 的分划,即

$$D = \{\mathbf{I}_5, \mathbf{I}_5 + 1, \mathbf{I}_5 + 2, \mathbf{I}_5 + 3, \mathbf{I}_5 + 4\} \qquad (6\text{-}1)$$

于是,V 关于 $\langle \mathbf{I}_5;+,\cdot\rangle$ 的商环 $V/\mathbf{I}_5 = \langle D; \widetilde{+}, \widetilde{\cdot}\rangle$. 其中 D 由(1)式所定义,运算 $\widetilde{+}$ 和 $\widetilde{\cdot}$ 定义如下:

$$(\mathbf{I}_5 + i_1) \widetilde{+} (\mathbf{I}_5 + i_2) = \mathbf{I}_5 + \text{res}_5(i_1 + i_2)$$

$$(\mathbf{I}_5 + i_1) \widetilde{\cdot} (\mathbf{I}_5 + i_2) = \mathbf{I}_5 + \text{res}_5(i_1 \cdot i_2)$$

其运算表由表 6-1 给出.

由运算表可看出 $\mathbf{I}_5$ 是商环 $V/\mathbf{I}_5$ 的零元.

表 6-1

$\widetilde{+}$	$\mathbf{I}_5$	$\mathbf{I}_5+1$	$\mathbf{I}_5+2$	$\mathbf{I}_5+3$	$\mathbf{I}_5+4$	$\widetilde{\cdot}$	$\mathbf{I}_5$	$\mathbf{I}_5+1$	$\mathbf{I}_5+2$	$\mathbf{I}_5+3$	$\mathbf{I}_5+4$
$\mathbf{I}_5$	$\mathbf{I}_5$	$\mathbf{I}_5+1$	$\mathbf{I}_5+2$	$\mathbf{I}_5+3$	$\mathbf{I}_5+4$	$\mathbf{I}_5$	$\mathbf{I}_5$	$\mathbf{I}_5$	$\mathbf{I}_5$	$\mathbf{I}_5$	$\mathbf{I}_5$
$\mathbf{I}_5+1$	$\mathbf{I}_5+1$	$\mathbf{I}_5+2$	$\mathbf{I}_5+3$	$\mathbf{I}_5+4$	$\mathbf{I}_5$	$\mathbf{I}_5+1$	$\mathbf{I}_5$	$\mathbf{I}_5+1$	$\mathbf{I}_5+2$	$\mathbf{I}_5+3$	$\mathbf{I}_5+4$
$\mathbf{I}_5+2$	$\mathbf{I}_5+2$	$\mathbf{I}_5+3$	$\mathbf{I}_5+4$	$\mathbf{I}_5$	$\mathbf{I}_5+1$	$\mathbf{I}_5+2$	$\mathbf{I}_5$	$\mathbf{I}_5+2$	$\mathbf{I}_5+4$	$\mathbf{I}_5+1$	$\mathbf{I}_5+3$
$\mathbf{I}_5+3$	$\mathbf{I}_5+3$	$\mathbf{I}_5+4$	$\mathbf{I}_5$	$\mathbf{I}_5+1$	$\mathbf{I}_5+2$	$\mathbf{I}_5+3$	$\mathbf{I}_5$	$\mathbf{I}_5+3$	$\mathbf{I}_5+1$	$\mathbf{I}_5+4$	$\mathbf{I}_5+2$
$\mathbf{I}_5+4$	$\mathbf{I}_5+4$	$\mathbf{I}_5$	$\mathbf{I}_5+1$	$\mathbf{I}_5+2$	$\mathbf{I}_5+3$	$\mathbf{I}_5+4$	$\mathbf{I}_5$	$\mathbf{I}_5+4$	$\mathbf{I}_5+3$	$\mathbf{I}_5+2$	$\mathbf{I}_5+1$

根据定理 6-6,此时必存在一个由 V 到 $V/\mathbf{I}_5$ 的满同态,该满同态由函数 $g: \mathbf{I} \to \{\mathbf{I}_5, \mathbf{I}_5+1, \mathbf{I}_5+2, \mathbf{I}_5+3, \mathbf{I}_5+4\}$ 给出,在这里 $g(i) = \mathbf{I}_5 + \text{res}_5(i)$.

显然,$V/\mathbf{I}_5$ 的零元 $\mathbf{I}_5$ 在 $\mathbf{I}$ 中所有像源的集合是 $\mathbf{I}_5$,因此满同态 g 的核是 $\mathbf{I}_5$.

我们知道,环 $\langle \mathbf{Z}_5; \oplus_5, \odot_5 \rangle$ 是环 $V = \langle \mathbf{I}; +, \cdot \rangle$ 的满同态像,这一满同态可由 $h: \mathbf{I} \to \mathbf{Z}_5$ 给出,这里 $h(i) = \text{res}_5(i)$. 显然,h 的核是 $\mathbf{I}_5$(0 是 $\langle \mathbf{Z}_5; \oplus_5, \odot_5 \rangle$ 的零元),因此由定理 6-7,环 $\langle \mathbf{Z}_5; \oplus_5, \odot_5 \rangle$ 与商环 $V/\mathbf{I}_5$ 同构.

事实上,可以定义函数 $f: \mathbf{Z}_5 \to D$,使得 $f(z) = \mathbf{I}_5 + z (z = 0, 1, 2, 3, 4)$. 显然,$f$ 是一个双射.

又
$$f(z_1 \oplus_5 z_2) = f(\text{res}_5(z_1 + z_2)) = \mathbf{I}_5 + \text{res}_5(z_1 + z_2)$$
$$f(z_1) \widetilde{+} f(z_2) = (\mathbf{I}_5 + z_1) \widetilde{+} (\mathbf{I}_5 + z_2) = \mathbf{I}_5 + \text{res}_5(z_1 + z_2)$$

所以 $\qquad f(z_1 \oplus_5 z_2) = f(z_1) \widetilde{+} f(z_2)$

而 $\qquad f(z_1 \odot_5 z_2) = f(\text{res}_5(z_1 \cdot z_2)) = \mathbf{I}_5 + \text{res}_5(z_1 \cdot z_2)$
$$f(z_1) \widetilde{\cdot} f(z_2) = (\mathbf{I}_5 + z_1) \widetilde{\cdot} (\mathbf{I}_5 + z_2) = \mathbf{I}_5 + \text{res}_5(z_1 \cdot z_2)$$

所以 $\qquad f(z_1 \odot_5 z_2) = f(z_1) \widetilde{\cdot} f(z_2)$

因此,确有环 $\langle \mathbf{Z}_5; \oplus_5, \odot_5 \rangle$ 到商环 $V/\mathbf{I}_5$ 的同构.

重复上面的论证可知,对任意的正整数 m,都存在一由环 $V = \langle \mathbf{I}; +, \cdot \rangle$ 到商环 $V/\mathbf{I}_m$ 的满同态,而且环 $V/\mathbf{I}_m$ 必与环 $\langle \mathbf{Z}_m; \oplus_m, \odot_m \rangle$ 同构.

定义 6-6 设 $\langle D; +, \cdot \rangle$ 是环 $V = \langle R; +, \cdot \rangle$ 的一个理想,如果对于任意的 $a, b \in R$,若 $ab \in D$,便有 $a \in D$ 或 $b \in D$,则称 $\langle D; +, \cdot \rangle$ 是一个**素理想**.

例 2 环 $\langle \mathbf{I}; +, \cdot \rangle$ 的理想 $\langle \mathbf{I}_5; +, \cdot \rangle$ 是一个素理想. 因为,如果 $ab = 5i \in \mathbf{I}_5$,则由于 5 是素数,因此或者 a 是 5 的倍数,或者 b 是 5 的倍数,即有 $a \in \mathbf{I}_5$ 或 $b \in \mathbf{I}_5$. 但理想 $\langle \mathbf{I}_6; +, \cdot \rangle$ 不是素理想,例如,$2 \cdot 3 = 6 \cdot 1 \in \mathbf{I}_6$,但 $2 \notin \mathbf{I}_6$,$3 \notin \mathbf{I}_6$.

定理 6-8 设 $\langle D; +, \cdot \rangle$ 是具有单位元的交换环 $V = \langle R; +, \cdot \rangle$ 的理想,则当且仅当 $\langle D; +, \cdot \rangle$ 是一个素理想时,V/D 是一个整环.

证明 因为 $\langle D; +, \cdot \rangle$ 是环 V 的理想,所以由定理 6-6,V/D 是 V 的一个满同态像. 又由定理 4-6,V/D 必是具有单位元的交换环.

设 $\langle D; +, \cdot \rangle$ 是一个素理想,C_1 和 C_2 是 V/D 的任意两个元素,可以写成 $C_1 = D + a$,$C_2 = D + b (a, b \in R)$,从而

$$C_1 \widetilde{\cdot} C_2 = (D + a) \widetilde{\cdot} (D + b) = D + (ab)$$

若 $C_1 \widetilde{\cdot} C_2 = D$,则 $ab \in D$. 由 $\langle D; +, \cdot \rangle$ 是素理想,因此有 $a \in D$ 或 $b \in D$,即有 $C_1 = D$ 或 $C_2 = D$. 故 V/D 是一无零因子环,从而 V/D 是一个整环.

反之,设 V/D 是一无零因子环,对任意的 $a, b \in R$,令 $C_1 = D + a$,$C_2 = D + b$,

则
$$C_1 \tilde{\cdot} C_2 = (D+a) \tilde{\cdot} (D+b) = D+(ab)$$

若 $ab \in D$,则 $C_1 \tilde{\cdot} C_2 = D$,因为 V/D 是无零因子环,因此有 $C_1 = D$ 或 $C_2 = D$,即 $a \in D$ 或 $b \in D$,故 $\langle D; +, \cdot \rangle$ 是一素理想.

定理 6-9 当且仅当 m 是一个素数时,环 $\langle \mathbf{Z}_m; \oplus_m, \odot_m \rangle$ 是一个整环.

证明 考虑环 $V = \langle \mathbf{I}; +, \cdot \rangle$ 和它的理想 $\langle \mathbf{I}_m; +, \cdot \rangle$.当 m 是素数时,对任意的 $ab \in \mathbf{I}_m$,可以写成 $ab = mi$,以致 a 和 b 中至少有一个是 m 的倍数.因此对任意的 $ab \in \mathbf{I}_m$,有 $a \in \mathbf{I}_m$ 或 $b \in \mathbf{I}_m$,即当 m 是素数时,$\langle \mathbf{I}_m; +, \cdot \rangle$ 是一素理想.由定理 6-8,$V/\mathbf{I}_m$ 是一整环,因为 $V/\mathbf{I}_m$ 与 $\langle \mathbf{Z}_m; \oplus_m, \odot_m \rangle$ 同构,所以 $\langle \mathbf{Z}_m; \oplus_m, \odot_m \rangle$ 也是一个整环.

当 m 不是素数时,m 可以写成 $m = ab(1 < a < m, 1 < b < m)$.显然 $a \notin \mathbf{I}_m$,$b \notin \mathbf{I}_m$,但 $ab = m \in \mathbf{I}_m$,因此 $\langle \mathbf{I}_m; +, \cdot \rangle$ 不是素理想,由定理 6-8,$V/\mathbf{I}_m$ 不是整环,因此 $\langle \mathbf{Z}_m; \oplus_m, \odot_m \rangle$ 也不是整环.证毕.

定理 6-9 的结论也可直接由整环的定义推出.这将作为习题,请读者自己证明.

6.4 域

前面已经在环里给出了逆元的定义,并且知道环的任意一个元素不一定有逆元.那么在一个环里会不会每一个元素都有逆元呢?在极特殊的情形下这是可能的.

例如,R 只含有一个元素 a,加法和乘法是
$$a + a = a, \quad aa = a$$
$\langle R; +, \cdot \rangle$ 显然是一个环.这个环的唯一的元素 a 有一个逆元,就是 a 本身.

但当环 $\langle R; +, \cdot \rangle$ 至少有两个元素的时候情形就不同了.这时,$\langle R; +, \cdot \rangle$ 至少有一个不等于零的元素 a,因此 $0a = 0 \neq a$.这就是说,0 不会是单位元,而且不论 a 是 R 中的哪一个元素,总有 $0 \cdot a = 0$.因此,环 $\langle R; +, \cdot \rangle$ 中的 0 不会有逆元.

只含有一个元素的环没有多大的意思,这里不考虑它,而考虑至少有两个元素的环.这种环的零元不会有逆元是已经知道的,那么,除了零元外,其他的元会不会都有逆元呢?这是可能的.

例 1 全体有理数的集合对于通常的加法和乘法来说显然是一个环,这个环的任一元素 $q \neq 0$,有逆元 $1/q$.

定义 6-7 如果环 $\langle R; +, \cdot \rangle$ 是一个含有非零元素(即至少含有两个元素),具有单位元,并且每一个非零元素都有逆元的交换环,则称 $\langle R; +, \cdot \rangle$ 是一个**域**.

例 2 $\langle \mathbf{R}; +, \cdot \rangle$(这里 $\mathbf{R}$ 是实数集)是一个域.它的单位元是数 1,每一元素 $r \in \mathbf{R}(r \neq 0)$ 的逆元是 $1/r$.$\langle \mathbf{R}; +, \cdot \rangle$ 也是一个整环.

例 3 $\langle \mathbf{Z}_3; \oplus_3, \odot_3 \rangle$ 是一个域.它的单位元是 1,且 $1^{-1} = 1, 2^{-1} = 2$.$\langle \mathbf{Z}_3; \oplus_3,$

$\odot_3\rangle$ 也是一个整环.

$\langle \mathbf{Z}_4; \oplus_4, \odot_4 \rangle$ 不是一个域. 它的单位元是 $1, 1^{-1} = 1, 3^{-1} = 3$, 但 2 没有逆元. $\langle \mathbf{Z}_4; \oplus_4, \odot_4 \rangle$ 也不是整环.

例 4 $\langle \mathbf{I}; +, \cdot \rangle$ 不是一个域. 它虽有单位元 1, 但除了 1 和 -1 外, 其他非零元素均无逆元. 但 $\langle \mathbf{I}; +, \cdot \rangle$ 是一个整环.

定理 6-10 每一个域都满足消去律(因而是无零因子环).

证明 设 $\langle R; +, \cdot \rangle$ 是一个域, 且 $a(\neq 0), b, c$ 是 R 中的元素, 若 $ab = ac$, 则 $a^{-1}ab = a^{-1}ac$, 因此 $b = c$. 证毕.

由定理 6-10 立即可得下面的定理.

定理 6-11 每一个域都是整环.

这个定理的逆定理不成立. 例如, 整环 $\langle \mathbf{I}; +, \cdot \rangle$ 就不是一个域. 但当整环是有限的时候, 上述定理的逆定理是成立的.

定理 6-12 每一个有限整环都是一个域.

证明 设 $\langle R; +, \cdot \rangle$ 是一有限整环, 对于任一非零元素 $a \in R$, 由消去律可知, 如果 $a_i \neq a_j$, 则有 $aa_i \neq aa_j$, 因此 $a \cdot R = R$. 因而必存在某一元素 a_k, 使得 $a \cdot a_k = a_k \cdot a = 1$. 这就是说, 每一非零元素 $a \in R$, 在 $\langle R; +, \cdot \rangle$ 中都有一个逆元, 故 $\langle R; +, \cdot \rangle$ 是一个域. 证毕.

根据域的定义, 若 $\langle R; +, \cdot \rangle$ 是一个域, 则 $\langle R; + \rangle$ 是一个加法群, 又因为域中没有零因子, 因此, 对于所有非零元素 $a, b \in R, ab \neq 0$. 于是, $R - \{0\}$ 对于乘法运算是封闭的. 乘法满足结合律, 有单位元 $1 \in R - \{0\}$, $R - \{0\}$ 中每一元素都有逆元, 因此 $\langle R - \{0\}; \cdot \rangle$ 构成一乘法群. 这样, 一个域是由两个群, 即加法群和乘法群联合而成的, 分配律好像是一座桥将这两个群联系起来.

在域 $\langle R; +, \cdot \rangle$ 中, 每一个非零元素 a 都具有两个与之相联系的周期, 一个是在加法群中的加法周期, 一个是在乘法群中的乘法周期.

例 5 在域 $\langle \mathbf{R}; +, \cdot \rangle$ 中($\mathbf{R}$ 是实数集), 每一非零实数的加法周期为无限. 1 的乘法周期是 1, -1 的乘法周期是 2, 此外, 其他非零元素的乘法周期为无限.

例 6 在域 $\langle \mathbf{Z}_3; \oplus_3, \odot_3 \rangle$ 中, 1 和 2 的加法周期均是 3. 1 的乘法周期是 1, 2 的乘法周期是 2.

定理 6-13 设 $\langle R; +, \cdot \rangle$ 是一个域, 则 R 中所有非零元素都有相同的加法周期.

证明 设 a, b 是 R 中任意两个非零元素, 且 a 有有限的加法周期 n, 即 $na = 0$, 则
$$nb = n(aa^{-1}b) = (na)(a^{-1}b) = 0(a^{-1}b) = 0$$
因此, b 也有有限的加法周期, 设为 n', 则有 $n' \leq n$. 类似地有
$$n'a = n'(bb^{-1}a) = (n'b)(b^{-1}a) = 0(b^{-1}a) = 0$$
因此又有 $n \leq n'$.

由上可知,$n = n'$. 这说明 R 中所有非零元素都有相同的加法周期. 证毕.

R 中所有非零元素所具有的同一加法周期,称为域$\langle R;+,\cdot\rangle$的**特征**.

例如,实数域$\langle \mathbf{R};+,\cdot\rangle$的特征为无限,域$\langle \mathbf{Z}_3;\oplus_3,\odot_3\rangle$的特征是 3.

定理 6-14 每一个有限域的特征是一个素数.

证明 设$\langle R;+,\cdot\rangle$是特征为 r 的有限域,由定理 5-11,r 是一有限数,假设 r 不是素数,则 $r = mn$,其中 $m < r, n < r$,因此
$$0 = r1 = (mn)1 = m(n1)$$
因为 $n1 \in R$ 的加法周期也为 r,所以应有 $r \leqslant m$,这与 $m < r$ 矛盾. 因此,r 必为素数.

6.5 实 例 解 析

例 1 设$\langle \mathbf{R};+,\cdot\rangle$是一个环,对于任意 $a,b \in \mathbf{R}$,定义
$$a \oplus b = a+b+1, \quad a \odot b = a \cdot b + a + b$$

(1) 证明$\langle \mathbf{R};\oplus,\odot\rangle$也是环;

(2) $\langle \mathbf{R};\oplus,\odot\rangle$是否有乘法单位元?若有,请指出其单位元.

分析 此题并不难,按照环定义中的条件一一加以证明即可. 需要动点脑筋的地方是,正确地找出运算 $\oplus$ 的单位元和各元素的逆元.

证明 (1) 运算 $\oplus$ 和 $\odot$ 在 $\mathbf{R}$ 上显然是封闭的. 由运算 $+$ 可交换,可知 $\oplus$ 也是可交换的.

对于任意 $a,b,c \in \mathbf{R}$,
$$(a \oplus b) \oplus c = (a+b+1)+c+1 = a+b+c+1+1$$
$$a \oplus (b \oplus c) = a+(b+c+1)+1 = a+b+c+1+1$$
因此有
$$(a \oplus b) \oplus c = a \oplus (b \oplus c)$$
即 $\oplus$ 是可结合的.

对任意 $a \in \mathbf{R}$, $a \oplus (-1) = a+(-1)+1 = a+0 = a$
由 $\oplus$ 的交换性,知 -1 是 $\oplus$ 的单位元.

对任意 $a \in \mathbf{R}$,
$$a \oplus ((-a)+2(-1)) = a \oplus ((-a)+(-1)+(-1))$$
$$= a+((-a)+(-1)+(-1))+1$$
$$= (a+(-a))+(-1)+((-1)+1)$$
$$= 0+(-1)+0 = -1$$
由 $\oplus$ 的交换性知,$(-a)+2(-1)$ 是 a 的加法逆元.

由上证得,$\langle \mathbf{R};\oplus\rangle$是交换群.

对任意 $a,b,c \in \mathbf{R}$,

$$a \odot (b \odot c) = a \cdot (b \odot c) + a + (b \odot c)$$
$$= a \cdot (b \cdot c + b + c) + a + (b \cdot c + b + c)$$
$$= a \cdot b \cdot c + a \cdot b + a \cdot c + b \cdot c + a + b + c$$
$$(a \odot b) \odot c = (a \odot b) \cdot c + (a \odot b) + c$$
$$= (a \cdot b + a + b) \cdot c + (a \cdot b + a + b) + c$$
$$= a \cdot b \cdot c + a \cdot b + a \cdot c + b \cdot c + a + b + c$$

因此 $\qquad a \odot (b \odot c) = (a \odot b) \odot c$

由上证得 $\langle \mathbf{R}; \odot \rangle$ 是半群.

对任意 $a, b, c \in \mathbf{R}$,
$$a \odot (b \oplus c) = a \cdot (b \oplus c) + a + (b \oplus c)$$
$$= a \cdot (b + c + 1) + a + (b + c + 1)$$
$$= a \cdot b + a \cdot c + 2a + b + c + 1$$
$$(a \odot b) \oplus (a \odot c) = (a \cdot b + a + b) \oplus (a \cdot c + a + c)$$
$$= (a \cdot b + a + b) + (a \cdot c + a + c) + 1$$
$$= a \cdot b + a \cdot c + 2a + b + c + 1$$

类似地,可以证明 $(b \oplus c) \odot a = (b \odot a) \oplus (c \odot a)$.

综上可知, $\langle \mathbf{R}; \oplus, \odot \rangle$ 是环.

(2) 对任意 $a \in \mathbf{R}$, $\qquad a \odot 0 = a \cdot 0 + a + 0 = a$
$$0 \odot a = 0 \cdot a + 0 + a = a$$

因此 0 是环 $\langle \mathbf{R}; \oplus, \odot \rangle$ 的乘法单位元.

例 2 设 $\langle \mathbf{R}; +, \cdot \rangle$ 是一个环,且对于所有的 $a \in \mathbf{R}$,有 $a^2 = a$(这样的环称为布尔环).

(1) 证明对所有的 $a \in \mathbf{R}$,有 $a + a = 0$;

(2) 证明 $\langle \mathbf{R}; +, \cdot \rangle$ 是一个交换环;

(3) 证明若 $\# \mathbf{R} > 2$,则 $\langle \mathbf{R}; +, \cdot \rangle$ 不可能是整环.

证明 (1) 对所有的 $a \in \mathbf{R}$,根据题意有
$$(a+a)^2 = a+a$$
即 $\qquad (a+a) \cdot (a+a) = a+a$
即 $\qquad a^2 + a^2 + a^2 + a^2 = a+a$
即 $\qquad a+a+a+a = a+a$
由消去律 $\qquad a+a = 0$

(2) 对任意 $a, b \in \mathbf{R}$,有
$$(a+b)^2 = a+b$$
即 $\qquad a^2 + ab + ba + b^2 = a+b$

即 $\qquad a+ab+ba+b=a+b$

由消去律 $\qquad ab+ba=0$

又由(1) $\qquad ab+ab=0$

因此 $\qquad ab=ba$

由 a,b 的任意性，$\langle \mathbf{R};+,\cdot \rangle$ 是交换环.

(3)(反证法)假设 $\langle \mathbf{R};+,\cdot \rangle$ 是整环，则由于 $\# \mathbf{R} > 2$，因此必有一元素 $a \in \mathbf{R}$，
$$a \neq 0 \quad 且 \quad a \neq 1$$

但 $\qquad a \cdot a = a, \quad 而 \quad a \cdot 1 = a$

由乘法的消去律 $a=1$，这与前述 $a \neq 1$ 相矛盾.

因此 $\langle \mathbf{R};+,\cdot \rangle$ 不可能是整环.

习　题

1. 设 $\mathbf{R}$ 是实数集，加法 $+$ 是普通的加法，但乘法 $\times$ 是
$$a \times b = |a|b$$
问 $\langle \mathbf{R};+,\times \rangle$ 是否成环?

2. 设 $\langle R;+,\cdot \rangle$ 是环，又设 $a、b$ 和 c 是 R 中的任意元素，试证明：
   (1) 若 $ab=ba$，则 $a(-b)=(-b)a, a(nb)=(nb)a$（n 为整数）以及 $a\,b^{-1}=b^{-1}a$；
   (2) 若 $ab=ba$ 和 $ac=ca$，则 $a(b+c)=(b+c)a, a(bc)=(bc)a$.

3. 设 $\langle R;+,\cdot \rangle$ 是一有单位元的环，定义 R 的一个子集 $\widetilde{R}$ 为
$$\widetilde{R} = \{a \mid a^{-1} \text{ 也在 } R \text{ 中}\},$$
试证 $\langle \widetilde{R};\cdot \rangle$ 是一个群.

4. 设 R 是所有有理数对 (a_1,a_2) 的集合，它们的结合法是
$$(a_1,a_2)+(b_1,b_2)=(a_1+b_1,a_2+b_2)$$
$$(a_1,a_2)\cdot(b_1,b_2)=(a_1 b_1,a_2 b_2)$$
那么 $\langle R;+,\cdot \rangle$ 是否成环?它是否有零因子?是否有单位元?哪些元素有逆元?

5. 设 $\langle R;+,\cdot \rangle$ 是一个环，且对于所有的 $a \in R$，有 $a^2=a$（这样的环称为布尔环），
   (1) 证明对所有的 $a \in R$，有 $a+a=0$；
   (2) 证明 $\langle R;+,\cdot \rangle$ 是个交换环；
   (3) 证明：若 $\# R > 2$，则 $\langle R;+,\cdot \rangle$ 不可能是整环.

6. 证明 $\langle \mathbf{I};\oplus,\odot \rangle$ 是一具有单位元的交换环. 这里运算 $\oplus$ 和 $\odot$ 定义如下：
$$a \oplus b = a+b-1, \quad a \odot b = a+b-ab$$

7. 给定环 $\langle R;+,\cdot \rangle$. 试证明：对于任意的 $a,b \in R$，有
$$(a+b)^2 = a^2+ab+ba+b^2$$

8. 找出环 $\langle \mathbf{Z}_6;\oplus_6,\odot_6 \rangle$ 的所有子环和理想.

9. 试证明：如果 $\langle D_1;+,\cdot \rangle$ 和 $\langle D_2;+,\cdot \rangle$ 是环 $V=\langle R;+,\cdot \rangle$ 的理想，则

(1) $\langle D_1 + D_2; +, \cdot \rangle$ 也是 V 的理想,
$$(D_1 + D_2 = \{d_{1i} + d_{2j} \mid d_{1i} \in D_1, d_{2j} \in D_2\})$$
(2) $\langle D_1 \cap D_2; +, \cdot \rangle$ 也是 V 的理想.

10. 设 g 是由环 $V_1 = \langle R; +, \cdot \rangle$ 到环 $V_2 = \langle R'; +', \cdot' \rangle$ 的满同态. 试证明: 当且仅当 g 的核 $K = \{0\}$ 时, g 是由环 V_1 到 V_2 的同构.

11. 构造一个具有三个元素的域.

12. 代数系统 $\langle R; +, \cdot \rangle$ 定义为:

+	a	b	c	d
a	a	b	c	d
b	b	a	d	c
c	c	d	a	b
d	d	c	b	a

$\cdot$	a	b	c	d
a	a	a	a	a
b	a	b	c	d
c	a	c	d	b
d	a	d	b	c

(1) 证明 $\langle R; +, \cdot \rangle$ 是一个域;
(2) 求解 $\langle R; +, \cdot \rangle$ 中的方程组:
$$\begin{cases} x + cy = a \\ cx + y = b \end{cases}$$

13. 试证明: 当且仅当 p 为素数时, 环 $\langle \mathbf{Z}_p; \oplus_p, \odot_p \rangle$ 是一个域, 并求出该域的特征.

14. 试证明两个域的积代数一定不是域.

15. 设 $\langle R; +, \cdot \rangle$ 是一个具有四个元素的域, 试证明:
(1) $\langle R; +, \cdot \rangle$ 的特征是 2;
(2) R 中不为 0 和 1 的两个元素都适合方程 $x^2 = x + 1$.

16. 假设环 $\langle R; +, \cdot \rangle$ 对于加法成为一个循环群, 证明 $\langle R; +, \cdot \rangle$ 是交换环.

17. 证明由所有实数 $a + b\sqrt{2}$ (a, b 是整数) 组成的集合对于通常的加法和乘法构成一个整环.

18. 设 g 是由环 $\langle R; +, \cdot \rangle$ 到环 $\langle R'; +', \cdot' \rangle$ 的满同态, 试证明:

(1) 若 $\langle \widetilde{R}; +, \cdot \rangle$ 是环 $\langle R; +, \cdot \rangle$ 的子环, 则 $\widetilde{R}$ 的像 $\widetilde{R}'$ 对于运算 $+'$ 和 $\cdot'$ 也构成 $\langle R'; +', \cdot' \rangle$ 的子环;

(2) 若 $\langle K; +, \cdot \rangle$ 是环 $\langle R; +, \cdot \rangle$ 的理想, 则 K 的像 K' 对于运算 $+'$ 和 $\cdot'$ 也构成 $\langle R'; +', \cdot' \rangle$ 的理想;

(3) 若 $\langle \widetilde{R}'; +', \cdot' \rangle$ 是环 $\langle R'; +', \cdot' \rangle$ 的子环, 则 $\widetilde{R}'$ 的像源 $\widetilde{R}$ 对于运算 $+$ 和 $\cdot$ 也构成 $\langle R; +, \cdot \rangle$ 的子环;

(4) 若 $\langle K'; +', \cdot' \rangle$ 是环 $\langle R'; +', \cdot' \rangle$ 的理想, 则 K' 的像源 K 对于运算 $+$ 和 $\cdot$ 也构成 $\langle R; +, \cdot \rangle$ 的理想.

第 7 章 格和布尔代数

本章介绍代数系统格,其结构以第 2 章所介绍的偏序关系为基础.下面将推导格的性质,并给出格的各种实例.附加一些条件后,格就变成布尔代数.下面将证明,每一个有限布尔代数都同构于某一个集合代数.从而,每一个有限布尔代数的基数都是 2 的幂.下面还将证明,每一个基数为 2^r 的布尔代数与 r 个基数为 2 的布尔代数的积代数同构.最后讨论布尔函数及其标准形式.

格的概念在有限自动机的很多方面都是重要的.布尔代数可直接用于开关理论和逻辑设计.因此,对于计算机科学来说,格与布尔代数是两个很重要的代数系统.

7.1 偏 序 集

在第 2 章里曾将集合 L 上的自反、反对称且可传递的关系称为集合 L 上的偏序关系,并用记号"$\leqslant$"来表示.今将集合 L 和 L 上的偏序关系 $\leqslant$ 一起称为一个**偏序集**,用 $\langle L; \leqslant \rangle$ 来表示.由于 $\leqslant$ 和它的逆 $\geqslant$ 都是 L 上的偏序关系,因此,对于偏序集 $\langle L; \leqslant \rangle$ 中所有的元素 $l_1, l_2, l_3 \in L$,有

$$l_1 \leqslant l_1 \tag{7-1}$$

若 $l_1 \leqslant l_2, l_2 \leqslant l_1$, 则有 $l_1 = l_2$ (7-2)

若 $l_1 \leqslant l_2, l_2 \leqslant l_3$, 则有 $l_1 \leqslant l_3$ (7-3)

$$l_1 \geqslant l_1 \tag{7-1$'$}$$

若 $l_1 \geqslant l_2, l_2 \geqslant l_1$, 则有 $l_1 = l_2$ (7-2$'$)

若 $l_1 \geqslant l_2, l_2 \geqslant l_3$, 则有 $l_1 \geqslant l_3$ (7-3$'$)

符号"$\leqslant$"通常读作"小于或者等于".我们说 l_1 小于或者等于 l_2,意思就是 $l_1 \leqslant l_2$.我们说 $l_1 < l_2$,意思是 $l_1 \leqslant l_2$,但 $l_1 \neq l_2$.符号"$\geqslant$"通常读作"大于或者等于".$l_2 \geqslant l_1$ 等价于 $l_1 \leqslant l_2$.

定义 7-1 设 l_1 和 l_2 是偏序集 $\langle L; \leqslant \rangle$ 中的两个元素,元素 $a \in L$,如果满足 $a \leqslant l_1, a \leqslant l_2$,则称 a 为 l_1 和 l_2 的**下界**.如果元素 a 是 l_1 和 l_2 的下界,且对于任意的 $a' \in L$,若 a' 是 l_1 和 l_2 的下界,便有 $a' \leqslant a$,则称 a 是 l_1 和 l_2 的**最大下界**,简记为 glb.

定义 7-2 设 l_1 和 l_2 是偏序集 $\langle L; \leqslant \rangle$ 中的两个元素,元素 $b \in L$,如果满足 $l_1 \leqslant b, l_2 \leqslant b$,则称 b 为 l_1 和 l_2 的**上界**.如果元素 b 是 l_1 和 l_2 的上界,且对于任意的 $b' \in L$,若 b' 是 l_1 和 l_2 的上界,便有 $b \leqslant b'$,则称 b 是 l_1 和 l_2 的**最小上界**,简记为 lub.

定理 7-1 设 l_1 和 l_2 是偏序集 $\langle L; \leqslant \rangle$ 的两个元素,如果 l_1 和 l_2 有 glb,则 glb 是

唯一的.如果 l_1 和 l_2 有 lub,则 lub 是唯一的.

证明 设 a_1 和 a_2 都是 l_1 和 l_2 的 glb.由定义 7-1,有
$$a_1 \leqslant l_1, \quad a_1 \leqslant l_2; \quad a_2 \leqslant l_1, \quad a_2 \leqslant l_2$$
且
$$a_2 \leqslant a_1, \quad a_1 \leqslant a_2$$
由 $\leqslant$ 的反对称性得
$$a_1 = a_2$$

类似的方法可证明 lub 的唯一性.

例 1 设 $A = \{1,2,3,4,6,12\}$,因为 A 中元素都是正整数,所以"整除"关系是 A 上的偏序关系,记作"$\leqslant$".

因为 $1 \leqslant 2, 1 \leqslant 3$,所以 1 是 2 和 3 的下界,也是 2 和 3 的最大下界.

因为 $2 \leqslant 6, 3 \leqslant 6; 2 \leqslant 12, 3 \leqslant 12$,所以 6 和 12 均是 2 和 3 的上界,但由于 $6 \leqslant 12$,因此 6 是 2 和 3 的最小上界.

因为 $1 \leqslant 6, 1 \leqslant 12; 2 \leqslant 6, 2 \leqslant 12; 3 \leqslant 6, 3 \leqslant 12; 6 \leqslant 6, 6 \leqslant 12$,所以 1,2,3 和 6 都是 6 和 12 的下界,但由于 $1 \leqslant 6, 2 \leqslant 6, 3 \leqslant 6$,因此 6 是 6 和 12 的最大下界.

显然,12 是 6 和 12 的上界,也是 6 和 12 的最小上界.

在 $\langle L; \leqslant \rangle$ 的次序图中,l_1 和 l_2 有最大下界这一事实反映为,从结点 l_1 和 l_2 出发,经过向下的路径至少可以共同到达次序图的一个结点,这些结点中最上面的那一个就代表 l_1 和 l_2 的最大下界.同样,l_1 和 l_2 有最小上界这一事实反映为,从结点 l_1 和 l_2 出发,经过向上的路径至少可以共同到达次序图的一个结点,这些结点中最下面的那一个就代表 l_1 和 l_2 的最小上界.

例 2 设有集合 $U = \{a,b,c\}$,U 的幂集 2^U 上的包含关系 $\subseteq$ 是一偏序关系.

图 7-1 给出了 $\langle 2^U; \subseteq \rangle$ 的次序图.由图 7-1 可看出$\{a,b,c\}$ 是 $\{a,b\}$ 和 $\{b,c\}$ 的上界,也是 $\{a,b\}$ 和 $\{b,c\}$ 的最小上界.$\{b\}$ 和 $\varnothing$ 是 $\{a,b\}$ 和 $\{b,c\}$ 的下界,其中$\{b\}$ 是它们的最大下界.$\{a,b,c\}$ 和 $\{a,b\}$ 是 $\{a,b\}$ 和 $\{b\}$ 的上界,其中 $\{a,b\}$ 是最小上界.

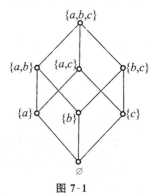

图 7-1

定义 7-3 设 $\langle L; \leqslant \rangle$ 是一偏序集,

(1) 如果对于所有的元素 $l \in L$,有 $a \leqslant l$,则称元素 $a \in L$ 是**最小元素**;

(2) 如果对于所有的元素 $l \in L$,有 $l \leqslant b$,则称元素 $b \in L$ 是**最大元素**.

定理 7-2 如果偏序集$\langle L; \leqslant \rangle$ 有最小元素,则最小元素是唯一的.如果$\langle L; \leqslant \rangle$ 有最大元素,则最大元素是唯一的.

证明 设 a_1 和 a_2 都是$\langle L; \leqslant \rangle$ 的最小元素;b_1 和 b_2 都是$\langle L; \leqslant \rangle$ 的最大元素,则由定义 7-3,有 $a_1 \leqslant a_2, a_2 \leqslant a_1; b_1 \leqslant b_2, b_2 \leqslant b_1$.由反对称性,得 $a_1 = a_2, b_1 = b_2$.证毕.

本节例 1 中的偏序集 $\langle A; \leqslant \rangle$ 有最大元素 12 和最小元素 1，例 2 中的偏序集 $\langle 2^U; \subseteq \rangle$ 有最大元素 $\{a,b,c\}$ 和最小元素 $\varnothing$.

例 3 2.7 节例 6 给出了偏序集 $\langle J; | \rangle$ 及其次序图（图 2-6），由图中可看出，它没有最大元素，也没有最小元素；2 和 3 没有下界，因而没有最大下界；8 和 12 没有上界，因而也没有最小上界.

7.2 格及其性质

从 7.1 节的例 3 可以知道，对任意一个偏序集来说，其中的每一对元素不一定都有最大下界或最小上界. 这一节讨论其中每一对元素都有最大下界和最小上界的偏序集，并将这种偏序集称为"格".

定义 7-4 格是一个偏序集 $\langle L; \leqslant \rangle$，其中每一对元素 $l_1, l_2 \in L$ 均存在最大下界和最小上界.

通常将元素 l_1 和 l_2 的最大下界和最小上界分别用 $l_1 \wedge l_2$ 和 $l_1 \vee l_2$ 来表示，即 $l_1 \wedge l_2 = \mathrm{glb}(l_1, l_2)$，$l_1 \vee l_2 = \mathrm{lub}(l_1, l_2)$. 由于每一对元素的最大下界和最小上界是唯一的，因此 $\wedge$ 和 $\vee$ 均可看做是集合 L 上的二元运算，将运算 $\wedge$ 和 $\vee$ 分别称为**交**和**并**.

根据 glb 和 lub 的定义，在格 $\langle L; \leqslant \rangle$ 中，对于所有的元素 $l_1, l_2, l_3 \in L$，有

$$l_1 \wedge l_2 \leqslant l_1, \quad l_1 \wedge l_2 \leqslant l_2 \tag{7-4}$$

若 $\qquad l_3 \leqslant l_1, \quad l_3 \leqslant l_2, \quad$ 则 $l_3 \leqslant l_1 \wedge l_2 \tag{7-5}$

$$l_1 \vee l_2 \geqslant l_1, \quad l_1 \vee l_2 \geqslant l_2 \tag{7-4'}$$

若 $\qquad l_3 \geqslant l_1, \quad l_3 \geqslant l_2, \quad$ 则 $l_3 \geqslant l_1 \vee l_2 \tag{7-5'}$

例 1 全集合 U 的幂集 2^U 和定义在其上的包含关系构成偏序集 $\langle 2^U; \subseteq \rangle$. 对于任意子集 $S_1, S_2 \subseteq U$，有 $S_1 \subseteq S_1 \cup S_2, S_2 \subseteq S_1 \cup S_2$，并且若有子集 $S \subseteq U$，使得 $S_1 \subseteq S, S_2 \subseteq S$，则必有 $S_1 \cup S_2 \subseteq S$. 因此，幂集 2^U 中任意子集对 (S_1, S_2) 有 lub，且 $\mathrm{lub}(S_1, S_2) = S_1 \cup S_2$. 同样，任意子集对 (S_1, S_2) 有 glb，且 $\mathrm{glb}(S_1, S_2) = S_1 \cap S_2$. 于是，$\langle 2^U; \subseteq \rangle$ 是一个格.

例 2 正整数集 $\mathbf{N}$ 上的整除关系 $|$ 是一个偏序关系. 对于任意两个正整数 n_1 和 n_2，既存在 lub，又存在 glb.

$$\mathrm{lub}(n_1, n_2) = \mathrm{lcm}(n_1, n_2) \quad (n_1 \text{ 和 } n_2 \text{ 的最小公倍数})$$
$$\mathrm{glb}(n_1, n_2) = \gcd(n_1, n_2) \quad (n_1 \text{ 和 } n_2 \text{ 的最大公约数})$$

因此，$\langle \mathbf{N}; | \rangle$ 是一个格.

例 3 设 n 是一正整数，S_n 是 n 的所有正因子的集合. 例如：

若 $n = 6$，则 $\qquad S_6 = \{1, 2, 3, 6\}$

若 $n = 24$，则 $\qquad S_{24} = \{1, 2, 3, 4, 6, 8, 12, 24\}$

设 $|$ 是整除关系，显然，对于任意正整数 n，$|$ 是 S_n 上的偏序关系. 图 7-2 的(a)、

(b)、(c) 和(d) 分别给出了偏序集 $\langle S_6;|\rangle$、$\langle S_8;|\rangle$、$\langle S_{24};|\rangle$ 和 $\langle S_{30};|\rangle$ 的次序图. 由图 7-2 中可看出，它们都是格.

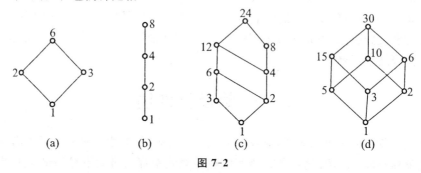

图 7-2

D 显然，并不是每一个偏序集都是格. 例如，7.1 节例 3 的偏序集 $\langle\{2,3,4,6,8,12,36,60\};|\rangle$ 就不是一个格. 图 7-3 也给出了几个不是格的偏序集的例子.

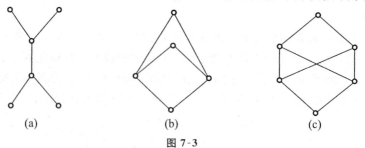

图 7-3

现在再来看格具有什么性质.

定理 7-3 如果 l_1 和 l_2 是格 $\langle L;\leqslant\rangle$ 的元素，则

$$(l_1 \vee l_2 = l_2) \Longleftrightarrow (l_1 \wedge l_2 = l_1) \Longleftrightarrow (l_1 \leqslant l_2)$$

证明 设 $l_1 \vee l_2 = l_2$，由(7-4′)有 $l_1 \leqslant l_2$，又由自反性 $l_1 \leqslant l_1$，于是由(7-5)，有 $l_1 \leqslant l_1 \wedge l_2$. 而由(7-4)，有 $l_1 \wedge l_2 \leqslant l_1$，因此，由反对称性，得 $l_1 \wedge l_2 = l_1$.

设 $l_1 \wedge l_2 = l_1$，则由(7-4)，有 $l_1 \leqslant l_2$.

设 $l_1 \leqslant l_2$，由自反性 $l_2 \leqslant l_2$，因而由(7-5′)，有 $l_2 \geqslant l_1 \vee l_2$，又由(7-4′)，有 $l_1 \vee l_2 \geqslant l_2$，故由反对称性，得 $l_1 \vee l_2 = l_2$.

这就证明了 $(l_1 \vee l_2 = l_2) \Longleftrightarrow (l_1 \wedge l_2 = l_1) \Longleftrightarrow (l_1 \leqslant l_2)$. 证毕.

一个含有格的元素和符号 $=,\leqslant,\geqslant,\vee,\wedge$ 的关系式的**对偶**，是指用 $\geqslant,\leqslant,\vee$ 和 $\wedge$ 分别代替此关系式中的 $\leqslant,\geqslant,\wedge$ 和 $\vee$ 所得的关系式. 关系式 P 的对偶表示为 P^D. 显然，若 P^D 是 P 的对偶，则 P 也是 P^D 的对偶. 因此，P 与 P^D 互为对偶.

例如 $(l_1 \wedge l_2) \vee (l_1 \wedge l_3) \leqslant l_1 \wedge (l_2 \vee (l_1 \wedge l_3))$

与 $(l_1 \vee l_2) \wedge (l_1 \vee l_3) \geqslant l_1 \vee (l_2 \wedge (l_1 \vee l_3))$

互为对偶.

容易看出，前面列出的代表格的定义的 10 个基本关系式中，式(7-1′)、式(7-2′)、式(7-3′)、式(7-4′)、式(7-5′)分别是式(7-1)、式(7-2)、式(7-3)、式(7-4)、式(7-5)的对偶。由此可见,在格的任一由这些基本关系式所导出的关系式中,同时交换 $\leqslant$ 和 $\geqslant$ 以及 $\vee$ 和 $\wedge$ 所得到的关系式也可以从这些基本关系式的对偶导出。因此,为了证明交换后所得到的关系式,只需要在原关系式的证明中作上述代换就行了。于是,对于格中的每一条定理都存在着一条相对偶的定理。也就是说,在格中有**对偶原理**,即对于格$\langle L;\leqslant\rangle$上的任一真命题,其对偶亦为真。

下面每一条定理都包含一对相对偶的恒等式,除对交换律同时给出相对偶的证明过程外,其他将不再写出这种成对的证明。

定理 7-4(交换律) 在格$\langle L;\leqslant\rangle$中,对于任意的$l_1,l_2\in L$,有

(1) $l_1\vee l_2=l_2\vee l_1$ (2) $l_1\wedge l_2=l_2\wedge l_1$

证明 (1) 由式(7-4′)有$l_1\vee l_2\geqslant l_2,l_1\vee l_2\geqslant l_1$,则由式(7-5′)有$l_1\vee l_2\geqslant l_2\vee l_1$。类似地,由式(7-4′)有$l_2\vee l_1\geqslant l_1,l_2\vee l_1\geqslant l_2$,则由式(7-5′)有$l_2\vee l_1\geqslant l_1\vee l_2$。于是由反对称性,得$l_1\vee l_2=l_2\vee l_1$。

(2) 由式(7-4)有$l_1\wedge l_2\leqslant l_2,l_1\wedge l_2\leqslant l_1$,则由式(7-5)有$l_1\wedge l_2\leqslant l_2\wedge l_1$。类似地,由式(7-4)有$l_2\wedge l_1\leqslant l_1,l_2\wedge l_1\leqslant l_2$,则由式(7-5)有$l_2\wedge l_1\leqslant l_1\wedge l_2$。于是由反对称性,得$l_1\wedge l_2=l_2\wedge l_1$。

定理 7-5(结合律) 在格$\langle L;\leqslant\rangle$中,对于任意的$l_1,l_2,l_3\in L$,有

(1) $l_1\vee(l_2\vee l_3)=(l_1\vee l_2)\vee l_3$ (2) $l_1\wedge(l_2\wedge l_3)=(l_1\wedge l_2)\wedge l_3$

证明 (1) 设$a=l_1\vee(l_2\vee l_3),a'=(l_1\vee l_2)\vee l_3$,由式(7-4′)有$a\geqslant l_1,a\geqslant l_2\vee l_3$,再由式(7-4′)和传递性,有$a\geqslant l_2,a\geqslant l_3$,于是有$a\geqslant l_1,a\geqslant l_2$,由式(7-5′)有$a\geqslant l_1\vee l_2$,又因为$a\geqslant l_3$,所以由式(7-5′)有$a\geqslant(l_1\vee l_2)\vee l_3$,即$a\geqslant a'$。

类似地可证明$a'\geqslant a$。

最后由反对称性,得$a=a'$。证毕。

由于有结合律,因此常将$l_1\vee(l_2\vee l_3)=(l_1\vee l_2)\vee l_3$写成$l_1\vee l_2\vee l_3$;将$l_1\wedge(l_2\wedge l_3)=(l_1\wedge l_2)\wedge l_3$写成$l_1\wedge l_2\wedge l_3$。利用归纳法可以证明,对于任意$n$个元素$l_1,l_2,\cdots,l_n\in L$,结合律也是成立的,即不加括号的表达式$l_1\vee l_2\vee\cdots\vee l_n$(简记成$\bigvee_{i=1}^{n}l_i$)和$l_1\wedge l_2\wedge\cdots\wedge l_n$(简记成$\bigwedge_{i=1}^{n}l_i$)分别唯一地表示$L$中的一个元素。

定理 7-6(等幂律) 在格$\langle L;\leqslant\rangle$中,对于任意的$l\in L$,有

(1) $l\vee l=l$ (2) $l\wedge l=l$

证明 (1) 由式(7-4′)有 $l\vee l\geqslant l$

而由式(7-1′)有 $l\geqslant l$

因此又由式(7-5′)有 $l\geqslant l\vee l$

于是由式(7-2′)得 $l\vee l=l$

定理 7-7(吸收律) 在格$\langle L;\leqslant\rangle$中,对于任意的$l_1,l_2\in L$,有

(1) $l_1 \vee (l_1 \wedge l_2) = l_1$　　　(2) $l_1 \wedge (l_1 \vee l_2) = l_1$

证明 (2) 由式(7-4)有 $l_1 \wedge (l_1 \vee l_2) \leqslant l_1$. 但由自反性 $l_1 \leqslant l_1$, 由式(7-4') $l_1 \leqslant l_1 \vee l_2$, 因此由式(7-5)有 $l_1 \leqslant l_1 \wedge (l_1 \vee l_2)$. 由反对称性, 得 $l_1 \wedge (l_1 \vee l_2) = l_1$. 证毕.

格 $\langle L; \leqslant \rangle$ 除具有上述主要性质外, 格中的元素还有如下一些关系.

定理 7-8 在格 $\langle L; \leqslant \rangle$ 中, 对于任意的 $l_1, l_2, l_3, l_4 \in L$, 若 $l_1 \leqslant l_3, l_2 \leqslant l_4$, 则 $l_1 \vee l_2 \leqslant l_3 \vee l_4, l_1 \wedge l_2 \leqslant l_3 \wedge l_4$.

证明 由式(7-4') $l_3 \vee l_4 \geqslant l_3$, 而 $l_3 \geqslant l_1$, 所以 $l_3 \vee l_4 \geqslant l_1$, 由式(7-4') $l_3 \vee l_4 \geqslant l_4$, 而 $l_4 \geqslant l_2$, 所以 $l_3 \vee l_4 \geqslant l_2$, 于是由式(7-5') $l_3 \vee l_4 \geqslant l_1 \vee l_2$ 即 $l_1 \vee l_2 \leqslant l_3 \vee l_4$.

类似地可以证明 $l_1 \wedge l_2 \leqslant l_3 \wedge l_4$.

推论 在格 $\langle L; \leqslant \rangle$ 中, 对于任意的 $l_1, l_2, l_3 \in L$, 若 $l_2 \leqslant l_3$, 则 $l_1 \vee l_2 \leqslant l_1 \vee l_3, l_1 \wedge l_2 \leqslant l_1 \wedge l_3$.

这是定理 7-8 的一个特殊情形, 这个性质称为**格的保序性**.

定理 7-9 在格 $\langle L; \leqslant \rangle$ 中, 对于任意的 $l_1, l_2, l_3 \in L$, 有下列分配不等式成立:

(1) $l_1 \vee (l_2 \wedge l_3) \leqslant (l_1 \vee l_2) \wedge (l_1 \vee l_3)$

(2) $l_1 \wedge (l_2 \vee l_3) \geqslant (l_1 \wedge l_2) \vee (l_1 \wedge l_3)$

证明 (1) 由式(7-4) $l_2 \wedge l_3 \leqslant l_2$, $l_2 \wedge l_3 \leqslant l_3$

于是由定理 7-8 的推论有 $l_1 \vee (l_2 \wedge l_3) \leqslant l_1 \vee l_2$

$l_1 \vee (l_2 \wedge l_3) \leqslant l_1 \vee l_3$

再根据式(7-5)有 $l_1 \vee (l_2 \wedge l_3) \leqslant (l_1 \vee l_2) \wedge (l_1 \vee l_3)$

根据对偶原理, (2) 亦成立. 证毕.

下面推广最大下界和最小上界到集合 L 的任意一个子集 H.

设 $\langle L; \leqslant \rangle$ 是一偏序集, H 是 L 的一个子集, 如果元素 $a \in L$, 对于所有的 $h \in H$, 有 $a \leqslant h$, 则称 a 是子集 H 的**下界**. 若 a 是 H 的下界, 且对于任意的 $a' \in L$, 若 a' 是 H 的下界, 便有 $a' \leqslant a$, 则称 a 是 H 的**最大下界**. 如果元素 $b \in L$, 对于所有的 $h \in H$, 有 $h \leqslant b$, 则称 b 是 H 的**上界**. 如果 b 是 H 的上界, 且对于任意的 $b' \in L$, 若 b' 是 H 的上界, 便有 $b \leqslant b'$, 则称 b 是 H 的**最小上界**.

容易证明, 在格 $\langle L; \leqslant \rangle$ 中, $l_1 \wedge l_2 \wedge \cdots \wedge l_n$ 就是元素 $l_1, l_2, \cdots, l_n$ 的最大下界; $l_1 \vee l_2 \vee \cdots \vee l_n$ 就是 $l_1, l_2, \cdots, l_n$ 的最小上界. 即

若令 $a = l_1 \wedge l_2 \wedge \cdots \wedge l_n$, 则 $a \leqslant l_1, a \leqslant l_2, \cdots, a \leqslant l_n$　　　(7-6)

若 $a' \leqslant l_1, a' \leqslant l_2, \cdots, a' \leqslant l_n$, 则 $a' \leqslant a$　　　(7-7)

若令 $b = l_1 \vee l_2 \vee \cdots \vee l_n$, 则 $b \geqslant l_1, b \geqslant l_2, \cdots, b \geqslant l_n$　　　(7-6')

若 $b' \geqslant l_1, b' \geqslant l_2, \cdots, b' \geqslant l_n$, 则 $b' \geqslant b$　　　(7-7')

下面用对元素个数 n 进行归纳的方法给出式(7-6) 和式(7-7) 的证明.

当 $n = 1$ 和 $n = 2$ 时, 式(7-6) 和式(7-7) 显然成立.

假设 $l_1 \wedge l_2 \wedge \cdots \wedge l_k$ 是 $l_1, l_2, \cdots, l_k$ 的最大下界. 由结合律可知 $l_1 \wedge l_2 \wedge \cdots \wedge l_k \wedge l_{k+1} = (l_1 \wedge l_2 \wedge \cdots \wedge l_k) \wedge l_{k+1} = a$(令其为 a). 由式(7-4)有 $a \leqslant l_1 \wedge l_2 \wedge \cdots \wedge l_k, a \leqslant l_{k+1}$. 由归纳假设 $l_1 \wedge l_2 \wedge \cdots \wedge l_k \leqslant l_i (i = 1, 2, \cdots, k)$, 因此由传递性, 有 $a \leqslant l_1, a \leqslant l_2, \cdots, a \leqslant l_k$, 又因为 $a \leqslant l_{k+1}$ 所以 $l_1 \wedge l_2 \wedge \cdots \wedge l_k \wedge l_{k+1}$ 是 $l_1, l_2, \cdots, l_{k+1}$ 的下界. 又若有 $a' \in L$ 且 $a' \leqslant l_1, a' \leqslant l_2, \cdots, a' \leqslant l_{k+1}$, 则由归纳假设有 $a' \leqslant l_1 \wedge l_2 \wedge \cdots \wedge l_k$, 又因为 $a' \leqslant l_{k+1}$, 则由式(7-5)有 $a' \leqslant (l_1 \wedge l_2 \wedge \cdots \wedge l_k) \wedge l_{k+1}$, 所以 $l_1 \wedge l_2 \wedge \cdots \wedge l_k \wedge l_{k+1}$ 是 $l_1, l_2, \cdots, l_{k+1}$ 的最大下界. 以上即说明式(7-6)和式(7-7)成立. 证毕.

根据对偶原理式(7-6′)和式(7-7′)亦成立.

例 4 设偏序集 $\langle A; \leqslant \rangle$ 的次序图如图 7-4 所示, 从图中可以看出, 对于 A 的子集 $B = \{e, f, g, h, i, j, k\}$, b 和 d 分别是其上界, 但 B 没有最小上界.

对于子集 $C = \{a, b, c, d\}$, e、f、g、h、i、j 和 k 均是其下界, 但 C 没有最大下界.

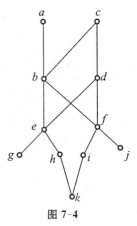

图 7-4

7.3 格是一种代数系统

由 7.2 节已知道, 如果 $\langle L; \leqslant \rangle$ 是一个格, 则 L 中任一元素对 l_1 和 l_2 都有唯一的 glb 和 lub, 若分别采用 $l_1 \wedge l_2$ 和 $l_1 \vee l_2$ 来表示它们, 则"$\wedge$"和"$\vee$"可看做是集合 L 上的两个二元运算, 它们满足交换律、结合律、等幂律和吸收律. 现在要说明这一结论的逆也是成立的, 即若在集合 L 上定义了两个二元运算, 且这两个运算满足以上四条定律, 则 L 上必存在一个偏序关系 $\leqslant$, 使得 $\langle L; \leqslant \rangle$ 成为一个格.

定理 7-10 设 L 是一定义了两个二元运算 $\vee$ 和 $\wedge$ 的集合, 这两个运算都满足交换律、结合律和吸收律, 则必存在一 L 上的偏序关系, 使得在此偏序关系下, 对于每一对元素 $l_1, l_2 \in L, l_1 \vee l_2$ 就是 l_1 和 l_2 的 lub, $l_1 \wedge l_2$ 就是 l_1 和 l_2 的 glb.

在定理中没有列出等幂律. 这是因为在定理的条件下, 等幂律是自然满足的. 事实上, 由吸收律可推出等幂律, 即对于任意的 $l \in L$, 有
$$l \vee l = l \vee [l \wedge (l \vee l)] = l$$
用同样的方法或由对偶原理可以证明 $l \wedge l = l$. 因此在下面的证明中, 可以认为等幂律也是成立的.

证明 定义 L 上的关系 $\leqslant$: 对于任意的 $l_1, l_2 \in L$,

当且仅当 $l_1 \vee l_2 = l_1$ 时, 有 $l_2 \leqslant l_1$. (7-8)

由等幂律, 对任一 $l \in L$, 有 $l \vee l = l$, 所以 $l \leqslant l$, 因此 $\leqslant$ 是自反的.

设 $l_1 \leqslant l_2$ 且 $l_2 \leqslant l_1$, 则由式(7-8)有 $l_2 \vee l_1 = l_2$ 且 $l_1 \vee l_2 = l_1$, 由交换律可得

$l_1 = l_2$,因此 $\leqslant$ 是反对称的.

设 $l_1 \leqslant l_2$ 且 $l_2 \leqslant l_3$,则由式(7-8)$l_2 \vee l_1 = l_2, l_3 \vee l_2 = l_3$,由结合律可得

$$l_3 \vee l_1 = (l_3 \vee l_2) \vee l_1 = l_3 \vee (l_2 \vee l_1) = l_3 \vee l_2 = l_3$$

于是又由式(7-8)有 $l_1 \leqslant l_3$,即 $\leqslant$ 是可传递的.

由以上可知,$\leqslant$ 是 L 上的一个偏序关系.

对于任意的 $l_1, l_2 \in L$,由交换律、结合律和等幂律,有

$$(l_1 \vee l_2) \vee l_1 = l_1 \vee (l_1 \vee l_2) = (l_1 \vee l_1) \vee l_2 = l_1 \vee l_2$$

因此,由式(7-8)有 $l_1 \vee l_2 \geqslant l_1$. 类似地可证明,对于任意的 $l_1, l_2 \in L$,有 $l_1 \vee l_2 \geqslant l_2$. 又由式(7-8),若 $l_3 \geqslant l_1, l_3 \geqslant l_2$,则 $l_3 \vee l_1 = l_3, l_3 \vee l_2 = l_3$,因此

$$l_3 \vee (l_1 \vee l_2) = (l_3 \vee l_1) \vee l_2 = l_3 \vee l_2 = l_3$$

即 $l_3 \geqslant l_1 \vee l_2$,故 $l_1 \vee l_2 = \mathrm{lub}(l_1, l_2)$.

若 $l_1 \vee l_2 = l_1$,即 $l_2 \wedge (l_1 \vee l_2) = l_2 \wedge l_1$. 于是,由吸收律有 $l_1 \wedge l_2 = l_2$. 反之,若 $l_1 \wedge l_2 = l_2$,则 $l_1 \vee (l_1 \wedge l_2) = l_1 \vee l_2$. 于是,由吸收律有 $l_1 \vee l_2 = l_1$. 因此

$$(l_1 \wedge l_2 = l_2) \Longleftrightarrow (l_1 \vee l_2 = l_1)$$

于是关系 $\leqslant$ 又可定义为

对于所有的 $l_1, l_2 \in L$,当且仅当 $l_1 \wedge l_2 = l_2$ 时,有 $l_2 \leqslant l_1$. (7-9)

运用上面论证过程的对偶及借助式(7-9)可得 $l_1 \wedge l_2 = \mathrm{glb}(l_1, l_2)$. 证毕.

综合本节和 7.2 节的结论,可以给出与定义 7-4 等价的格的另一种定义,即将格定义为一种代数系统.

定义 7-5 设 $\langle L; \vee, \wedge \rangle$ 是一个代数系统,$\vee$ 和 $\wedge$ 是 L 上的两个二元运算,如果这两个运算满足交换律、结合律和吸收律,则称 $\langle L; \vee, \wedge \rangle$ 是一个**格**.

因此,7.2 节例 1 中的格 $\langle 2^U; \subseteq \rangle$ 又可表示为 $\langle 2^U; \cup, \cap \rangle$.

定义 7-6 设 $\langle L; \vee, \wedge \rangle$ 是一个格,如果 $\langle A; \vee, \wedge \rangle$ 是 $\langle L; \vee, \wedge \rangle$ 的子代数,则称 $\langle A; \vee, \wedge \rangle$ 是 $\langle L; \vee, \wedge \rangle$ 的**子格**.

子格也是一个格,因为当运算 $\vee$ 和 $\wedge$ 限制在 A 上时,交换律、结合律和吸收律也是成立的.

例 1 设 $\langle L; \leqslant \rangle$ 是一个格,$a \in L, S \subseteq L$,定义为 $S = \{l \mid l \in L, a \leqslant l\}$,则 $\langle S; \leqslant \rangle$ 是 $\langle L; \leqslant \rangle$ 的一个子格.

因为对于任意的 $l_1, l_2 \in S$,必有 $a \leqslant l_1, a \leqslant l_2$,根据式(7-5),有 $a \leqslant l_1 \wedge l_2$,根据式(7-4′) 和式(7-3′),有 $a \leqslant l_1 \vee l_2$,因此

$$l_1 \wedge l_2 \in S, l_1 \vee l_2 \in S$$

故 $\langle S; \leqslant \rangle$ 是 $\langle L; \leqslant \rangle$ 的一个子格.

例 2 设有集合 A, B 和函数 $f: A \to B, S \subseteq 2^B$ 定义为 $S = \{y \mid y = f(x), x \in 2^A\}$,试证明 S 对于集合的运算 $\cup$ 和 $\cap$ 构成格 $\langle 2^B; \cup, \cap \rangle$ 的子格.

由 S 的定义可知,S 是由 A 的所有子集 x 的像 y(它是 B 的子集)所组成的集合,

因此 $S \subseteq 2^B$.

要证明例 2 的结论,根据子格的定义,即要证明运算 $\cup$ 和 $\cap$ 在集合 S 上封闭. 现证明如下.

对于任意的 $S_1, S_2 \in S$,必有 $A_1, A_2 \in 2^A$,使得 $S_1 = f(A_1), S_2 = f(A_2)$,于是 $S_1 \cup S_2 = f(A_1) \cup f(A_2)$,容易证明 $f(A_1) \cup f(A_2) = f(A_1 \cup A_2)$,因此 $S_1 \cup S_2 = f(A_1 \cup A_2)$,而 $A_1 \cup A_2 \in 2^A$,所以 $S_1 \cup S_2 \in S$.

因为 $S_1 \subseteq B, S_2 \subseteq B$,所以 $S_1 \cap S_2 \subseteq B$,对于任一 $b \in S_1 \cap S_2$,必有 $b \in S_1$,即 $b \in f(A_1)$,因此,必有 $a \in A_1$,使得 $b = f(a)$,也就是说对于任一 $b \in S_1 \cap S_2$,必有 $a \in A$,使得 $b = f(a)$,令集合
$$A_3 = \{a \mid a \in A, f(a) = b, b \in S_1 \cap S_2\}$$
显然 $A_3 \in 2^A$,且 $S_1 \cap S_2 = f(A_3)$,于是 $S_1 \cap S_2 \in S$.

由上可知,$\langle S; \cup, \cap \rangle$ 是 $\langle 2^B; \cup, \cap \rangle$ 的子代数,因此 $\langle S; \cup, \cap \rangle$ 是 $\langle 2^B; \cup, \cap \rangle$ 的子格.

例 3 设 $A = \{a, b, c, d, e, f, g, h\}$,$\langle A; \leqslant \rangle$ 是一个格,其次序图如图 7-5 所示. 令 $S_1 = \{a, b, f, d\}, S_2 = \{c, e, g, h\}, S_3 = \{a, b, d, h\}, S_4 = \{c, e, g\}$,其中,$\langle S_1; \leqslant \rangle$ 和 $\langle S_2; \leqslant \rangle$ 是 $\langle A; \leqslant \rangle$ 的子格,$\langle S_3; \leqslant \rangle$ 不是 $\langle A; \leqslant \rangle$ 的子格,因为 $b \wedge d = \mathrm{glb}(b, d) = f \notin S_3$,但 $\langle S_3; \leqslant \rangle$ 是一个格,其次序图由图 7-6 给出. $\langle S_4; \leqslant \rangle$ 是一个偏序集,但不是一个格,也不是 $\langle A; \leqslant \rangle$ 的子格.

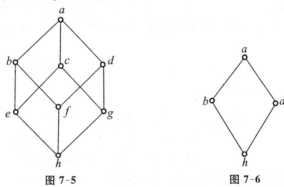

图 7-5　　　　　　图 7-6

7.4　分配格和有补格

由定理 7-9,已经知道格满足分配不等式. 但任给一个格 $\langle L; \vee, \wedge \rangle$,其运算 $\vee$ 与 $\wedge$ 不一定能满足分配律.

定义 7-7 设 $\langle L; \vee, \wedge \rangle$ 是一个格,若对于任意的 $l_1, l_2, l_3 \in L$,有
$$l_1 \wedge (l_2 \vee l_3) = (l_1 \wedge l_2) \vee (l_1 \wedge l_3)$$
$$l_1 \vee (l_2 \wedge l_3) = (l_1 \vee l_2) \wedge (l_1 \vee l_3)$$

则称$\langle L; \vee, \wedge \rangle$为**分配格**.

例 1 全集U的幂集2^U与其上所定义的并和交运算所组成的格$\langle 2^U; \cup, \cap \rangle$是一个分配格.

图 7-7 所给出的两个格都不是分配格. 因为在图 7-7(a) 中有
$$a_3 \wedge (a_2 \vee a_4) = a_3 \wedge a_1 = a_3$$
但
$$(a_3 \wedge a_2) \vee (a_3 \wedge a_4) = a_5 \vee a_4 = a_4$$

图 7-7(b) 中有 $\quad b \wedge (c \vee d) = b \wedge a = b$
但
$$(b \wedge c) \vee (b \wedge d) = e \vee e = e$$

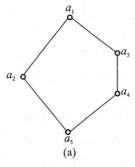
(a)

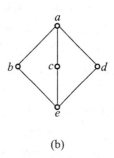
(b)

图 7-7

应该指出, 在分配格的定义中有些条件是多余的.

定理 7-11 在格$\langle L; \vee, \wedge \rangle$中, 如果交运算对并运算是可分配的, 则并运算对交运算也是可分配的; 如果并运算对交运算是可分配的, 则交运算对并运算也是可分配的.

证明 设在格$\langle L; \vee, \wedge \rangle$中, 对任意的$l_1, l_2, l_3 \in L$, 有
$$l_1 \wedge (l_2 \vee l_3) = (l_1 \wedge l_2) \vee (l_1 \wedge l_3)$$
则
$$(l_1 \vee l_2) \wedge (l_1 \vee l_3) = ((l_1 \vee l_2) \wedge l_1) \vee ((l_1 \vee l_2) \wedge l_3)$$
$$= l_1 \vee ((l_1 \vee l_2) \wedge l_3) = l_1 \vee ((l_1 \wedge l_3) \vee (l_2 \wedge l_3))$$
$$= (l_1 \vee (l_1 \wedge l_3)) \vee (l_2 \wedge l_3) = l_1 \vee (l_2 \wedge l_3)$$

由对偶原理, 如果并运算对交运算是可分配的, 则交运算对并运算也是可分配的. 证毕.

如果$\langle L; \vee, \wedge \rangle$是分配格, 则对任意的$l, a_1, a_2, \cdots, a_n \in L$, 有
$$l \vee (\bigwedge_{i=1}^n a_i) = \bigwedge_{i=1}^n (l \vee a_i)$$
$$l \wedge (\bigvee_{i=1}^n a_i) = \bigvee_{i=1}^n (l \wedge a_i)$$

更一般地, 对于任意的$l_1, l_2, \cdots, l_m, a_1, a_2, a_3, \cdots, a_n \in L$, 有
$$(\bigwedge_{i=1}^m l_i) \vee (\bigwedge_{j=1}^n a_j) = \bigwedge_{i=1}^m (\bigwedge_{j=1}^n (l_i \vee a_j))$$

$$(\bigvee_{i=1}^{m} l_i) \wedge (\bigvee_{j=1}^{n} a_j) = \bigvee_{i=1}^{m} (\bigvee_{j=1}^{n} (l_i \wedge a_j))$$

定理 7-12 设 l_1, l_2, l_3 是分配格 $\langle L; \vee, \wedge \rangle$ 中的任意三个元素，则
$$(l_1 \vee l_2 = l_1 \vee l_3, l_1 \wedge l_2 = l_1 \wedge l_3) \Longleftrightarrow (l_2 = l_3)$$

证明 从右到左的推断是明显的。为了证明从左到右的推断，利用交换律、吸收律和分配律，则有

$$\begin{aligned}
l_2 &= l_2 \vee (l_2 \wedge l_1) = l_2 \vee (l_3 \wedge l_1) \\
&= (l_2 \vee l_3) \wedge (l_2 \vee l_1) = (l_2 \vee l_3) \wedge (l_3 \vee l_1) \\
&= l_3 \vee (l_2 \wedge l_1) = l_3 \vee (l_3 \wedge l_1) = l_3
\end{aligned}$$

证毕。

如果一个格存在有最小元素和最大元素，则称它们为该格的**界**，并分别用 0 和 1 来表示。由最小元素和最大元素的定义，如果一个格 $\langle L; \vee, \wedge \rangle$ 有元素 0 和 1，则对于所有的 $l \in L$，有 $l \leqslant 1, 0 \leqslant l$。于是，由定理 7-3，对于所有的 $l \in L$，有

$$l \vee 1 = 1, \quad l \wedge 1 = l \tag{7-10}$$
$$l \wedge 0 = 0, \quad l \vee 0 = l \tag{7-11}$$

由 1 和 0 的唯一性可知，含有元素 1 和 0 的格的次序图中，必有唯一一个称为"1"的结点，它位于图的最上层。有唯一一个称为"0"的结点，它位于图的最下层。并且从任一其他结点出发经过向上的路径都可以到达结点 1，而从任一其他结点出发经过向下的路径都可以到达结点 0。

例如，在图 7-1 所给出的格 $\langle 2^U; \cup, \cap \rangle$ 的次序图中，结点 $\{a,b,c\}$ 代表元素 1，$\varnothing$ 代表元素 0。

又如，$\langle \mathbf{R}; \leqslant \rangle$（其中 $\mathbf{R}$ 是实数集，$\leqslant$ 是通常的"小于或等于"关系）显然是一个格。对于任意的 $r_1, r_2 \in \mathbf{R}$，有

$$\text{glb}(r_1, r_2) = \min(r_1, r_2)$$
$$\text{lub}(r_1, r_2) = \max(r_1, r_2)$$

但这个格既没有最大元素也没有最小元素。

定义 7-8 设 $\langle L; \vee, \wedge \rangle$ 是一个含有元素 1 和 0 的格，对于 L 中的一个元素 l，若有元素 $\bar{l}$ 使得 $l \vee \bar{l} = 1, l \wedge \bar{l} = 0$，则称元素 $\bar{l}$ 是 l 的**补**。

显然，l 和 $\bar{l}$ 是互补的，即若 $\bar{l}$ 是 l 的一个补，则 l 也是 $\bar{l}$ 的一个补。

例如，图 7-8 中的格，d 是 e 的一个补，同时 e 也是 d 的一个补。一个元素可以有多于一个的补。例如，图 7-8 中 b 和 e 都是 d 的补。但是另一方面，c 没有补。

由式(7-10)和式(7-11)可知，0 和 1 互补。

定义 7-9 设 $\langle L; \vee, \wedge \rangle$ 是一个含有元素 1 和 0 的格，如果 L 中每一个元素都有补，则称 $\langle L; \vee, \wedge \rangle$ 为**有补格**。

例如，在图 7-7(a) 所给出的格中，每一个元素都有补。a_2 的补元是 a_3 和 a_4，a_3 和

a_4 的补元都是 a_2,a_1 和 a_5 互为补元. 因此这是一个有补格. 又如图 7-7(b) 所给出的格中, b 的补元是 c 和 d, c 的补元是 b 和 d, d 的补元是 b 和 c, a 和 e 互为补元. 因此, 它也是一个有补格.

又如, 格 $\langle 2^U ; \cup, \cap \rangle$ 是一个有补格. 其中全集合 U 是元素 1, 空集 $\varnothing$ 是元素 0. U 的每一子集 S_i 的补元素是 S_i' (即 S_i 的补集).

如果一个格既是有补格又是分配格, 则称它为**有补分配格**. 例如, 格 $\langle 2^U ; \cup, \cap \rangle$ 就是一个有补分配格.

下面再来看看有补分配格的一些性质.

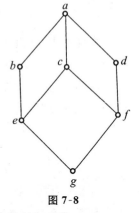

图 7-8

定理 7-13 在有补分配格 $\langle L; \vee, \wedge \rangle$ 中, 任一元素 $l \in L$ 的补元素 $\bar{l}$ 是唯一的.

证明 假设有两个元素 l_1 和 l_2, 使得
$$l \vee l_1 = 1, \quad l \wedge l_1 = 0$$
$$l \vee l_2 = 1, \quad l \wedge l_2 = 0$$
则有
$$l \vee l_1 = l \vee l_2, \quad l \wedge l_1 = l \wedge l_2$$
由定理 7-12 有 $l_1 = l_2$. 因此 l 的补元素唯一.

定理 7-14(对合律) 在有补分配格 $\langle L; \vee, \wedge \rangle$ 中, 对于任一元素 $l \in L$, 有 $\bar{\bar{l}} = l$.

证明 因为 $l \vee \bar{l} = 1, l \wedge \bar{l} = 0$, 由交换律有 $\bar{l} \vee l = 1, \bar{l} \wedge l = 0$. 所以 l 是 $\bar{l}$ 的补. 又由定理 7-13, $\bar{l}$ 的补是唯一的, 故得 $l = \bar{\bar{l}}$.

定理 7-15(德·摩根定律) 在有补分配格 $\langle L; \vee, \wedge \rangle$ 中, 对于任意的 $l_1, l_2 \in L$, 有

(1) $\overline{l_1 \vee l_2} = \bar{l_1} \wedge \bar{l_2}$ (2) $\overline{l_1 \wedge l_2} = \bar{l_1} \vee \bar{l_2}$

证明 (1) 由分配律可知
$$(l_1 \vee l_2) \vee (\bar{l_1} \wedge \bar{l_2}) = (l_1 \vee l_2 \vee \bar{l_1}) \wedge (l_1 \vee l_2 \vee \bar{l_2}) = 1 \wedge 1 = 1$$
$$(l_1 \vee l_2) \wedge (\bar{l_1} \wedge \bar{l_2}) = (l_1 \wedge \bar{l_1} \wedge \bar{l_2}) \vee (l_2 \wedge \bar{l_1} \wedge \bar{l_2}) = 0 \vee 0 = 0$$
由补的唯一性便有 $\overline{l_1 \vee l_2} = \bar{l_1} \wedge \bar{l_2}$.

(2) 可由对偶原理推出.

定理 7-16 在有补分配格 $\langle L; \vee, \wedge \rangle$ 中, 对于任意的 $l_1, l_2 \in L$, 有
$$(l_1 \leqslant l_2) \Leftrightarrow (l_1 \wedge \bar{l_2} = 0) \Leftrightarrow (\bar{l_1} \vee l_2 = 1)$$

证明 若 $l_1 \leqslant l_2$, 则由定理 7-8 的推论, 有 $l_1 \wedge \bar{l_2} \leqslant l_2 \wedge \bar{l_2}$. 因为 $l_2 \wedge \bar{l_2} = 0$, 所以 $l_1 \wedge \bar{l_2} \leqslant 0$, 但 $0 \leqslant l_1 \wedge \bar{l_2}$, 因此 $l_1 \wedge \bar{l_2} = 0$.

类似地, 若 $l_1 \leqslant l_2$, 则有 $\bar{l_1} \vee l_1 \leqslant \bar{l_1} \vee l_2$, 因为 $\bar{l_1} \vee l_1 = 1$, 故 $\bar{l_1} \vee l_2 = 1$.

反之, 若 $l_1 \wedge \bar{l_2} = 0$, 则
$$l_2 = l_2 \vee (l_1 \wedge \bar{l_2}) = (l_2 \vee l_1) \wedge (l_2 \vee \bar{l_2}) = l_2 \vee l_1$$

因而有 $l_1 \leqslant l_2$

若 $\bar{l}_1 \vee l_2 = 1$,则
$$l_1 = l_1 \wedge (\bar{l}_1 \vee l_2) = (l_1 \wedge \bar{l}_1) \vee (l_1 \wedge l_2) = l_1 \wedge l_2$$

因而有 $l_1 \leqslant l_2$

由上可知,$(l_1 \leqslant l_2) \Longleftrightarrow (l_1 \wedge \bar{l}_2 = 0) \Longleftrightarrow (\bar{l}_1 \vee l_2 = 1)$.

7.5 布尔代数

定义 7-10 如果一个格既是分配格又是有补格,而称其为一个**布尔代数**.

因为在有补分配格中,每一元素的补都是唯一的,因此求补运算能够作为这种格的域上的一元运算.于是,具有域 B 的布尔代数可表示为 $\langle B; -, \vee, \wedge \rangle$(这里 $\vee$ 和 $\wedge$ 是原有的并与交运算,$-$ 是求补运算).

由前面的讨论可知,一个布尔代数 $\langle B; -, \vee, \wedge \rangle$ 具有下列的基本性质.

对于 B 中的任意元素 x, y, z,有

(1) **交换律**:$x \vee y = y \vee x, x \wedge y = y \wedge x$

(2) **结合律**:$x \vee (y \vee z) = (x \vee y) \vee z$
$x \wedge (y \wedge z) = (x \wedge y) \wedge z$

(3) **等幂律**:$x \vee x = x, x \wedge x = x$

(4) **吸收律**:$x \vee (x \wedge y) = x, x \wedge (x \vee y) = x$

(5) **分配律**:$x \wedge (y \vee z) = (x \wedge y) \vee (x \wedge z)$
$x \vee (y \wedge z) = (x \vee y) \wedge (x \vee z)$

(6) **同一律**:$x \vee 0 = x, x \wedge 1 = x$

(7) **零一律**:$x \vee 1 = 1, x \wedge 0 = 0$

(8) **互补律**:$x \vee \bar{x} = 1, x \wedge \bar{x} = 0$

(9) **对合律**:$\bar{\bar{x}} = x$

(10) **德·摩根定律**:$\overline{x \vee y} = \bar{x} \wedge \bar{y}, \overline{x \wedge y} = \bar{x} \vee \bar{y}$

以上这 10 条性质并不都是独立的.事实上,所有其他的性质都可由其中的四条,即交换律、分配律、同一律和互补律推导出来.

也就是说,若代数系统 $\langle B; -, \vee, \wedge \rangle$ 中的运算满足交换律、分配律、同一律和互补律,则它必定也满足结合律、等幂律等其他 6 条集合定律.

首先注意到,交换律、分配律、同一律和互补律这 4 条基本定律,每一条都包含了互为对偶的两个关系式.也就是说,如果在每一条基本定律中,将第一个关系式中的 $\vee$、$\wedge$、0、1 分别改为 $\wedge$、$\vee$、1、0,则第一个关系式就变成了第二个关系式.因此与格一样,布尔代数的任一由这些基本关系式所导出的关系式的对偶,亦可由这些基本关系式的对偶导出.上述布尔代数的性质(2)、(3)、(4)、(7)、(10)中,每一条性质都包

含了两个互为对偶的关系式,根据对偶原理,只要证明其中之一即可.

由交换律和同一律可知,0 是 $\vee$ 运算的单位元,1 是 $\wedge$ 运算的单位元,根据定理 4-2,$\langle B; -, \vee, \wedge \rangle$ 中满足同一律的元素 0 和元素 1 是唯一的.

定理 7-17(零一律) 对任意的 $x \in B$,有

(1) $x \vee 1 = 1$ (2) $x \wedge 0 = 0$

证明 (1) $x \vee 1 = (x \vee 1) \wedge 1$ (同一律)

$= (x \vee 1) \wedge (x \vee \overline{x})$ (互补律)

$= x \vee (1 \wedge \overline{x})$ (分配律)

$= x \vee \overline{x}$ (交换律,同一律)

$= 1$ (互补律)

定理 7-18(吸收律) 对任意的 $x, y \in B$,有

(1) $x \vee (x \wedge y) = x$ (2) $x \wedge (x \vee y) = x$

证明 (1) $x \vee (x \wedge y)$

$= (x \wedge 1) \vee (x \wedge y)$ (同一律)

$= x \wedge (1 \vee y)$ (分配律)

$= x \wedge 1$ (交换律,定理 7-17)

$= x$ (同一律)

证毕.

由吸收律成立,重复定理 7-10 中的推导可知,等幂律也成立.

引理 对任意的 $x, y, z \in B$,若 $x \wedge y = x \wedge z, \overline{x} \wedge y = \overline{x} \wedge z$,则

$$y = z$$

证明 因为

$(x \wedge y) \vee (\overline{x} \wedge y) = y \wedge (x \vee \overline{x}) = y \wedge 1 = y$

$(x \wedge z) \vee (\overline{x} \wedge z) = z \wedge (x \vee \overline{x}) = z \wedge 1 = z$

所以 $$y = z$$

定理 7-19(结合律) 对任意的 $x, y, z \in B$,有

(1) $x \vee (y \vee z) = (x \vee y) \vee z$

(2) $x \wedge (y \wedge z) = (x \wedge y) \wedge z$

证明 令 $L = x \vee (y \vee z), M = (x \vee y) \vee z$,则

$x \wedge L = x \wedge (x \vee (y \vee z)) = x$

且 $x \wedge M = x \wedge ((x \vee y) \vee z) = (x \wedge (x \vee y)) \vee (x \wedge z)$

$= x \vee (x \wedge z) = x$

因此 $x \wedge L = x \wedge M$

又因 $\overline{x} \wedge L = \overline{x} \wedge (x \vee (y \vee z)) = (\overline{x} \wedge x) \vee (\overline{x} \wedge (y \vee z))$

$= 0 \vee (\overline{x} \wedge (y \vee z)) = (\overline{x} \wedge y) \vee (\overline{x} \wedge z)$

而且 $\overline{x} \wedge M = \overline{x} \wedge ((x \vee y) \vee z) = (\overline{x} \wedge (x \vee y)) \vee (\overline{x} \wedge z)$
$= ((\overline{x} \wedge x) \vee (\overline{x} \wedge y)) \vee (\overline{x} \wedge z) = (\overline{x} \wedge y) \vee (\overline{x} \wedge z)$

因此 $\overline{x} \wedge L = \overline{x} \wedge M$

于是由引理,有 $L = M$,这就证明了并的结合律.

由以上讨论可知,在代数系统 $\langle B; -, \vee, \wedge \rangle$ 中交换律、结合律和吸收律成立,因此 $\langle B; -, \vee, \wedge \rangle$ 是一个格. 由于分配律成立,可知 $\langle B; -, \vee, \wedge \rangle$ 是一分配格. 又由于同一律和互补律成立,因此 $\langle B; -, \vee, \wedge \rangle$ 是一有补分配格. 根据定理 7-14 和定理 7-15,对合律和德·摩根定律也成立.

以上说明,与格一样,布尔代数 $\langle B; -, \vee, \wedge \rangle$ 也是一个代数系统,该代数系统可取交换律、分配律、同一律和互补律作为公理. 显然,集合代数 $\langle 2^U; ', \cup, \cap \rangle$ 是一个布尔代数,因为它满足布尔代数的 4 条公理. 因此,对于布尔代数 $\langle B; -, \vee, \wedge \rangle$ 推导出来的所有结论,对于集合代数都是成立的.

下面两个定理阐述了一个有趣的现象,即布尔代数的子代数以及布尔代数的满同态像仍是布尔代数.

定理 7-20 布尔代数的每一子代数仍是布尔代数.

证明 设 $\langle \widetilde{B}; -, \vee, \wedge \rangle$ 是布尔代数 $\langle B; -, \vee, \wedge \rangle$ 的子代数. 由子代数的定义可知,交换律和分配律在 $\langle \widetilde{B}; -, \vee, \wedge \rangle$ 中仍然成立. 又若 $x \in \widetilde{B}$,则由封闭性有 $\overline{x} \in \widetilde{B}$,因此 $x \vee \overline{x} = 1 \in \widetilde{B}$,$x \wedge \overline{x} = 0 \in \widetilde{B}$,所以互补律和同一律也成立. 故定理得证.

定理 7-21 一个布尔代数的每一满同态像都是布尔代数.

证明 设 $\langle B_0; ', \cup, \cap \rangle$ 是布尔代数 $\langle B; -, \vee, \wedge \rangle$ 在满同态 h 下的同态像. 由定理 4-6 知交换律和分配律在 $\langle B_0; ', \cup, \cap \rangle$ 中仍然成立. 由布尔代数 $\langle B; -, \vee, \wedge \rangle$ 满足同一律,知 $h(1)$ 和 $h(0)$ 分别是 $\langle B_0; ', \cup, \cap \rangle$ 的 1 元素和 0 元素. 即 $\langle B_0; ', \cup, \cap \rangle$ 满足同一律. 又因为 h 是从 B 到 B_0 的满射,因此 B_0 中任一元素 x_0 都可表示为 $h(x)$ 的形式,这里 $x \in B$. 因此对于任一 $x_0 \in B_0$,有

$$h(0) = h(x \wedge \overline{x}) = h(x) \cap h(\overline{x}) = h(x) \cap (h(x))' = x_0 \cap x_0'$$
$$h(1) = h(x \vee \overline{x}) = h(x) \cup h(\overline{x}) = h(x) \cup (h(x))' = x_0 \cup x_0'$$

即 $\langle B_0; ', \cup, \cap \rangle$ 满足互补律.

由上可知, $\langle B_0; ', \cup, \cap \rangle$ 是一个布尔代数.

例 1 设 $U = \{u_1, u_2, u_3\}$. 布尔代数 $\langle 2^U; ', \cup, \cap \rangle$ 有子代数:

$\langle \{\varnothing, U\}; ', \cup, \cap \rangle$

$\langle \{\varnothing, \{u_1\}, \{u_2, u_3\}, U\}; ', \cup, \cap \rangle$

$\langle \{\varnothing, \{u_2\}, \{u_1, u_3\}, U\}; ', \cup, \cap \rangle$

$\langle \{\varnothing, \{u_3\}, \{u_1, u_2\}, U\}; ', \cup, \cap \rangle$

它们都是**布尔代数**.

表 7-1 定义了 $\langle\{\varnothing, U\}; ', \cup, \cap\rangle$ 的运算，表 7-2 定义了 $\langle\{\varnothing, S, T, U\}; ', \cup, \cap\rangle$ 的运算（为了方便起见，后三个代数的域都用 $\{\varnothing, S, T, U\}$ 表示）。

表 7-1

x	$\bar{x}$	$\cup$	$\varnothing$	U	$\cap$	$\varnothing$	U
$\varnothing$	U	$\varnothing$	$\varnothing$	U	$\varnothing$	$\varnothing$	$\varnothing$
U	$\varnothing$	U	U	U	U	$\varnothing$	U

表 7-2

x	$\bar{x}$	$\cup$	$\varnothing$	S	T	U	$\cap$	$\varnothing$	S	T	U
$\varnothing$	U	$\varnothing$	$\varnothing$	S	T	U	$\varnothing$	$\varnothing$	$\varnothing$	$\varnothing$	$\varnothing$
S	T	S	S	S	U	U	S	$\varnothing$	S	$\varnothing$	S
T	S	T	T	U	T	U	T	$\varnothing$	$\varnothing$	T	T
U	$\varnothing$	U	U	U	U	U	U	$\varnothing$	S	T	U

例 2 设 $U = \{u_1, u_2, u_3\}$。定义集合 2^U 上的关系 ρ，当且仅当 $\{u_1\} \cap S = \{u_1\} \cap T$ 时，有 $S\rho T$。显然，这是一个等价关系。而且如果 $\{u_1\} \cap S = \{u_1\} \cap T$，则有 $\{u_1\} \cap S' = \{u_1\} \cap T'$，即由 $S\rho T$ 可得 $S'\rho T'$。

又如果 $\{u_1\} \cap S_1 = \{u_1\} \cap T_1$ 且 $\{u_1\} \cap S_2 = \{u_1\} \cap T_2$，则有
$$\{u_1\} \cap (S_1 \cup S_2) = \{u_1\} \cap (T_1 \cup T_2)$$
且
$$\{u_1\} \cap (S_1 \cap S_2) = \{u_1\} \cap (T_1 \cap T_2)$$
即由 $S_1\rho T_1$，$S_2\rho T_2$ 可得
$$(S_1 \cup S_2)\rho(T_1 \cup T_2), \quad (S_1 \cap S_2)\rho(T_1 \cap T_2)$$
于是，ρ 是布尔代数 $\langle 2^U; ', \cup, \cap\rangle$ 上的同余关系。这一同余关系可导致 2^U 上一等价分划，即
$$\pi_\rho^{2^U} = \{\{\varnothing, \{u_2\}, \{u_3\}, \{u_2, u_3\}\}, \{U, \{u_1\}, \{u_1, u_2\}, \{u_1, u_3\}\}\} = \{[\varnothing]_\rho, [U]_\rho\}$$
由定理 4-8，相应存在一个由函数 $h: 2^U \to \{[\varnothing]_\rho, [U]_\rho\}$ 给出的从 $\langle 2^U; ', \cup, \cap\rangle$ 到 $\langle\{[\varnothing]_\rho, [U]_\rho\}; ', \cup, \cap\rangle$ 的满同态。这里对于每一 $S \in 2^U, h(S) = [S]_\rho, \langle\{[\varnothing]_\rho, [U]_\rho\}; ', \cup, \cap\rangle$ 的运算规定为（在表 7-3 中给出）
$$([S]_\rho)' = [S']_\rho$$
$$[S_1]_\rho \cup [S_2]_\rho = [S_1 \cup S_2]_\rho$$
$$[S_1]_\rho \cap [S_2]_\rho = [S_1 \cap S_2]_\rho$$

因为 $\langle 2^U; ', \cup, \cap\rangle$ 是布尔代数，由定理 7-21，$\langle\{[\varnothing]_\rho, [U]_\rho\}; ', \cup, \cap\rangle$ 也是一布尔代数。这一事实也可由比较表 7-1 和表 7-3（定义了 $\langle\{[\varnothing]_\rho, [U]_\rho\}; ', \cup, \cap\rangle$ 的运算），$\langle\{[\varnothing]_\rho, [U]_\rho\}; ', \cup, \cap\rangle$ 与 $\langle\{\varnothing, U\}; ', \cup, \cap\rangle$ 是同构的而得到证实。

表 7-3

x	x'	$\cup$	$[\varnothing]_\rho$	$[U]_\rho$	$\cap$	$[\varnothing]_\rho$	$[U]_\rho$
$[\varnothing]_\rho$	$[U]_\rho$	$[\varnothing]_\rho$	$[\varnothing]_\rho$	$[U]_\rho$	$[\varnothing]_\rho$	$[\varnothing]_\rho$	$[\varnothing]_\rho$
$[U]_\rho$	$[\varnothing]_\rho$	$[U]_\rho$	$[U]_\rho$	$[U]_\rho$	$[U]_\rho$	$[\varnothing]_\rho$	$[U]_\rho$

7.6 有限布尔代数的同构

定义 7-11 设 $\langle B; -, \vee, \wedge \rangle$ 是布尔代数,如果元素 $a \neq 0$,且对于每一个 $x \in B$,有 $x \wedge a = a$ 或 $x \wedge a = 0$,则称 a 是**原子**.

由原子的定义,若 a 是原子,则不存在任何元素 c,使得 $0 < c, c < a$,即原子 a 是仅比 0 元素"大"的元素. 在 B 的次序图上,原子 a 是从结点 0 出发经过一条边就能到达的那些结点.

例 1 设 $U = \{u_1, u_2, u_3\}$,则布尔代数 $\langle 2^U; ', \cup, \cap \rangle$ 中,元素 $\{u_1\}, \{u_2\}, \{u_3\}$ 都是原子(图 7-9).

定理 7-22 设 $\langle B; -, \vee, \wedge \rangle$ 是一有限布尔代数,则对于每一非零的 $x \in B$,一定存在一个原子 a,使得 $x \wedge a = a$(或 $a \leqslant x$).

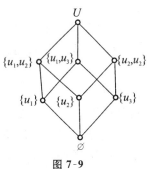

图 7-9

证明 如果 x 是一个原子,则定理显然成立. 如果 x 不是原子,则必存在某个元素 y,使得 $y \wedge x \neq x$ 且 $y \wedge x \neq 0$,令 $y \wedge x = x_1$,即有非零元素 $x_1 \neq x$,满足 $x_1 \leqslant x$. 类似地,或者 x_1 是一个原子,或者存在一个非零元素 $x_2 \neq x_1$,满足 $x_2 \leqslant x_1$;或者 x_2 是一个原子,或者存在一个非零元素 $x_3 \neq x_2$,满足 $x_3 \leqslant x_2$,等等. 因而得到一个序列

$$x \geqslant x_1 \geqslant x_2 \geqslant x_3 \geqslant \cdots$$

由于 B 是有限的,因而序列必定终止于"小于或等于"x 的某个原子 a.

定理 7-23 如果 a_1 和 a_2 是布尔代数 $\langle B; -, \vee, \wedge \rangle$ 的原子,且 $a_1 \wedge a_2 \neq 0$,则 $a_1 = a_2$.

证明 因为 $a_1 \wedge a_2 \neq 0$,所以由定义 7-11,有 $a_1 \wedge a_2 = a_1$ 且 $a_1 \wedge a_2 = a_2$,故有 $a_1 = a_2$.

定理 7-24 设 $\langle B; -, \vee, \wedge \rangle$ 是一有限布尔代数,又 x 是 B 的任意一个非零元素,$a_1, a_2, \cdots, a_n$ 是 $\langle B; -, \vee, \wedge \rangle$ 中满足 $a_i \leqslant x$ 的所有原子,则

$$x = a_1 \vee a_2 \vee \cdots \vee a_n$$

证明 设 $y = a_1 \vee a_2 \vee \cdots \vee a_n$,由式(7-7′)有 $y \leqslant x$,则只须证 $x \leqslant y$. 由定理 7-16 只须证 $x \wedge \overline{y} = 0$. 现假设 $x \wedge \overline{y} \neq 0$,由定理 7-22 知必存在一原子 a,使得

$a \leqslant x \wedge \bar{y}$. 而由式(7-4)有 $x \wedge \bar{y} \leqslant x$ 且 $x \wedge \bar{y} \leqslant \bar{y}$, 由传递性可得 $a \leqslant x$ 且 $a \leqslant \bar{y}$. 同时因为 $a \leqslant x$, 则存在某一 $a_i (1 \leqslant i \leqslant n)$, 使得 $a = a_i$. 由式(7-6′)有 $a \leqslant a_1 \vee a_2 \vee \cdots \vee a_n = y$, 于是有 $a \leqslant y$ 且 $a \leqslant \bar{y}$. 由式(7-5)可知, $a \leqslant y \wedge \bar{y} = 0$, 即得到 $a = 0$. 这与 a 是原子相矛盾. 因此必须有 $x \wedge \bar{y} = 0$, 即 $x \leqslant y$. 最后由反对称性, 得 $x = a_1 \vee a_2 \vee \cdots \vee a_n$.

定理 7-25 设 $\langle B; -, \vee, \wedge \rangle$ 是一有限布尔代数, x 是 B 的任意一个非零元素, $a_1, a_2, \cdots, a_n$ 是 $\langle B; -, \vee, \wedge \rangle$ 中满足 $a_i \leqslant x$ 的所有原子, 则 $x = a_1 \vee a_2 \vee \cdots \vee a_n$ 是将 x 表示为原子的并的唯一方式.

证明 设还有将 x 表示为原子的并的另一种表达式
$$x = b_1 \vee b_2 \vee \cdots \vee b_m$$
显然, 因为 x 是 $b_1, b_2, \cdots, b_m$ 的最小上界, 所以有
$$b_1 \leqslant x, b_2 \leqslant x, \cdots, b_m \leqslant x$$
这就意味着
$$\{b_1, b_2, \cdots, b_m\} \subseteq \{a_1, a_2, \cdots, a_n\}$$

对于任一原子 $a_i (1 \leqslant i \leqslant n)$, 因为 $a_i \leqslant x$. 所以有 $a_i \wedge x = a_i$. 因此
$$a_i \wedge (b_1 \vee b_2 \vee \cdots \vee b_m) = (a_i \wedge b_1) \vee (a_i \wedge b_2) \vee \cdots \vee (a_i \wedge b_m) = a_i$$
于是, 必有某一个 $b_j (1 \leqslant j \leqslant m)$, 使得 $a_i \wedge b_j \neq 0$, 由定理 7-23, 有 $a_i = b_j$, 即 $a_i \in \{b_1, b_2, \cdots, b_m\}$. 因此有
$$\{a_1, a_2, \cdots, a_n\} \subseteq \{b_1, b_2, \cdots, b_m\}$$
由上可得
$$\{a_1, a_2, \cdots, a_n\} = \{b_1, b_2, \cdots, b_m\}$$
这就证明了 $x = a_1 \vee a_2 \vee \cdots \vee a_n$ 是将 x 表示为原子的并的唯一方式. 证毕.

定理 7-25 的结论使得在一个有限布尔代数 $\langle B; -, \vee, \wedge \rangle$ 的元素与它的所有原子的集合 M 的子集之间建立了一个一一对应关系. 这种一一对应关系实际上是从 $\langle B; -, \vee, \wedge \rangle$ 到 $\langle 2^M; ', \cup, \cap \rangle$ 的一个同构. 因此可以得到每一个有限的布尔代数必与某一集合代数同构的重要结果.

定理 7-26 设 $\langle B; -, \vee, \wedge \rangle$ 是一有限布尔代数, M 表示该代数所有原子的集合, 则 $\langle B; -, \vee, \wedge \rangle$ 与 $\langle 2^M; ', \cup, \cap \rangle$ 同构.

证明 定义函数 $h: B \to 2^M$, 这里
$$h(x) = \begin{cases} \varnothing & x = 0 \\ \{a \mid a \in M, a \leqslant x\} & x \neq 0 \end{cases}$$
由定理 7-24 和定理 7-25 知 h 是一个双射.

对于任意非零元素 $x_1, x_2 \in B$, 设
$$h(x_1) = M_1 = \{a_{11}, a_{12}, \cdots, a_{1k_1}\}$$
$$h(x_2) = M_2 = \{a_{21}, a_{22}, \cdots, a_{2k_2}\}$$
因此 $x_1 = a_{11} \vee a_{12} \vee \cdots \vee a_{1k_1}$, $x_2 = a_{21} \vee a_{22} \vee \cdots \vee a_{2k_2}$

$$x_1 \vee x_2 = a_{11} \vee a_{12} \vee \cdots \vee a_{1k_1} \vee a_{21} \vee a_{22} \vee \cdots \vee a_{2k_2}$$

于是
$$h(x_1 \vee x_2) = M_1 \cup M_2 \tag{7-12}$$

其次,由分配律知

$$x_1 \wedge x_2 = (a_{11} \vee a_{12} \vee \cdots \vee a_{1k_1}) \wedge (a_{21} \vee a_{22} \vee \cdots \vee a_{2k_2}) = \bigvee_{i=1}^{k1}(\bigvee_{j=1}^{k2}(a_{1i} \wedge a_{2j}))$$

由定理 7-23

$$a_{1i} \wedge a_{2j} = \begin{cases} a_{1i} = a_{2j} & \text{若 } a_{1i} = a_{2j} \\ 0 & a_{1i} \neq a_{2j} \end{cases}$$

因此,$x_1 \wedge x_2$ 等于所有使得 $a_{1i} = a_{2j}$ 的 a_{1i}(或 a_{2j})的并.结果可得

$$h(x_1 \wedge x_2) = M_1 \cap M_2 \tag{7-13}$$

最后,假设 $x_2 = \overline{x}_1$,则

$x_1 \vee x_2 = 1$,因此 $h(x_1 \vee x_2) = M_1 \cup M_2 = M$.

又 $x_1 \wedge x_2 = 0$,因此 $h(x_1 \wedge x_2) = M_1 \cap M_2 = \emptyset$

结果有 $M_2 = M'_1$,即
$$h(\overline{x_1}) = (h(x_1))' \tag{7-14}$$

当 x_1 和 x_2 是非零的假设去掉.即当 $x_1 = 0$ 或 $x_2 = 0$ 时,则 $M_1 = \emptyset$ 或 $M_2 = \emptyset$.式(7-12)、式(7-13)和式(7-14)立即可得.由此可知 h 是从 $\langle B; -, \vee, \wedge \rangle$ 到 $\langle 2^M; ', \cup, \cap \rangle$ 的同构.于是这两个代数系统是同构的.证毕.

定理 7-26 很重要,它说明可以用集合代数 $\langle 2^M; ', \cup, \cap \rangle$ 来表示每一个有限布尔代数 $\langle B; -, \vee, \wedge \rangle$.这个结论的一个直接推论是 $\# B = 2^{\# M}$.由这个推论又可推出下面的结果,即如果两个有限的布尔代数 $\langle B_1; -, \vee, \wedge \rangle$ 和 $\langle B_2; -, \vee, \wedge \rangle$ 的域有相同的基数,则它们的原子的集合也一定有相同的基数 $\# M_1 = \# M_2$,于是,集合代数 $\langle 2^{M_1}; ', \cup, \cap \rangle$ 与 $\langle 2^{M_2}; ', \cup, \cap \rangle$ 同构.因而 $\langle B_1; -, \vee, \wedge \rangle$ 与 $\langle B_2; -, \vee, \wedge \rangle$ 同构.总之,有下面的定理.

定理 7-27 每一有限布尔代数的域的基数都是 2 的幂,域具有相同基数的布尔代数必同构.

例 2 设 $A_1, A_2, \cdots, A_r$ 是全集合 U 的子集.如果 S 表示所有由 $A_1, A_2, \cdots, A_r$ 产生的集合的集合,则 $\langle S; ', \cup, \cap \rangle$ 是一个布尔代数(参看习题第 21 题).对于 S 的每一个元素来说,由 $A_1, A_2, \cdots, A_r$ 所产生的最小集或被包含于该元素中,或与该元素交为空集.因此,由 $A_1, A_2, \cdots, A_r$ 产生的最小集是 $\langle S; ', \cup, \cap \rangle$ 的原子.由定理 7-26,$\langle S; ', \cup, \cap \rangle$ 与 $\langle 2^M; ', \cup, \cap \rangle$ 同构.这里 M 是所有由 $A_1, A_2, \cdots, A_r$ 所产生的最小集的集合.

例如,如果 S 是由 X、Y 产生的所有集合的集合,则布尔代数 $\langle S; ', \cup, \cap \rangle$ 与 $\langle 2^M; ', \cup, \cap \rangle$ 同构.这里 $M = \{X \cap Y, X \cap Y', X' \cap Y, X' \cap Y'\}$(参见图 7-10).$\langle 2^M; ', \cup, \cap \rangle$ 的次序图如图 7-11 所示.其中

$$A = X \cap Y, \quad B = X \cap Y', \quad C = X' \cap Y, \quad D = X' \cap Y'$$

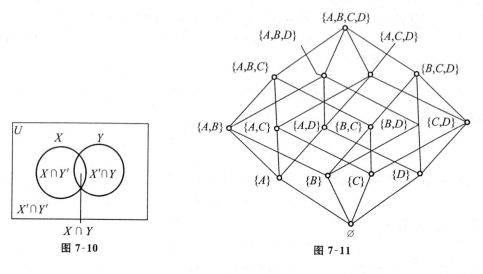

图 7-10　　　　　　　　　　　图 7-11

*7.7　布尔代数 W_2^r

含有 n 个元素的布尔代数用 $W_n = \langle B_n; -, \vee, \wedge \rangle$ 表示. 由定理 7-27 可知, n 必为 2 的幂, 于是, "最小的" 布尔代数就是 $W_2 = \langle B_2; -, \vee, \wedge \rangle$[①], 其域 $B_2 = \{0, 1\}$. 运用同一律、等幂律和零一律可得 W_2 的运算表如表 7-4. 表 7-5 则定义了 $W_4 = \langle B_4; -, \vee, \wedge \rangle$ 的运算, 这里 $B_4 = \{0, \alpha, \beta, 1\}$ (请比较表 7-1、表 7-2 与表 7-4、表 7-5).

表 7-4

x	$\bar{x}$	$\vee$	0	1	$\wedge$	0	1
0	1	0	0	1	0	0	0
1	0	1	1	1	1	0	1

表 7-5

x	$\bar{x}$	$\vee$	0	α	β	1	$\wedge$	0	α	β	1
0	1	0	0	α	β	1	0	0	0	0	0
α	β	α	α	α	1	1	α	0	α	0	α
β	α	β	β	1	β	1	β	0	0	β	β
1	0	1	1	1	1	1	1	0	α	β	1

---

① 不考虑只含有一个元素的布尔代数.

现在再来考察 r 个布尔代数 W_2 的积代数 $W_2\times W_2\times\cdots\times W_2$ (r 次). 这个代数系统用 W_2^r 表示. 它所用的运算符号与 W_2 相应的符号一样, 即 $W_2^r=\langle B_2^r;-,\vee,\wedge\rangle$, 其中

$$B_2^r=\underbrace{B_2\times B_2\times\cdots\times B_2}_{r\text{次}}=\{(x_1,x_2,\cdots,x_r)\mid x_i\in B_2, i=1,2,\cdots,r\}$$

对于任意的 $(x_1,x_2,\cdots,x_r),(y_1,y_2,\cdots,y_r)\in B_2^r$, 有

$$\overline{(x_1,x_2,\cdots,x_r)}=(\overline{x_1},\overline{x_2},\cdots,\overline{x_r})$$

$$(x_1,x_2,\cdots,x_r)\vee(y_1,y_2,\cdots,y_r)=(x_1\vee y_1,x_2\vee y_2,\cdots,x_r\vee y_r)$$

$$(x_1,x_2,\cdots,x_r)\wedge(y_1,y_2,\cdots,y_r)=(x_1\wedge y_1,x_2\wedge y_2,\cdots,x_r\wedge y_r)$$

由定理 4-11 可以知道, W_2 的交换律、分配律和同一律均在 W_2^r 中保持有效 (W_2^r 的零和一分别是 $(0,0,\cdots,0)$ 和 $(1,1,\cdots,1)$). 在 W_2^r 中有互补律成立也是容易证明的. 因此, 可以得到结论, 即 W_2^r 是一个布尔代数, 而且由定理 7-27 有下面的定理.

定理 7-28 布尔代数 W_2^r 与 W_{2^r} 是同构的. 任一有限布尔代数必与某一布尔代数 W_2^r 同构.

例 1 表 7-6 给出了 $W_2^2=\langle B_2^2;-,\vee,\wedge\rangle$ 的运算, 与表 7-5 比较可以证明, W_2^2 与 W_4 是同构的.

表 7-6

x	$\overline{x}$	$\vee$	(0,0)	(0,1)	(1,0)	(1,1)	$\wedge$	(0,0)	(0,1)	(1,0)	(1,1)
(0,0)	(1,1)	(0,0)	(0,0)	(0,1)	(1,0)	(1,1)	(0,0)	(0,0)	(0,0)	(0,0)	(0,0)
(0,1)	(1,0)	(0,1)	(0,1)	(0,1)	(1,1)	(1,1)	(0,1)	(0,0)	(0,1)	(0,0)	(0,1)
(1,0)	(0,1)	(1,0)	(1,0)	(1,1)	(1,0)	(1,1)	(1,0)	(0,0)	(0,0)	(1,0)	(1,0)
(1,1)	(0,0)	(1,1)	(1,1)	(1,1)	(1,1)	(1,1)	(1,1)	(0,0)	(0,1)	(1,0)	(1,1)

在代数系统 $\langle 2^U;',\cup,\cap\rangle$ (这里 $U=\{u_1,u_2,\cdots,u_r\}$) 和布尔代数 $W_2^r=\langle B_2^r;-,\cup,\cap\rangle$ 之间存在着一个同构关系. 这个同构关系可由下式给出, 即

$$h:2^U\to B_2^r$$

这里

$$h(S)=(x_1,x_2,\cdots,x_r),$$

$$x_i=\begin{cases}1 & \text{若 }u_i\in S\\ 0 & \text{否则}\end{cases}\quad(i=1,2,\cdots,r)$$

例如, 当 $r=4$ 时, $h(\{u_1,u_3,u_4\})=(1,0,1,1)$ (参见 3.1 节例 10). 关于 h 是同构的证明, 请读者自己作为练习给出. 这一同构关系的存在证实了每一有限布尔代数都和某一集合代数同构的结论.

7.8 布尔表达式和布尔函数

布尔代数 $\langle B;-,\vee,\wedge\rangle$ 上由 $x_1,x_2,\cdots,x_n$ 产生的**布尔表达式**可归纳地定义

如下.

(1) B 的任意元素和任一符号 $x_1, x_2, \cdots, x_n$(不能与 B 的元素的名字相同)都是 $\langle B; -, \vee, \wedge \rangle$ 上由 $x_1, x_2, \cdots, x_n$ 产生的布尔表达式.

(2) 如果 e_1 和 e_2 是 $\langle B; -, \vee, \wedge \rangle$ 上由 $x_1, x_2, \cdots, x_n$ 产生的布尔表达式,则 (e_1), $\overline{e_1}, (e_1 \vee e_2), (e_1 \wedge e_2)$ 也是 $\langle B; -, \vee, \wedge \rangle$ 上由 $x_1, x_2, \cdots, x_n$ 产生的布尔表达式(括号在 $\wedge$ 优先于 $\vee$ 的约定下可省略).

例如,$0 \wedge \overline{1}, 1 \vee (a \wedge x_1) \vee (\overline{x_2} \wedge x_3)$ 和 $\overline{(\overline{\beta} \vee x_1 \vee x_2)} \wedge 0$ 都是布尔代数 $\langle \{0, \alpha, \beta, 1\}; -, \vee, \wedge \rangle$ 上由 x_1, x_2, x_3, x_4 产生的布尔表达式.

如果 $x_1, x_2, \cdots, x_n$ 被解释为只能从 B 中取值的变量,那么变量 $x_1, x_2, \cdots, x_n$ 的每一组取值对应着集合 B^n 上的一个有序 n 元组,而 $\langle B; -, \vee, \wedge \rangle$ 上由 $x_1, x_2, \cdots, x_n$ 产生的布尔表达式可认为是表示 B 中的元素. 于是,一个布尔表达式可以解释为形如 $f: B^n \to B$ 的函数. 这里,对于每一组特定的自变量 $(x_1, x_2, \cdots, x_n), f(x_1, x_2, \cdots, x_n)$ 能够由 $\langle B; -, \vee, \wedge \rangle$ 上 $-$、$\vee$、$\wedge$ 运算的定义所确定. 因此,$\langle B; -, \vee, \wedge \rangle$ 上由 $x_1, x_2, \cdots, x_n$ 产生的布尔表达式有时也被称为是 $\langle B; -, \vee, \wedge \rangle$ 上 n 个变量的**布尔函数**.

例 1 下面是布尔代数 $\langle \{0, \alpha, \beta, 1\}; -, \vee, \wedge \rangle$ 上由 x, y 产生的布尔表达式(或一个两变量的布尔函数)

$$f(x, y) = (\beta \wedge \overline{x} \wedge y) \vee (\beta \wedge x \wedge \overline{(x \vee \overline{y})}) \vee (\alpha \wedge (x \vee (\overline{x} \wedge y)))$$

运用表 7-5,例如

$$f(\alpha, 0) = (\beta \wedge \beta \wedge 0) \vee (\beta \wedge \alpha \wedge \overline{(\alpha \vee 1)}) \vee (\alpha \wedge (\alpha \vee (\beta \wedge 0)))$$
$$= (\beta \wedge \alpha \wedge \overline{(\beta \wedge 0)}) \vee (\alpha \wedge \alpha) = \alpha$$

表 7-7 列出了对于所有变量 $(x, y) \in B^2, f(x, y)$ 的值.

表 7-7

x	0	0	0	0	α	α	α	α	β	β	β	β	1	1	1	1
y	0	α	β	1	0	α	β	1	0	α	β	1	0	α	β	1
$f(x,y)$	0	α	β	1	α	α	1	1	0	α	0	α	α	α	α	α

如果两个 n 变量的布尔表达式 $f_1(x_1, x_2, \cdots, x_n)$ 和 $f_2(x_1, x_2, \cdots, x_n)$,对于 n 个变量的任意一组赋值,都有相同的值,则称这两个布尔表达式是等价的,记作

$$f_1(x_1, x_2, \cdots, x_n) = f_2(x_1, x_2, \cdots, x_n)$$

例如,可以验证,布尔表达式 $(x_1 \wedge x_2) \vee (x_1 \wedge \overline{x_3})$ 和 $x_1 \wedge (x_2 \vee \overline{x_3})$ 是等价的. 因此,推导一个布尔表达式或化简一个布尔表达式,它的意思就是将其推导或化简为一个等价形式. 因为在布尔表达式中变量所取的值是 B 中的元素,所以前几节所导出的关于布尔代数的所有恒等式都可以用来处理和化简布尔表达式.

例如 $x_1 \wedge x_2 = (x_1 \wedge x_2) \wedge 1 = (x_1 \wedge x_2) \wedge (x_3 \vee \overline{x_3})$
$= (x_1 \wedge x_2 \wedge x_3) \vee (x_1 \wedge x_2 \wedge \overline{x_3})$

定义 7-12 布尔代数 $\langle B;-,\vee,\wedge\rangle$ 上由 $x_1,x_2,\cdots,x_n$ 产生的形如 $\hat{x}_1\wedge\hat{x}_2\wedge\cdots\wedge\hat{x}_n$ 的布尔表达式称为由 $x_1,x_2,\cdots,x_n$ 产生的**最小项**,其中 $\hat{x}_i$ 或为 x_i 或为 $\overline{x}_i$.

例如,$x_1\wedge x_2\wedge x_3\wedge x_4,\overline{x}_1\wedge x_2\wedge\overline{x}_3\wedge x_4,x_1\wedge\overline{x}_2\wedge x_3\wedge x_4$ 均是由 x_1,x_2,x_3,x_4 产生的最小项.

通常用记号 $m_{\delta_1\delta_2\cdots\delta_n}$ 来表示最小项,其中

$$\delta_i=\begin{cases}1 & \text{当 }\hat{x}_i=x_i\\ 0 & \text{当 }\hat{x}_i=\overline{x}_i\end{cases}$$

例如,上述三个由 x_1,x_2,x_3,x_4 产生的最小项可分别表示为

$$m_{1111},\quad m_{0101},\quad m_{1011}$$

定义 7-13 布尔代数 $\langle B;-,\vee,\wedge\rangle$ 上由 $x_1,x_2,\cdots,x_n$ 产生的形如 $\hat{x}_1\vee\hat{x}_2\vee\cdots\vee\hat{x}_n$ 的布尔表达式称为由 $x_1,x_2,\cdots,x_n$ 产生的**最大项**,其中 $\hat{x}_i$ 或为 x_i 或为 $\overline{x}_i$.

例如,$x_1\vee x_2\vee x_3\vee x_4,\overline{x}_1\vee x_2\vee\overline{x}_3\vee x_4,x_1\vee\overline{x}_2\vee x_3\vee x_4$ 均是由 x_1,x_2,x_3,x_4 产生的最大项.

通常用记号 $\widetilde{m}_{\delta_1\delta_2\cdots\delta_n}$ 来表示最大项,其中

$$\delta_i=\begin{cases}0 & \text{当 }\hat{x}_i=x_i\\ 1 & \text{当 }\hat{x}_i=\overline{x}_i\end{cases}$$

例如,上述三个最大项可分别表示为

$$\widetilde{m}_{0000},\quad \widetilde{m}_{1010},\quad \widetilde{m}_{0100}$$

定理 7-29 布尔代数 $\langle B;-,\vee,\wedge\rangle$ 上由 $x_1,x_2,\cdots,x_n$ 产生的每一布尔表达式均能表示成如下形式

$$f(x_1,x_2,\cdots,x_n)=\bigvee_{k=00\cdots0}^{11\cdots1}(c_k\wedge m_k) \tag{7-15}$$

$$f(x_1,x_2,\cdots,x_n)=\bigwedge_{k=00\cdots0}^{11\cdots1}(c_k\vee \widetilde{m}_k) \tag{7-16}$$

这里 k 取所有 2^n 个可能的值 $\delta_1\delta_2\cdots\delta_n(\delta_i\in\{0,1\})$,$c_k=c_{\delta_1\delta_2\cdots\delta_n}=f(\delta_1,\delta_2,\cdots,\delta_n)$.

例如,假设 $f(x_1,x_2,x_3)$ 是 $\langle B;-,\vee,\wedge\rangle$ 上由 x_1,x_2,x_3 产生的一个布尔表达式,根据式(7-15),它可以表示成如下形式

$$\begin{aligned}f(x_1,x_2,x_3)&=(c_{000}\wedge m_{000})\vee(c_{001}\wedge m_{001})\vee\cdots\vee(c_{110}\wedge m_{110})\vee(c_{111}\wedge m_{111})\\&=(f(0,0,0)\wedge\overline{x}_1\wedge\overline{x}_2\wedge\overline{x}_3)\vee(f(0,0,1)\wedge\overline{x}_1\wedge\overline{x}_2\wedge x_3)\\&\quad\vee\cdots\vee(f(1,1,0)\wedge x_1\wedge x_2\wedge\overline{x}_3)\vee(f(1,1,1)\wedge x_1\wedge x_2\wedge x_3)\end{aligned}$$

下面给出式(7-15)的证明.式 7-16 的证明完全类似.

证明 (对变量的个数进行归纳)

对于单变量布尔函数 $f(x)$,式(7-15)是成立的.

首先,如果 $f(x)=x$,则

$$x=(0\wedge\overline{x})\vee(1\wedge x)=(f(0)\wedge\overline{x})\vee(f(1)\wedge x)$$

即 $f(x) = (f(0) \wedge \bar{x}) \vee (f(1) \wedge x)$

如果 $f(x) = k$(不含 x 的式子),则 $f(0) = f(1) = k$.

因而 $f(x) = (k \wedge \bar{x}) \vee (k \wedge x) = (f(0) \wedge \bar{x}) \vee (f(1) \wedge x)$

其次,如果式(7-15)对某一函数 $f(x)$ 成立,则对其补 $\overline{f(x)}$ 也成立. 因为

$$\overline{f(x)} = \overline{((f(0) \wedge \bar{x}) \vee (f(1) \wedge x))} = (\overline{f(0)} \vee x) \wedge (\overline{f(1)} \vee \bar{x})$$
$$= (\overline{f(0)} \wedge \bar{x}) \vee (\overline{f(1)} \wedge x)$$

此外,如果式(7-15)对函数 $f(x)$、$g(x)$ 都成立,则对它们的并和交也成立. 这是因为

$$f(x) \vee g(x) = ((f(0) \wedge \bar{x}) \vee (f(1) \wedge x)) \vee ((g(0) \wedge \bar{x}) \vee (g(1) \wedge x))$$
$$= ((f(0) \vee g(0)) \wedge \bar{x}) \vee ((f(1) \vee g(1)) \wedge x)$$
$$f(x) \wedge g(x) = ((f(0) \wedge \bar{x}) \vee (f(1) \wedge x)) \wedge ((g(0) \wedge \bar{x}) \vee (g(1) \wedge x))$$
$$= (f(0) \wedge g(0) \wedge \bar{x}) \vee (f(1) \wedge g(1) \wedge x)$$

由于每个表达式都是由补、并、交构成的,因此对于任何单变量的布尔函数 $f(x)$,式(7-15) 成立.

假设式(7-15) 对 r 个变量的布尔函数是成立的,可以证明它对 $r+1$ 个变量的布尔函数也成立.

$$f(x_1, x_2, \cdots, x_r, x_{r+1}) = (f(x_1, x_2, \cdots, x_r, 0) \wedge \overline{x_{r+1}}) \vee (f(x_1, x_2, \cdots, x_r, 1) \wedge x_{r+1})$$
$$= ((\vee_{\delta_1 \delta_2 \cdots \delta_r = 00\cdots0}^{11\cdots1} (f(\delta_1, \delta_2, \cdots, \delta_r, 0) \wedge m_{\delta_1 \delta_2 \cdots \delta_r})) \wedge \overline{x_{r+1}})$$
$$\vee ((\vee_{\delta_1 \delta_2 \cdots \delta_r = 00\cdots0}^{11\cdots1} (f(\delta_1, \delta_2, \cdots, \delta_r, 1) \wedge m_{\delta_1 \delta_2 \cdots \delta_r})) \wedge x_{r+1})$$
$$= \vee_{\delta_1 \delta_2 \cdots \delta_{r+1} = 00\cdots0}^{11\cdots1} (f(\delta_1, \delta_2, \cdots, \delta_{r+1}) \wedge m_{\delta_1 \delta_2 \cdots \delta_{r+1}})$$
$$= \vee_{k=00\cdots0}^{11\cdots1} (c_k \wedge m_k)$$

(这里 k 取 $0 \sim 2^{r+1} - 1$ 的所有十进制数的二进制表示). 证毕.

上述定理说明 $\langle B; -, \vee, \wedge \rangle$ 上的每一布尔表达式都能表示为所有最小项的加"权"并或所有最大项的加"权"交. 这里的"权"是指 $c_{\delta_1 \delta_2 \cdots \delta_n}$,即 $f(\delta_1, \delta_2, \cdots, \delta_n)$ 乃是 B 中的元素,这两种形式分别称为布尔表达式的**最小项标准形式**和**最大项标准形式**. 因为"权"是唯一的,故这两种标准形式也是唯一的.

例2 对例1中的布尔表达式

$$f(x, y) = (\beta \wedge \bar{x} \wedge y) \vee (\beta \wedge x \wedge (\overline{x \vee \bar{y}})) \vee (\alpha \wedge (x \vee (\bar{x} \wedge y)))$$

运用表 7-7,可写出其最小项标准形式和最大项标准形式如下

$$f(x, y) = (c_{00} \wedge m_{00}) \vee (c_{01} \wedge m_{01}) \vee (c_{10} \wedge m_{10}) \vee (c_{11} \wedge m_{11})$$
$$= (f(0,0) \wedge \bar{x} \wedge \bar{y}) \vee (f(0,1) \wedge \bar{x} \wedge y) \vee (f(1,0) \wedge x \wedge \bar{y})$$
$$\vee (f(1,1) \wedge x \wedge y)$$
$$= (0 \wedge \bar{x} \wedge \bar{y}) \vee (1 \wedge \bar{x} \wedge y) \vee (\alpha \wedge x \wedge \bar{y}) \vee (\alpha \wedge x \wedge y)$$

$$f(x, y) = (c_{00} \vee \widetilde{m}_{00}) \wedge (c_{01} \vee \widetilde{m}_{01}) \wedge (c_{10} \vee \widetilde{m}_{10}) \wedge (c_{11} \vee \widetilde{m}_{11})$$

$$= (f(0,0) \vee x \vee y) \wedge (f(0,1) \vee x \vee \bar{y}) \wedge (f(1,0) \vee \bar{x} \vee y)$$
$$\wedge (f(1,1) \vee \bar{x} \vee \bar{y})$$
$$= (0 \vee x \vee y) \wedge (1 \vee x \vee \bar{y}) \wedge (\alpha \vee \bar{x} \vee y) \wedge (\alpha \vee \bar{x} \vee \bar{y})$$

显然，由 $A_1, A_2, \cdots, A_r$ 产生的集合（1.4 节）可看做是在布尔代数 $\langle \{\varnothing, U\}; ', \cup, \cap \rangle$ 上由 $A_1, A_2, \cdots, A_r$ 产生的布尔表达式. 1.9 节导出的它们的最小集标准形式和最大集标准形式不过是定理 7-29 中"权"为 $\varnothing$ 或 U 的特殊情形.

布尔表达式的标准形式还能利用布尔代数的 10 条基本性质而得到. 下面仅举例加以说明.

例如，例 2 中的布尔表达式 $f(x, y)$ 的最小项标准形式和最大项标准形式可如下求得.

$$f(x,y) = (\beta \wedge \bar{x} \wedge y) \vee (\beta \wedge x \wedge \overline{(x \vee \bar{y})}) \vee (\alpha \wedge (x \vee (\bar{x} \wedge y)))$$
$$= (\beta \wedge \bar{x} \wedge y) \vee (\beta \wedge x \wedge \bar{x} \wedge y) \vee (\alpha \wedge x) \vee (\alpha \wedge \bar{x} \wedge y)$$
$$= (\bar{x} \wedge y) \vee (\alpha \wedge x)$$
$$= (\bar{x} \wedge y) \vee (\alpha \wedge x \wedge y) \vee (\alpha \wedge x \wedge \bar{y})$$
$$= (0 \wedge \bar{x} \wedge \bar{y}) \vee (1 \wedge \bar{x} \wedge y) \vee (\alpha \wedge x \wedge \bar{y}) \vee (\alpha \wedge x \wedge y)$$
$$f(x,y) = (\beta \wedge \bar{x} \wedge y) \vee (\beta \wedge x \wedge \overline{(x \vee \bar{y})}) \vee (\alpha \wedge (x \vee (\bar{x} \wedge y)))$$
$$= (\bar{x} \wedge y) \vee (\alpha \wedge x)$$
$$= (\alpha \vee \bar{x}) \wedge (\alpha \vee y) \wedge (x \vee y)$$
$$= (\alpha \vee \bar{x} \vee y) \wedge (\alpha \vee \bar{x} \vee \bar{y}) \wedge (\alpha \vee x \vee y) \wedge (x \vee y)$$
$$= (0 \vee x \vee y) \wedge (\alpha \vee \bar{x} \vee y) \wedge (\alpha \vee \bar{x} \vee \bar{y})$$
$$= (0 \vee x \vee y) \wedge (1 \vee x \vee \bar{y}) \wedge (\alpha \vee \bar{x} \vee y) \wedge (\alpha \vee \bar{x} \vee \bar{y})$$

因为 $\langle B; -, \vee, \wedge \rangle$ 上的布尔函数 $f(x_1, x_2, \cdots, x_n)$ 是由它的 2^n 个"权"唯一确定的，而每一个"权"都是 B 的元素. 于是 $\langle B; -, \vee, \wedge \rangle$ 上存在 $(\# B)^{2^n}$ 个不同的布尔函数. 另一方面，不同的形如 $f: B^n \to B$ 的函数的数目等于 $(\# B)^{(\# B)^n}$. 因此，当 $\# B > 2$ 时，一定有不是布尔函数的形如 $f: B^n \to B$ 的函数存在.

例如，函数 $f: B^2 \to B$，其中
$B = \{0, \alpha, \beta, 1\}$, $f(0,0) = 0$, $f(0,1) = 1$, $f(1,0) = f(1,1) = \alpha$, $f(0,\alpha) = \beta$
f 不是一个布尔函数. 因为若 f 是布尔函数，则

$$f(x,y) = (0 \wedge \bar{x} \wedge \bar{y}) \vee (1 \wedge \bar{x} \wedge y) \vee (\alpha \wedge x \wedge \bar{y}) \vee (\alpha \wedge x \wedge y)$$
$$= (\bar{x} \wedge y) \vee (\alpha \wedge x \wedge \bar{y}) \vee (\alpha \wedge x \wedge y)$$

将 $x = 0, y = \alpha$ 代入上式，得
$$f(0, \alpha) = \alpha \vee 0 \vee 0 = \alpha \neq \beta$$

所以，上一函数不是布尔函数.

7.9 实例解析

例1 不用定理 7-27,证明不存在其域的基数为奇数的布尔代数.

分析 此题要证明的结论与习题 22 类似,但比它更具有一般性.

注意到格具有以下性质.

在具有两个或更多个元素的格中,不会有元素以自身为其补元素.

这条性质很容易证明,读者可自己作为练习. 利用这条性质,本题的证明便十分容易.

证明 设 $\langle B; -, \vee, \wedge \rangle$ 是一布尔代数,则对每一个 $x \in B$,必存在 x 的补元素 $\overline{x}, \overline{x} \neq x$,相对于 $x, \overline{x}$ 是唯一的,并且 x 与 $\overline{x}$ 互为补元素. 因此,B 中所有元素以互补关系可以两两配对. 若 B 中元素个数为奇数,则必有一个元素 y,只能是 $\overline{y} = y$. 这与多于一个元素的格中,不会有元素以自身为补的结论相矛盾. 故命题得证.

例2 试证明:一个格 $\langle L; \leqslant \rangle$ 是分配格当且仅当对任意的 $a, b, c \in L$,有
$$(a \vee b) \wedge c \leqslant a \vee (b \wedge c)$$

证明 必要性.

设 $\langle L; \leqslant \rangle$ 是一个分配格,则由 $a \wedge c \leqslant a$ 和格的保序性(定理 7-8 的推论),有
$$(a \wedge c) \vee (b \wedge c) \leqslant a \vee (b \wedge c)$$

所以
$$(a \vee b) \wedge c \leqslant a \vee (b \wedge c)$$

充分性.

设对任意的 $a, b, c \in L$,有 $(a \vee b) \wedge c \leqslant a \vee (b \wedge c)$ 成立,则
$$\begin{aligned}(a \vee b) \wedge c &= ((a \vee b) \wedge c) \wedge c \\ &\leqslant (a \vee (b \wedge c)) \wedge c \quad \text{(利用已知条件和保序性)} \\ &= ((b \wedge c) \vee a) \wedge c \\ &\leqslant (b \wedge c) \vee (a \wedge c) \quad \text{(利用已知条件)}\end{aligned}$$

因此
$$(a \vee b) \wedge c \leqslant (a \wedge c) \vee (b \wedge c)$$

另一方面,根据分配不等式,有
$$(a \wedge c) \vee (b \wedge c) \leqslant (a \vee b) \wedge c$$

由上可知
$$(a \vee b) \wedge c = (a \wedge c) \vee (b \wedge c)$$

由定理 7-11,又有
$$(a \wedge b) \vee c = (a \vee c) \wedge (b \vee c)$$

由 $a、b、c$ 的任意性,$\langle L; \leqslant \rangle$ 是一分配格.

例3 设 $\langle A; \vee, \wedge \rangle$ 是一个分配格,$a, b \in A$ 并且 $a < b$(即 $a \leqslant b$,但 $a \neq b$),令
$$B = \{x \mid x \in A \text{ 且 } a \leqslant x \leqslant b\},$$
对任意 $x \in A$,定义 $f(x) = (x \vee a) \wedge b$.

试证明:(1)B 相对于 A 上的两个运算构成 $\langle A; \vee, \wedge \rangle$ 的子格;

(2) f 是由 $\langle A; \vee, \wedge \rangle$ 到 $\langle B; \vee, \wedge \rangle$ 的同态.

分析 此题分别按子格和同态的定义证明即可.

证明 (1) 对任意 $x_1, x_2 \in B$, 有 $a \leqslant x_1, a \leqslant x_2$, 所以 $a \leqslant x_1 \wedge x_2$, 又 $x_1 \wedge x_2 \leqslant x_1 \leqslant b$, 因此 $x_1 \wedge x_2 \in B$. 因为 $b \geqslant x_1, b \geqslant x_2$, 所以 $b \geqslant x_1 \vee x_2$, 又 $x_1 \vee x_2 \geqslant x_1 \geqslant a$, 因此 $x_1 \vee x_2 \in B$.

由上可知, $\langle B; \vee, \wedge \rangle$ 是 $\langle A; \vee, \wedge \rangle$ 的子格.

(2) 对于任意 $x \in A$, 显然有 $(x \vee a) \wedge b \leqslant b$, 又 $a \leqslant x \vee a, a \leqslant b$, 所以 $a \leqslant (x \vee a) \wedge b$, 因此对任意 $x \in A, f(x) \in B, f$ 是由 A 到 B 的函数.

对于任意 $x_1, x_2 \in A$, 因为 $\langle A; \vee, \wedge \rangle$ 是一分配格, 所以

$$f(x_1 \vee x_2) = ((x_1 \vee x_2) \vee a) \wedge b = ((x_1 \vee a) \vee (x_2 \vee a)) \wedge b$$
$$= ((x_1 \vee a) \wedge b) \vee ((x_2 \vee a) \wedge b)$$
$$= f(x_1) \vee f(x_2)$$

$$f(x_1 \wedge x_2) = ((x_1 \wedge x_2) \vee a) \wedge b = (x_1 \vee a) \wedge (x_2 \vee a) \wedge b$$
$$= ((x_1 \vee a) \wedge b) \wedge ((x_2 \vee a) \wedge b)$$
$$= f(x_1) \wedge f(x_2)$$

由上可知, f 是由 $\langle A; \vee, \wedge \rangle$ 到 $\langle B; \vee, \wedge \rangle$ 的同态.

习 题

1. 下列各集合对于整除关系 | 都构成偏序集. 在每个集合中对存在有最大下界和最小上界的元素对, 找出它们的最大下界和最小上界; 指出各集合中是否有最小元素和最大元素.
   (1) $L = \{1, 2, 3, 4, 6, 12\}$;   (2) $L = \{1, 2, 3, 4, 6, 8, 12, 24\}$;
   (3) $L = \{1, 2, 3, \cdots, 12\}$.

2. 设 $\langle L_1; \leqslant \rangle$ 和 $\langle L_2; \leqslant \rangle$ 是偏序集, 按下面方式定义 $L_1 \times L_2$ 上的关系 $\leqslant$: 对于所有的 (l_1, l_2), $(l'_1, l'_2) \in L_1 \times L_2$, 有

$$((l_1, l_2) \leqslant (l'_1, l'_2)) \Longleftrightarrow (l_1 \leqslant l'_1, l_2 \leqslant l'_2)$$

试证明 $\langle L_1 \times L_2; \leqslant \rangle$ 是偏序集.

3. 试证明在格中若 $a \leqslant b \leqslant c$, 则

$$a \vee b = b \wedge c$$
$$(a \wedge b) \vee (b \wedge c) = (a \vee b) \wedge (b \vee c)$$

4. 试证明在格中对于任意元素 a, b, c, d, 有

$$(a \wedge b) \vee (c \wedge d) \leqslant (a \vee c) \wedge (b \vee d)$$

5. 在第 1 题中, 哪一个偏序集构成格?

6. 试证明若 $\langle L; \vee, \wedge \rangle$ 是有限格, 则 L 一定有最小元素和最大元素.

7. 图 7-12 给出了三个偏序集的次序图, 其中哪些构成格?

8. 设 $\langle L; \vee, \wedge \rangle$ 是格, 试证明对于所有的 $a, b, c \in L$, 有

$$(a \leqslant b) \Rightarrow (a \vee (b \wedge c) \leqslant b \wedge (a \vee c))$$

9. 设$\langle L; \vee, \wedge \rangle$是一个格,如果对于所有的$a,b,c \in L$,有
$$(a \leqslant b) \Rightarrow (a \vee (b \wedge c) = b \wedge (a \vee c))$$
则称$\langle L; \vee, \wedge \rangle$是模式格. 图 7-13 所给出的格是模式格吗?证明你的结论.

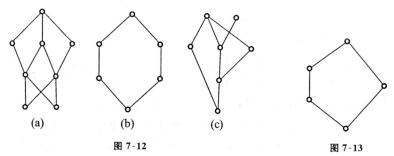

图 7-12   图 7-13

10. 试证明每一个分配格都是模式格,但模式格却不一定是分配格.
11. 链$\langle L; \leqslant \rangle$是一个偏序集,对于任意的$l_1, l_2 \in L$,或者$l_1 \leqslant l_2$,或者$l_2 \leqslant l_1$. 试证明每一个链都形成一个分配格.
12. 试证明在具有两个或更多个元素的格中,不会有元素是它自身的补.
13. 试证明具有三个或更多个元素的链不是有补格.
14. 设$\langle L; \vee, \wedge \rangle$是一个格,$\#L > 1$,试证明如果$\langle L; \vee, \wedge \rangle$有元素1和元素0,则这两个元素必定是不相同的.
15. 试举例说明并非每一有补格都是分配格;并非每一分配格都是有补格.
16. 画出所有五元素的格,并指出其中哪些是分配格?哪些是有补格?
17. 设$\langle L; \leqslant \rangle$是一个格,$a, b \in L$,且$a < b$(即$a \leqslant b$,但$a \neq b$),令集合
$$B = \{x \mid x \in L \text{ 且 } a \leqslant x \leqslant b\}$$
证明$\langle B; \leqslant \rangle$也是一个格.
18. 设有布尔代数$\langle B_1; -, \vee, \wedge \rangle$和$\langle B_2; ', \cup, \cap \rangle$,$h$是由$B_1$到$B_2$的函数且将运算$\vee$传送到运算$\cup$(即对于任意的$x_1, x_2 \in B_1$,有$h(x_1 \vee x_2) = h(x_1) \cup h(x_2)$),将运算$-$传送到运算$'$. 证明:$h$也将运算$\wedge$传送到运算$\cap$.
19. 设$a, b_1, b_2, \cdots, b_r$都是有限布尔代数$\langle B; -, \vee, \wedge \rangle$的原子,证明:当且仅当存在$i(1 \leqslant i \leqslant r)$使得$a = b_i$时,有
$$a \leqslant b_1 \vee b_2 \vee \cdots \vee b_r.$$
20. 考察代数系统$\langle F; -, \vee, \wedge \rangle$,这里$F = \{f \mid f: N \to \{0,1\}\}$,对于任意的$f_1, f_2 \in F$,有
当且仅当$f_1(n) = 0$时,$\overline{f_1}(n) = 1$;
当且仅当$f_1(n) = 1$或$f_2(n) = 1$时,$(f_1 \vee f_2)(n) = 1$;
当且仅当$f_1(n) = 1$且$f_2(n) = 1$时,$(f_1 \wedge f_2)(n) = 1$.
试证明$\langle F; -, \vee, \wedge \rangle$是布尔代数.
21. 设$A_1, A_2, \cdots, A_r$是全集合U的任意子集. S是由$A_1, A_2, \cdots, A_r$产生的所有集合的集合,试证明$\langle S; ', \cup, \cap \rangle$是布尔代数.
22. 不用定理 7-27,证明不存在其域的基数为 3 的布尔代数.

23. 设 $U = \{u_1, u_2, u_3, u_4\}$,证明代数系统 $w = \langle\{\varnothing, \{u_1, u_2\}, \{u_3, u_4\}, U\}; ', \cup, \cap\rangle$ 是布尔代数. w 的原子的集合 M 是什么?画出 w 和布尔代数 $\langle 2^M; ', \cup, \cap\rangle$ 的次序图.

24. 代数系统 $\langle A; ', +, \cdot\rangle$ 中 $A = \{\alpha, \beta, \gamma, \delta\}$,其运算定义如下:

a	a'
α	δ
β	γ
γ	β
δ	α

$+$	α	β	γ	δ
α	α	α	γ	γ
β	β	α	γ	δ
γ	γ	γ	γ	γ
δ	δ	γ	δ	γ

$\cdot$	α	β	γ	δ
α	α	β	α	β
β	β	β	β	β
γ	α	β	γ	δ
δ	β	β	δ	δ

这个系统是布尔代数吗?证明你的结论.

25. 下面是布尔代数 $\langle\{0, \alpha, \beta, 1\}; -, \vee, \wedge\rangle$ 上由 x、y 产生的布尔表达式
$$f(x, y) = (x \wedge (\alpha \vee y)) \vee (\overline{x} \wedge \overline{y})$$
列出对于所有自变量 $(x, y) \in B^2$ 的 $f(x, y)$ 之值的表.

26. 利用第25题建立的表直接写出第25题中 $f(x, y)$ 的最小项和最大项标准形式.

27. 下面是布尔代数 $\langle\{0, \alpha, \beta, 1\}; -, \vee, \wedge\rangle$ 上由 x、y、z 产生的布尔表达式
$$f(x, y, z) = \overline{((\beta \wedge \overline{x}) \vee (y \wedge (\alpha \vee \overline{z})))} \vee (\overline{y} \wedge \overline{z})$$
利用布尔代数的10条性质,求此表达式的最小项和最大项标准形式.

28. 设 $\langle L; \leqslant\rangle$ 是一个格,试证明对于任意的元素 $a, b, c \in L$,有下列命题成立:
   (1) 若 $a \wedge b = a \vee b$,则 $a = b$;
   (2) 若 $a \wedge b \wedge c = a \vee b \vee c$,则 $a = b = c$;
   (3) $a \vee [(a \vee b) \wedge (a \vee c)] = (a \vee b) \wedge (a \vee c)$.

29. 设 a 和 b 是格 $\langle L; \leqslant\rangle$ 中的两个元素,试证明当且仅当 a 和 b 是不可比时,有 $a \wedge b < a$ 和 $a \wedge b < b$.

30. 设集合 $A = \{a, b, c\}$,集合 A 上所有分划所构成的集合为 $P(A)$.你能否适当定义 $P(A)$ 上一个偏序关系 "$\leqslant$",使得 $\langle P(A); \leqslant\rangle$ 成为一个格?

31. 试证明在格中对于任意元素 a, b, c,有
$$(a \wedge b) \vee (b \wedge c) \vee (c \wedge a) \leqslant (a \vee b) \wedge (b \vee c) \wedge (c \vee a)$$

32. 试证明当且仅当对于任意元素 $a, b, c \in L$,有 $(a \wedge b) \vee (b \wedge c) \vee (c \wedge a) = (a \vee b) \wedge (b \vee c) \wedge (c \vee a)$ 时,格 $\langle L; \leqslant\rangle$ 是可分配格.
   (提示:要证明 $\langle L; \leqslant\rangle$ 是分配格,可考虑元素 $(a \vee b) \wedge (a \vee c), b \vee c$ 及 a.)

33. 设 $\langle B; -, \vee, \wedge\rangle$ 是一布尔代数,试证明 $\langle B; \oplus\rangle$ 是一个交换群,这里 $\oplus$ 定义为
$$a \oplus b = (a \wedge \overline{b}) \vee (\overline{a} \wedge b)$$

34. 试证明在布尔代数 $\langle B; -, \vee, \wedge\rangle$ 中,对任意 $a, b, c \in B$,有
$$(a \vee b) \wedge (c \vee \overline{b}) = (a \wedge \overline{b}) \vee (c \wedge b)$$

35. 设 f 是由布尔代数 $V_1 = \langle B_1; -, \vee, \wedge\rangle$ 到布尔代数 $V_2 = \langle B_2; ', \oplus, \otimes\rangle$ 的同态映射,其中 V_1 的最小、最大元分别为 0 和 1,V_2 的最小、最大元分别为 α 和 β.
   令 $J = \{x \mid x \in B_1, f(x) = \alpha\}$
   试证明:(1) $0 \in J$;

(2) 若 $a \in J$, 则对任意 $x \in B$, 由 $x \leqslant a$, 可得 $x \in J$;

(3) $\langle J; \vee, \wedge \rangle$ 构成一代数系统.

36. 设 $\langle L; \leqslant \rangle$ 是一分配格, $a, b \in L$, 定义集合
$$A = \{x \mid x \in L, a \wedge b \leqslant x \leqslant a\}$$
$$B = \{x \mid x \in L, b \leqslant x \leqslant a \vee b\}$$

试证明: (1) $\langle A; \leqslant \rangle$ 和 $\langle B; \leqslant \rangle$ 是 $\langle L; \leqslant \rangle$ 的子格;

(2) $\langle A; \leqslant \rangle$ 和 $\langle B; \leqslant \rangle$ 同构.

37. 设 $\langle B; -, \vee, \wedge \rangle$ 是一布尔代数. 试证明对任意 $a, b \in B$, 当且仅当 $a = b$ 时有
$$(a \wedge \bar{b}) \vee (\bar{a} \wedge b) = 0.$$

38. 设 $\langle L_1; \leqslant_1 \rangle$ 和 $\langle L_2; \leqslant_2 \rangle$ 是两个格, 函数 $f: L_1 \to L_2$ 是双射, 对任意的 $a, b \in L_1$, 当且仅当 $a \leqslant_1 b$ 时, 有 $f(a) \leqslant_2 f(b)$. 试证明 f 是从 $\langle L_1; \leqslant_1 \rangle$ 到 $\langle L_2; \leqslant_2 \rangle$ 的同构.

第8章 图 论

在第2章讨论关系图时,已经提到过图论的一些概念,在那里,图只是作为表达一个集合上二元关系的一种手段.在这一章,将把图的概念一般化.

图论是建立和处理离散数学模型的一个重要工具,是一门应用性很强的学科,例如,图论在社会科学、语言学、计算机科学、物理学、化学、信息论、控制论以及经济管理等各个方面都有着广泛的应用.图论在计算机科学的许多领域中,例如,在开关理论与逻辑设计、数据结构、形式语言、操作系统、编译程序的编写以及信息的组织与检索中均起着重要的作用.

本章首先介绍图论的一些基本概念和基本性质,然后介绍几种在实际应用中有着重要意义的特殊图.

8.1 基本概念

定义 8-1 一个图 G 是一个有序二元组 (V,E),记作 $G=(V,E)$,其中:

(1) $V=\{v_1,v_2,\cdots,v_n\}$ 是一个有限非空的集合,V 的元素称为 G 的**结点**(或顶点),V 称为 G 的**结点集**;

(2) E 是 V 中不同元素的非有序对偶(即形如 $\{v_i,v_j\}$,其中 $v_i \neq v_j$)的集合,这些对偶称为 G 的**边**(或弧),而 E 称为 G 的**边集**.

一个图可以用平面上的一个图解来表示,用平面上的一些点代表图的结点,图的边用连接相应结点而不经过其他结点的直线(或曲线)来代表.由于结点位置的选取和边的形状的任意性,一个图可以有各种在外形上看起来差别很大的图解.我们经常将图的一个图解就看做是这个图.

例如,以 $V=\{v_1,v_2,v_3,v_4,v_5\}$,$E=\{\{v_1,v_2\},\{v_1,v_3\},\{v_2,v_3\},\{v_2,v_4\},\{v_3,v_5\},\{v_4,v_5\}\}$,图 $G=(V,E)$ 的图解可以分别画成如图 8-1(a)、(b)、(c) 的样子.

具有 n 个结点和 m 条边的图称为 (n,m) **图**.$(n,0)$ 图称为**零图**.$(1,0)$ 图称为**平凡图**.

如果 $e=\{v_i,v_j\}$ 是 G 的边,则称结点 v_i 和 v_j 是**邻接的**,e 和 v_i 以及 e 和 v_j 均称为是**关联的**.没有边关联于它的结点称为是**孤立点**.关联于同一结点的相异边称为是**邻接的**.不与其他任何边相邻接的边称为**孤立边**.例如,图 8-1 中 v_2 和 v_3、v_1 和 v_2 分别是相互邻接的结点.边 $\{v_1,v_3\}$ 关联于 v_3,边 $\{v_2,v_3\}$、$\{v_3,v_5\}$ 也关联于 v_3,因此边 $\{v_1,v_3\}$、$\{v_2,v_3\}$ 和 $\{v_3,v_5\}$ 是相互邻接的.

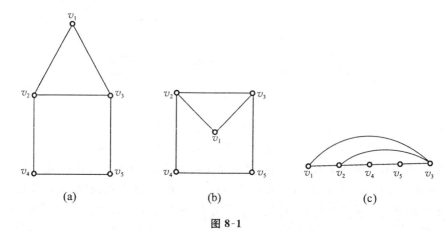

图 8-1

定义 8-2 在图 G 中,如果任意两个不同的结点都是邻接的,则称图 G 是**完全图**. n 个结点的完全图记作 K_n.

例如,图 8-2 就是一个具有五个结点的完全图. 在一个完全的 (n,m) 图中, $m = C_n^2 = n(n-1)/2$.

定义 8-3 图 G 的**补图**是由 G 的所有结点和为了使 G 成为完全图所需要添加的那些边所组成的图,用 $\overline{G}$ 表示.

例如,图 8-3 是图 8-1 的补图. 显然,若 $\overline{G}$ 是 G 的补图,则 G 也是 $\overline{G}$ 的补图.

图 G 中关联于结点 v_i 的边的总数称为结点 v_i 的**度**,用 $\deg(v_i)$ 表示. 例如,图 8-1 中结点 v_1、v_2、v_3、v_4 和 v_5 的度分别为 2、3、3、2 和 2.

由于每条边关联于两个结点,因此图 G 的所有结点的度的总和为边数的二倍. 于是,若 G 为具有结点集 $\{v_1, v_2, \cdots, v_n\}$ 的 (n,m) 图,则

$$\sum_{i=1}^{n} \deg(v_i) = 2m$$

定义 8-4 若图 G 的所有结点都具有同一度 d,则称图 G 为 d **次正则图**.

图 8-4 是一个 3 次正则图.

定义 8-5 设 G 和 G' 是两个分别具有结点集 V 和 V' 的图,若存在一个双射 h:

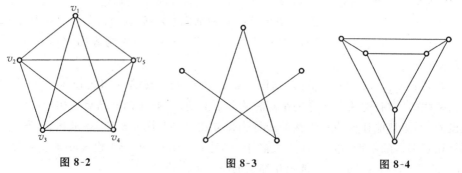

图 8-2 图 8-3 图 8-4

$V \to V'$,使得当且仅当$\{v_i,v_j\}$是G中的边时,$\{h(v_i),h(v_j)\}$是G'中的边,则称G'同构于G.

显然,若G'同构于G,则G亦同构于G'.因此可简单地称G和G'**同构**.图8-5给出了两个同构的图,其中同构h由$h(v_i) = v'_i (i=1,2,\cdots,6)$给出.由于同构的图除了它们的结点标记可能不一样外,其他是完全相同的.因此,任何对于图G成立的结论,对于同构于G的图也是成立的.

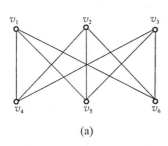
(a)
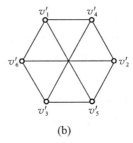
(b)

图 8-5

定义 8-6 设有图$G = (V,E)$和$\widetilde{G} = (\widetilde{V},\widetilde{E})$,

(1) 若$\widetilde{V} \subseteq V, \widetilde{E} \subseteq E$,则称$\widetilde{G}$是$G$的**子图**,或称$G$包含$\widetilde{G}$,记作$\widetilde{G} \subseteq G$;

(2) 若$\widetilde{V} \subseteq V, \widetilde{E} \subseteq E$,且$\widetilde{E} \neq E$,则称$\widetilde{G}$是$G$的**真子图**;

(3) 若$\widetilde{V} = V, \widetilde{E} \subseteq E$,则称$\widetilde{G}$是$G$的**生成子图**.

显然,任一图G都是自己的子图.又如,图8-3是图8-2的生成子图,也是真子图.

图G中l条边的序列$\{v_{i_0},v_{i_1}\}, \{v_{i_1},v_{i_2}\},\cdots,\{v_{i_{l-1}},v_{i_l}\}$称为连接$v_{i_0}$到$v_{i_l}$的长度为$l$的**路**.它也可以表示为$\{v_{i_0},v_{i_1}\}\{v_{i_1},v_{i_2}\}\cdots\{v_{i_{l-1}},v_{i_l}\}$,或更简单地表示为$v_{i_0}v_{i_1}\cdots v_{i_l}$.若$v_{i_0} \neq v_{i_l}$,则路$v_{i_0}v_{i_1}\cdots v_{i_l}$称为**开路**.若$v_{i_0} = v_{i_l}$,则称为**回路**.若$v_{i_0},v_{i_1},\cdots,v_{i_l}$各不相同,则称开路$v_{i_0}v_{i_1}\cdots v_{i_l}$为**真路**.若$v_{i_0},v_{i_1},\cdots,v_{i_{l-1}}$各不相同,则称回路$v_{i_0}v_{i_1}\cdots v_{i_{l-1}}v_{i_0}$为**环**(但形为$v_iv_jv_i$的回路不能称作环).

在图8-6中,$v_1v_2v_4v_5$是一条长为3的开路,也是一条真路.$v_1v_2v_3v_5v_4v_2$是一条开路,但不是真路.$v_1v_3v_2v_4v_5v_3v_1$是一条长为6的回路,但不是环.$v_1v_3v_2v_1$是一条回路,也是环.

在图G中,若存在一条路连接v_i和v_j,则称该图中的两个结点v_i与v_j是**连接的**.

定义 8-7 若图G中,任意两个结点均是连接的,则称图G是**连通的**,否则是**不连通的**.

例如,图8-6是连通的,但图8-7是不连通的.

图G中结点之间的连接关系,可看做是图G的结点集V上的一个二元关系.显然,它是V上的一个等价关系,因此它的所有等价类构成V的一个分划.

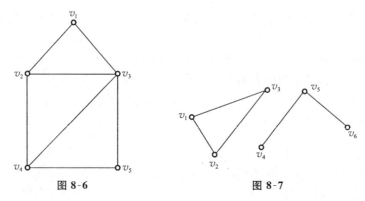

图 8-6　　　　　　　　图 8-7

对于任意两个结点 v_i 和 v_j，若它们属于同一个等价类，则它们有路相连接，反之，则没有任何路连接它们. 于是与一个等价类中的结点相关联的边，不会与另一个等价类中的结点相关联. 我们将每一个等价类中的结点及与这些结点相关联的边所组成的 G 的子图称为 G 的**分图**. 因此，若 H 是 G 的一个分图，则 H 必是 G 的一个连通子图，且异于 H 的任何图 G'，若 $H \subseteq G' \subseteq G$，则 G' 不连通. 显然，若图 G 是连通图，则 G 只有一个分图.

例如，图 8-8 给出了一个具有六个分图的图. 图 8-9 只有一个分图.

在图 G 中，从结点 v_i 到 v_j 若由一条或更多条路相连接，则其中必有长度最短的路，称其为从 v_i 到 v_j 的**短程**.

例如，图 8-10 中，从 v_1 到 v_5 的短程是 $v_1 v_2 v_5$. 从 v_2 到 v_3 的短程是 $v_2 v_1 v_3$ 或 $v_2 v_4 v_3$.

图 8-8

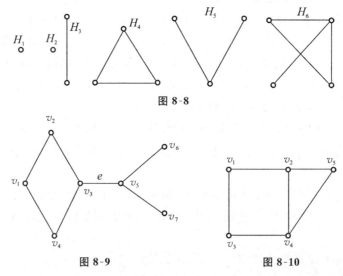

图 8-9　　　　　　　　图 8-10

定理 8-1 设 G 是具有结点集 $V = \{v_1, v_2, \cdots, v_n\}$ 的图，则对于任意两个相连接的结点 $v_i, v_j \in V (v_i \neq v_j)$，其短程是一条长度不大于 $n-1$ 的真路.

证明 设 α 为任一连接 v_i 到 v_j 的路，且
$$\alpha = v_i v_{i_1} v_{i_2} \cdots v_{i_{l-1}} v_j$$

若 α 中有相同的结点，设为 $v_{i_r} = v_{i_k}(r < k)$，则子路 $v_{i_{r+1}} v_{i_{r+2}} \cdots v_{i_k}$ 可以从 α 中删去而形成一条较短的路 $\beta = v_i v_{i_1} \cdots v_{i_r} v_{i_{k+1}} \cdots v_{i_{l-1}} v_j$ 连接 v_i 到 v_j. 若 β 中还有相同的结点，那么重复上述过程可形成一条更短的路. 这样，最后必得到一条真路，它连接 v_i 到 v_j，并且短于前述任一非真的路，因此，只有真路才能是短程. 然而在任一长度为 l 的真路 $v_i v_{i_1} v_{i_2} \cdots v_{i_{l-1}} v_j$ 中，其结点 $v_i, v_{i_1}, \cdots, v_{i_{l-1}}, v_j$ 是各不相同的，这就意味着 $l + 1 \leqslant n$，即路长 $l \leqslant n - 1$. 定理得证.

从 v_i 到 v_j 的短程的长度称为 v_i 和 v_j 间的**距离**，用 $d(v_i, v_j)$ 来表示. 因此，在 n 个结点的图中任意两个相连接的结点间的距离 $d(v_i, v_j) \leqslant n - 1$. 对于任一结点 v_i，假定 $d(v_i, v_i) = 0$.

推论 设 G 是具有 n 个结点的图，则 G 中任一环的长度不大于 n.

图的概念能从多方面加以推广.

设 $G = (V, E)$，V 是一个有限非空的集合，E 是 V 中任意元素的非有序对偶的多重集，则称 G 是一个**伪图**.

注意，伪图和前面所定义的图的区别是：首先，在 E 中允许出现相同元素的对偶，即对于元素 $v \in V$，可能有 $\{v, v\} \in E$；其次，E 是一个多重集，即对于元素 $v_i, v_j \in V$，在 E 中无序对偶 $\{v_i, v_j\}$ 可能出现 r 次，$r > 1$. 例如，设 $V = \{v_1, v_2, v_3, v_4\}$，$E = \{\{v_1, v_2\}, \{v_1, v_2\}, \{v_1, v_4\}, \{v_2, v_4\}, \{v_4, v_4\}, \{v_3, v_3\}\}$，$G = (V, E)$ 就是一伪图. 伪图也可用平面上图解的方法来表示，若无序对偶 $\{v_i, v_j\}$ 在 E 中出现 r 次，则在结点 v_i 和 v_j 之间连接 r 条直线（或曲线），若在 E 中有对偶 $\{v_i, v_i\}$ 出现，则绕顶点 v_i 画一长度为 1 的环. 图 8-11 就是上例中伪图的图解表示.

没有长度为 1 的环的伪图称为**多重图**. 图 8-12 给出了一多重图的例. 相对于伪图，我们将本节开始定义的图称为**简单图**. 它既没有多重边，又没有长度为 1 的环.

设 $G = (V, E)$，V 是一有限非空集合，E 是 V 中不同元素的有序对偶的集合，则称 G 是一**有向图**. 在有向图中，对于 $v_i \neq v_j$，(v_i, v_j) 和 (v_j, v_i) 是两条不同的边. 在有向图的图解中，用一个从结点 v_i 指向 v_j 的箭头表示边 (v_i, v_j). 相应地，用从结点 v_j 指向 v_i 的箭头表示边 (v_j, v_i).

图 8-13 给出了有向图的例.

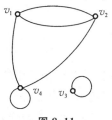

图 8-11

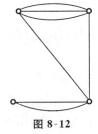

图 8-12

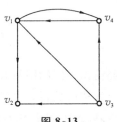

图 8-13

相对于有向图,分别称前面所定义的图为**无向图**、**无向伪图**和**无向多重图**.

用类似的方法也可以定义**有向伪图**和**有向多重图**. 图 8-14 给出了有向伪图和有向多重图的例子.

对于多重图,也可采用在边上附加数字表示边的相重次数的方法来表示. 例如,图 8-12 中的无向多重图又可用图 8-15 表示. 图 8-14 中的有向多重图,又可用图 8-16 表示.

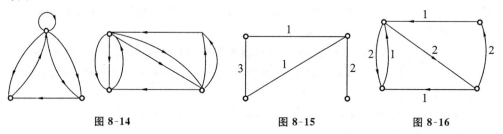

图 8-14　　　　　　　　　图 8-15　　　　　　　图 8-16

每一条边的相重次数可以看做该边的权. 更一般地,权可以不一定是整数,如图 8-17 所示.

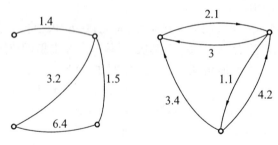

图 8-17

给每一条边都指定了权的图称为**有权图**. 将一个物理状态模拟为一个抽象图时,在许多场合,都希望把附加信息放在图的边上. 例如,在一个表示城市间的公路连接的图中,可以给每一条边指定一个数,表示用该边连结的两个城市间的距离. 又如在表示输油管系统的图中,所指定的权可以用来表示单位时间内流过输油管的油量. 有权图可定义为一个**有序三元组** (V, E, f),这里 V 是结点集,E 是边集,f 是一个函数,它的定义域是 E,通过函数 f 将权分配给各边. 下面主要讨论无向图,当不作特别声明时,所谓"图"即指简单无向图.

8.2　图的矩阵表示

前面给出了图的图解表示,它对于分析给定图的某些特征有时是有用的,但当图中的结点和边的数目较大时,这种办法是不实际的. 表示图的另一个方便的方法是用相应的矩阵. 这种表示方法有许多优点,它使得图的有关信息能以矩阵的形式在计算机中储存起来并加以变换,利用矩阵的表示及其运算还可以得到图的一些有关性质. 然而也应该看到,图的许多有强烈的直观背景的性质,在用矩阵的语言表述时会遇到困难. 例如,关于平面性的问题就是如此.

定义 8-8 设图 $G=(V,E)$,其中 $V=\{v_1,v_2,\cdots,v_n\}$,n 阶方阵 $\mathbf{A}=(a_{ij})$ 称为 G 的**邻接矩阵**,其中元素

$$a_{ij}=\begin{cases} 1 & \text{若}\{v_i,v_j\}\in E \\ 0 & \text{否则}\end{cases}$$

例如,图 8-1 的邻接矩阵是

$$\mathbf{A}=\begin{array}{c} \\ v_1 \\ v_2 \\ v_3 \\ v_4 \\ v_5 \end{array}\begin{array}{c}\begin{array}{ccccc} v_1 & v_2 & v_3 & v_4 & v_5 \end{array}\\ \begin{pmatrix} 0 & 1 & 1 & 0 & 0 \\ 1 & 0 & 1 & 1 & 0 \\ 1 & 1 & 0 & 0 & 1 \\ 0 & 1 & 0 & 0 & 1 \\ 0 & 0 & 1 & 1 & 0 \end{pmatrix}\end{array}$$

由定义可见,一个图的邻接矩阵是对角线元素均为零的对称 0-1 矩阵. 反之,若给定任何对角线元素均为零的对称 0-1 矩阵 $\mathbf{A}$,显然可以唯一地作一个图 G,以 $\mathbf{A}$ 为邻接矩阵. 当然,邻接矩阵依赖于 V 中各元素的给定次序,对于 V 中各元素的不同给定次序,可以得到同一个图 G 的不同的邻接矩阵. 但是,G 的任何一个邻接矩阵,都可以由 G 的另一个邻接矩阵通过交换某些行和相应的列而得到. 下面将不考虑这种由于 V 中元素的给定次序而引起的邻接矩阵的任意性,并选取给定图的任何一个邻接矩阵作为该图的邻接矩阵. 事实上,如果两个图有这样的邻接矩阵,其中的一个可通过另一个交换某些行和相应的列而得到,则这两个图是同构的.

显然,图 G 的邻接矩阵 $\mathbf{A}$ 的第 i 行(或第 i 列)出现的 1 的个数即为结点 v_i 的度. 又图 G 的邻接矩阵 $\mathbf{A}$ 的 (i,j) 项元素 a_{ij} 实际上给出了从 v_i 到 v_j 的长度为 1 的路的数目. 这个事实是下面定理的一种特殊情形.

定理 8-2 设 G 是具有结点集 $\{v_1,v_2,\cdots,v_n\}$ 和邻接矩阵 $\mathbf{A}$ 的图,则 $\mathbf{A}^l$($l=1,2,3,\cdots$)的 (i,j) 项元素 $a_{ij}^{(l)}$ 是连接 v_i 到 v_j 的长度为 l 的路的总数.

证明 (对 l 进行归纳)当 $l=1$ 时,$\mathbf{A}^1=\mathbf{A}$,由 $\mathbf{A}$ 的定义,定理显然成立.

设 $a_{ij}^{(l)}$ 表示 $\mathbf{A}^l$ 的 (i,j) 项,并假设定理对 l 是成立的,由于 $\mathbf{A}^{l+1}=\mathbf{A}^l\cdot\mathbf{A}$,因此有 $a_{ij}^{(l+1)}=\sum_{k=1}^{n}a_{ik}^{(l)}a_{kj}$. 由归纳假设可知,$a_{ik}^{(l)}a_{kj}$ 是以 v_k 作为倒数第二个结点连接 v_i 到 v_j 的长度为 $l+1$ 的路的数目. 对所有的 k 求和,即得 $a_{ij}^{(l+1)}$ 是以任意结点为倒数第二个结点连接 v_i 到 v_j 的长度为 $l+1$ 的路的总数. 于是定理对 $l+1$ 也成立,因此定理得证.

由定理 8-1 和定理 8-2,可以得到如下结论:

(1) 如果对 $l=1,2,\cdots,n-1$，A^l 的 (i,j) 项元素 $(i\neq j)$ 都为 0，那么 v_i 和 v_j 之间无任何路相连结（因此，v_i 和 v_j 必然属于 G 的不同的分图）；

(2) 结点 v_i 和 $v_j (i\neq j)$ 之间的距离 $d(v_i, v_j)$ 是使 A^l 的 (i,j) 项元素不为零的最小正整数 l。

例 1 具有结点集 $\{v_1, v_2, v_3, v_4, v_5, v_6\}$ 的图 G 的邻接矩阵为

$$A = \begin{pmatrix} 0 & 1 & 0 & 0 & 0 & 0 \\ 1 & 0 & 1 & 0 & 0 & 0 \\ 0 & 1 & 0 & 0 & 0 & 0 \\ 0 & 0 & 0 & 0 & 1 & 1 \\ 0 & 0 & 0 & 1 & 0 & 1 \\ 0 & 0 & 0 & 1 & 1 & 0 \end{pmatrix}$$

由矩阵的乘法运算，得到

$$A^2 = \begin{pmatrix} 1 & 0 & 1 & 0 & 0 & 0 \\ 0 & 2 & 0 & 0 & 0 & 0 \\ 1 & 0 & 1 & 0 & 0 & 0 \\ 0 & 0 & 0 & 2 & 1 & 1 \\ 0 & 0 & 0 & 1 & 2 & 1 \\ 0 & 0 & 0 & 1 & 1 & 2 \end{pmatrix}, \quad A^3 = \begin{pmatrix} 0 & 2 & 0 & 0 & 0 & 0 \\ 2 & 0 & 2 & 0 & 0 & 0 \\ 0 & 2 & 0 & 0 & 0 & 0 \\ 0 & 0 & 0 & 2 & 3 & 3 \\ 0 & 0 & 0 & 3 & 2 & 3 \\ 0 & 0 & 0 & 3 & 3 & 2 \end{pmatrix}$$

$$A^4 = \begin{pmatrix} 2 & 0 & 2 & 0 & 0 & 0 \\ 0 & 4 & 0 & 0 & 0 & 0 \\ 2 & 0 & 2 & 0 & 0 & 0 \\ 0 & 0 & 0 & 6 & 5 & 5 \\ 0 & 0 & 0 & 5 & 6 & 5 \\ 0 & 0 & 0 & 5 & 5 & 6 \end{pmatrix}, \quad A^5 = \begin{pmatrix} 0 & 4 & 0 & 0 & 0 & 0 \\ 4 & 0 & 4 & 0 & 0 & 0 \\ 0 & 4 & 0 & 0 & 0 & 0 \\ 0 & 0 & 0 & 10 & 11 & 11 \\ 0 & 0 & 0 & 11 & 10 & 11 \\ 0 & 0 & 0 & 11 & 11 & 10 \end{pmatrix}$$

由这些矩阵可以看到，例如，v_1 到 v_2 有两条长为 3 的路相连接；v_3 和 v_4 之间没有长度 $\leqslant 5$ 的路相连接，因此 v_3 和 v_4 属于 G 的两个不同的分图；v_4 到 v_4 有两条长为 3 的回路；v_1 和 v_3 的距离是 2。

直接观察图 8-18，上述结论都可以得到证实。

在计算机应用中，除了用邻接矩阵表示图外，还可用关联矩阵、邻接向量矩阵等来表示图。设图 G 有 n 个结点 $v_1, v_2, \cdots, v_n$，m 条边 $e_1, e_2, \cdots, e_m$，则 G 的**关联矩阵** $I = (b_{ij})$ 是一个 $n\times m$ 矩阵，其中元素

$$b_{ij} = \begin{cases} 1 & \text{若 } v_i \text{ 和 } e_j \text{ 是关联的} \\ 0 & \text{否则} \end{cases}$$

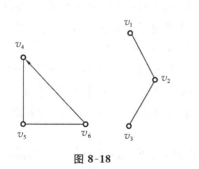
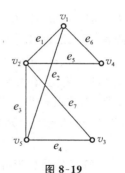

图 8-18   图 8-19

例如，对图 8-19 所示的图，如果将它的边分别标成 $e_1, e_2, \cdots, e_7$，则它的关联矩阵为

$$
I = \begin{array}{c} \\ v_1 \\ v_2 \\ v_3 \\ v_4 \\ v_5 \end{array}
\begin{array}{c} e_1\ e_2\ e_3\ e_4\ e_5\ e_6\ e_7 \\ \left[\begin{array}{ccccccc}
1 & 1 & 0 & 0 & 0 & 1 & 1 \\
1 & 0 & 1 & 0 & 1 & 0 & 1 \\
0 & 0 & 0 & 1 & 0 & 0 & 1 \\
0 & 0 & 0 & 0 & 1 & 1 & 0 \\
0 & 1 & 1 & 1 & 0 & 0 & 0
\end{array}\right] \end{array}
$$

在关联矩阵 I 中每列都正好包含两个 1，并且任何两个列都是不相同的，第 i 行中 1 的个数即为结点 v_i 的度，在解决各种包含有环的问题时，关联矩阵是有用的，但关联矩阵需要较多的存贮单元。

所谓**邻接向量矩阵**是一个 n 行（# $V=n$）的矩阵，这 n 行分别与图的 n 个结点对应，第 i 行的元素是与 v_i 邻接的所有结点（$i=1,2,\cdots,n$），这个行向量称为**邻接向量**。在这个向量中，元素的次序通常是由边的次序所决定。邻接向量矩阵的列数等于图中各结点的最大次数。

例如，对图 8-19 所示的图，按照图中所标明的边的次序，该图的邻接向量矩阵是

$$
\begin{array}{c} v_1 \\ v_2 \\ v_3 \\ v_4 \\ v_5 \end{array}
\left[\begin{array}{cccc}
2 & 5 & 4 & 0 \\
1 & 5 & 4 & 3 \\
5 & 2 & 0 & 0 \\
2 & 1 & 0 & 0 \\
1 & 2 & 3 & 0
\end{array}\right]
$$

在对图的边扫视次数不大就可能解决的问题中，邻接向量矩阵是表达图的特别好的工具。

以上各种表示图的方法，其优劣不能一概而论，而取决于所要解决的问题。

对于图 $G=(V,E)$ 中的任意两个结点 v_i 和 v_j，由 G 的邻接矩阵 A 可以确定 G 中是否存在一条连接 v_i 到 v_j 的边；由矩阵 A^t 可以确定 G 中是否存在有连接 v_i 到 v_j 的

长为 l 的路以及这样的路的数目. 但是, 当需要知道图 G 是否为连通图时, 无论是矩阵 $\boldsymbol{A}$ 还是矩阵 $\boldsymbol{A}^l$ 都无法提供回答. 这时, 可以用下述方法计算出矩阵 $\boldsymbol{B}_n$ ($\# V = n$), 即
$$B_n = \boldsymbol{A} + \boldsymbol{A}^2 + \boldsymbol{A}^3 + \cdots + \boldsymbol{A}^n$$

矩阵 $\boldsymbol{B}_n$ 的 (i,j) 项元素 b_{ij} 给出连接 v_i 和 v_l 的长度小于或等于 n 的路的总数. 如果这个元素不等于零, 则结点 v_i 和 v_j 是连接的; 如果这个元素等于零, 则结点 v_i 和 v_j 不是连接的. 若矩阵 $\boldsymbol{B}_n$ 中的每一个元素都不为 0, 则图 G 是一连通图; 否则图 G 是不连通的图.

矩阵 $\boldsymbol{B}_n$ 的计算显然是相当麻烦的. 而且, 为了确定 G 是否为连通图, 只需知道从 v_i 到 v_j 是否存在有路而并不关心其间路的数目. 因此, 为了简洁地表达图的连通性, 下面定义图 G 的连接矩阵.

定义 8-9 设图 $G = (V, E)$, 其中 $V = \{v_1, v_2, \cdots, v_n\}$, n 阶方阵 $\boldsymbol{C} = (c_{ij})$ 称为 G 的**连接矩阵**, 其中元素

$$c_{ij} = \begin{cases} 1 & \text{若从 } v_i \text{ 到 } v_j \text{ 存在一条路} \\ 0 & \text{否则} \end{cases}$$

显然, 当且仅当矩阵 $\boldsymbol{C} = (c_{ij})$ 的所有元素均为 1 时, 图 G 是连通的.

由矩阵 $\boldsymbol{B}_n$ 可以确定连接矩阵 $\boldsymbol{C}$, 但正如前面所说, 矩阵 $\boldsymbol{B}_n$ 的计算过于复杂. 下面给出由邻接矩阵 $\boldsymbol{A}$ 求连接矩阵 $\boldsymbol{C}$ 的一种较为简单的方法.

如果一个矩阵的所有元素均为 0 或 1, 则这种矩阵称为是**布尔矩阵**. 对于布尔矩阵来说, 若矩阵运算中元素的相加与相乘均规定为布尔加与布尔乘 (参见 2.4 节), 则这种矩阵运算称为**布尔矩阵运算**. 在布尔矩阵运算下, 用 $\boldsymbol{A}^{(i)}$ 表示矩阵 $\boldsymbol{A}$ 的 i 次幂, 用 $[+]$ 和 $[\cdot]$ 表示矩阵的相加与相乘.

根据布尔矩阵运算的定义, 对于邻接矩阵 $\boldsymbol{A}$, 矩阵 $\boldsymbol{A}^{(2)}$ 的 (i,j) 项元素 $a_{ij}^{(2)} = \sum_{k=1}^n a_{ik} a_{kj}$, 其中的加与乘都是布尔型的. 因此, 当且仅当存在某个 $k(1 \leqslant k \leqslant n)$ 使得 $a_{ik} = 1$ 且 $a_{kj} = 1$ 时, 有 $a_{ij}^{(2)} = 1$. 此即当且仅当存在有连接 v_i 到 v_j 的长为 2 的路时, $\boldsymbol{A}^{(2)}$ 的 (i,j) 元素 $a_{ij}^{(2)} = 1$. 类似地, 对于任意的正整数 l, 当且仅当存在有连接 v_i 到 v_j 的长为 l 的路时, $\boldsymbol{A}^{(l)}$ 的 (i,j) 项元素 $a_{ij}^{(l)} = 1$. 由此可见, 连接矩阵可以按下述方法求得

$$\boldsymbol{C} = \boldsymbol{A}[+]\boldsymbol{A}^{(2)}[+]\cdots[+]\boldsymbol{A}^{(n)}$$

例如, 由图 8-18 的邻接矩阵 $\boldsymbol{A}$ 可求得:

$$\boldsymbol{A}^{(2)} = \begin{pmatrix} 1 & 0 & 1 & 0 & 0 & 0 \\ 0 & 1 & 0 & 0 & 0 & 0 \\ 1 & 0 & 1 & 0 & 0 & 0 \\ 0 & 0 & 0 & 1 & 1 & 1 \\ 0 & 0 & 0 & 1 & 1 & 1 \\ 0 & 0 & 0 & 1 & 1 & 1 \end{pmatrix}, \quad \boldsymbol{A}^{(3)} = \begin{pmatrix} 0 & 1 & 0 & 0 & 0 & 0 \\ 1 & 0 & 1 & 0 & 0 & 0 \\ 0 & 1 & 0 & 0 & 0 & 0 \\ 0 & 0 & 0 & 1 & 1 & 1 \\ 0 & 0 & 0 & 1 & 1 & 1 \\ 0 & 0 & 0 & 1 & 1 & 1 \end{pmatrix}$$

$$A^{(4)} = \begin{pmatrix} 1 & 0 & 1 & 0 & 0 & 0 \\ 0 & 1 & 0 & 0 & 0 & 0 \\ 1 & 0 & 1 & 0 & 0 & 0 \\ 0 & 0 & 0 & 1 & 1 & 1 \\ 0 & 0 & 0 & 1 & 1 & 1 \\ 0 & 0 & 0 & 1 & 1 & 1 \end{pmatrix}, \quad A^{(5)} = \begin{pmatrix} 0 & 1 & 0 & 0 & 0 & 0 \\ 1 & 0 & 1 & 0 & 0 & 0 \\ 0 & 1 & 0 & 0 & 0 & 0 \\ 0 & 0 & 0 & 1 & 1 & 1 \\ 0 & 0 & 0 & 1 & 1 & 1 \\ 0 & 0 & 0 & 1 & 1 & 1 \end{pmatrix}$$

$$A^{(6)} = \begin{pmatrix} 1 & 0 & 1 & 0 & 0 & 0 \\ 0 & 1 & 0 & 0 & 0 & 0 \\ 1 & 0 & 1 & 0 & 0 & 0 \\ 0 & 0 & 0 & 1 & 1 & 1 \\ 0 & 0 & 0 & 1 & 1 & 1 \\ 0 & 0 & 0 & 1 & 1 & 1 \end{pmatrix}$$

因而

$$C = A[+]A^{(2)}[+]\cdots[+]A^{(6)} = \begin{pmatrix} 1 & 1 & 1 & 0 & 0 & 0 \\ 1 & 1 & 1 & 0 & 0 & 0 \\ 1 & 1 & 1 & 0 & 0 & 0 \\ 0 & 0 & 0 & 1 & 1 & 1 \\ 0 & 0 & 0 & 1 & 1 & 1 \\ 0 & 0 & 0 & 1 & 1 & 1 \end{pmatrix}$$

由于矩阵中存在有为 0 的元素,因此图 8-18 不是连通的. 直接观察图 8-18 也可得到同样的结论.

*8.3 图的连通性

图的连通性是图论中的重要概念之一. 图的许多性质和图的连通性有着密切的关系. 图的连通性在计算机网、电力网和通讯网等许多方面都有着重要的应用. 本节引进图的点连通度(亦称图的连通度)和边连通度的概念,用来作为衡量图的连通程度的两个参数.

定义 8-10 如果在图 G 中删去边 $\{v_i, v_j\}$ 后,图 G 的分图数增加,则称边 $\{v_i, v_j\}$ 是 G 的**割边**.

定义 8-11 如果在图 G 中删去结点 v_i 及与其相关联的所有边后,图 G 的分图数增加,则称结点 v_i 是 G 的**割点**.

例如,图 8-20 中的边 e_1 和 e_2 都是割边,根据定义 8-10,读者可以找出该图的其他几条割边. 结点 v_1, v_2, v_3 都是割点. 根据定义 8-11,读者可以找出该图的其他几个割点.

从上例可以看出,当从图 G 中去掉一条割边 e 时,必将包含边 e 的分图分成两个

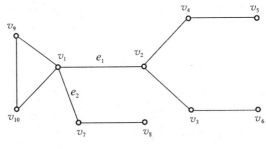

图 8-20

分图.也就是,图 G 的分图数增加 1,但当从图 G 中去掉一个割点及与其相关联的所有边时,可能使图 G 的分图的增加数大于 1.例如,当从图 8-20 中去掉割点 v_1 时,必须去掉与其相关联的四条边,此时,原图由一个分图变成了三个分图.

定理 8-3 在图 G 中,边 $\{v_i, v_j\}$ 为割边的充要条件是边 $\{v_i, v_j\}$ 不在 G 的任何环中出现.

证明 设 $e = \{v_i, v_j\}$ 是 G 的一条割边,从图 G 中删去边 e,得到图 $G\text{-}e$.因为 $G\text{-}e$ 的分图数大于图 G 的分图数,所以在 G 中必存在两个结点 u 和 w,它们在 G 中是连接的,但在 $G\text{-}e$ 中不连接.设 $\alpha = uu_1u_2\cdots u_{l-1}w$ 是 G 中连接 u 和 w 的一条路,则边 e 必在此路中出现.不失一般性,设其中 $\{u_k, u_{k+1}\} = \{v_i, v_j\}(0 \leqslant k \leqslant l-1)$,记 $u = u_0, w = u_l$,如果边 e 出现在 G 的某一环 $v_iv_{i_1}v_{i_2}\cdots v_{i_r}v_jv_i$ 中,则在 $G\text{-}e$ 中有路 $uu_1\cdots u_{k-1}v_iv_{i_1}\cdots v_{i_r}v_ju_{k+2}\cdots w$ 连接 u 和 w,于是 u 和 w 在 $G\text{-}e$ 中是连接的.这出现了矛盾,因此 e 不出现在任何环中.

反之,设 $e = \{v_i, v_j\}$ 不是 G 的割边,则 G 与 $G\text{-}e$ 的分图数相等.由于在 G 中 v_i 与 v_j 在同一分图中,因此在 $G\text{-}e$ 中,v_i 与 v_j 也在同一分图中,于是在 $G\text{-}e$ 中有路 $v_iv_{i_1}v_{i_2}\cdots v_{i_l}v_j$ 连接 v_i 和 v_j.这样在 G 中就有环 $v_iv_{i_1}\cdots v_{i_l}v_jv_i$,因此 e 必出现在 G 的某一环中.

定理 8-4 在图 G 中,结点 v 为割点的充要条件是存在两个结点 u 和 $w(u \neq v \neq w)$,使得连接 u 和 w 的所有路中都出现结点 v.

证明 设 v 是图 G 中的一个割点,则因为 $G\text{-}v$($G\text{-}v$ 表示在图 G 中删除结点 v 及与其相关联的所有边后剩下的图,以后简称为删除结点 v)的分图数大于 G 的分图数,所以在 G 中必存在两结点 u 和 w,它们在 G 中是连接的,但在 $G\text{-}v$ 中不连接.设 $\alpha = uu_1u_2\cdots u_lw$ 是 G 中连接 u 和 w 的一条路,且 v 不出现在 α 中,则由路的表示方法可知,与 v 相关联的所有边都不出现在路 α 中,这就是说,u 和 w 在 $G\text{-}v$ 中也是连接的,出现矛盾,因此连接 u 和 w 的所有路中必出现结点 v.

反之,设 v 不是图 G 的割点,则 $G\text{-}v$ 的分图数与 G 的分图数相等.因此对于 G 中任意两个结点 u 和 w,若在图 G 中它们是连接的,则它们在 $G\text{-}v$ 中也是连接的.这意味着,在 G 中存在一条路 $\alpha = uu_1u_2\cdots u_lw$,连接 u 和 w,但路 α 中不出现结点 v.证毕.

根据这两个定理,很容易看出,图 8-20 中除了 e_1 和 e_2 之外,边 $\{v_2,v_4\}$,$\{v_4,v_5\}$,$\{v_2,v_3\}$,$\{v_3,v_6\}$,$\{v_7,v_8\}$ 都是割边;除了 v_1、v_2、v_3 之外,结点 v_4、v_7 也是割点.

并不是所有的图都有割边或割点,例如,图 8-6 所示的图既没有割边,又没有割点.没有割边和割点的连通图,需要去掉几条边或几个结点,图才会变得不连通.那么在一个没有割边或割点的连通图中,至少要去掉几条边或几个结点图才会变得不连通呢?或者说最多去掉几条边或几个结点,仍能保持图的连通性呢?为此,下面讨论图的边连通度和点连通度.

为了讨论方便,本节后面所讨论的图均假设为连通图.

定义 8-12 设图 $G=(V,E)$ 是一连通图,若有 E 的子集 S,使得在图 G 中删去了 S 中的所有边后,得到的子图 G-S 变成具有两个分图的不连通图,而删去了 S 的任一真子集后,得到的子图仍是连通图,则称 S 是 G 的一个**边割集**.

显然,割边是边割集的一个特例.

例如,在图 8-21(a) 所示的图 G 中,边集 $S_1=\{e_1,e_2,e_3\}$ 和边集 $S_2=\{e_3,e_2,e_4,e_6\}$ 均为边割集.

图 8-21(b) 和图 8-21(c) 分别给出了从图 G 中去掉 S_1 和 S_2 的全部边后得到的不连通图. 由图 8-21(a) 中可以看出,若去掉 S_1 或 S_2 的一部分边,则图仍然连通. 边集 $\{e_2,e_4,e_6\}$ 不是边割集,因为去掉边 e_2、e_4 和 e_6 后,图仍然连通. 边集 $\{e_3,e_5,e_6,e_7\}$ 也不是边割集,因为去掉这四条边后,图变成了三个分图的不连通图,而且当仅去掉其中的 e_3 和 e_5 时,图也变得不连通.

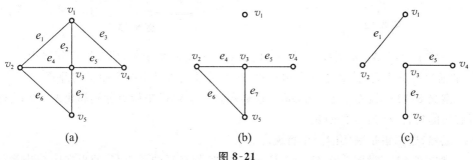

图 8-21

根据边割集的定义,如果 S 是图 $G=(V,E)$ 的一个边割集,那么去掉 S 中所有的边之后,得到两个分图,即 $G_1=(V_1,E_1)$ 和 $G_2=(V_1',E_2)$,其中 V_1' 表示 V_1 相对于 V 的补集,即 $V_1 \cup V_1'=V$,$V_1 \cap V_1'=\varnothing$. S 中的任何一条边,它的两个端点必定是一个在 V_1 中,另一个在 V_1' 中,而 G 中其他的边不具有这一性质. 并且,V_1 中任意两个结点之间存在一条不包含 V_1' 中任何结点的路,同样 V_1' 中任意两个结点之间存在一条不包含 V_1 中任何结点的路. 因此对于一个给定的图 $G=(V,E)$,如果能把结点集 V 分成两个互补的结点子集 V_1 和 V_1',使得同一结点子集中的任意两个结点之间,至少存在一条不包含另一结点子集中的任何结点的路,那么 G 中端点分别在 V_1 和 V_1'

中的边组成 G 的一个边割集.

例如,在图 8-22 所示的图 G 中,取 $V_1 = \{v_1, v_2, v_3\}$, $V'_1 = \{v_4, v_5, v_6, v_7\}$,则边集 $S = \{e_1, e_2, e_3, e_4\}$ 是 G 的一个边割集.

若把图 G 的结点集 V 分成两个互补的结点子集 V_1 和 V'_1, S 是端点分别在 V_1 和 V'_1 中的边的集合. 如果 V_1(或 V'_1) 中有两个结点, 使得连接它们的所有的路均要经过 V'_1(或 V_1) 中的结点, 那么在去掉 S 中的边后, 得到的图具有三个甚至三个以上的分图, 这种情形下, S 不是 G 的边割集.

例如,在图 8-23 所示的图中,令 $V_1 = \{v_3, v_4, v_7, v_8\}$, $V'_1 = \{v_1, v_2, v_5, v_6, v_9, v_{10}\}$,则 $S = \{e_1, e_2, e_3, e_4, e_5\}$ 不是边割集,但它是边割集 $S_1 = \{e_1, e_2, e_4\}$ 和 $S_2 = \{e_3, e_5\}$ 的不相交的并集①.

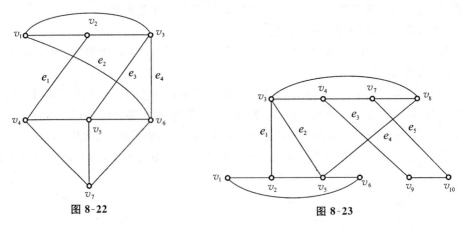

图 8-22　　　　　　　　　　　图 8-23

一般来说,若 V_1 是图 $G = (V, E)$ 的结点集 V 的一个子集,那么端点分属于 V_1 和 V'_1 的所有边的集合,或者是一个边割集,或者是某些边割集的不相交的并集.

定义 8-13　设 $G = (V, E)$ 是一连通图, $V_1 \subseteq V$, G 中端点分别属于 V_1 和 V'_1 的所有边的集合, 称为 G 的**断集**.

显然,边割集是断集的一个特例.

定义 8-14　设图 $G = (V, E)$ 是一连通图, 若有 V 的子集 V_1 使得在图 G 中删除了 V_1 中的所有结点后, 所得到的子图 $G - V_1$ 不连通或为平凡图, 则称 V_1 是 G 的一个**点割集**.

显然,割点是点割集的一个特例.

例如,在图 8-24 所示的图 G_1 中, $\{v_3\}$, $\{v_2, v_3, v_5\}$, $\{v_1, v_2, v_4, v_5\}$ 等都是 G_1 的点割集.

在图 8-24 所示的图 G_2 中, $\{v_1, v_2, v_3\}$, $\{v_1, v_3, v_4\}$ 等都是 G_2 的点割集.

---

①　两个没有公共元素的集合的并集称为这两个集合的不相交的并集.

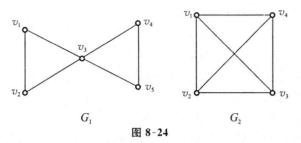

图 8-24

定义 8-15 设 v 是图 $G=(V,E)$ 的一个结点,与 v 相关联的所有边的集合,称为结点 v 的关联集,记作 $S(v)$.

例如,在图 8-25 所示的图中,有
$$S(v_1)=\{e_1,e_2\}$$
$$S(v_4)=\{e_1,e_3,e_4,e_5,e_6,e_7\}$$

图 G 中任一结点 v,若它不是割点,则它的关联集 $S(v)$ 便是一个边割集,因为去掉 $S(v)$ 中所有的边后,图 G 变成有一个孤立结点 v 和另一个分图的不连通图.但若去掉 $S(v)$ 的任何一个真子集,则图 G 仍然连通.若 v 是 G 的割点,则 $S(v)$ 是一个断集,因为去掉 $S(v)$ 后,图 G 变成了有一个孤立结点 v 和若干个分图的不连通图.

例如,在图 8-25 所示的图 G 中,$v_1,v_2,v_3,v_5,v_6,v_7,v_8$ 均不是割点,因此它们的关联集都是割集,v_4 是割点,因此 $S(v_4)$ 是一个断集.事实上,在去掉 $S(v_4)$ 后,图 G 变成如图 8-26 所示的包括孤立结点 v_4 在内的具有五个分图的不连通图.

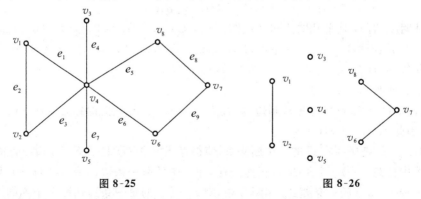

图 8-25   图 8-26

图的连通程度与图的点割集和断集中所含的元素个数有着密切的关系.

定义 8-16 设 $G=(V,E)$ 是连通图,
$$K(G)=\min\{\#\ V_i\mid V_i\ \text{是}\ G\ \text{的点割集}\}\ \text{称为}\ G\ \text{的点连通度(或连通度)};$$
$$\lambda(G)=\min\{\#\ S\mid S\ \text{是}\ G\ \text{的断集}\}\ \text{称为}\ G\ \text{的边连通度}.$$

由定义 8-16 可知,图 G 的点连通度是为了使 G 成为一个非连通图,需要删除的点的最少数目.图 G 的边连通度则是为了使 G 成为一个非连通图需要删去的边的最少数目.

例如,在图 8-27 中,对于图 G_1 和 G_2,有
$$K(G_1) = 1, \quad \lambda(G_1) = 1$$
$$K(G_2) = 1, \quad \lambda(G_2) = 2$$

显然,如果图 G 是平凡图或非连通图,则 $K(G) = 0$;如果 G 是非连通图,则 $\lambda(G) = 0$.如果 G 是平凡图,则定义 $\lambda(G) = 0$.

若 G 是具有 n 个结点的完全图,则去掉其中任意 $r(r < n-1)$ 个结点,图仍然连通,只有去掉 $n-1$ 个结点后,图变成平凡图,因此 $K(G) = n-1$. 显然 $\lambda(G) = n-1$.

下面的定理给出了一个图的点连通度、边连通度和图中结点的最小度 $\delta(G)$ 之间的关系.

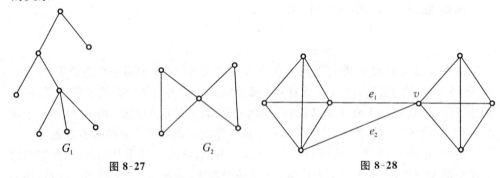

图 8-27　　　　　　　　　　　　图 8-28

定理 8-5　对任意的图 $G = (V, E)$,有
$$K(G) \leqslant \lambda(G) \leqslant \delta(G) \tag{8-1}$$

证明　若 G 是平凡图或非连通图,则 $K(G) = \lambda(G) = 0$,显然式(8-1)成立.

若 G 是连通图,设 v 是 G 中度最小的结点,即 $\deg(v) = \delta(G)$. 显然 $S(v)$ 是 G 的一个断集,于是 $\lambda(G) \leqslant \#\, S(v)$,即 $\lambda(G) \leqslant \delta(G)$.

下面证明 $K(G) \leqslant \lambda(G)$.

若 $\lambda(G) = 1$,则 G 有一条割边,设其为 $e = \{u, v\}$. 显然此时结点 u 或 v 均为 G 的割点,因此 $K(G) = \lambda(G) = 1$.

若 $\lambda(G) \geqslant 2$,则必存在 G 的一个断集 S,使得 $\#\, S = \lambda(G)$ 且 $G-S$ 不连通. 而从 G 中删去 S 中任意 $\lambda(G)-1$ 条边,G 仍然连通,在 S 中任取一条边 e,令 $e = \{u, v\}$,则 e 是图 $G - (S - \{e\})$ 的一条割边. 在图 G 中,对 $S - \{e\}$ 的每一条边选取一个不同于 u 和 v 的端点,并将这 $\lambda(G) - 1$ 个结点从 G 中删去,则此时至少删去了 $S - \{e\}$ 中的全部边.若剩下的图不连通,则 $K(G) \leqslant \lambda(G) - 1 < \lambda(G)$. 若剩下的图连通,则因为 e 是该剩下的图的割边,此时再删去结点 u 或者删去结点 v,必将得到一个非连通图.因此,也有 $K(G) \leqslant \lambda(G)$.

综上所述,对于任意的图 G,有 $K(G) \leqslant \lambda(G) \leqslant \delta(G)$. 证毕.

例如,在图 8-28 所示的图 G 中,有 $K(G) = 1, \lambda(G) = 2, \delta(G) = 3$.

定义 8-17　设有图 $G = (V, E)$,若 $K(G) \geqslant h$,则称 G 是 h-连通的;若 $\lambda(G) \geqslant$

h,则称 G 是 h-边连通的.

由定义 8-17 可知,若 $h_1 > h_2$,而图 G 是 h_1-连通的,则 G 也是 h_2-连通的.

若 $h_1 > h_2$,则图 G 是 h_1-边连通的,则 G 也是 h_2-边连通的.

由定理 8-5 知,一个图 G 若是 h-连通的,则它必是 h-边连通的.

任何非平凡的连通图是 1-连通和 1-边连通的. n 个结点的完全图是 $(n-1)$-连通的和 $(n-1)$-边连通的. 对于任何 n 结点的连通图 G,当且仅当它没有割点时,它是 2-连通的;当且仅当它没有割边时,它是 2-边连通的.

例如,图 8-28 所示的图 G 是 1-连通的,是 2-边连通的.

以上讨论说明一个图的连通度越大,这个图的连通性就越好.

8.4 欧拉图和哈密顿图

在图的应用中出现的一个问题是,给定一个图 G,是否能找到一个回路,它通过 G 的每条边一次且仅一次?这样的回路称为**欧拉回路**. 具有欧拉回路的图称为**欧拉图**.

欧拉图的概念是欧拉(Leonhard Euler,瑞士数学家,1707—1783 年)在 1736 年引入的,他用一条非常简单的准则解决了哥尼斯堡(Königsberg)七桥问题. 哥尼斯堡城位于普雷格尔(Pregel)河的两岸及河中的两个岛屿上,该城市的各部分由图 8-29(a)所示的七座桥相连接,当时城中的居民热衷于这样一个问题,即游人从四块陆地区域中的任何一块出发,怎样走才能做到恰好通过每座桥一次而返回到原来的出发区域. 问题看起来很简单,但当时谁也解决不了. 为了解决这个问题,欧拉将每一块陆地区域用一个结点表示,每一座桥用连接相应两个结点的一条边来表示,于是得到一个多重图,如图 8-29(b)所示. 因此,哥尼斯堡七桥问题就变为,在这个多重图中是否存在一条欧拉回路?欧拉证明了下面的定理,从而对哥尼斯堡七桥问题给予了否定的回答,即图 8-29(a)中的七座桥不能按上述的要求走遍.

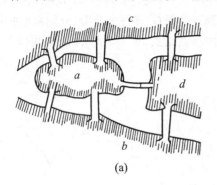
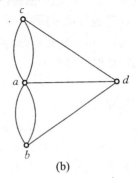

图 8-29

显然,除了有孤立点的情形外,一个欧拉图是一个连通图. 图 8-2 是欧拉图的一个例子,它的一个欧拉回路是 $v_1v_2v_3v_4v_5v_2v_4v_1v_3v_5v_1$. 而图 8-1 不是欧拉图,这可由欧拉给出的下述定理来证实.

定理 8-6 一个连通图 G 为欧拉图的充要条件是 G 的每一结点的度均为偶数.

证明 设 G 是一欧拉图,并设 α 是 G 中的一个欧拉回路. 每当 α 通过 G 的一个结点时, α 通过关联于这个结点的两条边,并且这两条边是 α 以前未走过的. 因此,若 α 通过某一结点 k 次,则通过关联于该结点的 $2k$ 条边. 由于在 α 中 G 的每条边出现一次且仅一次,因此每个结点的度必是 2 的倍数.

反之,设图 G 的每个结点的度为偶数,要证明图 G 是一欧拉图,下面用对图 G 的边数 m 进行归纳的方法来证明.

当 $m = 0$ 时,图 G 是平凡图. 我们认为它是一个欧拉图,因此结论成立.

当 $m = 3$ 时,结论显然成立(注:$m = 1$ 和 $m = 2$ 时,图中每个结点的度不全为偶数).

设对于 $k = 3, 4, \cdots, m$,任何具有 k 条边的连通图结论均成立,并设图 G 是一具有 $m+1$ 条边且每个结点具有偶数度的连通图. 从图 G 的任一结点 a 出发沿任一边前进,但决不在任一边上行走两次,便可确定一条路. 当到达任一结点 $v \neq a$ 时,因它只使用过 v 的奇数条边,它将仍能沿着某一边前进. 当它无法再前进时,它必是到达了 a. 因此构成一回路 α. 如果图 G 的所有边全被使用完,则 α 便是一欧拉回路. 若所有的边没有被使用完,令剩下的图为 G'(由除去 α 后剩下的边及剩下的边所关联的结点所组成),设 $H_1, H_2, \cdots, H_k$ 是 G' 的 k 个分图,因为 G' 的所有结点都仍是偶数度,所以 H_i 的边数不为 1 和 $2(i = 1, 2, \cdots, k)$. 根据归纳假设,这些部分各有欧拉回路,设为 $\mu_1, \mu_2, \cdots, \mu_k$,因图 G 是连通的,路 α 必与所有的 $H_i (i = 1, 2, \cdots, k)$ 有公共结点,分别令其为 $v_1, v_2, \cdots, v_k$,则回路

$$\alpha[a, v_1] + \mu_1 + \alpha[v_1, v_2] + \mu_2 + \cdots + \alpha[v_{k-1}, v_k] + \mu_k + \alpha[v_k, a]$$

就是一条欧拉回路,证毕.

例如,图 8-30 是一欧拉图. 因为它的每一个结点具有偶数度. 从结点 a 出发,沿边 $\{a, v_1\}$ 前进可得一回路 $\alpha = av_1v_4v_5a$. 剩下的图 G' 有两个分图,分别有欧拉回路 $\mu_1 = v_1v_2v_3v_1, \mu_2 = v_5v_6v_7v_5$. v_1 是 α 与 μ_1 的公共结点, v_5 是 α 与 μ_2 的公共结点. 由此,该图的一个欧拉回路为

$$av_1v_2v_3v_1v_4v_5v_6v_7v_5a$$

用同样的方法可以证明,定理 8-6 对于多重图也是成立的. 在哥尼斯堡桥的问题中,由于图 8-29(b) 所示的多重图中没有任何结点是偶数度,故答案是否定的.

通过图 G 的每条边一次且仅一次的开路称为图 G 的**欧拉路**.

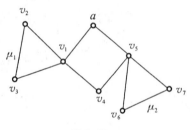

图 8-30

定理 8-7 连通图 G 具有一条连接结点 v_i 和 v_j 的欧拉路的充要条件是，v_i 和 v_j 是 G 中仅有的具有奇数度的结点.

证明 将边 $\{v_i, v_j\}$ 加于图 G 上，令其所得的图为 G' (G' 可能为多重图). 那么当且仅当 G' 有一欧拉回路时，G 有连接 v_i 到 v_j 的一欧拉路，即当且仅当 G' 的所有结点均为偶数度时，也就是当且仅当 G 的所有结点除 v_i 和 v_j 是奇数度外均为偶数度时，G 有一连接 v_i 到 v_j 的欧拉路. 证毕.

在图的应用中出现的另一个问题是，给定一个图 G，是否能找到一个环，它通过图 G 的每个结点一次且仅一次？这样的环称为**哈密顿环**，具有哈密顿环的图称为**哈密顿图**. 类似地，定义**哈密顿路**是通过图 G 的每个结点一次且仅一次的开路.

哈密顿图的概念是哈密顿（William Hamilton，爱尔兰数学家，1805—1865 年）在 1859 年引入的. 他提出一个问题，能不能在图 8-31 所示的十二面体中找到一个环，它通过图中每一个结点恰好一次. 他把图中的每个结点看成一个城市，连接两个结点的边看成交通线，于是他的问题就是，能不能找到一条旅行路线，沿着交通线经过每个城市恰好一次，再回到原来的出发地？他把这个问题称为周游世界问题. 按照我们在图 8-31 中所给出的编号，可以看出这样的一个环是存在的.

显然，每个哈密顿图都一定是连通的. 图 8-1、图 8-2、图 8-4 和图 8-5 都是哈密顿图，其中的哈密顿环是显而易见的.

虽然确定哈密顿环（或路）的存在性问题与确定欧拉回路（或路）的存在性问题同样地有意义，但到现在为止，还没有找到一个简明的条件来作为一个图成为哈密顿图的充分必要条件. 下面给出一个连通图是哈密顿图的几个必要条件或充分条件. 因此，假定本节中所讨论的图均是连通图.

定理 8-8 若图 $G = (V, E)$ 是哈密顿图，则对于 V 的任何一个非空子集 S，有

$$W(G - S) \leqslant \# S \tag{8-2}$$

这里 $W(G - S)$ 表示 $G - S$ 中分图的个数.

证明 设 $\alpha = v_i v_{i1} v_{i2} \cdots v_{i_{m-1}} v_i$ 是图 G 的一个哈密顿环，在 α 中删去 S 中的任意一个结点 u_1，则 $\alpha - u_1$ 是一条开路，所以 $W(\alpha - u_1) = 1$，若再删去 S 中一个结点 u_2，则 $W(\alpha - \{u_1, u_2\}) \leqslant 2, \cdots$. 当删去 S 中第 r 个结点时，$W(\alpha - \{u_1, u_2, \cdots, u_r\}) \leqslant r$，因此当删去 S 中所有的结点后，$W(\alpha - S) \leqslant \# S$，而 $\alpha - S$ 是 $G - S$ 的一个生成子图，必有 $W(G - S) \leqslant W(\alpha - S)$，于是得到 $W(G - S) \leqslant \# S$. 证毕.

定理 8-8 给出了图 G 是哈密顿图的必要条件，因此一个图只要不满足该定理的条件就可以断定它不是哈密顿图.

例如，图 8-32(a) 所给出的图中去掉结点 u 后，$W(G - u) = 2$.

图 8-32(b) 所给出的图中去掉结点 u_1 和 u_2 后，$W(G - \{u_1, u_2\}) = 3$，根据定理 8-8，这两个图都不是哈密顿图.

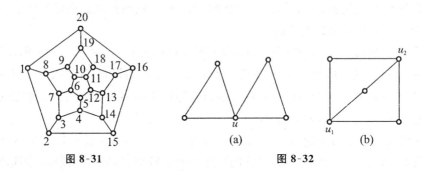

图 8-31　　　　　图 8-32

但是一个非哈密顿图却可以满足定理 8-8 的条件. 例如, 图 8-33 不是哈密顿图, 但却满足式(8-2).

为了得到哈密顿图的充分条件, 先证明下面的定理.

定理 8-9　设 G 是具有 n 个结点的图, 若有结点 u 和 v 不相邻接, 且 $\deg(u) + \deg(v) \geqslant n$, 则当且仅当图 $G + \{u,v\}$ 是哈密顿图时, 图 G 是哈密顿图.

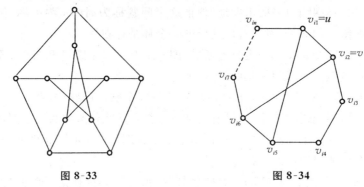

图 8-33　　　　　图 8-34

证明　若 G 是哈密顿图, 则显然 $G + \{u,v\}$ 也是哈密顿图.

设 $G + \{u,v\}$ 是哈密顿图, 并设 α 是 $G + \{u,v\}$ 的一个哈密顿环, 若边 $\{u,v\}$ 不在环 α 中, 则显然 α 也是 G 的哈密顿环. 若边 $\{u,v\}$ 在环 α 中, 不妨设 $\alpha = v_{i1} v_{i2} \cdots v_{in} v_{i1}$ (其中 $v_{i1} = u, v_{i2} = v$, 见图 8-34), u 和 v 在 $G + \{u,v\}$ 中的度分别记作 $d(u)$ 和 $d(v)$, 则有
$$d(u) = \deg(u) + 1, \quad d(v) = \deg(v) + 1 \tag{8-3}$$

下面分两种情形讨论.

(1) 若存在 $j (3 \leqslant j \leqslant n-1)$, 使得 u 与 v_{ij} 相邻接, v 与 v_{ij+1} 相邻接(参见图 8-34 给出的示意图, 这里 $j = 5$), 则 G 中必有哈密顿环, 即
$$\beta = u v_{ij} v_{ij-1} \cdots v_{i3} v v_{ij+1} v_{ij+2} \cdots v_{in} u$$

(2) 若不存在这样的 j, 则因为 $v_{i3} v_{i4} \cdots v_{in-1}$ 中有 $d(u) - 2$ 个结点与 u 相邻接, 所以在 $v_{i4} v_{i5} \cdots v_{in}$ 中至少有 $d(u) - 2$ 个结点不与 v 相邻接, 因而
$$d(v) \leqslant (n-1) - (d(u) - 2) = n - (d(u) - 1)$$
即
$$d(v) \leqslant n - \deg(u)$$

但由式(8-3)知 $d(v) > \deg(v) \geqslant n - \deg(u)$，产生矛盾. 证毕.

根据这一定理，引出下面的概念.

定义 8-18 设 G 是具有 n 个结点的图，若对 $\deg(u)+\deg(v) \geqslant n$ 的每一对结点 u 和 v，均有 u 与 v 相邻接，则称图 G 是**闭图**.

例如，图 8-35 所示的两个图中，(a) 是一个闭图，(b) 不是闭图.

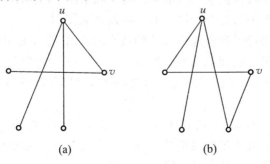

图 8-35

定义 8-19 设 $G_1=(V,E_1)$ 和 $G_2=(V,E_2)$ 是两个具有相同结点集 V 的图，则称 $H_1=(V,E_1 \bigcup E_2)$ 和 $H_2=(V,E_1 \bigcap E_2)$ 分别为 G_1 与 G_2 的并和交，并分别记作 $G_1 \bigcup G_2$ 和 $G_1 \bigcap G_2$.

例如，图 8-36 给出了图 G_1 和 G_2 的并和交.

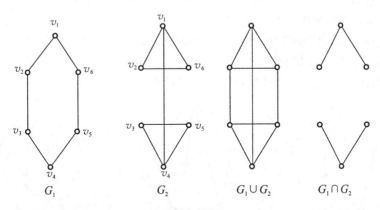

图 8-36

定理 8-10 若 G_1 和 G_2 是具有同一结点集 V 的两个闭图，则 $G=G_1 \bigcap G_2$ 也是闭图.

证明 因为对于任一结点 $v \in V$，有

$$\deg_G(v) \leqslant \deg_{G_1}(v), \quad \deg_G(v) \leqslant \deg_{G_2}(v)$$

所以，若

$$\deg_G(u) + \deg_G(v) \geqslant n$$

则

$$\deg_{G_1}(u) + \deg_{G_1}(v) \geqslant n, \quad \deg_{G_2}(u) + \deg_{G_2}(v) \geqslant n$$

由于 G_1 和 G_2 都是闭图,u 和 v 在 G_1 和 G_2 中都是邻接的,因此 u 和 v 在 G 中也是邻接的,从而 G 是闭图. 证毕.

但当 G_1 和 G_2 都是闭图时,不能推出它们的并 $G_1 \cup G_2$ 也是闭图. 这由图 8-36 所给出的例中可以看出.

定义 8-20　图 G 的**闭包**是一个与 G 有相同结点集的闭图,记作 G_c,使 $G \subseteq G_c$,且异于 G_c 的任何图 H,若 $G \subseteq H \subseteq G_c$,则 H 不是闭图.

由定义可知,图 G 的闭包是包含 G 的最小的闭图. 若 G 是闭图,则 $G_c = G$.

定理 8-11　图 G 的闭包是唯一的.

证明　设 G_1 和 G_2 是图 G 的两个闭包,则 $G \subseteq G_1$,$G \subseteq G_2$,因而有 $G \subseteq G_1 \cap G_2$. 于是有
$$G \subseteq G_1 \cap G_2 \subseteq G_1, \quad G \subseteq G_1 \cap G_2 \subseteq G_2$$
但 $G_1 \cap G_2$ 是闭图,故由闭包的定义有 $G_1 = G_1 \cap G_2 = G_2$. 证毕.

利用下面的算法,可以由图 G 构造出它的闭包.

算法 8-1　给出图 G,构造其闭包 G_c.

(1) 令 $G = G_1$,置 i 为 1.

(2) 若 G_i 是一个闭图,则 $G_c = G_i$;否则

(3) 在 G_i 中找出满足以下两个条件的结点 u 和 v:

① $\deg(u) + \deg(v) \geqslant n$;

② u 和 v 不相邻接.

将边 $\{u,v\}$ 加到图 G_i 中,令 $G_{i+1} = G_i + \{u,v\}$

(4) i 增加 1,并返回到第 (2) 步.

例如,图 8-37 给出了由图 G 构造 G_c 的过程.

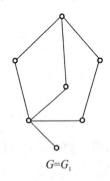 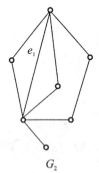 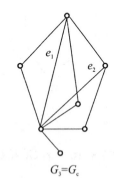

$G=G_1$　　　　　　G_2　　　　　　$G_3=G_c$

图 8-37

定理 8-12　设有图 $G = (V, E)$,当且仅当 G_c 是哈密顿图时,图 G 是哈密顿图.

证明　显然,如果 G 是哈密顿图,则 G_c 也是哈密顿图.

反之,如果 G_c 是哈密顿图,且 $G = G_c$,则结论成立. 若 $G \neq G_c$,则必存在 r 条边

$e_1, e_2, \cdots, e_r$, 使得
$$G + e_1 + e_2 + \cdots + e_r = G_c$$
其中, $e_i \notin G (i = 1, 2, \cdots, r)$, e_i 的下标表示由 G 构造 G_c 时边加上去的次序.

令 $e_r = \{u_r, v_r\}$, 根据算法 8-1, 在图 $G + e_1 + e_2 + \cdots + e_{r-1}$ 中, $\deg(u_r) + \deg(v_r) \geqslant n$, 且不相邻接, 由 G_c 是哈密顿图及定理 8-9, 可知 $G + e_1 + e_2 + \cdots + e_{r-1}$ 也是哈密顿图. 反复应用定理 8-9, 可知 G 是哈密顿图. 证毕.

由定理 8-12 可以引出许多判别哈密顿图的充分条件.

注意到, 当 $n \geqslant 3$ 时, 完全图 K_n 均是哈密顿图, 于是可得到下面的推论.

推论 8-1 若图 G 的闭包 $G_c = K_n$, 且 $n \geqslant 3$, 则 G 是哈密顿图.

推论 8-2 设图 $G = (V, E)$, $\# V \geqslant 3$, 若对于任意的 $v \in V$, 均有 $\deg(v) \geqslant n/2$, 则 G 是哈密顿图.

推论 8-3 设图 $G = (V, E)$, $\# V \geqslant 3$, 若 V 中任意两个不相邻的结点 u 和 v, 均有 $\deg(u) + \deg(v) \geqslant n$, 则 G 是哈密顿图.

类似于确定哈密顿环的一个问题是流动售货员的问题. 设有一个流动售货员要从公司出发走销附近所有的城镇, 然后返回公司所在地, 那么他将如何安排他的路线, 使得旅行的总距离最小? 该问题用图解法来表示, 可用结点代表公司所在地及各城镇, 用边代表相互之间的公路, 并标出相应公路之长度 (假定每两个城镇之间都有公路), 这样, 该问题就简化为在一个完全图上找出一条经过每个结点一次且仅一次而且全程为最短的环来. 同样, 对此问题也没有完美的解决方法. 下面给出一个"最邻近方法", 它为解决此问题给出了一个较好的结果.

(1) 由任意选择的结点开始, 找一个与起始结点最近的结点, 形成一条边的初始路径.

(2) 设 x 表示最新加到这条路上的结点, 从不在路上的所有结点中间选一个与 x 最接近的结点, 将连接 x 与这一结点的边加到这条路上.

重复这一步, 直到 G 中所有结点包含在路上.

(3) 将连接起始点与最后加入的结点之间的边加到这条路上, 就得到一个环.

例如, 对于图 8-38(a) 所示的图, 从结点 v_1 开始, 根据最邻近方法一步一步地构造一个哈密顿环, 其过程如图 8-38(b) 到图 8-38(e) 所示. 这一条环的总距离是 40. 图 8-38(f) 给出了最小哈密顿环的总距离是 37.

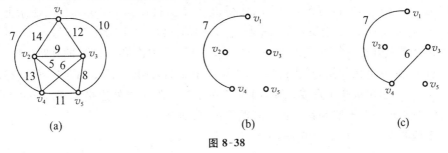

图 8-38

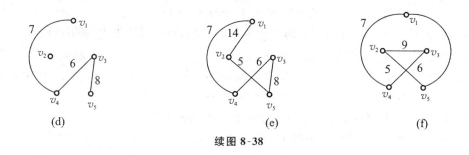

续图 8-38

8.5 树

在各种各样的图中,有一类特别重要也比较简单的图,称之为树.其定义如下.

定义 8-21 不包含环的连通图称为**树**,不包含环的图(即每个分图都是树的图)称为**树林**.

图 8-39 给出了四棵树.

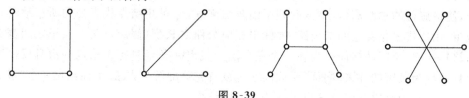

图 8-39

若把图 8-39 中的四棵树看做是一个图 G 的四棵树,则 G 就是一个树林.

每一棵树都至少有一个结点,一个孤立结点也是一棵树.

下面介绍树的一些性质.

定理 8-13 设 T 是一棵树,v_i 和 v_j 是 T 中任意两个不同的结点,则 v_i 和 v_j 由唯一的一条真路相连接.若 v_i 和 v_j 不相邻接,那么,当给 T 添加一条边 $\{v_i, v_j\}$ 后形成的图恰有一个环.

证明 由于 T 是连通的,因此必存在一路从而必存在一真路连结 v_i 和 v_j.

设 $\alpha = v_i a_1 a_2 \cdots a_r v_j$ 和 $\beta = v_i b_1 b_2 \cdots b_s v_j$ 是连接 v_i 和 v_j 的两条不同的真路,记 $v_j = a_{r+1} = b_{s+1}$,设 k 是使得 $a_k \neq b_k$ 的最小正整数.因为 α 和 β 不同,这样的 k 必存在.又因为 $a_{r+1} = b_{s+1}$,所以有 $h_1, h_2 \geq k$,使得 $a_{h_1} = b_{h_2}$,且 $a_k, a_{k+1}, \cdots, a_{h_1-1}$ 不在 β 上,$b_k, b_{k+1}, \cdots, b_{h_2-1}$ 不在 α 上,于是 α 在 a_{k-1} 与 a_{h_1} 之间的一段子路和 β 在 b_{k-1} 与 b_{h_2} 之间的一段子路合起来构成一个环,与 G 是一个树矛盾,从而 T 中连接 v_i 和 v_j 的真路是唯一的.

若 v_i 和 v_j 不相邻接,则将边 $\{v_i, v_j\}$ 添加于 T 后,连接 v_i 和 v_j 的唯一的真路 α 和边 $\{v_i, v_j\}$ 一起在新图中形成一环,因为 T 中不存在除 α 以外连接 v_i 和 v_j 的其他真路,因此边 $\{v_i, v_j\}$ 不能和其他任一真路形成环.证毕.

定理 8-14 在 (n, m) 树中,$m = n - 1$.

证明 （对结点数 n 进行归纳）当 $n=1$ 和 $n=2$ 时,定理显然成立.

设对结点数少于 n 的所有树定理成立,而 T 是一 (n,m) 树,由于 T 不包含任何环,因此从 T 中移去任何一条边都将把 T 变成一具有两个分图的图. 这两个分图也必然是树,设它们分别是 (n_1,m_1) 树和 (n_2,m_2) 树,由归纳假设 $m_1=n_1-1, m_2=n_2-1$,又因为 $n=n_1+n_2, m=m_1+m_2+1$,所以有 $m=n-1$. 证毕.

若 G 是由 r 棵树构成的一 (n,m) 树林,则定理 8-14 很容易推广而得到关系式 $m=n-r$.

如果把树中度为 1 的结点称为**树叶**,则有下面的定理.

定理 8-15 具有两个或更多结点的树至少有两片树叶.

证明 设 T 是一 (n,m) 树,其中 $n\geqslant 2$. 显然,T 中所有结点的度之和 $S=2m$. 又由定理 8-14,$S=2n-2$. 假设 T 中树叶少于两片,则 T 中至少有 $n-1$ 个结点的度不小于 2,故 T 中所有结点的度之和 $S>2n-2$,这与 $S=2n-2$ 相矛盾,因此 T 至少有两片树叶. 证毕.

树的有些特征可用来作为树的定义. 下面列出三条,要证明这些定义与定义 8-21 的等价性并不困难,留给读者自己作为练习.

(1) 每两个结点之间由唯一的真路相连接的图是树.

(2) $m=n-1$ 的连通图是树.

(3) $m=n-1$ 且无环的图是树.

若连通图 G 的一个生成子图 T 是一棵树,则称 T 为 G 的**生成树**. 显然,任何连通图都有生成树. 而且一般来说,它的生成树不是唯一的. 例如,图 8-40(b) 和 (c) 都是图 8-40(a) 的生成树.

由生成树的定义可以看出,一个图 G 与它的生成树的差别在于前者可能包含有环,而后者不包含任何环. 因此,可以用去掉图 G 中的环而不破坏图 G 的连通性的方法由图 G 构造出它的生成树.

(a)   (b)   (c)

图 8-40

算法 8-2 给出连通图 G,构造其生成树 T_G:

(1) 令 G 为 G_1,置 i 为 1;

(2) 若 G_i 无环,则 $T_G=G_i$;否则

(3) 在 G_i 中找出任一环 σ_i,并从 σ_i 中删去任一边 e_i,称这剩余的图为 G_{i+1}. 由于 e_i 是 G_i 的一个环中的边,所以 G_{i+1} 包括了 G_i 的所有结点,并且若 G_i 是连通的,则 G_{i+1}

也同样是连通的；

(4) i 增加 1，并返回到第(2)步.

在上述重复过程中，每一次都有 G 的一个环被"弄破". 由于 G 中环的个数是有限的，因此对某个 i，最后能得到一个图 G_i，它包含 G 的所有结点但不包含环. 于是根据定义，G_i 就是 T_G. 当然，由此算法得到的 T_G 不是唯一的，因为在算法的每一次反复中，σ_i 和 e_i 都不一定是唯一的.

若 G 是一 (n,m) 连通图，则由定理 8-14，T_G 是一 $(n,n-1)$ 图，因此在得到 T_G 前必须删去的边的总数必然为 $m-(n-1)$. 该数称为 G 的**环秩**. 因此，G 的环秩是为了"弄破"G 的所有环而必须由 G 中删去的边的最小数目. 这些被删去的每一条边称为相应生成树 T_G 的**弦**，而在生成树 T_G 中的边称为 T_G 的**枝**.

图 8-41 以一 $(6,9)$ 连通图 G 说明了算法 8-2. 在此例中，T_G 有 $6-1=5$ 条边，而 G 的环秩为 $9-5=4$.

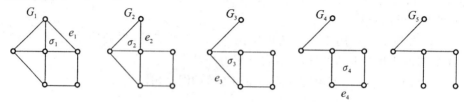

图 8-41

现在考虑一个更普遍的问题，即如何决定每条边都以实数值赋权的有权图的最小生成树问题. 设 $G=(V,E,f)$ 是一连通的有权图，若 T 是 G 的一棵生成树，T 的树枝的集合为 $E(T)$，则 T 的所有树枝的权的和 $W(T) = \sum_{e \in E(T)} f(e)$ 称为 T 的权. 若生成树 T_0 在所有生成树中有最小的权，则称 T_0 是 G 的**最小生成树**. 这个问题也具有明显的实际背景，例如，设图 G 中的结点表示一些城市，边表示城市之间的公路，边的权表示公路的长度. 如果用通信线路把这些城市联系起来，并且线路要求沿着道路架设，如何使得所用的线路最短呢？这个问题实质上就是求 G 的最小生成树的问题. 其他如水渠的布置，交通线路的规划，等等，都与这个问题有关.

下面介绍一种求最小生成树的算法.

算法 8-3 （克鲁斯克尔(Kruskal)算法）

设 $G=(V,E,f)$ 是一具有 n 个结点的连通有权图，构造 G 的最小生成树：

(1) 选取 G 中一条边 e_1，使 e_1 在 G 的所有边中有最小的权. 令 $G_1=(V,S_1)$，$S_1=\{e_1\}$，置 i 为 1；

(2) 若已选好 $S_i=\{e_1,e_2,\cdots,e_i\}$，从 $E-S_i$ 中选一条边 e_{i+1} 使其满足下列条件：

① $S_i \cup \{e_{i+1}\}$ 中不含有环；

② 在 $E-S_i$ 的满足 ① 的所有边中，e_{i+1} 有最小的权.

若满足上述条件的边 e_{i+1} 不存在,则 $G_i=(V,S_i)$ 就是最小生成树.否则令 $S_{i+1}=S_i \bigcup \{e_{i+1}\}, G_{i+1}=(V,S_{i+1})$;

(3) i 增加1,并返回到第(2)步.

例如,在图 8-42(a) 所给出的图 G 中,逐次取边 $\{v_4,v_5\}, \{v_1,v_8\}, \{v_5,v_7\}, \{v_6, v_7\}, \{v_2,v_7\}, \{v_7,v_8\}, \{v_2,v_3\}$,构成如图 8-42(b) 所示的最小生成树.

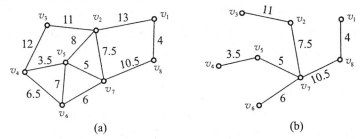

图 8-42

定理 8-16 算法 8-3 给出的 $G_r=(V,S_r=\{e_1,e_2,\cdots,e_r\})$ 是 G 的最小生成树.

证明 由算法停止的条件可知,G_r 是 G 的一棵生成树,设 $T_0=(V,E(T_0))$ 是 G 的一棵最小生成树,下面将证明 G_r 和 T_0 具有相同的权.

因为 G 的结点数为 n,所以 G_r 与 T_0 都有 $n-1$ 条边.若 $S_r=E(T_0)$,则 G_r 显然就是最小生成树;若 $S_r \neq E(T_0)$,则必存在一条边 $e_i \in S_r$,使得 $e_i \notin E(T_0)$.但 $e_1, e_2,\cdots,e_{i-1}$ 都在 $E(T_0)$ 中,将 e_i 添加到 T_0 中,由定理 8-13,必产生一个唯一的环 C.因为 G_r 是树,所以环 C 中至少存在一条边 e' 不在 S_r 中,在树 T_0 中添加 e_i 而删去 e',令得到的新树为 T',则

$$W(T')=W(T_0)+f(e_i)-f(e')$$

因为 T_0 是最小生成树,所以有 $W(T') \geqslant W(T_0)$,因而 $f(e_i)-f(e') \geqslant 0$,即 $f(e_i) \geqslant f(e')$.由于 $e_1,e_2,\cdots,e_{i-1}$ 都有 $E(T_0)$ 中,它们与 e' 不构成环,因此,若是 $f(e_i) > f(e')$,则与 e_i 的选取方法矛盾,于是 $f(e_i)=f(e')$,故 T' 也是一棵最小生成树.

反复使用上述的转换,树 T_0 可以转换成 G_r,而权没有任何增加,故 G_r 是一棵最小生成树.

8.6 有 向 树

无向图中许多概念和性质,只要略加修改都可以推广到**有向图**.关于这些,将在 8.9 节中详细介绍.本节先介绍**有向树**的概念.

首先,类似于无向图可以定义有向图中的路.有向图 G 中 l 条边的序列 (v_{i_0},v_{i_1}), $(v_{i_1},v_{i_2}),(v_{i_2},v_{i_3}),\cdots,(v_{i_{l-1}},v_{i_l})$ 称为连接 v_{i_0} 到 v_{i_l} 的长度为 l 的**有向路**(或简称为从 v_{i_0} 到 v_{i_l} 的路).它可表示为 $(v_{i_0},v_{i_1})(v_{i_1},v_{i_2})\cdots(v_{i_{l-1}},v_{i_l})$ 或简单地表示为

$v_{i_0} v_{i_1} \cdots v_{i_{l-1}} v_{i_l}$. 若在无向图的开路、回路、真路和环的定义中,将"路"改为"有向路", 就得到相应于有向图的这些术语的定义.

例如,在图 8-43 所显示的有向图中, $v_1 v_2 v_3 v_4$ 是一条从 v_1 到 v_4 的长为 3 的开路,也是一条真路. $v_2 v_4 v_1 v_2 v_3$ 和 $v_1 v_2 v_3 v_1 v_2 v_4$ 是开路,但都不是真路. $v_1 v_2 v_3 v_2 v_4 v_1$ 是一条长为 5 的回路,但不是环. $v_1 v_2 v_3 v_4 v_1$ 是一个环.

在有向图中,结点 v_i 和 v_j 分别称为边 (v_i, v_j) 的**始点**和**终点**. 对于任何结点 v,以 v 为始点的边的条数称为结点 v 的**出度**,以 v 为终点的边的条数称为结点 v 的**入度**. v 的入度和出度之和称为结点 v 的度,并记作 $\deg(v)$. 例如,图 8-43 中结点 v_3 的出度是 3,入度是 1. 结点 v_1 的出度是 1,入度是 2.

定义 8-22 一个不包含环的有向图 G,若它只有一个结点 v_0 的入度是 0, 而所有其他结点的入度都等于 1,则称 G 为**有向树**. 结点 v_0 称为树的**根**.

每一棵有向树至少有一个结点. 一个孤立点也是一棵有向树.

在有向树中出度为 0 的结点称为**终点**或**树叶**,不是树叶的所有其他结点称为**分枝结点**. 不难证明,在有向树中对任一结点 $v_i \in V$,必存在唯一的一条从根 v_0 到 v_i 的真路,从 v_0 到结点 v_i 的距离称为结点 v_i 的**级**. 当然,根的级是 0.

当用图解法表示有向树时,由于根 v_0 的入度为 0,因此,没有边进入 v_0,与 v_0 相关联的边都是从 v_0 发出的,这些从 v_0 发出的边分别进入到 1 级结点,由于 1 级结点的入度是 1,故它们不可能再从其他结点进入新的边. 因此,若还有边与 1 级结点相关联,必是从这些 1 级结点发出的. 1 级结点发出的边分别进入到 2 级结点. 如此下去,可得有向树必为图 8-44(a) 所示的样子.

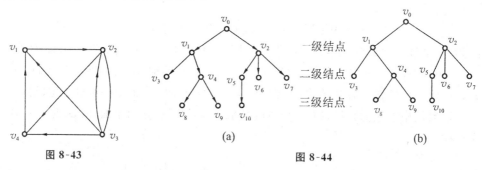

图 8-43   图 8-44

为方便计,将树的根画在图的上部,叶画在下部. 这是文献中普遍使用的方法,而不用树的自然生长表示法. 由于所有的箭头都是朝下的,因此常省略边的箭头. 例如,图 8-44(a) 可用图 8-44(b) 所示的方式来表示.

在一有向树中,如果从 v_i 到 v_j 有一条边,则称结点 v_j 是 v_i 的**儿子**,或称 v_i 是 v_j 的**父亲**. 若结点 v_j 和 v_k 是同一结点的儿子,则称 v_j 和 v_k 是**兄弟**. 若从 v_i 到 v_j 有一条有向路,则称结点 v_j 是结点 v_i 的**子孙**,或称 v_i 是 v_j 的**祖先**. 这说明通常的家庭关系可以用一棵有向树来表示.

在有向树 T 中，由结点 v 和它的所有子孙所构成的结点子集 V' 以及从 v 出发的所有有向路中的边所构成的边集 E' 组成 T 的子图 $T' = (V', E')$，称为是以 v 为根的**子树**。v 的子树是以 v 的儿子为根的子树。例如，图 8-44(a) 中 v_0 有两棵子树，它们的结点集分别是 $\{v_1, v_3, v_4, v_8, v_9\}$ 和 $\{v_2, v_5, v_6, v_7, v_{10}\}$。这两棵子树的根分别是 v_1 和 v_2，结点 v_2 有三棵子树，它们的根分别是 v_5, v_6, v_7。

一棵树中结点的最大级数称为该树的高度。例如，图 8-44(a) 是一棵高度为 3 的有向树。

定义 8-23　在一有向树中，若每一个结点的出度都小于或等于 m，则称这树为 **m 元树**。若每一个结点的出度都等于 m 或 0，则称这树为**完全 m 元树**。

特别，当 $m = 2$ 时，就得到**二元树**和**完全二元树**。二元树的每个结点 v 至多有两棵子树，分别称为 v 的**左子树**和**右子树**。若 v 仅有一棵子树，则可称它为 v 的左子树或右子树。在图解中，左子树画在 v 的左下方，右子树画在 v 的右下方。图 8-45 给出了三棵二元树，其中(b) 和 (c) 所示的是完全二元树。

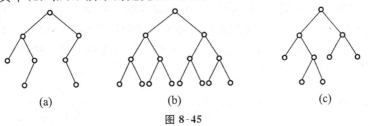

图 8-45

显然，一棵二元树第 i 级的最大结点数是 2^i，高度为 h 的二元树的最大结点数为 $2^{h+1} - 1$。

在一棵完全二元树中，若所有的树叶结点都是同一级的结点，则称该完全二元树为**满二元树**。显然，对于相同的高度 h，满二元树具有最大的结点数。

在计算机科学中有着广泛应用的是二元树，可以用二元树唯一地表示每一棵树。这样，对于树的计算机表示，只要考察相应的二元树的表示就可以了。下面介绍用二元树 T' 来表示任一有向树 T，且保持 T 中每一结点的子树的有序性的一种方法：设 T 中结点 v_i 的 r 棵子树有根 $v_{i1}, v_{i2}, \cdots, v_{ir}$，其顺序自左向右，则在 T' 中 v_{i1} 是 v_i 的左儿子，v_{i2} 是 v_{i1} 的右儿子，v_{i3} 是 v_{i2} 的右儿子，$\cdots$，v_{ir} 是 v_{ir-1} 的右儿子。例如，图 8-46 给出了这种方法的一个实例。

可看出 T' 中构成子树"左边界"的路（如 $v_0 v_1 v_4$ 或 $v_3 v_6 v_8$）是 T 中一相似的边界。T' 中构成子树的"右边界"的路（如 $v_1 v_2 v_3$ 或 $v_8 v_9 v_{10}$）是 T 中同一结点的儿子集（如 v_1、v_2 和 v_3 都是 v_0 的儿子）。于是由 T 的二元树表示 T' 重新构造其原树 T 就只是一件简单的事情了。

注意到用二元树表示任一有向树时，根结点总是没有右子树，于是将这种表示方法稍加推广可将任一树林也表示成二元树。

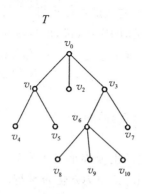
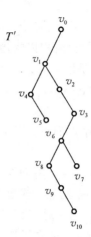

图 8-46

例如,图 8-47 给出了由三棵有向树组成的一个树林 T,转换成二元树时,先用上述方法将第一棵有向树转换成二元树 T'(如图 8-48 所示),然后,将第二棵有向树的根结点 V_7 作为 v_1 的右儿子,添加到 T' 中,将第三棵有向树的根结点 v_{14} 作为 v_7 的右儿子添加到 T' 中,再重复上述方法分别将第二棵和第三棵有向树也转换成二元树,最后得到二元树 T''(如图 8-49 所示). 在二元树 T'' 中,树林 T 的三棵有向树按照从左到右的次序依次挂在 v_1 的下面.

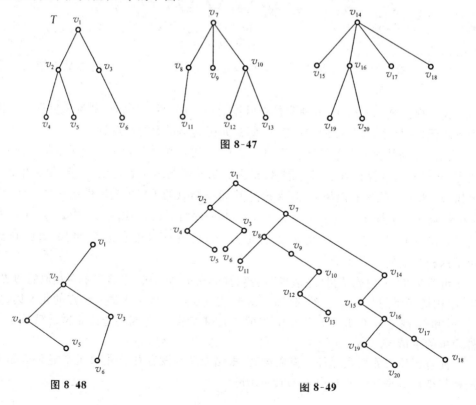

图 8-48   图 8-49

在计算机应用中常出现的一个问题是,如何有顺序地通过一棵二元树,使得每一结点恰好被访问一次.下面给出实现这一任务的几种最常见的算法(所有算法均是递归地描述).

1. 先根通过

(1) 访问根;(2) 在根的左子树上执行先根通过;(3) 在根的右子树上执行先根通过.

2. 中根通过

(1) 在根的左子树上执行中根通过;(2) 访问根;(3) 在根的右子树上执行中根通过.

3. 后根通过

(1) 在根的左子树上执行后根通过;(2) 在根的右子树上执行后根通过;(3) 访问根.

例如,运用这三种方法通过图 8-50 所示之树的结点的顺序分别如下:

先根:$v_0\ v_1\ v_3\ v_4\ v_6\ v_2\ v_5\ v_7\ v_8\ v_9$

中根:$v_3\ v_1\ v_6\ v_4\ v_0\ v_5\ v_8\ v_7\ v_9\ v_2$

后根:$v_3\ v_6\ v_4\ v_1\ v_8\ v_9\ v_7\ v_5\ v_2\ v_0$

在计算机的应用中,常涉及有向树中的一些数量关系.

在有向树中,树叶结点称为**外部结点**,分枝结点称为**内部结点**,由根到所有外部结点的距离之和称为**外部路径长度**,由根到所有内部结点的距离之和称为**内部路径长度**,由根到所有结点的距离之和称为**树的路径长度**.它们之间的关系由下面的定理给出.

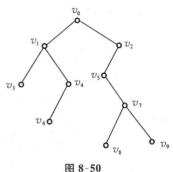

图 8-50

定理 8-17 设 T 是一棵完全二元树(T 不为孤立结点)有 r 个内部结点,内部路径长度为 I,外部路径长度为 E,则 $E = I + 2r$.

证明 令根到 r 个内部结点的距离分别为 $k_1, k_2, \cdots, k_r$,则内部路径长度 $I = k_1 + k_2 + \cdots + k_r$.根据完全二元树的定义,每一个内部结点都有两个儿子,而 T 中除根以外,每一结点都必为某一内部结点的儿子.因此,树 T 的路径长度

$$H = 2(k_1 + 1) + 2(k_2 + 1) + \cdots + 2(k_r + 1).$$

于是外部路径长度

$$E = H - I = 2(k_1 + 1) + 2(k_2 + 1) + \cdots + 2(k_r + 1) - (k_1 + k_2 + \cdots + k_r)$$
$$= I + 2r. 证毕.$$

在有向树中,$m = n - 1$ 的关系显然仍是成立的.因为在有向树中,除根结点的入度为 0 外,其他结点的入度均为 1,所以边数 m 恰好比结点数少 1.

定理 8-18 设 T 是一棵二元树，有 n_0 个叶结点，n_2 个出度为 2 的结点，则 $n_2 = n_0 - 1$.

证明 设 T 的结点数为 n，出度为 1 的结点数为 n_1，则
$$n = n_0 + n_1 + n_2$$
又因为边数 $m = n - 1 = 2n_2 + n_1$，因此
$$2n_2 + n_1 = n_0 + n_1 + n_2 - 1$$
即
$$n_2 = n_0 - 1$$

定理 8-19 设 T 是一棵完全二元树，有 n 个结点，n_0 个叶结点，则 $n = 2n_0 - 1$.

证明 设 T 有 n_2 个出度为 2 的结点，则
$$n = n_2 + n_0$$
又由定理 8-18 知，$n_2 = n_0 - 1$，因此
$$n = (n_0 - 1) + n_0$$
即
$$n = 2n_0 - 1$$

由此可知，完全二元树有奇数个结点.

定理 8-20 设 T 是一棵完全 m 元树，有 n_0 个叶结点，t 个分枝结点，则 $(m-1)t = n_0 - 1$.

证明 由完全 m 元树的定义，T 的边数 $r = mt$，结点数 $n = n_0 + t$，于是 $mt = n_0 + t - 1$，即 $(m-1)t = n_0 - 1$.

定义 8-24 在有向树中，若规定了每一级上结点的次序，则这样的有向树称为**有序树**.

一般地，在画出的有序树中，规定同一级结点的次序为从左到右.

例如，图 8-51(a) 和 (b) 是两棵不同的有序树.

从图 8-52 可以看到一个句子的结构如何用一棵有序树来表示.

作为另一个例子，可以看到一个算术表达式怎样表示成一棵有序树. 例如，算术表达式 $((a+b*c)*d-e)/(f+g)+h*i*j$ 能表示成图 8-53. 在这里，被操作数出

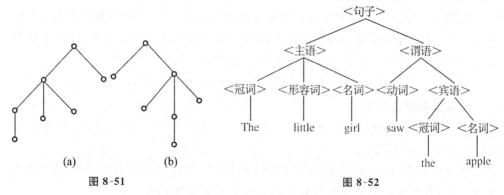

图 8-51　　　　　　　　　　图 8-52

现在树叶的位置上,操作符出现在分枝点的位置上. 当用一棵二元树来表示一个算术表达式时,就不再需要括号.

在远距离的通信中,人们常用数字 0 和 1 组成的序列来表示英文字母. 因为字母表中的 26 个英文字母必须用不同的序列来表示,所以需要用长度至少为 5 的序列来表示每一个字母($2^4 < 26 < 2^5$). 但是字母表中字母出现的频率并不是均匀的,例如,e 和 t 出现的频率最高,而 q、x 和 z 则用得十分稀少. 于是人们希望用较短的序列来表示使用频繁的字母,用较长的序列来表示用得稀少的字母,以缩短信息序列的总长度. 但是,当我们用不同长度的序列来表示字母时,接收端的人如何能将一长串的 0 和 1 准确无误地分割成和字母相对应的序列呢?例如,用 00 表示字母 e,用 01 表示字母 t,用 0001 表示字母 x,那么当接收端收到信息串 0001 时,他将无法判定传送的内容是 et 还是 x,对此问题可以用完全二元树来解决.

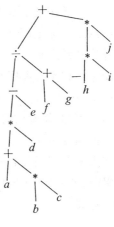

图 8-53

定义 8-25 在一个序列的集合中,如果没有一个序列是另一个序列的前缀,则称该序列的集合为前缀码.

例如,集合 {000,001,01,10,11} 是前缀码,而集合 {1,00,01,000,0001} 就不是前缀码,因为序列 000 是序列 0001 的前缀,序列 00 是 000 和 0001 的前缀.

如果用前缀码中的序列来表示字母表中的字母,那么就可以将接收到的信息串准确无误地分割成原始信息中的字母序列.

设 T 是一棵完全二元树,从每一个分枝结点引出两条边,将左侧的边标记为 0,右侧的边标记为 1,将从根到每一结点的有向路上所经过的各条边的标记,按照它们在这条路上出现的先后次序组成的序列作为这一结点的标记,那么在任意一棵二元树中,树叶结点的标记所组成的集合必是一个前缀码. 这是因为,从根到树叶结点的有向路上所经过的各个结点的标记组成了该树叶结点的标记的所有前缀,而这条有向路上所经过的结点都是分枝结点. 因此,任何一个树叶结点的标记不会是其他树叶结点的前缀.

例如,在图 8-54 中所有树叶结点的标记集合 {000,001,01,10,11} 是一前缀码.

反之,对于任意给定的一个前缀码必存在一棵二元树,使得这棵二元树的所有树叶结点的标记组成这个前缀码. 对于给定的前缀码,这棵二元树的构造方法如下,设 h 是这个前缀

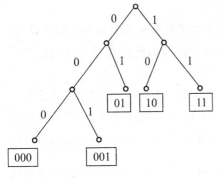

图 8-54

码中最长序列的长度,构造一棵高度为 h 的满二元树,按照前面所述的方法,对边和结点进行标记. 显然,对于前缀码中的每一个序列在树中恰好有一个结点与它对应,设这些结点是 $v_{i_1}, v_{i_2}, \cdots, v_{i_r}$,将树中这些结点的子孙及与这些子孙相关联的边删去,删去标记不与前缀码中序列相对应的树叶结点及其相关联的边,使剩下的二元树只以 $v_{i_1}, v_{i_2}, \cdots, v_{i_r}$ 为树叶结点,则树中所有树叶结点便对应于给定的前缀码.

例如,设有前缀码 $\{000,100,01,11\}$,为了用一棵二元树来表示这一前缀码,构造一棵高度为 3 的满二元树 T,找出标记分别为 $000,100,01,11$ 的结点,删去其他树叶结点及与其相关联的边,使剩下的树 T' 只有上述四个树叶结点,则树 T' 就是一与前缀码 $\{000,100,01,11\}$ 相对应的二元树(参见图 8-55). 由于前缀码与二元树的一一对应关系,因此,可以利用二元树对接收到的信息进行译码.

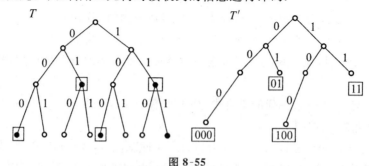

图 8-55

设某项通信中,所使用的全部字符是 26 个英文字母,当用 0 和 1 的序列表示这些英文字母时,这些序列的集合成为一个前缀码. 构造出与该前缀码相对应的二元树,于是当接收端接收到信息时,从这棵二元树的树根开始,根据信息中的数字是 0 或 1 沿着左侧的边或右侧的边往下走. 当走到一个分枝结点时,根据信息中的下一个数字重复上述过程,在一直走到一片树叶结点时,前缀码中的一个序列就被检测出来了,然后回到树根,重复上述过程继续检测下一个的序列.

例如,设有二进制序列 000100100011101000010001,根据图 8-55 中二元树 T' 可将其译为 000 100 100 01 11 01 000 100 01.

用较短的序列表示使用频率高的字母,用较长的序列表示使用频率低的字母,这可以缩短信息序列的总长度. 那么,根据各个字母的频率,如何选取相应序列的长度才能使所传送的信息的总长度达到最短呢?

例如,英文字母表中的字母在每 1 000 个字母的英文文章中,出现的平均次数,a 是 82 次,b 是 14 次,c 是 28 次,$\cdots$,e 是 131 次,$\cdots$,y 是 20 次,z 是 1 次. 如果用长度为 l_i 的序列表示字母表中第 i 个字母,那么用来表示具有 1 000 个字母的英文信息序列的平均长度将为 $\sum_{i=1}^{26} W_i l_i$,这里 W_i 表示第 i 个字母在每 1 000 个字母中出现的平均次数,那么上述问题就是在 $W_i(i=1,2,\cdots,26)$ 给定的情形下,如何选取 $l_i(i=1,2,\cdots,26)$ 以使得 $\sum_{i=1}^{26}W_il_i$ 的值最小.

下面将这个问题一般化,并利用二元树来对它进行讨论.

给定一组权 $W_1,W_2,\cdots,W_t$,不失一般性,可假设 $W_1\leqslant W_2\leqslant\cdots\leqslant W_t$,如果一棵二元树的 t 片树叶分别带权 $W_1,W_2,\cdots,W_t$,那么称这棵二元树为**带权 $W_1,W_2,\cdots,W_t$ 的二元树**.并定义这棵二元树 T 的权 $W(T)$ 为

$$W(T)=\sum_{i=1}^{t}W_il(v_{W_i})$$

这里,$l(v_{W_i})$ 是从根到带权为 W_i 的树叶结点 v_{W_i} 的有向路的长度.

一棵带权 $W_1,W_2,\cdots,W_t$ 的二元树,如果在所有带权 $W_1,W_2,\cdots,W_t$ 的二元树中具有最小的权,则称它为**最优树**.

定理 8-21 设 T 是带权 $W_1\leqslant W_2\leqslant\cdots\leqslant W_t$ 的最优树,则
(1) T 是一棵完全二元树;
(2) 以树叶 v_{W_1} 为儿子结点的分枝点与根的距离最远;
(3) 存在一棵带权 $W_1,W_2,\cdots,W_t$ 的最优树,使带权 W_1 和 W_2 的树叶结点是兄弟.

证明 (1) 假设 T 不是一棵完全二元树,则在 T 中至少有一个结点 v,它只有一个儿子结点,设为 v_i. 若 v_i 是带权 W_i 的树叶结点,则可在树 T 中去掉结点 v_i,使结点 v 成为带权 W_i 的树叶结点,从而得到一棵权更小的二元树,这与 T 是最优树矛盾. 若 v_i 是分枝结点,则 v_i 的子孙中,必有一个是树叶结点,设为 v_j,所带权为 W_j,则可在 T 中将结点 v_i 去掉,添加 v_j 成为 v 的另一个儿子,从而得到一棵权更小的二元树,这与 T 是最优树矛盾. 由上可知,T 必是一棵完全二元树.

(2) 设 v 是 T 中与根距离最远的分枝结点,其儿子结点的权分别为 W_x 和 W_y.

若 $W_x=W_1$ 或 $W_y=W_1$,则结论成立.

若 $l(v_{W_x})=l(v_{W_1})$,则结论也成立.

若 $W_x>W_1, W_y>W_1$,且 $l(v_{W_x})>l(v_{W_1})$,在 T 中将 W_x 与 W_1 对换,设得到的树为 T',则

$$W(T')-W(T)=(W_1l(v_{W_x})+W_xl(v_{W_1}))-(W_1l(v_{W_1})+W_xl(v_{W_x}))$$
$$=W_1(l(v_{W_x})-l(v_{W_1}))+W_x(l(v_{W_1})-l(v_{W_x}))$$
$$=(l(v_{W_1})-l(v_{W_x}))\cdot(W_x-W_1)<0$$

即 $W(T')<W(T)$,这与 T 是最优树矛盾,故有

$$l(v_{W_x})=l(v_{W_1}).$$

(3) 若 T 中带权 W_1 的结点 v_{W_1} 的兄弟 v_{W_y} 的权 $W_y=W_2$,则结论成立. 若 $W_y\neq W_2$,则必有 $W_y>W_2$. 若 $l(v_{W_y})>l(v_{W_2})$,则将 W_y 与 W_2 对换,必将得到一棵权更小的二元树,这与 T 是最优树矛盾. 因此,$l(v_{W_y})=l(v_{W_2})$,将 W_y 与 W_2 对换,设所得的

树为 T'，则 $W(T) = W(T')$，即 T' 也是一棵最优树，且使得 v_{W_1} 与 v_{W_2} 是兄弟。

定理 8-22 设 T 是带权 $W_1 \leqslant W_2 \leqslant \cdots \leqslant W_t$ 的最优树，带权 W_x 和 W_y 的两片树叶 v_{W_x} 和 v_{W_y} 是兄弟。在 T 中用一片树叶代替由 v_{W_x}、v_{W_y} 和它们的父亲所组成的子图，并对这片树叶赋权 $W_x + W_y$，设得到的树为 T'，则 T' 是带权 $W_{i1}, W_{i2}, \cdots, W_x + W_y, \cdots, W_{it-2}$ 的最优树（其中，$W_{ij} \in \{W_1, W_2, \cdots, W_t\} - \{W_x, W_y\}, j = 1, 2, \cdots, t-2$）。

证明 根据题设，有
$$W(T) = W(T') + W_x + W_y$$
假设 T' 不是最优树，则必有另一棵带权 $W_{i1}, W_{i2}, \cdots, W_x + W_y, \cdots, W_{it-2}$ 的最优树 T''。将 T'' 中带权 $W_x + W_y$ 的结点 $v_{W_x + W_y}$ 改为分枝结点，给其两个儿子分别赋权 W_x 和 W_y，设得到的树为 $\hat{T}$，则
$$W(\hat{T}) = W(T'') + W_x + W_y$$
因为 T' 不是最优树，所以 $W(T'') < W(T')$，于是
$$W(\hat{T}) < W(T)$$
这与 T 是最优树相矛盾，因此 T' 是带权 $W_{i1}, W_{i2}, \cdots, W_x + W_y, \cdots, W_{it-2}$ 的最优树。证毕。

由上述定理可知，画一棵带有 t 个权的最优树可以简化为画一棵带 $t-1$ 个权的最优树，而这又可简化为画一棵带 $t-2$ 个权的最优树，$\cdots$，依此类推，最后简化为画一棵带 2 个权的最优树。

例 试构造一棵带权 $2, 3, 5, 7, 9, 13$ 的最优树。

设所要求的最优树为 T，则 T 的树叶结点带权如下：
$$T: 2, 3, 5, 7, 9, 13$$

根据定理 8-21，可使 v_2 和 v_3 两结点为兄弟，去掉 v_2 和 v_3 将其父结点改为带权 $2 + 3 = 5$ 的树叶结点，必得到带权 $5, 5, 7, 9, 13$ 的最优树 T_1，对 T_1 重复对 T 的操作必得到 $T_2, \cdots$，最后得到 T_4 是一带权 $16, 23$ 的最优树。每一棵树的权列在表 8-1 中。树 T_4 如图 8-56 所示。

表 8-1

$T:$	2	3	5	7	9	13
$T_1:$|		5,	5,	7,	9,	13
$T_2:$|			7,	9,	10,| 13
$T_3:$					10,	16,	13
$T_4:$|					16,| 23

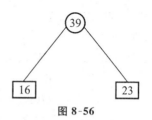

图 8-56

最优树可按图 8-57 所示的步骤进行构造。

最后一步所得到的便是带权 $2, 3, 5, 7, 9, 13$ 的一棵最优树。

将 26 个英文字母出现的平均次数 $W_1, W_2, \cdots, W_{26}$ 作为权，构造出一棵带有权 $W_1, W_2, \cdots, W_{26}$ 的最优树，即可解决 26 个英文字母的最优编码问题。

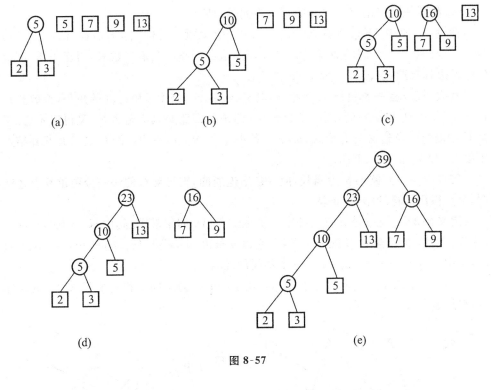

图 8-57

8.7 二部图

本节讨论另一种特殊类型的图.

定义 8-26 若一个图 G 的结点集 V 能分为两个子集 V_1 和 V_2,使得 $V_1 \bigcup V_2 = V$, $V_1 \bigcap V_2 = \emptyset$,且使 G 的每一条边 $\{V_i, V_j\}$ 的端点 $v_i \in V_1, v_j \in V_2$,则称图 G 是一个二部图,其子集 V_1 和 V_2 称为 G 的互补结点子集.

如果 V_1 中的每一个结点与 V_2 的每一个结点都相邻接,则称 G 为完全二部图.若 $\# V_1 = m$, $\# V_2 = n$,则完全二部图记作 $K_{m,n}$.

图 8-58 给出了一个具有 7 个结点的二部图,它的互补结点子集是 $V_1 = \{v_1, v_2, v_3, v_4\}$ 和 $V_2 = \{v_5, v_6, v_7\}$.

定理 8-23 图 G 为二部图的充要条件是它的所有回路均为偶数长.

证明 设 G 是一个二部图,则它的结点集 V 能分为两个子集 V_1 和 V_2,并且若 $\{v_i, v_j\}$ 为其边,则 $v_i \in V_1, v_j \in V_2$. 令 $v_{i_0} v_{i_1} v_{i_2} \cdots v_{i_{l-1}} v_{i_0}$ 为 G 中任一长度为 l 的回路. 不失一般性,设 $v_{i_0} \in V_1$,于是 $v_{i_2}, v_{i_4}, v_{i_6}, \cdots \in V_1, v_{i_1}, v_{i_3}, v_{i_5}, \cdots \in V_2$,因而 $l-1$ 为奇数,即 l 必为偶数.

反之,设 G 中每一回路的长度均为偶数,并设 G 是连通的. 定义 V 的子集 $V_1 = $

$\{v_i \mid v_i$ 和某一固定结点 v 之间的距离为偶数$\}$,$V_2 = V - V_1$.

假设有一条边 $\{v_i, v_j\}$ 存在,其 $v_i, v_j \in V_1$,则由 v 和 v_i 间的短程(偶数长),边 $\{v_i, v_j\}$ 及 v_j 和 v 之间的短程(偶数长)所组成的回路必具有奇数长,得出矛盾. 因此 G 中无边具有形式 $\{v_i, v_j\}$,而 $v_i, v_j \in V_1$.

其次,假设有一条边 $\{v_i, v_j\}$ 存在,其 $v_i, v_j \in V_2$,则由 v 和 v_i 间的短程(奇数长),边 $\{v_i, v_j\}$ 及 v_j 和 v 间的短程(奇数长)所组成的回路必具有奇数长. 又得出矛盾. 于是 G 中的每一条边必具有形式 $\{v_i, v_j\}$,其中 $v_i \in V_1, v_j \in V_2$,即 G 是具有互补结点子集 V_1 和 V_2 的一二部图.

若 G 中每一回路的长为偶数,但 G 是不连通的,则可对 G 的每一分图重复上述证明,最后得出同样的结论. 证毕.

定义 8-27 设 G 是具有互补结点子集 V_1 和 V_2 的二部图,其中 $V_1 = \{v_1, v_2, \cdots, v_q\}$. V_1 对 V_2 的**匹配**是 G 的一个子图,它由 q 条边 $\{v_1, v'_1\}, \{v_2, v'_2\}, \cdots, \{v_q, v'_q\}$ 组成,其中 $v'_1, v'_2, \cdots, v'_q$ 是 V_2 中 q 个不同的元素.

图 8-59 给出了一个具有互补结点子集 V_1 和 V_2 的二部图和一个 V_1 对 V_2 的匹配(用粗线表示).

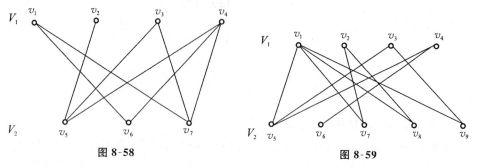

图 8-58　　　　　　　　　　图 8-59

有不少实际问题可以化为在一个二部图中求匹配的问题,例如,有 m 个人和 n 件工作,每个人都只熟悉这 n 件工作中的某几件,每一件工作都需要一个人干,那么能不能将这 n 件工作都分配给熟悉它的人干呢?用一个二部图来表示这个问题,V_1 中的结点代表人,V_2 中的结点代表工作,当且仅当 $u \in V_1$ 熟悉工作 $v \in V_2$ 时,图中有边 $\{u, v\}$. 因此,我们的问题就是问:能否在此二部图中找到一个 V_2 对 V_1 的匹配.

显然,并不是所有的二部图都有匹配. 一个二部图存在 V_1 对 V_2 的匹配的一个必要条件是 $\# V_2 \geqslant \# V_1$. 但这个条件并不是充分的,图 8-60 中的二部图就是一个例子.

定理 8-24 设 G 是具有互补结点子集 V_1 和 V_2 的一个二部图,则 G 中存在一 V_1 对 V_2 的匹配的充要条件是:V_1 中每 k 个结点($k = 1, 2, \cdots, \# V_1$)至少和 V_2 中 k 个结点相连

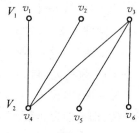

图 8-60

接(该条件称为相异性条件).

证明 令 $\#V_1=q$,若 G 中存在一 V_1 对 V_2 的匹配,则 V_1 的 q 个结点分别和 V_2 中 q 个相异的结点相连接,因此相异性条件显然成立.

反之,设 G 满足相异性条件,下面将证明(对 V_1 的结点个数进行归纳),一个 V_1 对 V_2 的匹配能被构造出来.

当 $\#V_1=1$ 和 $\#V_1=2$ 时,若相异性条件满足,则一 V_1 对 V_2 的匹配是显然存在的.

设对于 $\#V_1=1,2,\cdots,q-1$,任何具有互补结点子集 V_1 和 V_2 的二部图,当相异性条件满足时,存在一个 V_1 对 V_2 的匹配,又设图 G 满足相异性条件,且 $\#V_1=q$.

(1) 若 V_1 中每 k 个结点($k=1,2,\cdots,q-1$)和 V_2 中多于 k 个结点相连接,则一 V_1 对 V_2 的匹配能如下法构造,指定任一边 $\{v_i,v_j\}$(其中 $v_i\in V_1, v_j\in V_2$)给匹配.显然,在具有互补结点子集 $V_1-\{v_i\}$ 和 $V_2-\{v_j\}$ 的二部图中,相异性条件仍然满足.因此,根据归纳假设,一匹配能被构造出来.该匹配和 $\{v_i,v_j\}$ 一起即是所要寻找的 V_1 对 V_2 的匹配.

(2) 若存在某正整数 $k_0\leqslant q-1$,使得具有 k_0 个结点的一集合 $U_1\subset V_1$,其中的结点和 $U_2\subset V_2$ 中的恰好 k_0 个结点相连接.在此情况下,一 V_1 对 V_2 的匹配能如下法构造,首先,由于 U_1 中 k_0 个结点只与 U_2 中的结点相连接,且由已知图 G 满足相异性条件,因此,在具有互补结点子集 U_1 和 U_2 的二部图中,相异性条件满足.由归纳假设一 U_1 对 U_2 的匹配能被构造出来.现假设具有互补结点子集 $U'_1=V_1-U_1$(其中 $\#U'_1=q-k_0$)和 $U'_2=V_2-U_2$ 的二部图不满足相异性条件,即有某 $k\leqslant q-k_0$ 存在,使得某一 k 结点集 $U''_1\subseteq U'_1$,其中的结点仅和 U'_2 中 $k'<k$ 个结点相连接.于是,集合 $U_1\cup U''_1$ 是 V_1 中具有 k_0+k 个结点的一个子集,这些结点和 V_2 中 $k_0+k'<k_0+k$ 个结点相连接,这和 G 满足相异性条件相矛盾.因而,具有互补结点子集 U'_1 和 U'_2 的二部图必满足相异性条件.因此,能构造出一个 U'_1 对 U'_2 的匹配.由于 $V_1=U_1\cup U'_1, V_2=U_2\cup U'_2$,这就完成了一 V_1 对 V_2 的匹配的构造.证毕.

下一定理给出了一个二部图存在匹配的一个充分条件,但不是必要的.该条件对任意给出的二部图能极容易地进行检验,因而在考察较为复杂的相异性条件之前,可首先考察这个充分条件.

定理 8-25 设 G 是一具有互补结点子集 V_1 和 V_2 的二部图,则 G 具有 V_1 对 V_2 的匹配的充分条件是,存在某一整数 $t>0$,使

(1) 对 V_1 中的每个结点,至少有 t 条边与其相关联;

(2) 对 V_2 中的每个结点,至多有 t 条边与其相关联.

证明 若(1)成立,则关联于 V_1 中具有 k 个结点($k=1,2,\cdots,\#V_1$)的任意子集的边的总数至少为 kt.由(2),这些边至少必须关联于 V_2 中 k 个结点.于是 V_1 中的每 k 个结点($k=1,2,\cdots,\#V_1$)至少和 V_2 中的 k 个结点相连接.由定理 8-24 可知 G

有 V_1 对 V_2 的匹配. 证毕.

例如,图 8-61 的二部图满足定理 8-25 的条件 (1) 和 (2),其中 $t=3$. 因此有匹配.

定理 8-25 在实际生活中可与这样一个问题相联系,即"确定委员会主席的职位问题". 如图 8-61 中 v_1、v_2、v_3 可看做是三个委员会,因此 $V_1 = \{v_1, v_2, v_3\}$ 是三个委员会的集合,V_2 中与 $v_i (i=1,2,3)$ 相连接的结点可看做是该委员会的委员. 现要为这三个委员会挑选 3 个主席,使得 v_i 的主席必须是 v_i 的委员,且不允许一个人兼任一个以上委员会的主席. 这实际上就是寻找一个从委员会的集合 V_1 到所有委员会的委员的并集 V_2 的一个匹配. 按照定理 8-25,如果存在一整数 $t > 0$,使得每个委员会至少有 t 个委员,而每个人至多只能是 t 个委员会的委员,则委员会的主席职位问题是可以解决的.

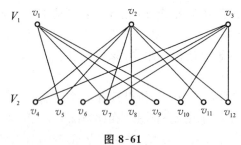

图 8-61

8.8 平 面 图

我们常将图用平面上的一个图解来表示,可以发现,将图画在平面上时允许边在结点之外的其他点相交将是方便的,有时甚至是必要的. 我们称相交的边为**相互交叉的边**. 例如,图 8-62(a) 中边 $\{v_1, v_4\}$ 与 $\{v_2, v_3\}$ 交叉,边 $\{v_1, v_5\}$ 与 $\{v_2, v_3\}$、$\{v_3, v_4\}$ 分别交叉.

定义 8-28 若一个图 G 能画于平面上而边无任何交叉,则称图 G 为**平面图**,否则称图 G 为**非平面图**.

图 8-62(a) 是平面图,因为它能画成如图 8-62(b) 所示,没有任何交叉. 显然,当且仅当一个图的每个分图都是平面图时,这个图是平面图. 所以,在研究平面图的性质时,只要研究连通的平面图就可以了. 下面约定本节中所谈的图都是连通的.

设 G 是画于平面上的一图,$\sigma = v_1 \cdots v_2 \cdots v_3 \cdots v_4 \cdots v_1$ 是 G 中的任一环. $\alpha = v_1 \cdots v_3$ 和 $\alpha' = v_2 \cdots v_4$ 是 G 中任二无公共结点的真路(参见图 8-63,它显示了各种可能的画法),可以看出,当且仅当 α 和 α' 两者都同在 σ 的内部或外部时,α 与 α' 交叉. 这一简单的事实对用观察法来证实一给出的图是非平面图时常是很有用的.

例如,一电路的组成如下,它有各包含三个结点的两个集合,其中一个集合的每一个结点将用导线和另一个集合的所有结点相连接(参见图 8-64(a)),问是否可以

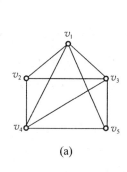
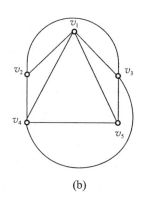

图 8-62

安置电路使导线互不交叉(避免交叉对"印刷电路"来说是有实际意义的)?显然,这个问题等价于判定图 8-64(a)所示之图是否是一个平面图. 注意到图中有一环 $\sigma = v_1 v_6 v_3 v_5 v_2 v_4 v_1$ 和边 $\{v_1,v_5\}, \{v_6,v_2\}$ 及 $\{v_3,v_4\}$, 这些边的每一条要么在 σ 内, 要么在 σ 外, 因此这三条边中至少有两条在 σ 的同一边, 因而这图是非平面图(参见图 8-64(b)), 故该电路无法安置为无交叉.

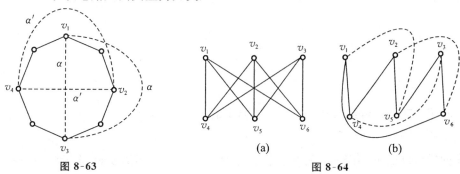

图 8-63　　　　　　　　　　　　　　图 8-64

设 G 是一个平面图, 图的边所包围的一个区域, 其内部既不含图的结点, 也不含图的边, 这样的区域称为 G 的一个**面**. 面的边界就是包围该面的各边所构成的回路. 如果面的面积是有限的, 则称该面为**有限面**, 如果面的面积是无限的, 则称该面为**无限面**. 对于每一个平面图, 恰有一个无限面. 若两个面的边界至少有一条公共边, 则称这两个面是**相邻的**; 否则称这两个面是**不相邻的**.

例如, 图 8-65 中, 面 F_1 与 F_2, F_2 与 F_3 是相邻的, 但 F_4 与 F_5 是不相邻的. 面 F_6 是无限面, 其他的面都是有限面.

定理 8-26　设 G 是一连通的平面图, 则有
$$n - m + k = 2 \tag{8-3}$$
这里 n、m、k 分别是图 G 的结点数、边数和面数(包括无限面). 式(8-3)称为对于平面图的欧拉公式.

证明　(对面数 k 进行归纳)

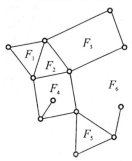

图 8-65

当 $k=1$ 时,G 中不含有环,故为一棵树。由定理 8-14 有 $m=n-1$,故有 $n-m+k=n-(n-1)+1=2$。定理成立。

设定理对有 $k-1$ 个面的所有连通的平面图成立,而 G 是有 k 个面的一个连通的平面图,$k\geqslant 2$,于是 G 至少有一个环。去掉 G 中一个环上的一条边 e,则 $G'=(V, E-\{e\})$ 是连通的,G' 有 $k-1$ 个面,$m-1$ 条边。由归纳假设 $n-(m-1)+(k-1)=2$,即 $n-m+k=2$,因此定理成立。

定理 8-27 在有两条或更多条边的任何连通的平面图 G 中,有
$$m\leqslant 3n-6$$

证明 当 $m=2$ 时,因为 G 是简单图,必无环,所以 $n=3$,上式成立。

当 $m>2$ 时,计算每一个面的边界中的边数,然后计算各个面的边界的边数的总和。因为 G 是简单图,所以每个面由三条或更多条边围成。按照这样计算,各面的总边数大于或等于 $3k$。另一方面,因为一条边至多在两个面的边界中,所以上述计算的总边数小于或等于 $2m$,因此有 $2m\geqslant 3k$,即 $\frac{2}{3}m\geqslant k$。根据欧拉公式,有

$$n-m+\frac{2}{3}m\geqslant 2 \tag{8-4}$$

或

$$m\leqslant 3n-6 \tag{8-5}$$

证毕。

利用上述结论,可以证明图 8-66 不是平面图。因为在这个图中,$n=5, m=10$,不满足式(8-5)中的不等式。

同样可以证明,图 8-67 也不是平面图(注意,图 8-67 和图 8-64 表示同一个图)。因为,如果这个图是平面图,又由这个图是二部图,可知每个面必由 4 条或更多条边围成。因此,式(8-4)中的不等式变为

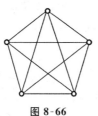

图 8-66   图 8-67

$$n-m+\frac{m}{2}\geqslant 2$$
$$m\leqslant 2n-4 \tag{8-6}$$

但图 8-67 中,$n=6, m=9$,并不满足式(8-6)中的不等式。

虽然欧拉公式有时可用来判定某一个图是非平面图,但在公式的这种应用中,对于包含较多的结点和边的图,这个证明将变得很复杂.下面叙述的库拉托斯基(Kuratowski)定理明确地给出了判定一个图是平面图的必要充分条件.

如果像图 8-68(a)那样,在图的边上插入一个新的度为 2 的结点,使一条边分成两条边,或者如图 8-68(b)所示.对于两条关联于一个度为 2 的结点的边,去掉这个结点,将两条边合并成一条边,图的平面性显然不受影响.由此可给出下面的定义,即如果两个图 G_1 和 G_2,它们是同构的,或者通过反复插入和删除度为 2 的结点,它们能变成同构的图,则称图 G_1 和 G_2 **在度为 2 的结点内同构**.例如,图 8-68(c)的两个图是在度为 2 的结点内同构的.

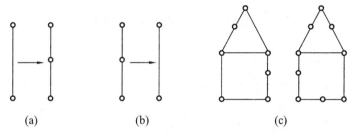

图 8-68

定理 8-28 (库拉托斯基定理) 一个图是平面图的必要充分条件是,它不包含任何在度为 2 的结点内和图 8-66 中的图或图 8-67 中的图同构的子图.

这个定理的证明虽然是基本的,但是很长,故省略[①].

构成一单个环的图称为**封闭折线**.一封闭折线图是一平面图,可归纳地定义如下.

〈基础〉一封闭折线是一封闭折线图.

〈归纳步〉设 $G=(V,E)$ 是一封闭折线图,又设 $\alpha = v_i v_{i_1} v_{i_2} \cdots v_{i_{l-1}} v_j$ 为不与 G 交叉的任一真路(长 $l \geqslant 1$).其中 $v_i, v_j \in V$,但 $v_{i_r} \notin V(r=1,2,\cdots,l-1)$,那么由 G 和 α 组成的图,即图 $(\overline{V},\overline{E})$,其中

$\overline{V} = V \bigcup \{v_{i_1}, v_{i_2}, \cdots, v_{i_{l-1}}\}$

$\overline{E} = E \bigcup \{\{v_i, v_{i_1}\}, \{v_{i_1}, v_{i_2}\}, \cdots, \{v_{i_{l-1}}, v_j\}\}$

也是一封闭折线图.

由封闭折线图的定义可知,它是一平面图(可能为多重图,因为长为 2 的环是允许的).图 8-69 是一封闭折线图的例.

给出一具有面 $F_1, F_2, \cdots, F_k$(包括无限面)的封闭

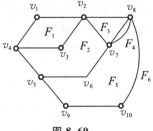

图 8-69

---

① 库拉托斯基定理的证明可参看:[法]C.贝尔热著,李修睦译,图的理论及其应用,上海:上海科学技术出版社,1963 年.

折线图 G. G 的**对偶图** $\widetilde{G}$ 是这样的图,它可由 G 按下法得到,即对 G 的任一面 F_i 指定一结点 f_i 给 $\widetilde{G}$,对 G 中 F_i 和 F_j 公共的每一条边,指定一边 $\{f_i,f_j\}$ 给 $\widetilde{G}$. 也就是画每一结点 f_i 于面 F_i 内,并用连接 f_i 和 f_j 的边分别交叉 F_i 和 F_j 的每一条公共边,便可得到 G 的对偶图 $\widetilde{G}$. 图 8-70 给出了一封闭折线图(实线)和它的对偶图(虚线). 由这种构成方法不难看出,每一封闭折线图的对偶图也必然是一封闭折线图. 而且,若 $\widetilde{G}$ 是 G 的对偶图,则 G 也是 $\widetilde{G}$ 的对偶图.

用类似的方法也可定义平面图的对偶图.

一个图 G,若其对偶图 $\widetilde{G}$ 同构于 G,则称其为**自对偶图**. 图 8-71 给出了一自对偶图的例.

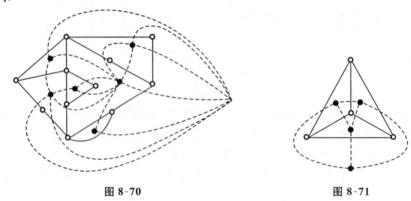

图 8-70   图 8-71

与封闭折线图有关的一著名问题是"4 色猜想"问题,即每一封闭折线图能用 4 种不同的颜色来着色,使任何两个相邻的面(包括无限面)具有不同的颜色. 这个问题提出于 19 世纪中期,经过许多数学家的努力,1976 年爱普尔(K. I. Appel),黑肯(W. Haken)和考西(J. Koch)利用电子计算机的帮助得到了证明. 但后来被人发现他们的证明中存在问题. 在探求这一问题证明的漫长过程中,获得了图论和有关领域中许多重要的成果.

8.9 有向图

类似于无向图,这里所说的**有向图**是指简单有向图,即它既没有长度为 1 的环,又没有多重边. 有向图和无向图的区别在于有向图中边集 E 是 V 中不同元素的**有序对偶**的集合. 在图解上,用一个由结点 v_i 指向 v_j 的箭头表示边 (v_i,v_j),而用相反方向的箭头表示边 (v_j,v_i). 例如,图 8-13 显示的是有向图 $G=(V,E)$,其中 $V=\{v_1,v_2,v_3,v_4\}$,$E=\{(v_1,v_2),(v_1,v_4),(v_4,v_1),(v_3,v_1),(v_3,v_2),(v_3,v_4)\}$.

和无向图一样,有向图也能用相应的邻接矩阵 $A=[a_{ij}]_{n\times n}$ 表示,其中

$$a_{ij} = \begin{cases} 1 & \text{若}(v_i, v_j) \in E \\ 0 & \text{否则} \end{cases}$$

但这里 A 不一定关于主对角线对称. 例如,图 8-13 的有向图 G 的邻接矩阵为

$$A = \begin{pmatrix} 0 & 1 & 0 & 1 \\ 0 & 0 & 0 & 0 \\ 1 & 1 & 0 & 1 \\ 1 & 0 & 0 & 0 \end{pmatrix}$$

如果在有向图 $G=(V,E)$ 的图解中,允许有长度为1的环出现,即允许 E 中有相同元素的有序对偶出现,则有向图 $G=(V,E)$ 的图解表示实际上就是定义在结点集 V 上的二元关系 E 的关系图. G 的邻接矩阵 A 就是结点集 V 上二元关系 E 的关系矩阵.

设 G 和 G' 是两个分别具有结点集 V 和 V' 的有向图,若存在一个双射 $h:V \to V'$,当且仅当 (v_i, v_j) 是 G 的边时,$(h(v_i), h(v_j))$ 是 G' 的边,则称 G' 同构于 G. 如同无向图一样,同构的有向图除可能结点的标记不一样外,其他完全是相同的.

有向图中的**子图**、**真子图**和**生成子图**与无向图中的相应术语有完全相同的含义.

如 8.6 节中所指出的,若在无向图的**开路**、**回路**、**真路**和**环**的定义中,用"有向路"来代替"路",则可以得到有向图中这些相应术语的定义.

在有向图中,若存在一条从结点 v_i 到结点 v_j 的有向路,则称从 v_i 到 v_j 是**可达的**. 若从结点 v_i 到 v_j 是可达的,则从 v_i 到 v_j 的路中必有一条最短的路,称为从 v_i 到 v_j 的**短程**. 短程的长度称为是从 v_i 到 v_j 的**距离**,记作 $d(v_i, v_j)$. 对于有向图来说,从结点 v_i 到 v_j 是可达的,并不意味着从 v_j 到 v_i 是可达的,即使 v_i 和 v_j 是相互可达的,$d(v_i, v_j)$ 也不一定等于 $d(v_j, v_i)$.

在一个有向图中,如果略去边的方向,即将其看做无向图时它是连通的,则称这个有向图是**弱连通的**. 如果任何两个结点 v_i 和 v_j 中至少有一个由另一个出发是可达的,则称这个有向图是**单向连通的**. 如果任何两个结点 v_i 和 v_j 都是相互可达的,则称这个有向图是**强连通的**. 显然,强连通的有向图是单向连通的,单向连通的有向图是弱连通的. 为了简单起见,弱连通的有向图有时就称为是连通的.

例如,图 8-72 中,图(a)是强连通的;图(b)是单向连通的,但不是强连通的;图(c)是弱连通的,但不是单向连通的.

(a)
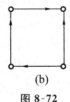
(b)

(c)

图 8-72

由连通性的不同定义,有向图 G 有三种类型的分图,即**强分图**、**单向分图**和**弱分图**. 它们分别是 G 中的极大强连通子图、极大单向连通子图和极大弱连通子图. 不难看出,有向图的每一个结点和每一条边都恰处于一个弱分图中. 但对于单向分图和强分图,情况就比较复杂. 有向图的两个单向分图可能有公共的结点,也可能还有公共的边,而每个结点和每条边至少属于一个单向分图. 例如,图 8-73 中的有向图有两个单向分图,它们的结点集分别为 $\{v_1,v_2,v_3\}$ 和 $\{v_1,v_3,v_4\}$,相反,一个有向图的两个强分图是没有公共结点的,每个结点都属于一个强分图,但可能有的边不属于任何强分图. 图 8-73 的有向图有 4 个强分图,每个强分图都只有一个结点,从而每条边都不属于任何强分图. 图 8-74 的有向图有 3 个强分图,它们的结点集分别为 $\{v_1,v_2,v_3,v_4\}$,$\{v_5,v_6,v_7,v_8\}$ 和 $\{v_9\}$.

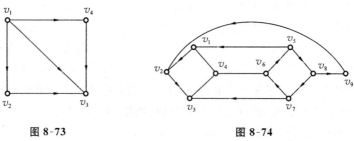

图 8-73   图 8-74

对定理 8-1 和定理 8-2 的证明略作修改即可推广到有向图.

定理 8-29 设 G 是具有结点集 $V=\{v_1,v_2,\cdots,v_n\}$ 的有向图,且从结点 v_i 到 v_j 是可达的 $(v_i \neq v_j)$,则其短程是一条长度不大于 $n-1$ 的真路.

推论 设 G 是具有 n 个结点的有向图,则 G 中任一环的长度不大于 n.

定理 8-30 设 G 是具有结点集 $\{v_1,v_2,\cdots,v_n\}$ 和邻接矩阵 A 的有向图,则 A^l($l=1,2,\cdots$) 的 (i,j) 项元素 $a_{ij}^{(l)}$ 是从 v_i 到 v_j 长度为 l 的有向路的总数.

同样,定理 8-6 和定理 8-7 也可推广到有向图.

定理 8-31 一个连通的有向图 G 具有欧拉回路的充要条件是,G 的每一个结点的入度和出度相等. 一个连通的有向图 G 具有欧拉路的充要条件是除两个结点外,每一个结点的入度等于出度,对于这两个结点,一个结点的入度比它的出度大 1,另一个结点的入度比出度小 1.

在有向图中,两条边 (v_i,v_j) 和 (v_j,v_i) 称为边的一个**对称对**. 没有对称对的有向图称为**定向图**. 例如,将一个无向图 G 的各条边随意取定一个方向,就构成一个定向图. 若 $G=(V,E)$ 是一个有向图,且对于任意两个不同的结点 $v_i,v_j \in V$,(v_i,v_j) 和 (v_j,v_i) 中恰有一个在 E 中,则称 G 是一个**竞赛图**. 一个无向完全图的定向是一个竞赛图. 一有向图 G 的**真生成路**是指通过 G 的每个结点恰好一次的一条有向路. 例如,图 8-75 中的路 $v_4 v_5 v_3 v_1 v_2$ 是一真生成路.

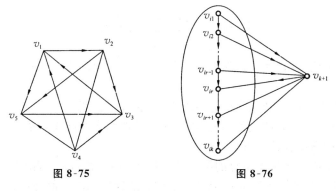

图 8-75　　　　　　　　图 8-76

定理 8-32　每一竞赛图 $G = (V, E)$ 有一真生成路.

证明　（对 $\#V$ 进行归纳）

当 $\#V = 1$ 和 $\#V = 2$ 时,定理显然成立.

假设定理对所有 k 个结点的竞赛图都成立,并设 G 是一个具有结点集 $V = \{v_1, v_2, \cdots, v_{k+1}\}$ 的竞赛图. 令 G_k 表示具有结点集 $V\text{-}\{v_{k+1}\}$ 的图 G 的竞赛子图. 由归纳假设 G_k 有一真生成路,设为 $v_{i_1} v_{i_2} \cdots v_{i_k}$ ($v_{i_1}, v_{i_2}, \cdots, v_{i_k} \in V\text{-}\{v_{k+1}\}$),那么,$G$ 或包含有边 (v_{k+1}, v_{i_1}) 或包含有边 (v_{i_1}, v_{k+1}),若是前一情况,则 $v_{k+1} v_{i_1} v_{i_2} \cdots v_{i_k}$ 是 G 的一真生成路. 在后一情况下,令 r 是使 (v_{k+1}, v_{i_r}) 为 G 的一条边的最小整数,则 $v_{i_1} v_{i_2} \cdots v_{i_{r-1}} v_{k+1} v_{i_r} \cdots v_{i_k}$ 是 G 的一真生成路(参见图 8-76). 如果不存在这样的 r,则 $v_{i_1} v_{i_2} \cdots v_{i_k} v_{k+1}$ 是 G 的一真生成路. 于是,在所有的情况下 G 有一真生成路. 证毕.

按照定理 8-32 的证明中所提供的方法,竞赛图 8-75 中的真生成路可知图 8-77 所示的步骤来决定.

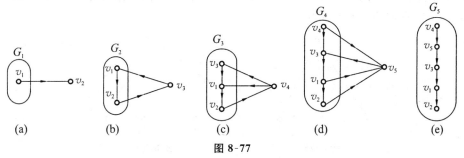

图 8-77

具有 n 个结点的竞赛图,可以看做是 n 个选手,他们中的每个选手依次和其他每个选手进行某项比赛. 选手 v_i 和 v_j 间的一场比赛,若 v_i 是优胜者,则由边 (v_i, v_j) 表示(不允许平局). 竞赛图中的一真生成路意味着有可能按某种次序列出 n 个选手的名次,例如,图 8-77 中,该次序是 $v_4 v_5 v_3 v_1 v_2$,即 v_4 是最好的选手. 但这样推出的结论是不合理的,因为它没有考虑选手取胜的次数. 例如,v_2 取胜 3 次,v_5 仅取胜一次,但 v_5 却被认为是比 v_2 好的选手.

8.10 实例解析

例1 试证明：在由两个或两个以上的人组成的人群中，存在两个人有相同的朋友个数。

分析 将上述问题转化为图论中的命题，再加以证明。

可用结点表示人，若两人是朋友，则在相应的两结点之间连一条边。因此，上述问题可用图论中的命题描述如下。

在具有两个或两个以上结点的图 G 中，至少有两个结点的度相同。

证明 设 G 中结点个数为 n，则这 n 个结点的度可能的取值是：$0,1,2,\cdots,n-1$。但在 G 中度为 0 的结点与度为 $n-1$ 的结点不会同时出现，因此结点的度或为：$0,1,2,\cdots,n-2$，或为 $1,2,\cdots,n-1$。故图中必有两个结点的度是相同的。

例2 试证明：在任意六个人的人群中，或者有三个人相互认识或者有三个人彼此陌生。

分析 用六个结点分别表示六个人，当且仅当两人相互认识时，在相应两结点之间连一条边。于是该问题可用图论中的命题描述如下。

在一个六结点的图中，或者有三个结点两两彼此相邻，或者有三个结点两两彼此不相邻。

证明 在图中任取一结点 v_i，剩余的五个结点有如下两种可能的情形：

(1) 其中有 $r \geqslant 3$ 个结点与 v_i 相邻；

(2) 只有 $t < 3$ 个结点与 v_i 相邻，则必有 $r \geqslant 3$ 个结点与 v_i 不相邻。

情形(1) 如图 8-78 所示，至少有三个结点 v_{i_1}、v_{i_2}、v_{i_3} 与 v_i 相邻。若这三个结点中有两个结点相邻，例如，v_{i_1} 和 v_{i_2}，则图中 v_i,v_{i_1},v_{i_2} 三结点两两彼此相邻。否则，v_{i_1}，v_{i_2}，v_{i_3} 三结点两两彼此不相邻。

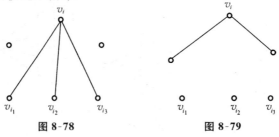

图 8-78　　　　　　图 8-79

情形(2) 如图 8-79 所示，至少有三个结点 v_{i_1}、v_{i_2}、v_{i_3} 与 v_i 不相邻。若这三个结点中有两个不相邻，例如，v_{i_1} 和 v_{i_2}，则图中 v_i,v_{i_1},v_{i_2} 三结点两两彼此不相邻。否则，v_{i_1},v_{i_2},v_{i_3} 三结点两两彼此相邻。命题得证。

例3 设图 G 的每一结点的度均为 2，试证明 G 的每一个分图均将包含一个环。

分析 题设条件给出 G 的每一结点度为 2，因此为偶数，这与欧拉图的概念有关；另外，要证明的结论是每一分图都包含有环，那么每一分图必不是树。因此可利用欧拉图或树的概念和性质来进行推理.

证法一　设 G' 是 G 的任一分图,因此 G' 连通且每一结点的度都是偶数,因此在 G' 中存在欧拉回路. 又因为每一结点的度都是 2,故在此回路上经过每一结点只能一次,于是这一回路是一个环. 由于 G' 的每一条边均在环上,因此 G' 就是一个环.

证法二(反证法)　设 G' 是 G 的任一分图,包含 n 个结点 $v_1, v_2, \cdots, v_n$ 和 m 条边. 因为 G' 中每一结点的度为 2,所以

$$\sum_{i=1}^{n} \deg(v_i) = 2m = 2n$$

于是 $m = n$.

假设 G' 不包含环,由于 G' 连通,因此 G' 是一棵树,有 $m = n - 1$,但这与 $m = n$ 相矛盾. 故 G' 必包含有环.

例 4　设 G 是一个少于 30 条边的连通平面图. 试证明 G 至少有一个结点的度小于或等于 4.

证明　若 G 是少于两条边的连通平面图,结论显然成立.

设 G 是不少于两条边但少于 30 条边的连通平面图,并假设 G 中每一结点的度均大于或等于 5,则

$$2m = \sum_{i=1}^{n} \deg(v_i) \geqslant 5n$$

于是

$$n \leqslant \frac{2}{5} m$$

又

$$m \leqslant 3n - 6$$

于是

$$m \leqslant 3 \cdot \frac{2}{5} m - 6$$

即

$$5m \leqslant 6m - 30, \quad m \geqslant 30.$$

这与题设 $m < 30$ 相矛盾. 故 G 中至少有一个结点的度小于或等于 4.

习　题

1. 图 8-80 所示之图是否同构于图 8-5?

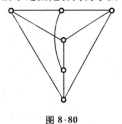

图 8-80

图 8-81

2. 图 8-81 中所给出的两个 8 结点图是否同构?证明你的回答.
3. 试证明在任何图中奇次度结点的个数是偶数.
4. 设 G 是具有 4 个结点的完全图,试问:
   (1) G 有多少个子图?
   (2) G 有多少个生成子图?
   (3) 如果没有任何两个子图是同构的,则 G 的子图个数是多少?请将这些子图构造出来.
5. 在图 8-82 中找出其所有的真路和环.该图是否包含有割边?
6. 图 G 由邻接矩阵

$$A = \begin{bmatrix} 0 & 0 & 1 & 1 & 0 & 0 \\ 0 & 0 & 0 & 0 & 1 & 1 \\ 1 & 0 & 0 & 0 & 0 & 0 \\ 1 & 0 & 0 & 0 & 0 & 0 \\ 0 & 1 & 0 & 0 & 0 & 1 \\ 0 & 1 & 0 & 0 & 1 & 0 \end{bmatrix}$$

给出,G 是否是连通的?

7. 求图 8-83 中二图的全部断集.

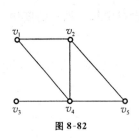
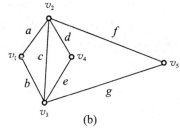

图 8-82   图 8-83

8. 证明图 G 的任一生成树和任一边割集至少有一条公共边.
9. 证明:在图 G 中,任一环与任一边割集的公共边数为偶数.
10. 确定图 8-84 中二图的连通度 $K(G)$ 和边连通度 $\lambda(G)$.
11. 试作出一个连通图 G,使之满足等式 $K(G) = \lambda(G) = \delta(G)$.
12. 设图 G 中各结点的度都是 3,且结点数 n 与边数 m 间有如下关系

$$2n - 3 = m.$$

问:(1) G 中结点数 n 与边数 m 各为多少?
   (2) 在同构的意义下 G 是唯一的吗?

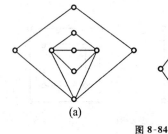
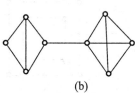

图 8-84   图 8-85

13. 若图 G 的补图同构于 G,则称 G 为自补图.试证明图 8-85 是自补图.你能否找到其他 5 结点的自补图?

14. 设 A 为具有 n 个结点的图 G 的邻接矩阵.试证明:若 G 有哈密顿环,则 A^n 的主对角线非零.并证明该命题的逆命题并不成立.

15. 已知关于人员 a,b,c,d,e,f 和 g 的下述事实:

    a 说英语;

    b 说英语和西班牙语;

    c 说英语、意大利语和俄语;

    d 说日语和西班牙语;

    e 说德语和意大利语;

    f 说法语、日语和俄语;

    g 说法语和德语.

    试问:上述 7 人中是否任意两人都能交谈(如果必要,可由其余 5 人中所组成的译员链帮忙)?

16. 试从图 8-86 中找出一条欧拉回路.

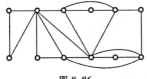

图 8-86

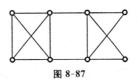

图 8-87

17. 试从图 8-87 中找出一条欧拉路.

18. 图 8-88 显示了 4 个图,试判定哪个是欧拉图,哪个是哈密顿.在各适当情况下指出欧拉回路和哈密顿环.

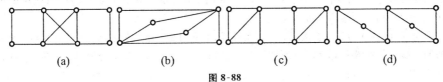

图 8-88

19. 构造图 8-89 中图 G 的闭包,并判别图 G 是否为哈密顿图?如果不让用观察的方法,你能说出你判别的根据吗?

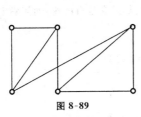

图 8-89

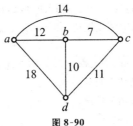

图 8-90

20. 某流动售货员居住在 a 城,打算走销 b、c、d 城后返回 a 城.若该四城间的距离如图 8-90 所示,试找出完成该旅行的最短路线.

21. 构造互不同构的所有 5 结点的树.

22. 试证明当且仅当图 G 中的每一条边均为割边时,图 G 是树林.

23. 设 G 是一连通图，其中边 e 关联于结点 v。试证明若 v 的度为1，则 G 的每一生成树均包含 e。
24. 试证明连通图 G 的任一边是 G 的某一生成树的枝。
25. 证明或反驳下一结论：连通图 G 的任一边是 G 的某一生成树的弦。
26. 试证明具有 m 条边的连通图最多具有 $m+1$ 个结点。
27. n 个结点的完全图的环秩是多少？
28. 构造图 8-91 的生成树，它的环秩是多少？

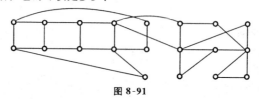

图 8-91

29. 设 T_1 和 T_2 是连通图 G 的两棵生成树，a 是在 T_1 中但不在 T_2 中的一条边。证明存在边 b，它在 T_2 中，但不在 T_1 中，使得 $(T_1-\{a\})\cup\{b\}$ 和 $(T_2-\{b\})\cup\{a\}$ 都是 G 的生成树。
30. 一棵树有 5 个度为 2 的结点，3 个度为 3 的结点，4 个度为 4 的结点，2 个度为 5 的结点，其余均是度为 1 的结点，问它有几个度为 1 的结点？
31. 试证明：若图 G 是不连通的，则图 G 的补图 $\overline{G}$ 必是连通的。
32. 设 $G=(V,E)$ 是一简单无向图，n 个结点 m 条边，且 $m>\frac{1}{2}(n-1)(n-2)$。试证明 G 是连通的。

给出一个有 n 个结点而不连通的简单无向图，其边数恰好等于 $\frac{1}{2}(n-1)(n-2)$。

33. 设 T 是一棵树，$\Delta(T)\geqslant K$，这里 $\Delta(T)$ 表示 T 中结点的最大度数。试证明 T 中至少有 K 个叶结点。
34. 试证明：任何一棵树是一个二部图。
35. 设二部图 $G=(V,E)$ 是一棵树，V_1 和 V_2 是其两个互补结点子集。试证明：若 $\#V_1\geqslant\#V_2$，则在 V_1 中至少有一个度为 1 的结点。
36. 试证明：图 $G=(V,E)$ 为连通图的充要条件是，对 V 的每一个二分划 (V_1,V_2) 恒存在一条边，它的两个端点分别属于 V_1 和 V_2（所谓 V 的二分划 (V_1,V_2) 是指，将 V 分成两个子集 V_1 和 V_2，使 $V_1\cup V_2=V, V_1\cap V_2=\varnothing$）。
37. 分别用先根、中根和后根的次序通过图 8-46 中的二元树 T'。
38. 用二元树表示图 8-44(a) 中的有向树。
39. 试举例说明：仅一个结点的入度是 0，而其他所有结点的入度是 1 的有向图不一定是有向树。
40. 根据有向图的邻接矩阵，如何确定它是否为有向树？如果它是有向树，如何确定它的根和终止结点？
41. 已知关于人员 a,b,c,d,e 和 f 的下述事实：

a 说汉语、法语和日语；

b 说德语、日语和俄语；

c 说英语和法语；

d 说汉语和西班牙语；

e 说英语和德语；

f 说俄语和西班牙语。

试问：能否将这六个人分成两组，使同一组中没有两个人能互相交谈？

42. 图 8-92 是否为二部图？若是，找出它的互补结点集.

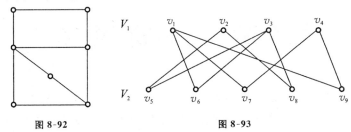

图 8-92　　　　　　　　图 8-93

43. 对于图 8-93 所示之二部图，

(1) 说明"t 条件"(定理 8-25) 是满足的.

(2) 说明"相异性条件"(定理 8-24) 是满足的.

(3) 构造一 V_1 对 V_2 的匹配.

44. 证明：在 6 个结点、12 条边的连通平面图中，每个区域由 3 条边围成. 并画出这样的平面图.

45. 设 G 是连通的平面图，试证明 G 中必有一个结点 v，使得 $\deg(v) \leqslant 5$.

46. 画出 6 个结点的所有非平面图，使得没有两个图是相互同构的.

47. 用定理 8-28 证明图 8-94 是非平面图.

48. 构造图 8-95 所示之图的对偶图.

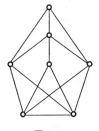　　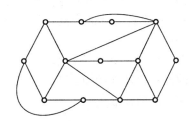

图 8-94　　　　　　　　图 8-95

49. 设 G 是一连通平面图，结点数为 n，面数为 K. 试证明：

(1) 若 $n \geqslant 3$，则 $K \leqslant 2n-4$；

(2) 若 G 中结点的最小度为 4，则 G 中至少有 6 个结点的度小于或等于 5.

50. 试证明：若一 (n,m) 图是自对偶的，则 $m = 2(n-1)$.

51. 用 3 种颜色着色图 8-96 所示之图，使得没有两相邻的面(包括无限面)具有相同的颜色.

52. 在图 8-97 所示之竞赛图中找出一真生成路.

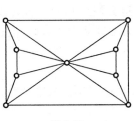　　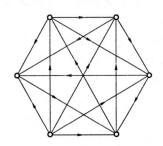

图 8-96　　　　　　　　图 8-97

第9章 命题逻辑

数理逻辑是用数学的方法研究思维规律的一门学科.由于它使用了一套符号,简洁地表达出各种推理的逻辑关系,因此,数理逻辑一般又称为符号逻辑.数理逻辑和电子计算机的发展有着密切的联系,它为机器证明、自动程序设计、计算机辅助设计等计算机应用和理论研究提供必要的理论基础.

从本章开始,将用两章的篇幅介绍数理逻辑最基本的内容,即命题逻辑和谓词逻辑.

9.1 命题和命题联结词

语言的单位是句子.句子可以分为疑问句、祈使句、感叹句和陈述句等,其中只有陈述句能分辨真假.其他类型的句子(如疑问句、祈使句等)无所谓真假.在数理逻辑中,把每个能分辨真假的陈述句称为一个**命题**.用真值来描述命题是真或是假,如果一个命题是真的,就说它的真值为**真**,用"1"表示;如果一个命题是假的,就说它的真值为**假**,用"0"表示.

例1 判断下列语句是否为命题.

(1) 海洋的面积比陆地的面积大.

(2) 你喜欢鲁迅的作品吗?

(3) $2+2>5$.

(4) 你快起来跟我走吧.

(5) 啊,我的天哪!

(6) $2x-3=0$.

(7) 三角形的三内角和小于 $180°$.

此例中,(1)、(3)、(7)是命题,(1)的真值为真,(3)、(7)的真值均为假;(2)、(4)、(5)都不是陈述句,所以不是命题;(6)虽然是陈述句,但它的真值随 x 的取值而变,不能分辨真假,因此也不是命题.

需要提醒注意的是,一个句子本身是否能分辨真假与我们是否知道它的真假是两回事.也就是说,对于一个句子,有时我们可能无法判断它的真假,但这个句子本身却是有真假之分的.

例2 判断下列句子是否为命题.

(1) 1962 年 2 月 3 日晚武汉市新华电影院曾放映了国产故事片"白毛女".

(2) 太阳系外有宇宙人.

(1)、(2)都是命题.(1)是对过去的事情进行判断,虽然一时很难分辨它的真假,但这句话本身是有其真假的. 如果能查到当天武汉市的报纸, 那么这句话正确与否就不难确定了. 对于(2), 目前人们尚无法确定其真假, 但从事物的本质而论, 句子本身是可分辨真假的, 这类语句也称为命题.

在数理逻辑中, 命题用大写的拉丁字母 A、B、$\cdots$、P、Q、$\cdots$ 或者带有下标的大写字母来表示.

例1中所列举的三个命题都是最简单的命题. 在语言学中, 它们都是简单句. 在数理逻辑中, 将它们称为**原子命题**(或原始命题). 有些命题是由几个简单句通过连接词构成一个复合句来表达的. 这种做法和由两个数通过加、减、乘、除等运算而构造出一个新数, 由两个集合通过并或交等运算而构造出一个新集合一样, 构造新句子时所使用的运算就是语法中的连接词. 例如:

A: 他既会跳舞, 又会唱歌.

B: 如果明天下雨, 那么我就不上街.

C: 我看电视或睡觉.

D: m^2 是偶数当且仅当 m 是偶数.

它们都是一些用复合句表述的命题, 因为使用了以下连接词:

既 …… 又 ……

如果 …… 那么 ……

或者 …… 或者 ……

…… 当且仅当 ……

下面定义五种**命题联结词**(或称命题的五种运算). 下面将会看到, 它们与通常语言里的连接词是有所不同的, 它们是通常语言里的连接词的逻辑抽象. 若干个原子命题通过命题联结词而构成的新命题称为**复合命题**.

1. 否定"$\neg$"

定义 9-1 设 P 是一个命题, 利用"$\neg$"和 P 组成的复合命题称为命题 P 的**否命题**, 记作"$\neg P$"(读作"非 P"). 命题 $\neg P$ 取值为真, 当且仅当命题 P 取值为假.

否命题 $\neg P$ 的取值也可用表 9-1 定义, 这种表称为否命题 $\neg P$ 的"真值表"(真值表的构造类似于集合的成员表). 表中的"1"和"0"分别表示标记该列的命题取值为真和假. "$\neg$"相当于普通语言中的"非"、"不"或"没有"等否定词. 例如, "P: 昨天下雨". 命题 $\neg P$ 为"昨天没有下雨".

2. 合取"$\wedge$"

表 9-1

P	$\neg P$
0	1
1	0

定义 9-2 设 P 和 Q 是两个命题, 由 P、Q 利用"$\wedge$"组成的复合命题, 记作"$P \wedge Q$"(读作 P 且 Q), 称为**合取式复合命题**. 当且仅当命题 P 和 Q 均取值为真时, $P \wedge Q$ 才取值为真. $P \wedge Q$ 的真值表如表 9-2 所示.

"∧"是通常语言中"并且","既 …… 又 ……","和","以及","不仅 …… 而且 ……","虽然 …… 但是 ……"等词汇的逻辑抽象. 例如,若用 A_1 和 A_2 分别表示命题"他会跳舞"和"他会唱歌",则前面的命题 A 就是 $A_1 \wedge A_2$.

3. 析取"∨"

定义 9-3 由命题 P 和 Q 利用"∨"组成的复合命题,记作"$P \vee Q$"(读作"P 或 Q"),称为**析取式复合命题**. 当且仅当 P 和 Q 至少有一个取值为真时,$P \vee Q$ 便取值为真. $P \vee Q$ 的真值表如表 9-3 所示.

例如,若用 P_1 和 P_2 分别表示命题"我唱歌"和"我跳舞",则 $P_1 \vee P_2$ 表示命题"我唱歌或者跳舞".

通常语言中的"或者"一词有不可兼的意思. 例如,"我到北京出差或者到广州去度假"表示的是二者只能居其一,不会同时成立. 按照联结词"∨"的定义,当 P、Q 都为真时,$P \vee Q$ 也为真,因此,"∨"所表示的"或"是"相容或",对于"不可兼的或",在数理逻辑中用联结词"$\veebar$"表示,称为"异或"或者"排斥或". 命题 $P \veebar Q$ 的取值情况是,当且仅当命题 P 和 Q 的真值相异时,$P \veebar Q$ 为真. $P \veebar Q$ 的真值表如表 9-4 所示. 若用 P 表示"我到北京出差",Q 表示"我到广州度假",则上一例句可表示为 $P \veebar Q$. 但上一例句也可以不用联结词"$\veebar$"而用"∨"表示为 $(P \wedge \neg Q) \vee (\neg P \wedge Q)$.

表 9-2

P	Q	$P \wedge Q$
0	0	0
0	1	0
1	0	0
1	1	1

表 9-3

P	Q	$P \vee Q$
0	0	0
0	1	1
1	0	1
1	1	1

表 9-4

P	Q	$P \veebar Q$
0	0	0
0	1	1
1	0	1
1	1	0

4. 蕴含"→"

定义 9-4 由命题 P 和 Q 利用"→"组成的复合命题,记作"$P \rightarrow Q$"(读作"如果 P,则 Q"),称为**蕴含式复合命题**. 其中,P 称为蕴含式的前件,Q 称为蕴含式的后件. 当前件 P 为真,后件 Q 为假时,命题 $P \rightarrow Q$ 取值为假,否则 $P \rightarrow Q$ 取值为真. $P \rightarrow Q$ 的真值表如表 9-5 所示.

"→"是日常用语中的"如果 …… 必须 ……","必须 …… 以便 ……","如果 …… 那么 ……"等词汇的逻辑抽象. 例如,若用 B_1 和 B_2 分别表示命题"明天下雨"和"我不上街",则命题 B 就是 $B_1 \rightarrow B_2$.

当前件 P 为真,后件 Q 也为真时,复合命题 $P \rightarrow Q$ 为真,这在通常语言的意义下是正确的,即从前提条件 P 可以推出

表 9-5

P	Q	$P \rightarrow Q$
0	0	1
0	1	1
1	0	0
1	1	1

结论 Q 成立. 如果前件 P 为真,而后件 Q 为假,那么 $P \rightarrow Q$ 为假,这在通常语言的意义下也是正确的. 它说明由前提条件 P 不能推出结论 Q 成立. 按照定义,当前件 P 为假时,不论后件 Q 是真还是假,命题 $P \rightarrow Q$ 总是真. 这样的定义方式反映了客观实际. 例如,若要证明命题"若 $a+2>10$,则 $a>8$"是正确的. 我们的证明方法是在假设不等式 $a+2>10$ 成立的条件下,利用不等式的性质得出 $a>8$ 的结论,因而断定该命题是正确的. 而对于 $a+2\leqslant 10$ 的情形根本不予考虑,这无异于是认为当前提条件 $a+2>10$ 不成立时,该命题为真.

5. 等值"$\leftrightarrow$"

定义 9-5 由命题 P 和 Q 利用"$\leftrightarrow$"组成的复合命题,记作 $P \leftrightarrow Q$(读作"P 当且仅当 Q"),称为**等值式复合命题**. 当且仅当命题 P 和 Q 取值相同时,命题 $P \leftrightarrow Q$ 才取值为真. $P \leftrightarrow Q$ 的真值表如表 9-6 所示. "$\leftrightarrow$"是日常用语中的"当且仅当"、"相当于"、"……和……一样"、"等价"等词汇的逻辑抽象. 例如,如果用 G_1 和 G_2 分别表示命题"m^2 是偶数"和"m 是偶数",则命题 $G_1 \leftrightarrow G_2$ 就是"m^2 是偶数当且仅当 m 是偶数".

利用上面介绍的这五种逻辑联结词可以把许多日常语句符合化.

表 9-6

P	Q	$P \leftrightarrow Q$
0	0	1
0	1	0
1	0	0
1	1	1

例 3 如果你走路时看书,那么你一定会成为近视眼.

令 P:你走路;Q:你看书;R:你是近视眼.

于是,上述语句可表示为 $(P \wedge Q) \rightarrow R$.

例 4 除非他以书面或口头的方式正式通知我,否则我不参加明天的会议.

令 P:他书面通知我;Q:他口头通知我;R:我参加明天的会议.

于是,上述语句可表示为 $(P \vee Q) \leftrightarrow R$.

例 5 他虽有理论知识但无实践经验.

令 P:他有理论知识;Q:他有实践经验.

于是,上述语句可表示为 $P \wedge \neg Q$.

例 6 李明是计算机系的学生,他住在西六舍 312 室或 313 室.

令 P:李明是计算机系的学生;Q:他住在西六舍 312 室;R:他住在西六舍 313 室.

于是,上述语句可表示为 $P \wedge (Q \veebar R)$,

也可表示为 $P \wedge ((Q \wedge \neg R) \vee (\neg Q \wedge R))$.

例 7 一个角是直角的三角形是直角三角形.

令 P:三角形的一个角是直角;Q:三角形是直角三角形.

于是,上述语句可表示为 $Q \rightarrow P$.

例 8 设 P、Q、R 的意义如下：

P：苹果是甜的；

Q：苹果是红的；

R：我买苹果．

试用日常语言复述下述复合命题：

(1) $(P \wedge Q) \to R$

(2) $(\neg Q \wedge \neg P) \to \neg R$

解 (1) 如果苹果甜而红，那么我买．

(2) 我没买苹果，因为苹果不红也不甜．

例 9 用复合命题表示如图 9-1～图 9-3 所示的开关电路．

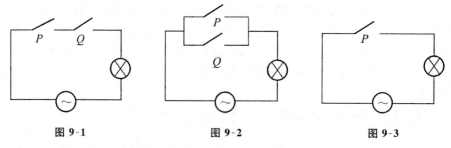

图 9-1　　　　　　　图 9-2　　　　　　　图 9-3

解 设 P：开关 P 闭合；Q：开关 Q 闭合．

在图 9-1 中，只有当命题 P 和 Q 都为真时，即开关 P 和 Q 都闭合时，连接在电路上的灯泡才亮。此时该串联电路可用 $P \wedge Q$ 表示．

在图 9-2 中，当命题 P 为真或 Q 为真，或命题 P、Q 同为真时，即开关 P 闭合或 Q 闭合，或开关 P、Q 同时闭合时，连接在电路上的灯泡都会亮。此时该并联电路可用 $P \vee Q$ 表示．

在图 9-3 中，命题 P 为真表示开关 P 闭合，命题 $\neg P$ 则表示开关断开．命题 P 为真时，即开关 P 闭合时，连接在电路上的灯泡才亮．

需要提醒注意的是，在通常的语言中，用联结词连接的两个陈述句在内容上总是存在着某种联系的，也就是说，整个语句总是有意义的．然而在数理逻辑中，关心的是复合命题与构成复合命题的各原子命题之间的真值关系，即抽象的逻辑关系，而并不关心各语句的具体内容．因此，内容上毫无联系的两个命题也能组成具有确定真值的复合命题．例如，"若桔子是紫色的，那么地球不是平的。""$2+3=5$ 并且广州不是一个城市．"都是具有确定真值的命题．

9.2 命题公式

9.1 节指出一个大写字母可表示一个给定的命题，由于它具有确定的真值（真或假),因此称它为**命题常元**. 一个任意的且真值不确定的命题,称为**命题变元**,并仍用大写字母表示.

命题变元虽然没有确定的真值,但当我们进行解释,即用一个具体的命题代入时,它的真值就可得到确定. 由于每一命题都只有"真"、"假"两种取值的可能性,因此为了简单起见,往往在对一个命题变元进行代入时,就直接以"真"或"假"为值代入,而不必代入具体的命题.

由命题变元、命题联结词和圆括号所组成的字符串可构成一命题公式,但并不是由这三类符号所组成的每一符号串都可成为命题公式. 下面给出**命题公式**(或简称**公式**)的递归定义.

定义 9-6 递归定义命题公式(或简称公式):

(1) 0、1 是命题公式;

(2) 命题变元是命题公式;

(3) 如果 A 是命题公式,则 $\neg A$ 是命题公式;

(4) 如果 A 和 B 是命题公式,则 $(A \vee B)$、$(A \wedge B)$、$(A \rightarrow B)$、$(A \leftrightarrow B)$ 也是命题公式;

(5) 只有有限次地利用上述(1)、(2)、(3)、(4)而产生的符号串才是命题公式.

按照上述定义,下面的符号串是公式.

$$(P \vee Q) \rightarrow (\neg(Q \wedge R)), \neg(P \vee R)$$

$$((R \wedge Q) \vee P) \leftrightarrow (Q \vee P)$$

下面的符号串不是公式.

$$P \rightarrow QP, \vee R \rightarrow P, P \rightarrow (Q \rightarrow R.$$

为简单起见,常省去公式最外层的括号. 若对五个命题联结词,规定它们结合的强弱次序为 $\neg$、$\wedge$、$\vee$、$\rightarrow$、$\leftrightarrow$,则也可以省掉命题公式中的某些括号,但一般不这样做.

显然,如果把公式中的命题变元代以原子命题或复合命题,则该公式便是一个复合命题. 因此,对复合命题的研究可化为对公式的研究,今后将以公式为主要研究对象.

命题公式不是命题,只有当公式中的每一个命题变元都被赋以确定的真值时,公式的真值才被确定,从而成为一个命题.

定义 9-7 设 F 为含有命题变元 $P_1, P_2, \cdots, P_n$ 的命题公式,给 $P_1, P_2, \cdots, P_n$ 一组确定的取值,称为公式 F 关于 $P_1, P_2, \cdots, P_n$ 的一组**真值指派**.

含有 n 个命题变元的公式有 2^n 组不同的真值指派,对于每一组真值指派,公式都有一个确定的真值. 公式与其命题变元之间的真值关系,可以用真值表的方法表示出来(其构造方法类似于集合的成员表).

例 1 命题公式 $F_1 = (P \rightarrow Q) \leftrightarrow (\neg P \vee Q)$ 的真值表如表 9-7 所示.

表 9-7

$P\ Q$	$\neg P$	$\neg P \vee Q$	$P \rightarrow Q$	$(P \rightarrow Q) \leftrightarrow (\neg P \vee Q)$
0 0	1	1	1	1
0 1	1	1	1	1
1 0	0	0	0	1
1 1	0	1	1	1

例 2 命题公式 $F_2 = (P \leftrightarrow Q) \wedge (\neg Q \rightarrow S)$ 的真值表如表 9-8 所示.

表 9-8

$P\ Q\ S$	$P \leftrightarrow Q$	$\neg Q$	$\neg Q \rightarrow S$	$(P \leftrightarrow Q) \wedge (\neg Q \rightarrow S)$
0 0 0	1	1	0	0
0 0 1	1	1	1	1
0 1 0	0	0	1	0
0 1 1	0	0	1	0
1 0 0	0	1	0	0
1 0 1	0	1	1	0
1 1 0	1	0	1	1
1 1 1	1	0	1	1

定义 9-8 一命题公式 F,如果对于它所包含的命题变元的任何一组真值指派,取值恒为真,则称公式 F 为**重言式**,或**永真公式**,常用 "1" 表示. 相反,若对于它所包含的命题变元的任何一组真值指派取值恒为假,则称公式 F 为**矛盾式**或**永假公式**,常用 "0" 表示. 如果至少有一组真值指派使公式 F 的值为真,则称 F 为**可满足的公式**.

例如,例 1 中的 F_1 为重言式,例 2 中的 F_2 为可满足的公式.

直接利用定义可证明下述定理.

定理 9-1 若 A 和 B 为重言式,则 $A \wedge B$ 和 $A \vee B$ 仍是重言式.

如何判断一个命题公式是否为重言式或矛盾式呢?当然可以像前面那样列出它的真值表,看它的取值是否恒为 1 或恒为 0,但是当公式很复杂或所含命题变元很多的时候,用列真值表的方法工作量太大,所以需要寻求另外一些切实可行的方法.

9.3 命题公式的等值关系和蕴含关系

命题公式之间常有一些关系,比较基本的两种关系是等值关系和蕴含关系.

定义 9-9 设 A 和 B 是两个命题公式,若 $A \leftrightarrow B$ 为重言式,则称公式 A 和 B 是**等值的公式**,记为 $A \Leftrightarrow B$.

显然,当且仅当 A 和 B 的真值表完全相同时,A 和 B 是等值的公式.

例如,9.2 节例 1 中的 $P \rightarrow Q$ 和 $\neg P \vee Q$ 等值;$P \vee P$ 和 P 等值.

注意"⇔"和"⟷"是两个完全不同的符号."⇔"不是命题联结词而是公式间的关系符号,$A \Leftrightarrow B$ 不表示一个公式,即不代表命题,它表示公式 A 和公式 B 有等值关系. 而"⟷"是命题联结词,$A \longleftrightarrow B$ 是一个公式,表示某个命题. 然而这两者之间有密切的联系,即 $A \Leftrightarrow B$ 的充要条件是公式 $A \longleftrightarrow B$ 为重言式.

显然,公式之间的等值关系是一个等价关系,即满足如下三条性质.

(1) 自反性:对任意的公式 A,有 $A \Leftrightarrow A$.

(2) 对称性:对任意的公式 A、B,若 $A \Leftrightarrow B$,则 $B \Leftrightarrow A$.

(3) 可传递性:对任意的公式 A、B、C,若 $A \Leftrightarrow B$,$B \Leftrightarrow C$,则 $A \Leftrightarrow C$.

表 9-9 中列出了一些最重要的等值式,这些等值式也称为定律. 其正确性均可以用真值表加以证明. 下面仅举一例说明.

表 9-9

E_1	$P \lor Q \Leftrightarrow Q \lor P$	交换律
E'_1	$P \land Q \Leftrightarrow Q \land P$	
E_2	$(P \lor Q) \lor R \Leftrightarrow P \lor (Q \lor R)$	结合律
E'_2	$(P \land Q) \land R \Leftrightarrow P \land (Q \land R)$	
E_3	$P \land (Q \lor R) \Leftrightarrow (P \land Q) \lor (P \land R)$	分配律
E'_3	$P \lor (Q \land R) \Leftrightarrow (P \lor Q) \land (P \lor R)$	
E_4	$P \lor 0 \Leftrightarrow P$	同一律
E'_4	$P \land 1 \Leftrightarrow P$	
E_5	$P \lor \neg P \Leftrightarrow 1$	互否律
E'_5	$P \land \neg P \Leftrightarrow 0$	
E_6, E'_6	$\neg(\neg P) \Leftrightarrow P$	双重否定律
E_7	$P \lor P \Leftrightarrow P$	等幂律
E'_7	$P \land P \Leftrightarrow P$	
E_8	$P \lor 1 \Leftrightarrow 1$	零一律
E'_8	$P \land 0 \Leftrightarrow 0$	
E_9	$P \lor (P \land Q) \Leftrightarrow P$	吸收律
E'_9	$P \land (P \lor Q) \Leftrightarrow P$	
E_{10}	$\neg(P \lor Q) \Leftrightarrow \neg P \land \neg Q$	德·摩根定律
E'_{10}	$\neg(P \land Q) \Leftrightarrow \neg P \lor \neg Q$	

注:表中的等值式与集合运算的基本定律形式相似,可对照记忆.

例 1 证明德·摩根定律 $\neg(P \lor Q) \Leftrightarrow \neg P \land \neg Q$.

证明 列出公式 $\neg(P \lor Q)$ 和公式 $\neg P \land \neg Q$ 的真值表如表 9-10 所示. 由于真值表中公式 $\neg(P \lor Q)$ 与公式 $\neg P \land \neg Q$ 所标记的列完全相同,因此有 $\neg(P \lor$

表 9-10

P	Q	$P \vee Q$	$\neg P$	$\neg Q$	$\neg P \wedge \neg Q$	$\neg(P \vee Q)$
0	0	0	1	1	1	1
0	1	1	1	0	0	0
1	0	1	0	1	0	0
1	1	1	0	0	0	0

$Q) \Longleftrightarrow \neg P \wedge \neg Q.$

定义 9-10 设 A 是一个命题公式，$P_1, P_2, \cdots, P_n$ 是其中出现的所有命题变元.

(1) 用某些公式代换 A 中的某些命题变元；

(2) 若用公式 Q_i 代换 P_i，则必须用 Q_i 代换 A 中所有的 P_i. 那么，由此而得到的新公式 B 称为公式 A 的一个**代换实例**.

例如，设公式 $A_1 = P \rightarrow (R \wedge P)$ 用 $Q \leftrightarrow S$ 代换其中 P，可得公式 $B_1 = (Q \leftrightarrow S) \rightarrow (R \wedge (Q \leftrightarrow S))$，公式 B_1 是 A_1 的一个代换实例. 设公式 $A_2 = P \rightarrow \neg Q$，用 $P \vee Q$ 代换其中的 P 和用 R 代换其中 Q 的实例为 $B_2 = (P \vee Q) \rightarrow \neg R$.

注意，用公式 Q_i 代换 P_i 时，必须代换 A 中的所有 P_i，若对多个变元进行代换，则代换必须同时进行.

例如，$B_3 = (Q \leftrightarrow S) \rightarrow (R \wedge P)$ 不是 A_1 的代换实例.

若先用 $P \vee Q$ 代换 A_2 中的 P，得 $B_4 = P \vee Q \rightarrow \neg Q$，再用 R 代换 B_4 中的 Q，得 $B_5 = (P \vee R) \rightarrow \neg R$ 不是 A_2 所要求的代换实例.

显然，重言式的代换实例仍是一个重言式. 因为重言式的真值与命题变元的真值无关，对任何真值指派，它的真值总取 1，即重言式的值不依赖于命题变元值的变化. 因此，对命题变元以任何公式代入后，得到的仍是重言式. 由此得到下面一个重要定理.

定理 9-2 （代入规则） 对于重言式中的任一命题变元出现的每一处均用同一命题公式代入，得到的仍是重言式.

于是，若对于等值式中的任一命题变元出现的每一处均用同一命题公式代入，则仍得到等值式. 因此，表 9-9 中所列出的 19 个等值式，不仅对于任意的命题变元 P、Q、R 是成立的，而且当 P、Q、R 分别为某些命题公式时，这些等值式也仍然是成立的. 所以，表 9-9 可以看成是 19 个等值模式.

定义 9-11 如果 C 是公式 A 的一部分（即 C 是公式 A 中连续的几个符号），而 C 本身也是一个公式，则称 C 为 A 的**子公式**.

例如，设公式 A 为

$$(P \vee Q) \rightarrow (Q \vee (R \wedge P))$$

那么，$(P \vee Q)$，$(R \wedge P)$，$(Q \vee (R \wedge P))$ 都是 A 的子公式. 而 $(P \vee Q) \rightarrow$，$(Q \vee (R \wedge, (R \wedge P))$ 都不是 A 的子公式，因为它们本身不是公式.

定理9-3 （置换规则） 设 C 是公式 A 的一个子公式，$C \Leftrightarrow D$. 如果将公式 A 中的子公式 C 置换成公式 D 之后，得到的公式是 B，则 $A \Leftrightarrow B$.

证明 设 $P_1, P_2, \cdots, P_n$ 是公式 A 和公式 B 中出现的全部命题变元. 因为 C 和 D 分别是 A 和 B 的子公式，所以 C 和 D 中所出现的命题变元都包含在 $P_1, P_2, \cdots, P_n$ 之中. 由于 $C \Leftrightarrow D$，因此对于命题变元 $P_1, P_2, \cdots, P_n$ 的任意一组指派，C 与 D 的取值均相同，于是 A 与 B 的取值也必然相同. 按照公式等值的定义，有 $A \Leftrightarrow B$. 证毕.

由于等值关系具有传递性，因此，公式 A 按照置换规则进行任意多次置换后，所得到的公式仍与公式 A 等值.

有了置换规则和代入规则，便可以利用已知的一些公式等值式（如表 9-9 中的等值式）推导出其他一些更复杂的公式等值式.

例2 证明 $(P \wedge (Q \wedge S)) \vee (\neg P \wedge (Q \wedge S)) \Leftrightarrow Q \wedge S$.

证明
$(P \wedge (Q \wedge S)) \vee (\neg P \wedge (Q \wedge S))$
$\Leftrightarrow ((Q \wedge S) \wedge P) \vee ((Q \wedge S) \wedge \neg P)$ (E'_1)
$\Leftrightarrow (Q \wedge S) \wedge (P \vee \neg P)$ (E_3)
$\Leftrightarrow (Q \wedge S) \wedge 1$ (E_5)
$\Leftrightarrow Q \wedge S$ (E'_4)

例3 证明 $Q \vee \neg ((\neg P \vee Q) \wedge P)$ 是一个重言式.

证明
$Q \vee \neg ((\neg P \vee Q) \wedge P)$
$\Leftrightarrow Q \vee (\neg (\neg P \vee Q) \vee \neg P)$ (E'_{10})
$\Leftrightarrow Q \vee ((P \wedge \neg Q) \vee \neg P)$ (E_{10}, E_6)
$\Leftrightarrow Q \vee ((P \vee \neg P) \wedge (\neg Q \vee \neg P))$ (E_1, E'_3)
$\Leftrightarrow Q \vee (1 \wedge (\neg Q \vee \neg P))$ (E_5)
$\Leftrightarrow Q \vee (\neg Q \vee \neg P)$ (E'_1, E'_4)
$\Leftrightarrow (Q \vee \neg Q) \vee \neg P$ (E_2)
$\Leftrightarrow 1 \vee \neg P$ (E_5)
$\Leftrightarrow 1$ (E_1, E_8)

因为公式 $Q \vee \neg ((\neg P \vee Q) \wedge P)$ 与重言式等值，所以公式 $Q \vee \neg ((\neg P \vee Q) \wedge P)$ 是重言式.

在表 9-9 中，没有列出任何一个包含联结词 $\rightarrow$ 和 $\leftrightarrow$ 的公式之间的等值关系，这是因为在公式中这两个联结词可以用联结词 $\neg$、$\wedge$ 和 $\vee$ 来代替，即

$$P \rightarrow Q \Leftrightarrow \neg P \vee Q \quad (E_{11})$$

$$P \leftrightarrow Q \Leftrightarrow (P \wedge Q) \vee (\neg P \wedge \neg Q) \quad (E_{12})$$

等值式 E_{11} 在 9.2 节中已用真值表证明了. 用同样的方法可以证明等值式 E_{12}. 从这个意义上来说，$\neg$、$\wedge$ 和 $\vee$ 是三种基本的联结词. 实际上，由德·摩根定律，有

$$P \wedge Q \Leftrightarrow \neg (\neg P \vee \neg Q), \quad P \vee Q \Leftrightarrow \neg (\neg P \wedge \neg Q)$$

这说明得到一个与给定公式等值,而且消除了 $\wedge$ 的公式也是可能的. 同样,在公式中消除 $\vee$ 也是可能的. 因此,联结词集合 $\{\neg, \vee\}$ 和 $\{\neg, \wedge\}$ 都是功能完备的. 但是,一般情况下为了不至于因联结词的数目减少而使得公式的形式变得复杂,仍常采用五个联结词.

利用 E_{11} 和 E_{12} 可以证明任何包含有 $\to$ 和 $\leftrightarrow$ 的公式等值式.

例 4 证明 $P \to (Q \to R) \Leftrightarrow (P \wedge Q) \to R$. $\hfill (E_{13})$

证明 $\quad P \to (Q \to R) \Leftrightarrow \neg P \vee (\neg Q \vee R) \hfill (E_{11})$

$\qquad\qquad\qquad\qquad \Leftrightarrow (\neg P \vee \neg Q) \vee R \hfill (E_2)$

$\qquad\qquad\qquad\qquad \Leftrightarrow \neg(P \wedge Q) \vee R \hfill (E'_{10})$

$\qquad\qquad\qquad\qquad \Leftrightarrow (P \wedge Q) \to R \hfill (E_{11})$

例 5 证明 $P \leftrightarrow Q \Leftrightarrow (P \to Q) \wedge (Q \to P)$. $\hfill (E_{14})$

证明 $\quad (P \to Q) \wedge (Q \to P) \Leftrightarrow (\neg P \vee Q) \wedge (\neg Q \vee P) \hfill (E_{11})$

$\qquad\qquad \Leftrightarrow (\neg P \wedge \neg Q) \vee (\neg P \wedge P) \vee (Q \wedge \neg Q) \vee (Q \wedge P) \hfill (E_3)$

$\qquad\qquad \Leftrightarrow (P \wedge Q) \vee (\neg P \wedge \neg Q) \vee 0 \vee 0 \hfill (E'_1, E_1, E'_5)$

$\qquad\qquad \Leftrightarrow (P \wedge Q) \vee (\neg P \wedge \neg Q) \hfill (E_4)$

$\qquad\qquad \Leftrightarrow P \leftrightarrow Q \hfill (E_{12})$

例 6 用等值演算法判断下列公式的类型.

(1) $\neg(P \to (P \vee Q)) \wedge R$

(2) $(\neg P \wedge (\neg Q \wedge R)) \vee (Q \wedge R) \vee (P \wedge R)$

解 $\quad$ (1) $\neg(P \to (P \vee Q)) \wedge R$

$\qquad\qquad \Leftrightarrow \neg(\neg P \vee (P \vee Q)) \wedge R \hfill (E_{11})$

$\qquad\qquad \Leftrightarrow \neg((\neg P \vee P) \vee Q) \wedge R \hfill (E_2)$

$\qquad\qquad \Leftrightarrow \neg(1 \vee Q) \wedge R \hfill (E_5)$

$\qquad\qquad \Leftrightarrow 0 \wedge R \hfill (E_8, E_{10})$

$\qquad\qquad \Leftrightarrow 0 \hfill (E_8')$

所以(1)是矛盾式.

(2) $(\neg P \wedge (\neg Q \wedge R)) \vee (Q \wedge R) \vee (P \wedge R)$

$\qquad \Leftrightarrow ((\neg P \wedge \neg Q) \wedge R) \vee ((Q \vee P) \wedge R) \hfill (E_2, E_2', E_3)$

$\qquad \Leftrightarrow (\neg(P \vee Q) \wedge R) \vee ((P \vee Q) \wedge R) \hfill (E_{10}, E_1)$

$\qquad \Leftrightarrow (\neg(P \vee Q) \vee (P \vee Q)) \wedge R \hfill (E_3)$

$\qquad \Leftrightarrow 1 \wedge R \hfill (E_5)$

$\qquad \Leftrightarrow R \hfill (E_4')$

由此可知,(2)是一个可满足式. $(P, Q, R) = (0, 0, 1)$ 赋值成真, $(P, Q, R) = (0, 0, 0)$ 赋值成假.

从例 6 可知,用等值演算法判断公式的类型不太方便,特别是判断非重言式的可满足式就更不方便了. 在 9.4 节范式中将给出更简单的方法.

等值演算还能帮助人们解决工作和生活中的一些问题.

例 7 试用较少的开关设计一个与图 9-4 有相同功能的电路.

解 图 9-4 所示功能用公式表示为
$$(P \wedge Q \wedge S) \vee (P \wedge R \wedge S)$$
利用等值演算，将上述公式转化为
$$(P \wedge Q \wedge S) \vee (P \wedge R \wedge S) \Leftrightarrow (P \wedge S) \wedge (Q \vee R) \qquad (E_2', E_3)$$
所以其开关设计图可简化为图 9-5.

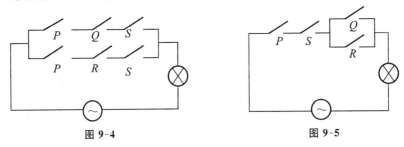

图 9-4　　　　　　　　　　　图 9-5

例 8 某勘探队有 3 名队员，有一天采得一块矿样，3 人的判断如下.

甲说：这不是铁，也不是铜；

乙说：这不是铁，是锡；

丙说：这不是锡，是铁.

经实验室鉴定后发现，其中一人两个判断都正确，一个人判对一半，另一个人全错了. 根据以上情况判断矿样的种类.

解 设命题 P：矿样为铁；　Q：矿样为铜；　R：矿样为锡.

P、Q、R 中必有一个为真命题，两个假命题，下面通过等值演算法找出来. 设

　　甲：$\neg P \wedge \neg Q$

　　乙：$\neg P \wedge R$

　　丙：$P \wedge \neg R$

则甲的判断全对	$A_1 = \neg P \wedge \neg Q$
甲的判断对一半	$A_2 = (P \wedge \neg Q) \vee (\neg P \wedge Q)$
甲的判断全错	$A_3 = P \wedge Q$
乙的判断全对	$B_1 = \neg P \wedge R$
乙的判断对一半	$B_2 = (P \wedge R) \vee (\neg P \wedge \neg R)$
乙的判断全错	$B_3 = P \wedge \neg R$
丙的判断全对	$C_1 = P \wedge \neg R$
丙的判断对一半	$C_2 = (P \wedge R) \vee (\neg P \wedge \neg R)$
丙的判断全错	$C_3 = \neg P \wedge R$

由实验鉴定后得知

$F \Longleftrightarrow (A_1 \wedge B_2 \wedge C_3) \vee (A_1 \wedge B_3 \wedge C_2) \vee (A_2 \wedge B_1 \wedge C_3) \vee (A_3 \wedge B_1 \wedge C_2) \vee (A_2 \wedge B_3 \wedge C_1) \vee (A_3 \wedge B_2 \wedge C_1)$

而(甲全对) $\wedge$ (乙对一半) $\wedge$ (丙全错) $\Longleftrightarrow A_1 \wedge B_2 \wedge C_3$
$\Longleftrightarrow (\neg P \wedge \neg Q) \wedge ((P \wedge R) \vee (\neg P \wedge \neg R)) \wedge (\neg P \wedge R)$
$\Longleftrightarrow (\neg P \wedge \neg Q \wedge \neg R) \wedge (\neg P \wedge R) \Longleftrightarrow 0$

$A_1 \wedge B_3 \wedge C_2 \Longleftrightarrow (\neg P \wedge \neg Q) \wedge (P \wedge \neg R) \wedge ((P \wedge R) \vee (\neg P \wedge \neg R)) \Longleftrightarrow 0$

$A_2 \wedge B_1 \wedge C_3 \Longleftrightarrow ((P \wedge \neg Q) \vee (\neg P \wedge Q)) \wedge (\neg P \wedge R) \wedge (\neg P \wedge R)$
$\Longleftrightarrow (\neg P \wedge Q \wedge R)$

类似可得

$A_3 \wedge B_1 \wedge C_2 \Longleftrightarrow 0$

$A_2 \wedge B_3 \wedge C_1 \Longleftrightarrow ((P \wedge \neg Q) \vee (\neg P \wedge Q)) \wedge (P \wedge \neg R) \wedge (P \wedge \neg R)$
$\Longleftrightarrow (P \wedge \neg Q \wedge \neg R)$

$A_3 \wedge B_2 \wedge C_1 \Longleftrightarrow (P \wedge Q) \wedge ((P \wedge R) \vee (\neg P \wedge \neg R)) \wedge (P \wedge \neg R)$
$\Longleftrightarrow (P \wedge Q \wedge \neg R) \wedge ((P \wedge R) \vee (\neg P \wedge \neg R)) \Longleftrightarrow 0$

于是由同一律得

$F \Longleftrightarrow (\neg P \wedge Q \wedge R) \vee (P \wedge \neg Q \wedge \neg R) \Longleftrightarrow 1$

由于不可能既是铜,又是锡,于是, $\neg P \wedge Q \wedge R \Longleftrightarrow 0$

所以 $P \wedge \neg Q \wedge \neg R \Longleftrightarrow 1$

矿样为铁.丙的判断全对,甲的判断对一半,而乙的判断全错.

公式之间的另一个重要关系是蕴含关系.

定义 9-12 设 A, B 是两个公式,若公式 $A \to B$ 是重言式,即 $A \to B \Longleftrightarrow 1$,则称**公式 A 蕴含公式 B**,记为 $A \Rightarrow B$.

注意,"$\Rightarrow$" 和 "$\to$" 是两个完全不同的符号,它们的区别和联系与符号 "$\Longleftrightarrow$" 和 "$\longleftrightarrow$" 的区别和联系是完全类似的.

蕴含关系不是等价关系,它不满足对称性,即若 $A \Rightarrow B$,则不一定有 $B \Rightarrow A$ 成立.但它是偏序关系,即满足自反性、反对称性和传递性.

(1) 自反性:对任意的公式 $A, A \Rightarrow A$.
(2) 反对称性:对任意的公式 A, B,若 $A \Rightarrow B, B \Rightarrow A$,则 $A \Longleftrightarrow B$.
(3) 可传递性:对任意的公式 A, B, C,若 $A \Rightarrow B, B \Rightarrow C$,则 $A \Rightarrow C$.

定理 9-4 设 A, B 是两个命题公式, $A \Longleftrightarrow B$ 当且仅当 $A \Rightarrow B$ 且 $B \Rightarrow A$.

证明 设 $A \Longleftrightarrow B$,则 $A \longleftrightarrow B$ 是重言式.

根据 E_{14} $\quad A \longleftrightarrow B \Longleftrightarrow (A \to B) \wedge (B \to A)$

所以, $A \to B$ 和 $B \to A$ 都是重言式,即 $A \Rightarrow B$ 且 $B \Rightarrow A$.

反之,设 $A \Rightarrow B, B \Rightarrow A$ 则 $A \to B$ 和 $B \to A$ 均为重言式,因此 $A \longleftrightarrow B$ 是重言式,

即 $A \Leftrightarrow B$.

上述定理的充分性,实际上是蕴含关系的反对称性.

定理 9-5 设 $A 、 B 、 C$ 是公式,若 $A \Rightarrow B$,且 $B \Rightarrow C$,则 $A \Rightarrow C$.

证明 因为 $A \Rightarrow B$ 且 $B \Rightarrow C$,那么按定义,公式 $A \rightarrow B$ 和 $B \rightarrow C$ 都为重言式,即

$$\neg A \vee B \Leftrightarrow \neg B \vee C \Leftrightarrow 1$$

因此
$$\begin{aligned}
\neg A \vee C &\Leftrightarrow (\neg A \vee C) \vee 0 \\
&\Leftrightarrow (\neg A \vee C) \vee (B \wedge \neg B) \\
&\Leftrightarrow (\neg A \vee B \vee C) \wedge (\neg A \vee \neg B \vee C) \\
&\Leftrightarrow (1 \vee C) \wedge (\neg A \vee 1) \\
&\Leftrightarrow 1 \wedge 1 \\
&\Leftrightarrow 1
\end{aligned}$$

由于 $A \rightarrow C$ 为重言式,因此 $A \Rightarrow C$.

表 9-11 列出了一些重要的蕴含关系. 这些蕴含关系均可以按照定义直接证明,下面以式(12)为例给出其证明.

表 9-11

(1)	$P \wedge Q \Rightarrow P$
(2)	$P \wedge Q \Rightarrow Q$
(3)	$P \Rightarrow P \vee Q$
(4)	$Q \Rightarrow P \vee Q$
(5)	$\neg P \Rightarrow P \rightarrow Q$
(6)	$Q \Rightarrow P \rightarrow Q$
(7)	$\neg (P \rightarrow Q) \Rightarrow P$
(8)	$\neg (P \rightarrow Q) \Rightarrow \neg Q$
(9)	$P \wedge (P \rightarrow Q) \Rightarrow Q$
(10)	$\neg Q \wedge (P \rightarrow Q) \Rightarrow \neg P$
(11)	$\neg P \wedge (P \vee Q) \Rightarrow Q$
(12)	$(P \rightarrow Q) \wedge (Q \rightarrow R) \Rightarrow P \rightarrow R$
(13)	$(P \vee Q) \wedge (P \rightarrow R) \wedge (Q \rightarrow R) \Rightarrow R$

$$\begin{aligned}
&((P \rightarrow Q) \wedge (Q \rightarrow R)) \rightarrow (P \rightarrow R) \\
&\Leftrightarrow ((\neg P \vee Q) \wedge (\neg Q \vee R)) \rightarrow (\neg P \vee R) \\
&\Leftrightarrow \neg ((\neg P \vee Q) \wedge (\neg Q \vee R)) \vee (\neg P \vee R) \\
&\Leftrightarrow ((P \wedge \neg Q) \vee (Q \wedge \neg R)) \vee (\neg P \vee R) \\
&\Leftrightarrow (P \wedge \neg Q) \vee ((Q \wedge \neg R) \vee (\neg P \vee R)) \\
&\Leftrightarrow (P \wedge \neg Q) \vee ((Q \vee \neg P \vee R) \wedge (\neg R \vee \neg P \vee R)) \\
&\Leftrightarrow (P \wedge \neg Q) \vee ((Q \vee \neg P \vee R) \wedge 1)
\end{aligned}$$

$$\Leftrightarrow (P \wedge \neg Q) \vee (Q \vee \neg P \vee R)$$
$$\Leftrightarrow (P \vee Q \vee \neg P \vee R) \wedge (\neg Q \vee Q \vee \neg P \vee R)$$
$$\Leftrightarrow 1 \wedge 1$$
$$\Leftrightarrow 1$$

因此 $((P \to Q) \wedge (Q \to R)) \Rightarrow P \to R$

给定 A、B 两个公式,为了判定 $A \Rightarrow B$ 是否成立,根据蕴含关系的定义,上述问题转化为判定 $A \to B$ 是否为重言式.由联结词"$\to$"的真值表知,只需判定真值表中第三行的情况是否发生.这样,可得下述判定方法.

(1) 假定前件 A 为真,检查在此情况下,其后件 B 是否也为真.如果后件也为真,则说明此蕴含式命题公式 $A \to B$ 是重言式,因而 $A \Rightarrow B$,否则,该蕴含关系不成立.

(2) 假定其后件 B 为假,检查在此情况下,其前件 A 是否有可能为真.如果前件不可能为真,则 $A \Rightarrow B$,否则该蕴含关系不成立.

例 9 推证 $\neg P \wedge (P \vee Q) \Rightarrow Q$.

证明 方法 1:假定 $\neg P \wedge (P \vee Q)$ 的真值为真,则 $\neg P$ 和 $P \vee Q$ 的真值皆为真,于是 P 的真值为假,从而 Q 的真值为真.因此,$\neg P \wedge (P \vee Q) \Rightarrow Q$.

方法 2:假定 Q 的真值为假.

若 P 的真值为真,则 $\neg P$ 的真值为假,所以 $\neg P \wedge (P \vee Q)$ 为假;若 P 的真值为假,则 $P \vee Q$ 的值为假,所以 $\neg P \wedge (P \vee Q)$ 的值为假.因此,后件的真值为假时,前件的真值为假,从而 $\neg P \wedge (P \vee Q) \Rightarrow Q$.

例 10 推证 $\neg Q \wedge (P \to Q) \Rightarrow \neg P$.

证明 方法 1:假定 $\neg Q \wedge (P \to Q)$ 为真,则 $\neg Q, P \to Q$ 均为真,从而得出 Q 是假,P 是假,因而 $\neg P$ 是真.所以,$\neg Q \wedge (P \to Q) \Rightarrow \neg P$.

方法 2:假定 $\neg P$ 是假,于是 P 为真.若 Q 为真,则 $\neg Q$ 假,从而 $\neg Q \wedge (P \to Q)$ 为假.若 Q 为假,由于 P 为真,所以 $P \to Q$ 假,从而 $\neg Q \wedge (P \to Q)$ 假.因此,$\neg Q \wedge (P \to Q) \Rightarrow \neg P$.

方法 3:构造前件和后件的真值表如表 9-12 所示.

表 9-12

P	Q	$\neg Q \wedge (P \to Q)$	$\neg P$
0	0	1	1
0	1	0	1
1	0	0	0
1	1	0	0

从真值表可以看出,$\neg Q \wedge (P \to Q)$ 取真值"1"的那些变元的真值指派,也使 $\neg P$ 取真值"1",因此 $\neg Q \wedge (P \to Q) \Rightarrow \neg P$;或者使 $\neg P$ 取真值"0"的那些变元的真值指派,也使 $\neg Q \wedge (P \to Q)$ 取真值"0".因此,$\neg Q \wedge (P \to Q) \Rightarrow \neg P$.

定理 9-6 设 $A、B、C$ 是公式,若 $A \Rightarrow B$ 且 $A \Rightarrow C$,那么
$$A \Rightarrow (B \wedge C).$$

证明 由假设知,$A \rightarrow B$ 和 $A \rightarrow C$ 均为重言式.因此,若 A 的真值为真,则 B 和 C 的真值均为真,所以 $B \wedge C$ 的真值为真,故 $A \Rightarrow B \wedge C$.

定理 9-7 设 $A、B$ 为公式,若 $A \Rightarrow B$ 且 A 是重言式,则 B 一定也是重言式.

证明 由假设知,$A \rightarrow B$ 是重言式.若 A 的真值为真,则 B 的真值必为真.又已知 A 是重言式,即 A 的真值恒真,所以 B 的真值也总为真.因此,B 也是重言式.

我们知道,一个公式 A 如果包含有联结词 $\rightarrow$ 和 $\leftrightarrow$,则可以用前面的 E_{11} 和 E_{12} 经过置换化成一个与之等值的公式 B,而公式 B 只包含三种基本联结词 $\neg$、$\wedge$ 和 $\vee$.因此在下面关于对偶原理的讨论中,可以假定每个公式中只出现 $\neg$、$\wedge$ 和 $\vee$ 这三种联结词.

定义 9-13 在给定的公式 A 中,若用联结词 $\vee$ 代换 $\wedge$,用 $\wedge$ 代换 $\vee$,用 0 代换 1,用 1 代换 0,则所得的公式称为 **A 的对偶**,记作 A^D.

显然,A 和 A^D 互为对偶.

例如,公式 $((P \vee \neg Q) \wedge R) \vee (S \wedge P)$ 与公式 $((P \wedge \neg Q) \vee R) \wedge (S \vee P)$ 互为对偶.

定理 9-8 设 A 和 A^D 是互为对偶的两个公式,$P_1, P_2, \cdots, P_n$ 是其命题变元,则
$$\neg A(P_1, P_2, \cdots, P_n) \Leftrightarrow A^D(\neg P_1, \neg P_2, \cdots, \neg P_n) \quad (*)$$

证明 令 $A(P_1, P_2, \cdots, P_n)$ 中包含的 $\neg$、$\wedge$ 和 $\vee$ 的数目 l 为该公式的逻辑高度.施归纳于高度.

当 $l = 0$ 时,式 $(*)$ 显然成立.

当 $l = 1$ 时,A 为以下三种情形之一:$A = P_1 \vee P_2$,$A = P_1 \wedge P_2$ 或 $A = \neg P$.

(1) 若 $A = P_1 \vee P_2$,则 $A^D = P_1 \wedge P_2$.由德·摩根定律有
$$\neg(P_1 \vee P_2) \Leftrightarrow \neg P_1 \wedge \neg P_2$$

(2) 若 $A = P_1 \wedge P_2$,则 $A^D = P_1 \vee P_2$.由德·摩根定律有
$$\neg(P_1 \wedge P_2) \Leftrightarrow \neg P_1 \vee \neg P_2$$

(3) 若 $A = \neg P$,则 $A^D = \neg P$.显然 $\neg(\neg P) \Leftrightarrow \neg(\neg P)$.

由此证明了当 $l = 1$ 时,式 $(*)$ 成立.

设式 $(*)$ 在 $l \leqslant k-1$ 时皆成立,则当 $l = k$ 时,式 $(*)$ 的正确性可证明如下.$A(P_1, P_2, \cdots, P_n)$ 的最后一个运算符仅可能为 $\vee$、$\wedge$ 或 $\neg$.

(1) 若最后一个运算符为 $\vee$,令
$$A(P_1, P_2, \cdots, P_n) = A_1(P_1, P_2, \cdots, P_n) \vee A_2(P_1, P_2, \cdots, P_n)$$
则 $l(A_1), l(A_2) \leqslant k-1$,由归纳假设
$$\neg A_1(P_1, P_2, \cdots, P_n) \Leftrightarrow A_1^D(\neg P_1, \neg P_2, \cdots, \neg P_n)$$
$$\neg A_2(P_1, P_2, \cdots, P_n) \Leftrightarrow A_2^D(\neg P_1, \neg P_2, \cdots, \neg P_n)$$

因此
$$A^D(\neg P_1, \neg P_2, \cdots, \neg P_n) = (A_1(\neg P_1, \neg P_2, \cdots, \neg P_n) \vee A_2(\neg P_1, \neg P_2, \cdots, \neg P_n))^D$$
$$\Leftrightarrow A_1^D(\neg P_1, \neg P_2, \cdots, \neg P_n) \wedge A_2^D(\neg P_1, \neg P_2, \cdots, \neg P_n)$$
$$\Leftrightarrow \neg A_1(P_1, P_2, \cdots, P_n) \wedge \neg A_2(P_1, P_2, \cdots, P_n)$$
$$\Leftrightarrow \neg (A_1(P_1, P_2, \cdots, P_n) \vee A_2(P_1, P_2, \cdots, P_n))$$
$$\Leftrightarrow \neg A(P_1, P_2, \cdots, P_n)$$

由对称性有 $\neg A(P_1, P_2, \cdots, P_n) \Leftrightarrow A^D(\neg P_1, \neg P_2, \cdots, \neg P_n)$.

(2) 若最后一个运算符为 $\wedge$，可类似于(1)一样证明.

(3) 若最后一个运算符为 $\neg$，令
$$A(P_1, P_2, \cdots, P_n) = \neg A_1(P_1, P_2, \cdots, P_n)$$

则 $l(A_1) = k - 1$. 由归纳假设有
$$\neg A_1(P_1, P_2, \cdots, P_n) \Leftrightarrow A_1^D(\neg P_1, \neg P_2, \cdots, \neg P_n)$$

因此
$$\neg A(P_1, P_2, \cdots, P_n) = \neg(\neg A_1(P_1, P_2, \cdots, P_n))$$
$$\Leftrightarrow \neg A_1^D(\neg P_1, \neg P_2, \cdots, \neg P_n)$$
$$\Leftrightarrow (\neg A_1(\neg P_1, \neg P_2, \cdots, \neg P_n))^D$$
$$\Leftrightarrow A^D(\neg P_1, \neg P_2, \cdots, \neg P_n)$$

由此证明了当 $l = k$ 时，式 $(*)$ 成立.

定理 9-9 （对偶原理） 设 $A(P_1, P_2, \cdots, P_n)$ 和 $B(P_1, P_2, \cdots, P_n)$ 是两个公式，若 $A \Leftrightarrow B$，则 $A^D \Leftrightarrow B^D$.

证明 因为 $A(P_1, P_2, \cdots, P_n) \Leftrightarrow B(P_1, P_2, \cdots, P_n)$

所以 $\neg A(P_1, P_2, \cdots, P_n) \Leftrightarrow \neg B(P_1, P_2, \cdots, P_n)$

由定理 9-8 $\neg A(P_1, P_2, \cdots, P_n) \Leftrightarrow A^D(\neg P_1, \neg P_2, \cdots, \neg P_n)$
$\neg B(P_1, P_2, \cdots, P_n) \Leftrightarrow B^D(\neg P_1, \neg P_2, \cdots, \neg P_n)$

于是 $A^D(\neg P_1, \neg P_2, \cdots, \neg P_n) \Leftrightarrow B^D(\neg P_1, \neg P_2, \cdots, \neg P_n)$

从而 $A^D(P_1, P_2, \cdots, P_n) \Leftrightarrow B^D(P_1, P_2, \cdots, P_n)$

证毕.

表 9-9 中每两个等值关系式 E_i 和 E_i' 都是互为对偶的. 因此由对偶原理，只要证明其中的一个即可.

考虑所有命题的集合 S. 显然，前面所定义的三种运算 $\neg$、$\wedge$ 和 $\vee$ 分别可以看做是该集合上的一元和二元运算. 因此，这个集合和这三个运算构成一个代数系统 $(S; \neg, \vee, \wedge)$. 由于这些运算满足交换律、分配律、同一律和互否律，因此，与集合代数 $(2^U, ', \cup, \cap)$ 一样，代数系统 $(S; \neg, \vee, \wedge)$ 也是一个布尔代数，称为**命题代数**.

9.4 范 式

判断一个命题公式是否为重言式，或者矛盾式，或者是可满足的公式，这样的问

题称为一个判定问题.在命题逻辑中,对于含有有限个命题变元的命题公式来说,用真值表的方法,总可以在有限的步骤内确定它的真值.因此,判定问题总是可解的.但是正如前面曾指出过的,这种方法并不理想.因为,当命题变元较多时运算次数很大,每增加一个命题变元,真值表的行数就增加一倍.本节给出对公式进行判定的另一种方法.为此先引进几个概念.

定义 9-14 一个由命题变元或命题变元的否定所组成的合取式称为**质合取式**.

定义 9-15 一个由命题变元或命题变元的否定所组成的析取式称为**质析取式**.

例如,设 P 和 Q 是两个命题变元,那么 P、$P \land Q$、$\neg P \land Q \land P$ 等都是质合取式,而 P、$P \lor Q$、$\neg P \lor P \lor Q$、$P \lor \neg Q$ 等都是质析取式.

定理 9-10 (1) 一质合取式为矛盾式的充分必要条件是,它同时包含某个命题变元 P 及其否定 $\neg P$.

(2) 一质析取式为重言式的充分必要条件是,它同时包含某个命题变元 P 及其否定 $\neg P$.

证明 (1) 充分性:对于任何命题变元 P,$P \land \neg P$ 是矛盾式,因此,若有 $P \land \neg P$ 在质合取式中出现,则这个质合取式必为矛盾式.

必要性:假设一个质合取式为矛盾式,但式中不同时包含任一命题变元及其否定,那么,对该合取式中出现在否定号后面的命题变元指派值 0,而对不出现在否定号后面的命题变元指派值 1,则整个合取式取值必为 1,这与假设矛盾.

(2) 的证明方法与(1)同.

定义 9-16 一个由质合取式的析取组成的公式,称为**析取范式**,亦即该公式具有形式 $A_1 \lor A_2 \lor \cdots \lor A_n (n \geq 1)$,其中 $A_1, A_2, \cdots, A_n$ 都是质合取式.

定义 9-17 一个由质析取式的合取组成的公式,称为**合取范式**,亦即该公式具有形式 $A_1 \land A_2 \land \cdots \land A_n (n \geq 1)$,其中 $A_1, A_2, \cdots, A_n$ 都是质析取式.

例如 $(\neg P \land \neg Q) \lor (P \land Q) \lor (P \land R \land \neg Q)$
$(P \land Q \land \neg P) \lor (Q \land \neg Q)$

等都是析取范式.

$(\neg P \lor \neg Q) \land (P \lor \neg Q)$
$(P \lor Q \lor \neg Q) \land (P \lor \neg P)$

等都是合取范式.

任一命题公式都可以变换为与它等值的析取范式和合取范式的形式.其步骤如下.

(1) 消去公式中的运算符"$\to$"和"$\leftrightarrow$":利用 E_{11} 和 E_{12} 将公式中出现的 $P \to Q$ 置换为 $\neg P \lor Q$,$P \leftrightarrow Q$ 置换为 $(P \land Q) \lor (\neg P \land \neg Q)$ 或者 $(\neg P \lor Q) \land (\neg Q \lor P)$.

(2) 将否定号"$\neg$"向内深入,使之只作用于命题变元:利用德·摩根定律将公式中出现的 $\neg(P \lor Q)$ 转换为 $\neg P \land \neg Q$,$\neg(P \land Q)$ 置换为 $\neg P \lor \neg Q$.

(3) 利用双重否定律将 $\neg(\neg P)$ 置换成 P.

(4) 利用分配律将公式变为所需要的范式,即

将 $P \wedge (Q \vee R)$ 置换为 $(P \wedge Q) \vee (P \wedge R)$ 可得析取式.

将 $P \vee (Q \wedge R)$ 置换为 $(P \vee Q) \wedge (P \vee R)$ 可得合取式.

由于每一个命题公式都是有限长的符号序列,因此经过有限次的置换以后,必可得到与原公式等值的范式.

例 1 求公式 $P \longleftrightarrow (P \wedge Q)$ 的析取范式.

解法一 $P \longleftrightarrow (P \wedge Q) \Longleftrightarrow (P \wedge P \wedge Q) \vee (\neg P \wedge \neg(P \wedge Q))$

$\Longleftrightarrow (P \wedge P \wedge Q) \vee (\neg P \wedge (\neg P \vee \neg Q))$

$\Longleftrightarrow (P \wedge P \wedge Q) \vee (\neg P \wedge \neg P) \vee (\neg P \wedge \neg Q)$

解法二 $P \longleftrightarrow (P \wedge Q) \Longleftrightarrow (\neg P \vee (P \wedge Q)) \wedge (\neg(P \wedge Q) \vee P)$

$\Longleftrightarrow (\neg P \vee (P \vee Q)) \wedge (\neg P \vee \neg Q \vee P)$

$\Longleftrightarrow (\neg P \wedge (\neg P \vee \neg Q \vee P)) \vee ((P \wedge Q)$

$\vee (\neg P \vee \neg Q \vee P))$

$\Longleftrightarrow (\neg P \wedge \neg P) \vee (\neg P \wedge \neg Q) \vee (\neg P \wedge P)$

$\vee (P \wedge Q \wedge \neg P) \vee (P \wedge Q \wedge \neg Q) \vee (P \wedge Q \wedge P)$

由上看出,一个公式的析取范式不是唯一的,然而同一公式的不同析取范式是等值的.

例 2 求公式 $P \wedge (P \rightarrow Q)$ 的合取范式.

解 $P \wedge (P \rightarrow Q) \Longleftrightarrow P \wedge (\neg P \vee Q)$

而 $P \wedge (\neg P \vee Q) \Longleftrightarrow (P \wedge \neg P) \vee (P \wedge Q)$

$\Longleftrightarrow (P \vee P) \wedge (P \vee Q) \wedge (\neg P \vee P) \wedge (\neg P \vee Q)$

因此,一个公式的合取范式也不是唯一的.

定理 9-11 (1) 公式 A 为重言式的充分必要条件是, A 的合取范式中每一质析取式至少包含有一对互为否定的析取项;

(2) 公式 A 为矛盾式的充分必要条件是, A 的析取范式中每一质合取式至少包含一对互为否定的合取项.

证明 (1) 设 A 的任一合取范式为 $A_1 \wedge A_2 \wedge \cdots \wedge A_n$,其中 $A_i (i = 1, 2, \cdots, n)$ 为质析取式.

充分性:由条件知,任一 $A_i (1 \leqslant i \leqslant n)$ 中含 $P \vee \neg P$ 析取项,其中 P 为命题变元.于是由定理 9-10 知,每一 $A_i (1 \leqslant i \leqslant n)$ 都为重言式,因此 $A_1 \wedge A_2 \wedge \cdots A_n$ 必为重言式,即 A 为重言式.

必要性(反证法):假设某个 A_i 不包含一对互为否定的析取项,则由定理 9-10 知, A_i 不是重言式.设 A 包含的所有命题变元为 $P_1, P_2, \cdots, P_n$,显然 A_i 所包含的命题变元必在 $P_1, P_2, \cdots, P_n$ 中,于是存在一组真值指派使 A_i 取值为假.对同一组真值指

派,A 的取值也必为假,这与 A 是重言式矛盾.假设不成立,定理得证.

(2) 留给读者证明.

例 3 判别公式 $\neg(P \lor R) \lor \neg(Q \land \neg R) \lor P$ 是否为重言式或矛盾式.

解 求其范式为

$$\neg(P \lor R) \lor \neg(Q \land \neg R) \lor P \Longleftrightarrow (\neg P \land \neg R) \lor \neg Q \lor R \lor P$$

在公式的析取范式中,共有 4 个析取项,但任何一个中都没有同一命题变元及其否定同时出现.故原公式不是矛盾式.

应用 $\lor$ 对 $\land$ 的分配律有

$$(\neg P \land \neg R) \lor \neg Q \lor R \lor P \Longleftrightarrow (\neg P \lor \neg Q \lor R \lor P) \land (\neg R \lor \neg Q \lor R \lor P)$$

在公式的合取范式中,第一个合取项中同时包含有 $\neg P$ 和 P,第二个合取项中同时包含有 $\neg R$ 和 R,因此原公式为重言式.

例 4 判别公式 $(P \to Q) \to P$ 是否为重言式或矛盾式.

解 求其范式为

$$(P \to Q) \to P \Longleftrightarrow (\neg P \lor Q) \to P$$
$$\Longleftrightarrow \neg(\neg P \lor Q) \lor P$$
$$\Longleftrightarrow (P \land \neg Q) \lor P$$

又 $(P \land \neg Q) \lor P \Longleftrightarrow (P \lor P) \land (\neg Q \lor P)$

由于公式 $(P \to Q) \to P$ 的析取范式和合取范式均不满足定理 9-11 的条件,因此它既不是矛盾式,也不是重言式.它是一个可满足的公式.事实上,若令 P 的值为 1,则 $(P \to Q) \to P$ 的值为 1.

利用合取范式和析取范式虽然可以较容易地判别一个公式是否为重言式或矛盾式,但它们有不足之处,那就是一个公式的合取范式和析取范式不是唯一的.这对于希望通过范式来判别两公式是否等值带来了不便.为了使各公式的范式能够是唯一的,下面进一步介绍主范式的概念.

定义 9-18 设有命题变元 $P_1, P_2, \cdots, P_n$,形如 $\bigwedge_{i=1}^{n} P_i^*$ 的命题公式称为由命题变元 $P_1, P_2, \cdots, P_n$ 所产生的**最小项**. 而形如 $\bigvee_{i=1}^{n} P_i^*$ 的命题公式称为由命题变元 $P_1, P_2, \cdots, P_n$ 所产生的**最大项**. 其中,每一个 P_i^* 或为 P_i,或为 $\neg P_i$.

显然,最小项和最大项分别是一些特殊的质合取式和质析取式,且由 $P_1, P_2, \cdots, P_n$ 产生的不同最小项和不同最大项分别为 2^n 个.将集合 $A_1, A_2, \cdots, A_n$ 分别换成命题变元 $P_1, P_2, \cdots, P_n$,A' 换成 $\neg P_i$,$\cup$ 换成 $\lor$,$\cap$ 换成 $\land$,作类似于 1.9 节的讨论,可得到与集合代数中完全类似的结论.

例如,$P_1 \land P_2 \land \neg P_3, P_1 \land \neg P_2 \land \neg P_3, P_1 \land P_2 \land P_3$ 等均是由 P_1、P_2、P_3 产生的最小项;$P_1 \lor \neg P_2 \lor \neg P_3, P_1 \lor \neg P_2 \lor P_3, P_1 \lor P_2 \lor \neg P_3$ 等均是由 P_1、P_2、P_3 产生的最大项.

定义 9-19　由不同最小项所组成的析取式,称为**主析取范式**.

定义 9-20　由不同最大项所组成的合取式,称为**主合取范式**.

例如,作三个命题变元 P_1、P_2、P_3 所产生的某些最小项的真值表,如表 9-13 所示.

表 9-13

$P_1 P_2 P_3$	$\neg P_1 \wedge \neg P_2 \wedge P_3$	$\neg P_1 \wedge P_2 \wedge P_3$	$P_1 \wedge P_2 \wedge \neg P_3$	$P_1 \wedge P_2 \wedge P_3$
0　0　0	0	0	0	0
0　0　1	1	0	0	0
0　1　0	0	0	0	0
0　1　1	0	1	0	0
1　0　0	0	0	0	0
1　0　1	0	0	0	0
1　1　0	0	0	1	0
1　1　1	0	0	0	1

由表 9-13 可以看出,对于每一个最小项 $\bigwedge_{i=1}^{n} P_i^*$,仅有表中的一行使其值为 1,该行就是 $P_1^*, P_2^*, \cdots, P_n^*$ 所标记的列分别为 1 的行,也就是 $P_1, P_2, \cdots, P_n$ 所标记的各列分别为 $\delta_1, \delta_2, \cdots, \delta_n$ 的行. 其中

$$\delta_i = \begin{cases} 0 & \text{当 } P_i^* = \neg P_i \\ 1 & \text{当 } P_i^* = P_i \end{cases}$$

于是,不同的最小项取值为 1 的行各不相同,而每一行都必有一最小项在该行取值为 1. 因此,对于任一给定的公式 A,作出它的真值表,根据它在真值表中取值为 1 的个数和 1 所在的行,可作出一个与 A 等值且由若干个不同最小项的析取所构成的公式. 该公式中不同最小项的个数等于 A 在真值表中 1 的个数,而这些最小项在真值表中取值为 1 的行分别对应着 A 的取值为 1 的不同的行. 于是,类似于定理 1-4 有下面的定理.

定理 9-12　每一个不为矛盾式的命题公式 $A(P_1, P_2, \cdots, P_n)$ 必与一个由 $P_1, P_2, \cdots, P_n$ 所产生的主析取范式等值.

每一个不为矛盾式的公式都有一个与之等值的主析取范式. 对于矛盾式 $A(P_1, P_2, \cdots, P_n)$,由于它的主析取范式不能包含 2^n 个最小项中的任何一个,因此可以说,矛盾式的主析取范式是空公式,定义它为 0. 若公式 $A(P_1, P_2, \cdots, P_n)$ 是重言式,那么所有 2^n 个最小项都会出现在它的主析取范式中. 因此,利用一个公式的主析取范式可以判别这个公式是否为重言式或矛盾式.

类似地,对于每一个最大项 $\bigvee_{i=1}^{n} P_i^*$,仅有真值表中的一行使其值为 0. 该行就是 $P_1, P_2, \cdots, P_n$ 所标记的各列分别为 $\delta_1, \delta_2, \cdots, \delta_n$ 的行,其中

$$\delta_i = \begin{cases} 0 & \text{当 } P_i^* = P_i \\ 1 & \text{当 } P_i^* = \neg P_i \end{cases}$$

不同的最大项取值为 0 的行各不相同,而每一行都必有一最大项在该行取值为 0. 因此,对于任一给定的公式 A,作出它的真值表,根据它在真值表中取值为 0 的个数和 0 所在的行,可作出一个与 A 等值且由若干个不同最大项的合取所构成的公式. 这些不同最大项的个数等于 A 在真值表中 0 的个数,而这些最大项在真值表中取值为 0 的行分别对应着 A 的取值为 0 的不同的行. 于是,类似于定理 1-5,有下面的定理.

定理 9-13 每一个不是重言式的公式 $A(P_1, P_2, \cdots, P_n)$ 必与一个由 $P_1, P_2, \cdots, P_n$ 所产生的主合取范式等值.

每一个不为重言式的公式都有一个与之等值的主合取范式. 与主析取范式相反,重言式的主合取范式是空公式,定义它为 1. 矛盾式的主合取范式必由所有最大项的合取构成. 因此,利用一个公式的主合取范式也可判别这个公式是否为重言式或矛盾式.

求一个给定公式的主析取范式和主合取范式不一定要借助于真值表,用类似于求范式的方法也可求出给定公式的主范式. 不过在求公式的主范式时,除了使用求范式时的四个步骤(1)～(4)以外,还要作以下三项置换.

(5) 利用同一律消去矛盾的质合取式(重言的质析取式).

(6) 利用等幂律消去相同的质合取式(质析取式),消去质合取式(质析取式)中相同的合取项(析取项).

(7) 利用同一律、分配律将不包含某一命题变元的质合取式(质析取式)置换为包含有这一命题变元的质合取式(质析取式).

把 $(P \land Q)$ 置换为 $(P \land Q) \land (R \lor \neg R)$,再置换为 $(P \land Q \land R) \lor (P \land Q \land \neg R)$.

把 $(P \lor Q)$ 置换为 $(P \lor Q) \lor (R \land \neg R)$,再置换为 $(P \lor Q \lor R) \land (P \lor Q \lor \neg R)$.

例 5 给定公式 $(P \land (P \to Q)) \to Q$,求其主范式并对公式是否为重言式或矛盾式进行判定.

解 求公式的主析取范式为

$(P \land (P \to Q)) \to Q$

$\Leftrightarrow \neg(P \land (\neg P \lor Q)) \lor Q$

$\Leftrightarrow \neg P \lor \neg(\neg P \lor Q) \lor Q$

$\Leftrightarrow \neg P \lor (P \land \neg Q) \lor Q$

$\Leftrightarrow (\neg P \land (Q \lor \neg Q)) \lor (P \land \neg Q) \lor (Q \land (P \lor \neg P))$

$\Leftrightarrow (\neg P \land Q) \lor (\neg P \land \neg Q) \lor (P \land \neg Q) \lor (P \land Q) \lor (\neg P \land Q)$

$\Leftrightarrow (P \land Q) \lor (\neg P \land Q) \lor (P \land \neg Q) \lor (\neg P \land \neg Q)$

由于公式的主析取范式包含了所有的最小项,因此原公式为重言式.

原公式为重言式的结论也可通过求主合取范式而得到,即

$$(P \wedge (P \rightarrow Q)) \rightarrow Q \Leftrightarrow \neg P \vee (P \wedge \neg Q) \vee Q$$
$$\Leftrightarrow ((\neg P \vee P) \wedge (\neg P \vee \neg Q)) \vee Q$$
$$\Leftrightarrow (\neg P \vee \neg Q) \vee Q$$
$$\Leftrightarrow \neg P \vee \neg Q \vee Q \Leftrightarrow 1$$

由于仅有的质析取式是一重言式,消去后所得的主合取范式是一空公式,因此原公式是重言式.

例 6 求公式 $(\neg P \rightarrow R) \wedge (P \leftrightarrow Q)$ 的主合取范式和主析取范式.

解 将公式 $(\neg P \rightarrow R) \wedge (P \leftrightarrow Q)$ 简记成 S,于是有

$$S \Leftrightarrow (P \vee R) \wedge (\neg P \vee Q) \wedge (\neg Q \vee P)$$
$$\Leftrightarrow (P \vee R \vee (Q \wedge \neg Q)) \wedge (\neg P \vee Q \vee (R \wedge \neg R))$$
$$\quad \wedge (P \vee \neg Q \vee (R \wedge \neg R))$$
$$\Leftrightarrow (P \vee Q \vee R) \wedge (P \vee \neg Q \vee R) \wedge (\neg P \vee Q \vee R) \wedge (\neg P \vee Q \vee \neg R)$$
$$\quad \wedge (P \vee \neg Q \vee R) \wedge (P \vee \neg Q \vee \neg R)$$
$$\Leftrightarrow (P \vee Q \vee R) \wedge (P \vee \neg Q \vee R) \wedge (P \vee \neg Q \vee \neg R)$$
$$\quad \wedge (\neg P \vee Q \vee R) \wedge (\neg P \vee Q \vee \neg R)$$

此即 S 的主合取范式.

显然,余下的最大项的合取式便是 $\neg S$ 的主合取范式,即

$$\neg S \Leftrightarrow (P \vee Q \vee \neg R) \wedge (\neg P \vee \neg Q \vee R) \wedge (\neg P \vee \neg Q \vee \neg R)$$

对 $\neg S$ 求否定,并利用定理 9-8,便得到 S 的主析取范式为

$$S \Leftrightarrow \neg(\neg S) \Leftrightarrow (\neg P \wedge \neg Q \wedge R) \vee (P \wedge Q \wedge \neg R) \vee (P \wedge Q \wedge R)$$

由上看出,公式 S 既不是重言式,也不是矛盾式,因而是一个可满足的公式.

类似于定理 1-6,有下面的定理.

定理 9-14 设 A 是包含命题变元 $P_1, P_2, \cdots, P_n$ 的命题公式,若不计其中最小项(最大项)的排列次序,则 A 的主析取范式(主合取范式)是唯一的.

利用公式的真值表,很容易得出定理的结论.

于是,两个公式等值的充分必要条件是它们的主析取范式(主合取范式)相同.

例如,下面的两个公式

$$(\neg P \vee Q) \wedge (\neg Q \vee R) \wedge (\neg R \vee P)$$
$$(\neg Q \vee P) \wedge (\neg R \vee Q) \wedge (\neg P \vee R)$$

它们是不同的合取范式,但它们有相同的主合取范式,即

$$(P \vee Q \vee \neg R) \wedge (P \vee \neg Q \vee R) \wedge (\neg P \vee Q \vee R) \wedge$$
$$(P \vee \neg Q \vee \neg R) \wedge (\neg P \vee Q \vee \neg R) \wedge (\neg P \vee \neg Q \vee R)$$

因此,这两个公式是等值的.

主合取范式和主析取范式,不仅可以方便地用于判定公式类型和两公式是否等

值,而且还可以分析和解决实际问题.

例 7 设计一个简单的表决器,表决者每人座位旁有一个按钮,若同意则按下按钮,否则不按按钮,当表决结果超过半数时,会场电铃就会响,否则铃不响.试以表决人数为 3 人的情况设计表决器电路的逻辑关系.

解 设三个表决者的按钮分别与命题符号 A、B、C 对应.当按钮按下时,令其真值为 1;当不按按钮时,其值为 0.设 F 对应表决器电铃状态,铃响其值为 1,不响其值为 0,它是按钮命题符号的命题公式.根据题意,电铃与按钮之间的关系如表 9-14 所示.

表 9-14

A	B	C	F
0	0	0	0
0	0	1	0
0	1	0	0
0	1	1	1
1	0	0	0
1	0	1	1
1	1	0	1
1	1	1	1

从表 9-14 中可以看出,使得 F 为 1 的赋值有 011, 101, 110, 111,共有四组,分别对应最小项 $\neg A \wedge B \wedge C$, $A \wedge \neg B \wedge C, A \wedge B \wedge \neg C, A \wedge B \wedge C$.

因此,F 可由主析取范式的形式表示,即有

$$F \Longleftrightarrow (\neg A \wedge B \wedge C) \vee (A \wedge \neg B \wedge C) \vee (A \wedge B \wedge \neg C) \vee (A \wedge B \wedge C)$$

这就是表决器电路的逻辑关系式.利用这一关系式可设计出逻辑电路图.一般根据需要,还可以应用等值演算将主析取范式尽量简化,以便在具体实施时简单、快捷.

9.5 命题演算的推理理论

推理是由已知的命题得到新命题的思维过程.任何一个推理都由前提和结论两部分组成,前提就是推理所根据的已知的命题,结论则是从前提通过推理而得到的新命题.

定义 9-21 设 A、B 是两个命题公式,如果 $A \Rightarrow B$,即如果命题公式 $A \rightarrow B$ 为重言式,则称 B 是前提 A 的结论或从 A 推出结论 B.一般地,设 $H_1, H_2, \cdots, H_n$ 和 C 是一些命题公式,如果

$$H_1 \wedge H_2 \cdots \wedge H_n \Rightarrow C$$

则称从前提 $H_1, H_2, \cdots, H_n$ 推出结论 C,有时也记为 $H_1, H_2, \cdots, H_n \Rightarrow C$,并称 $\{H_1, H_2, \cdots, H_n\}$ 为 C 的前提集合.

一组前提是否可以推出某个结论,可以按照定义进行判断.

例 1 确定结论 C 是否可以从前提 H_1 及 H_2 推出.

(1) $H_1: P \rightarrow Q, \quad H_2: P, \quad C: Q$

(2) $H_1: P \rightarrow Q, \quad H_2: Q, \quad C: P$

解 构造上述命题公式的真值表如表 9-15 所示.

表 9-15

P Q	$P \to Q$	$(P \to Q) \land P$	$(P \to Q) \land Q$
0 0	1	0	0
0 1	1	0	1
1 0	0	0	0
1 1	1	1	1

对于(1)可以看到,第四行是两个前提的真值都取 1 的唯一的行,在这一行结论 Q 也具有真值 1.因此,C 是前提 H_1 和 H_2 的结论.对于(2)注意到,第二行和第四行是两个前提的真值都取 1 的行,但对于第二行,结论 P 的真值为 0.因此,$H_1 \land H_2 \to C$ 不是重言式.按照定义,(2)中的两个前提不能推出结论 C.

例如,将某些具体的命题代入命题变元 P 和 Q,根据(1)可以得到下述两个断言.

(1) 如果今天出太阳,他就进城.

　　今天出了太阳.

　　所以他进城了.

(2) 如果狗有翅膀,则狗会飞上天.

　　狗有翅膀,

　　所以狗飞上天了.

(3) 如果 n 是素数,则 n 一定是整数.

　　n 是整数,

　　所以 n 是素数.

显然,(1)是正确的;(2)看起来似乎很荒唐,但是,由于数理逻辑主要是从抽象的逻辑关系上来研究推理的,因此,在(2)中虽然前件和后件都是假的,但是这种推理形式却是正确的;(3)的结论是错误的,错误在于命题公式 $((P \to Q) \land Q) \to P$ 不是重言式.这也就是数学中常说到的"当乙是甲的必要条件时,乙不一定是甲的充分条件".

判断 $H_1 \land H_2 \land \cdots \land H_n \to C$ 是否为重言式,还可以仿照 9.3 节中的方法,利用已知的一些等值式推导出等值式 $(H_1 \land H_2 \land \cdots \land H_n \to C) \Longleftrightarrow 1$,从而证明 C 是前提 $H_1, H_2, \cdots, H_n$ 的结论.

例 2 证明 $C: \neg P$ 是前提 $H_1: P \to Q$ 和 $H_2: \neg(P \land Q)$ 的结论.

证明　　$H_1 \land H_2 \to C \Longleftrightarrow ((P \to Q) \land \neg(P \land Q)) \to \neg P$

$\Longleftrightarrow ((\neg P \lor Q) \land (\neg P \lor \neg Q)) \to \neg P$

$\Longleftrightarrow (\neg P \lor (Q \land \neg Q)) \to \neg P$

$\Longleftrightarrow \neg P \to \neg P$

$\Longleftrightarrow P \lor \neg P$

$\Longleftrightarrow 1$

由定义可知，C 是前提 H_1 和 H_2 的结论.

上面两个例子基本上是按照定义来证明的，但当前提和结论都是比较复杂的命题公式或者所包含的命题变元很多的时候，直接用定义进行推导将是很困难的，因此需要寻求更有效的推理方法.

为了证明 C 是前提 $H_1, H_2, \cdots, H_n$ 的结论，需要证明 $(H_1 \wedge H_2 \wedge \cdots \wedge H_n) \to C$ 是一个重言式. 也就是要证明当前提 $H_1, H_2, \cdots, H_n$ 均为真时，C 必为真. 为了描述这一推理过程，引入形式证明的概念.

定义 9-22 一个描述推理过程的命题序列，其中每个命题或者是已知的命题，或者是由某些前提所推得的结论，序列中最后一个命题就是所要求的结论，这样的命题序列称为**形式证明**.

要想进行正确的推理，就必须构造一个逻辑结构严谨的形式证明，这需要使用一些推理规则.

下面几个规则是人们在推理过程中常用到的推理规则.

(1) **前提引入规则**：在证明的任何步骤上都可以引用前提.

(2) **结论引用规则**：在证明的任何步骤上所得到的结论都可以在其后的证明中引用.

(3) **置换规则**：在证明的任何步骤上，命题公式的子公式都可以用与之等值的其他命题公式置换.

(4) **代入规则**：在证明的任何步骤上，重言式中的任一命题变元都可以用一命题公式代入，得到的仍是重言式.

在 9.3 节中列出的 $E_1 \sim E_{14}$ 以及

$$E_{15} \quad \neg(P \to Q) \Leftrightarrow P \wedge \neg Q$$

$$E_{16} \quad P \to Q \Leftrightarrow \neg Q \to \neg P$$

$$E_{17} \quad \neg(P \leftrightarrow Q) \Leftrightarrow P \leftrightarrow \neg Q$$

都是在推理过程中经常使用的一些等值关系式.

在推理过程中经常使用的蕴含关系式有：

$$I_1 \quad P \wedge Q \Rightarrow P$$

$$I_2 \quad P \wedge Q \Rightarrow Q$$

$$I_3 \quad P \Rightarrow P \vee Q$$

$$I_4 \quad Q \Rightarrow P \vee Q$$

$$I_5 \quad \neg P \Rightarrow P \to Q$$

$$I_6 \quad Q \Rightarrow P \to Q$$

$$I_7 \quad \neg(P \to Q) \Rightarrow P$$

$$I_8 \quad \neg(P \to Q) \Rightarrow \neg Q$$

$$I_9 \quad P, Q \Rightarrow P \wedge Q$$

I_{10} $\neg P, P \vee Q \Rightarrow Q$

I_{11} $P, P \rightarrow Q \Rightarrow Q$

I_{12} $\neg Q, P \rightarrow Q \Rightarrow \neg P$

I_{13} $P \rightarrow Q, Q \rightarrow R \Rightarrow P \rightarrow R$

I_{14} $P \vee Q, P \rightarrow R, Q \rightarrow R \Rightarrow R$

I_{15} $P \rightarrow Q \Rightarrow (P \vee R) \rightarrow (Q \vee R)$

I_{16} $P \rightarrow Q \Rightarrow (P \wedge R) \rightarrow (Q \wedge R)$

这些蕴含式也称为推理定律,因为它们给出了正确的推理形式.

蕴含关系式 I_{11} 称为假言推理,它表示若两个命题为真,其中一个是蕴含式命题,而另一个是这个蕴含式命题的前件,那么这个蕴含式命题的后件一定也是真命题. 在证明过程中,如果出现了某个推理定律的前件,则根据 I_{11},立刻可得到由这个前件所推出的后件. 因此, I_{11} 也称**分离规则**.

如果证明过程中的每一步所得到的结论都是根据推理规则得到的,则这样的证明称为是**有效的**. 通过有效的证明而得到的结论,称为是**有效的结论**. 因此,一个证明是否有效与前提的真假没有关系,一个结论是否有效与它自身的真假也没有关系. 在数理逻辑中,主要关心的是如何构造一个有效的证明和得到有效的结论. 如果所有的前提都是真的,那么通过有效的证明所得到的结论也是真的. 这样的证明称为是**合理的**. 通过合理的证明而得到的结论称为是**合理的结论**. 数学中定理的证明过程一般都是一个合理的证明.

在形式证明中,为了得到一组给定前提的有效结论,一般采用两类基本方法,即直接证法和间接证法.

1. 直接证明法

由一组前提,利用一些公认的推理规则,根据已知的蕴含式和等值式推导出有效结论的方法称为直接证法.

例 3 证明 $\neg P$ 是前提 $\neg (P \wedge \neg Q), \neg Q \vee R, \neg R$ 的结论.

证明

编 号	公 式	依 据
(1)	$\neg Q \vee R$	前提
(2)	$\neg R$	前提
(3)	$\neg Q$	(1),(2); I_{10}
(4)	$\neg (P \wedge \neg Q)$	前提
(5)	$\neg P \vee Q$	(4); E'_{10}, E_6
(6)	$\neg P$	(3),(5); I_{10}

表格中间一列是依次推导出来的命题公式,最后一行的命题公式 $\neg P$ 是要证明

的结论.左边一列是推导出来的命题公式的编号,右边一列是推导的依据.

例 4 证明 $P \vee Q$ 是 $S \to Q, R \to P, S \vee R$ 的结论.

证明

编 号	公 式	依 据
(1)	$S \vee R$	前提
(2)	$\neg S \to R$	(1); E_6, E_{11}
(3)	$R \to P$	前提
(4)	$\neg S \to P$	(2),(3); I_{13}
(5)	$\neg P \to S$	(4); E_{16}, E_6
(6)	$S \to Q$	前提
(7)	$\neg P \to Q$	(5),(6); I_{13}
(8)	$P \vee Q$	(7); E_{11}, E_6

例 5 "如果电影已开演,那么大门关着,如果他们八点钟以前到达,那么大门开着.他们八点钟以前到达,所以电影没有开演."证明这些语句构成一个正确的推理.

令　P:电影已开演.
　　Q:大门关着.
　　R:他们八点钟以前到达.

只需证明从前提 $P \to Q, R \to \neg Q, R$ 可以推出结论 $\neg P$(请读者自己完成这一证明).

由等值关系式 $E_{13}: P \to (Q \to R) \Longleftrightarrow (P \wedge Q) \to R$,设 P 是一组前提的合取,即前提集合,Q 是任一公式,则等值关系 E_{13} 说明,如果将 Q 包括到前提集合中去作为添加的前提,并用 R 可以从 $P \wedge Q$ 推出,那么 $Q \to R$ 可以从这组前提 P 推出.这样,又得到下面一推理规则.

蕴含证明规则:如果能够从 Q 和前提集合 P 中推导出 R 来,则就能够从 P 中推导出 $Q \to R$ 来.

例 6 证明 $(P \wedge Q) \to R, \neg R \vee S, \neg S \Rightarrow P \to \neg Q$.

证明　把 P 作为附加前提,推导 $\neg Q$,从而推导出 $P \to \neg Q$.

编 号	公 式	依 据
(1)	$\neg R \vee S$	前提
(2)	$\neg S$	前提
(3)	$\neg R$	(1),(2); I_{10}
(4)	$(P \wedge Q) \to R$	前提
(5)	$\neg(P \wedge Q)$	(3),(4); I_{12}
(6)	$\neg P \vee \neg Q$	(5); E'_{10}
(7)	P	假设
(8)	$\neg Q$	(6),(7); I_{10}, E_5

例 7 "如果春暖花开,燕子就会飞回北方.如果燕子飞回北方,则冰雪融化.所以,如果冰雪没有融化,则没有春暖花开."证明这些语句构成一个正确的推理.

证明 令 P:春暖花开. Q:燕子飞回北方. R:冰雪融化. 则上述问题转化成证明

$$P \to Q, \quad Q \to R \Rightarrow \neg R \to \neg P$$

利用蕴含证明规则,将 $\neg R$ 作为附加前提,推导 $\neg P$,从而推导出 $\neg R \to \neg P$.

编 号	公 式	依 据
(1)	$Q \to P$	前提
(2)	$\neg R$	附加前提
(3)	$\neg Q$	(1),(2);I_{12}
(4)	$P \to Q$	前提
(5)	$\neg R$	(3),(4);I_{12}

2. 间接证明法

间接证明法也就是大家熟悉的反证法,把结论的否定当作附加前提与给定前提一起推证,若能推导出矛盾,则说明结论是有效的.

定义 9-23 如果对于出现在公式 $H_1,H_2,\cdots,H_n$ 中的命题变元的任何一组真值指派,公式 $H_1,H_2,\cdots,H_n$ 中至少有一个为假,即它们的合取式 $H_1 \wedge H_2 \wedge \cdots \wedge H_n$ 是矛盾式,则称公式 $H_1,H_2,\cdots,H_n$ 是**不相容的**. 否则,称公式 $H_1,H_2,\cdots,H_n$ 是**相容的**.

当且仅当存在着一个命题 R,使得 $H_1 \wedge H_2 \wedge \cdots \wedge H_n \Rightarrow R \wedge \neg R$ 时,$H_1,H_2,\cdots,H_n$ 是不相容的,这里 R 是任一公式.

因为若 $H_1 \wedge H_2 \wedge \cdots \wedge H_n \Rightarrow (R \wedge \neg R)$,则意味着 $(H_1 \wedge H_2 \wedge \cdots \wedge H_n) \to (R \wedge \neg R)$ 是永真公式.而该蕴含式的后件是一永假公式,因此前件 $H_1 \wedge H_2 \wedge \cdots \wedge H_n$ 也必为永假公式,故 $H_1,H_2,\cdots,H_n$ 是不相容的.

反之,若 $H_1,H_2,\cdots,H_n$ 是不相容的,则 $H_1 \wedge H_2 \wedge \cdots \wedge H_n$ 是一永假公式.由蕴含联结词的定义,对于任意的公式 P,蕴含式 $(H_1 \wedge H_2 \wedge \cdots \wedge H_n) \to P$ 为永真公式,因此对任意的 R,$(H_1 \wedge H_2 \wedge \cdots \wedge H_n) \to (R \wedge \neg R)$ 为永真公式,即 $H_1 \wedge H_2 \wedge \cdots \wedge H_n \Rightarrow R \wedge \neg R$.

在间接证明法中,使用了不相容的概念.

为了证明结论 C 可以从前提 $H_1,H_2,\cdots,H_n$ 推出,把 $\neg C$ 添加到这组前提中去.如果有某个公式 R 使得 $H_1 \wedge H_2 \wedge \cdots \wedge H_n \wedge \neg C \Rightarrow R \wedge \neg R$,则这组新的前提是不相容的.于是,当 $H_1 \wedge H_2 \wedge \cdots \wedge H_n$ 为真时,$\neg C$ 必为假.也就是当 $H_1 \wedge H_2 \wedge \cdots \wedge H_n$ 为真时,C 必为真.于是,C 可以由前提 $H_1,H_2,\cdots,H_n$ 推出.

例 8 证明 $P \to \neg Q, Q \vee \neg R, R \wedge \neg S \Rightarrow \neg P$.

证明 用反证法.把 $\neg(\neg P)$ 作为添加的前提加入到前提的集合中去,证明由此导致矛盾.

编号	公式	依据
(1)	¬(¬P)	假设
(2)	P	(1);E_6
(3)	P → ¬Q	前提
(4)	¬Q	(2),(3);I_{11}
(5)	Q ∨ ¬R	前提
(6)	¬R	(4),(5);I_{10}
(7)	R ∧ ¬S	前提
(8)	R	(7);I_1
(9)	R ∧ ¬R	(6),(8);I_9

所以从前提 P → ¬Q, Q ∨ ¬R, R ∧ ¬S 可以推出结论 ¬P.

9.6 实例解析

例1 在某次研讨会的中间休息时间,3名与会者根据王教授的口音对他是哪个省市的人进行了判断.

甲说:王教授不是苏州人,是上海人.

乙说:王教授不是上海人,是苏州人.

丙说:王教授既不是上海人,又不是杭州人.

王教授听后笑着说:你们3人中一人全说对了,一人全说错了,还有一人对错各半. 试用逻辑演算法分析王教授是哪里人?

解法一 设命题

P:王教授是苏州人.

Q:王教授是上海人.

R:王教授是杭州人.

P、Q、R 中必有一个是真命题,两个是假命题.

设甲的判断为:	¬P ∧ Q
乙的判断为:	P ∧ ¬Q
丙的判断为:	¬Q ∧ ¬R
则甲的判断全对	A_1 = ¬P ∧ Q
甲的判断对一半	A_2 = ((¬P ∧ ¬Q) ∨ (P ∧ Q))
甲的判断全错	A_3 = P ∧ ¬Q
乙的判断全对	B_1 = P ∧ ¬Q
乙的判断对一半	B_2 = (¬P ∧ ¬Q) ∨ (P ∧ Q)
乙的判断全错	B_3 = ¬P ∧ Q

丙的判断全对　　　　　　$C_1 = \neg Q \wedge \neg R$
丙的判断对一半　　$C_2 = (Q \wedge \neg R) \vee (\neg Q \wedge R)$
丙的判断全错　　　　　　$C_3 = Q \wedge R$

由王教授的话知

$$F = (A_1 \wedge B_2 \wedge C_3) \vee (A_1 \wedge B_3 \wedge C_2) \vee (A_2 \wedge B_1 \wedge C_3)$$
$$\vee (A_3 \wedge B_1 \wedge C_2) \vee (A_2 \wedge B_3 \wedge C_1) \vee (A_3 \wedge B_2 \wedge C_1) \Leftrightarrow 1$$

而 $(A_1 \wedge B_2 \wedge C_3) \Leftrightarrow (\neg P \wedge Q) \wedge ((\neg P \wedge \neg Q) \vee (P \wedge Q)) \wedge (Q \wedge R)$
$\Leftrightarrow (((\neg P \wedge Q) \wedge (\neg P \wedge \neg Q)) \vee ((\neg P \wedge Q) \wedge (P \wedge Q))) \wedge (Q \wedge R)$
$\Leftrightarrow (0 \vee 0) \wedge (Q \wedge R) \Leftrightarrow 0$

$(A_1 \wedge B_3 \wedge C_2) \Leftrightarrow (\neg P \wedge Q) \wedge (\neg P \wedge Q) \wedge ((Q \wedge \neg R) \vee (\neg Q \wedge R))$
$\Leftrightarrow (\neg P \wedge Q \wedge \neg R) \vee (\neg P \wedge Q \wedge \neg Q \wedge R)$
$\Leftrightarrow \neg P \wedge Q \wedge \neg R$

$A_2 \wedge B_1 \wedge C_3 \Leftrightarrow ((\neg P \wedge \neg Q) \vee (P \wedge Q)) \wedge (P \wedge \neg Q) \wedge (Q \wedge R)$
$\Leftrightarrow 0$

$A_3 \wedge B_1 \wedge C_2 \Leftrightarrow (P \wedge \neg Q) \wedge (\neg Q \wedge P) \wedge ((Q \wedge \neg R) \vee (\neg Q \wedge R))$
$\Leftrightarrow P \wedge \neg Q \wedge R$

$A_2 \wedge B_3 \wedge C_1 \Leftrightarrow ((\neg P \wedge \neg Q) \vee (P \wedge Q)) \wedge (\neg P \wedge Q) \wedge (\neg Q \wedge \neg R)$
$\Leftrightarrow 0$

$A_3 \wedge B_2 \wedge C_1 \Leftrightarrow (P \wedge \neg Q) \wedge ((\neg P \wedge \neg Q) \vee (P \wedge Q)) \wedge (\neg Q \wedge \neg R)$
$\Leftrightarrow 0$

于是,由同一律知 $F \Leftrightarrow (\neg P \wedge Q \wedge \neg R) \vee (P \wedge \neg Q \wedge R)$

但因为王教授不能既是苏州人,又是杭州人,所以 P、R 中必有一个是假命题,即 $P \wedge \neg Q \wedge R \Leftrightarrow 0$。

因此,$F \Leftrightarrow \neg P \wedge Q \wedge \neg R$ 为真命题。

故 P、R 为假命题,Q 为真命题,即王教授为上海人,甲说得全对,丙说对了一半,乙全说错了。

此题若先作一下分析,再做演算可能会简化许多。

解法二　王教授只可能是苏州人、上海人、杭州人,或者都不是这 4 种情况之一,不可能具有多重身份,所以,丙说:王教授既不是上海人,也不是杭州人,丙至少说对了一半。故得甲或乙必有一人全错。或甲全错了,则有 $P \wedge \neg Q$,此时乙全对。同理,乙全错则有甲全对。因此,丙必是一对一错。故王教授的话可符号化为

$(\neg P \wedge Q) \wedge ((Q \wedge \neg R) \vee (\neg Q \wedge R)) \vee ((P \wedge \neg Q) \wedge ((Q \wedge \neg R) \vee (\neg Q \wedge R))) \Leftrightarrow (\neg P \wedge Q \wedge \neg R) \vee (P \wedge \neg Q \wedge R) \Leftrightarrow 1$

因为王教授不可能既是苏州人,又是杭州人,故 $P \wedge \neg Q \wedge R \Leftrightarrow 0$

所以，$\neg P \wedge Q \wedge \neg R \Leftrightarrow 1$，即王教授是上海人．

例 2 某科研所要从 3 名科研骨干 A、B、C 中挑选 1－2 名出国进修．由于工作需要，选派时要满足以下条件．

(1) 若 A 去，则 C 同去．
(2) 若 B 去，则 C 不能去．
(3) 若 C 不去，则 A 或 B 可以去．
问所里应如何选派他们？

解 设 P：派 A 去； Q：派 B 去； R：派 C 去．
由已知条件可得公式
$$F = (P \to R) \wedge (Q \to \neg R) \wedge (\neg R \to (P \vee Q))$$
由等价演算得
$1 \Leftrightarrow F \Leftrightarrow (\neg P \vee R) \wedge (\neg Q \vee \neg R) \wedge (R \vee (P \vee Q))$
$\Leftrightarrow (P \vee Q \vee R) \wedge ((\neg P \vee R) \wedge \neg Q) \vee ((\neg P \vee R) \wedge \neg R)$
$\Leftrightarrow (P \vee Q \vee R) \wedge ((\neg P \wedge \neg Q) \vee (R \wedge \neg Q) \vee (\neg P \wedge \neg R)$
$\quad \vee (R \wedge \neg R))$
$\Leftrightarrow ((P \vee Q \vee R) \wedge (\neg P \wedge \neg Q)) \vee ((P \vee Q \vee R) \wedge (R \wedge \neg Q))$
$\quad \vee ((P \vee Q \vee R) \wedge (\neg P \wedge \neg R))$
$\Leftrightarrow (\neg P \wedge \neg Q \wedge R) \vee (P \wedge \neg Q \wedge R) \vee (R \wedge \neg Q)$
$\quad \vee (\neg P \wedge Q \wedge \neg R)$
$\Leftrightarrow (\neg P \wedge \neg Q \wedge R) \vee (P \wedge \neg Q \wedge R) \vee (\neg P \wedge Q \wedge \neg R)$

由此可得(1) A、B 不去，派 C 去．
(2) A、C 同去，B 不去．
(3) A、C 不去，派 B 去．

习　题

1. 判断下列语句哪些是命题，若是命题，则指出其真值．
    (1) 只有小孩才爱哭．
    (2) $x + 6 = y$．
    (3) 请勿随地吐痰！
    (4) 你明天有空吗？
    (5) 3 是素数．
    (6) 银是白的．
    (7) 起来吧，我的朋友．
2. 将下列命题符号化．
    (1) 昨天下雨并且打雷．

(2) 我看见的既不是小张,又不是老李.
(3) 当他心情好的时候,他一定会唱歌;当他在唱歌时,就说明他心情一定很好.
(4) 人不犯我,我不犯人;人若犯我,我必犯人.
(5) 如果晚上做完了作业并且没有其他的事,他就会看电视或听音乐.

3. 设 P 表示命题"小王乘坐公共汽车",Q 表示"小王在看书",R 表示"小王在唱歌". 试用日常生活语言复述下列复合命题的内容.
 (1) $P \wedge Q \wedge \neg R$;
 (2) $(P \vee Q) \wedge \neg R$;
 (3) $P \rightarrow (Q \vee R)$;
 (4) $\neg P \wedge \neg Q \wedge R$.

4. 构造下列命题公式的真值表.
 (1) $\neg P \vee (Q \wedge \neg R)$;
 (2) $(P \wedge \neg Q) \vee (R \wedge Q)$;
 (3) $(P \rightarrow Q) \leftrightarrow (\neg P \vee Q)$;
 (4) $(Q \wedge (P \rightarrow Q)) \rightarrow P$;
 (5) $((P \vee Q) \rightarrow (Q \wedge R)) \rightarrow (P \wedge \neg R)$.

5. 下列命题公式中哪些是重言式?哪些是矛盾式?
 (1) $(P \rightarrow Q) \leftrightarrow (\neg Q \rightarrow \neg P)$;
 (2) $(Q \wedge (P \rightarrow Q)) \rightarrow (P \rightarrow Q)$;
 (3) $(\neg Q \rightarrow P) \rightarrow (P \rightarrow Q)$;
 (4) $((P \vee Q) \rightarrow R) \leftrightarrow S$;
 (5) $(P \wedge Q) \leftrightarrow P$;
 (6) $(P \rightarrow \neg P) \rightarrow \neg P$.

6. 对于给定的代换产生下列公式的代换实例.
 (1) $((P \rightarrow Q) \rightarrow P) \rightarrow P$,用 $P \rightarrow Q$ 代换 P,用 $(P \rightarrow Q) \rightarrow R$ 代换 Q;
 (2) $(P \rightarrow Q) \rightarrow (Q \rightarrow P)$,用 Q 代换 P,用 $P \wedge \neg P$ 代换 Q.

7. 证明下列命题公式的等值关系.
 (1) $(P \rightarrow Q) \wedge (R \rightarrow Q) \Leftrightarrow (P \vee R) \rightarrow Q$;
 (2) $\neg (P \leftrightarrow Q) \Leftrightarrow (P \vee Q) \wedge \neg (P \wedge Q)$;
 (3) $\neg (P \leftrightarrow Q) \Leftrightarrow (P \wedge \neg Q) \vee (\neg P \wedge Q)$;
 (4) $((Q \wedge R) \rightarrow S) \wedge (R \rightarrow (P \vee S)) \Leftrightarrow (R \wedge (P \rightarrow Q)) \rightarrow S$;
 (5) $(P \rightarrow (Q \rightarrow R)) \Leftrightarrow (P \rightarrow \neg Q) \vee (P \rightarrow R)$.

8. 证明下列命题公式的蕴含关系.
 (1) $P \rightarrow (Q \rightarrow R) \Rightarrow (P \rightarrow Q) \rightarrow (P \rightarrow R)$;
 (2) $((P \vee \neg P) \rightarrow Q) \rightarrow ((P \vee \neg P) \rightarrow R) \Rightarrow (Q \rightarrow R)$;
 (3) $(Q \rightarrow (P \wedge \neg P)) \rightarrow (R \rightarrow (P \wedge \neg P)) \Rightarrow (R \rightarrow Q)$.

9. 求下列公式的析、合取范式.
 (1) $((P \rightarrow Q) \leftrightarrow (\neg Q \rightarrow \neg P)) \wedge R$;
 (2) $P \vee (\neg P \vee (Q \wedge \neg Q))$;
 (3) $(P \wedge (Q \wedge S)) \vee (\neg P \wedge (Q \wedge S))$.

10. 求下列命题公式的主合取范式和主析取范式,并判断公式是否为重言式或矛盾式.
 (1) $(\neg P \vee \neg Q) \rightarrow (P \leftrightarrow \neg Q)$;
 (2) $\neg (P \rightarrow Q) \leftrightarrow (P \rightarrow \neg Q)$;
 (3) $(\neg R \wedge (Q \rightarrow P)) \rightarrow (P \rightarrow (Q \vee R))$;
 (4) $(P \rightarrow (Q \wedge R)) \wedge (\neg P \rightarrow (\neg Q \wedge \neg R))$.

11. 证明以下结论.
    (1) $\neg S$ 是前提 $P \to Q, (\neg Q \lor R) \land \neg R, \neg(\neg P \land S)$ 的结论.
    (2) $\neg P \lor \neg Q$ 是前提 $(P \land Q) \to R, \neg R \lor S, \neg S$ 的结论.
    (3) $R \lor S$ 是前提 $P \land Q, (P \leftrightarrow Q) \to (R \lor S)$ 的结论.
    (4) $P \to S$ 是前提 $\neg P \lor Q, \neg Q \lor R, R \to S$ 的结论.
    (5) $P \to (Q \to F)$ 是前提 $P \to (Q \to R), R \to (S \to E), \neg F \to (S \land \neg E)$ 的结论.

12. 证明下列各式的有效性(如果必要,可用间接证法).
    (1) $(R \to \neg Q), R \lor S, S \to \neg Q, P \to Q \Rightarrow \neg P;$
    (2) $S \to \neg Q, S \lor R, \neg R, \neg P \to Q \Rightarrow P;$
    (3) $\neg(P \to Q) \to \neg(R \lor S), (Q \to P) \lor \neg R, R \Rightarrow P \leftrightarrow Q.$

13. 判断下列推理是否正确.
    (1) 如果太阳从西边出来,则地球停止转动.太阳从西边出来了,所以地球停止了转动.
    (2) 如果我是小孩,我会喜欢孙悟空.我不是小孩,所以我不喜欢孙悟空.
    (3) 如果这里有球赛,则通行是困难的.如果他们按指定的时间到达,则通行是不困难的.他们按指定时间到达了,所以这里没有球赛.

14. 张三说李四在说谎,李四说王五在说谎,王五说张三、李四都在说谎.问张三、李四、王五三人,到底谁说真话,谁说假话?

15. 两位同学同住一间宿舍,寝室照明电路按下述要求设计:宿舍门口装一个开关 A,两位同学的床头各自装一个开关 B、C,当晚上回宿舍时,按一下开关 A,室内灯点亮;上床后按一下开关 B 或 C,室内灯熄灭;这样以后,按一下 A、B、C 三个开关中的任何一个,室内灯亮. 如果室内灯 G 亮和灭分别用 1 和 0 表示,试求出 G 用 A、B、C 表示的主析取范式和主合取范式.

16. A、B、C、D 四人参加拳击比赛,三个观众猜测比赛结果.
    甲说:"C 第一,B 第二."
    乙说:"C 第二,D 第三."
    丙说:"A 第二,D 第四."
    比赛结果显示,他们每个人均猜对了一半,并且没有并列名次.问实际名次怎样排列?

第 10 章 谓词逻辑

在命题演算中,把原子命题作为基本研究单位,对它不再进行分解,只研究由原子命题和联结词所组成的复合命题;研究复合命题的逻辑性质和复合命题间的逻辑关系,等等.这样,使得命题逻辑有很大的局限性,有些很简单的推理形式,用命题演算的推理理论无法论证它.

例如:所有的人都是要死的.

张三是人,

所有张三是要死的.

从直观上看,第三个命题是前两个命题的结论.但是,从前面研究的命题推理理论却得不出来.因为,它的前提和结论里都没有联结词,它们都是原子命题,用命题逻辑来表示,它的形式是 $P \wedge Q \rightarrow R$.显然,这不是命题逻辑里的重言式.造成上述缺陷的原因在于不能对原子命题作进一步的分析,从而显出前提和结论在形式结构方面的联系,因此就不可能认识到这种推理的形式和规律.

又如:李芳是大学生.

张岗是大学生.

由于它们是两个原子命题,故只能用两个不同的符号来表示.但这样的符号不能揭示出这两个命题的共同特性.

因此,对原子命题的成分、结构和原子命题间的共同特性等需作进一步的分析,这正是谓词逻辑所要研究的问题.

10.1 谓词、个体和量词

在谓词演算中,可将原子命题分解为谓词与个体两部分.例如,在前面的例子"张三是人"中的"是人"是谓语,称为谓词,"张三"是主语,称为个体.

定义 10-1 可以独立存在的物体称为**个体**(它可以是抽象的,也可以是具体的).

如鲜花、代表团、收音机、自然数、唯物主义,等等,都可以作个体.在谓词演算中,个体通常在一个命题里表示思维对象.

定义 10-2 用来刻画个体的性质或关系的词称为**谓词**.刻画一个个体性质的词称为**一元谓词**;刻画 n 个个体之间关系的词称为 n **元谓词**.

例如,"张三是人",其中的"是人"刻画了个体"张三"的性质.又如"张明与张亮是兄弟",其中的"…… 与 …… 是兄弟"刻画了两个个体"张明"与"张亮"之间的关系.再如"上海位于南京与杭州之间",其中的谓词"…… 位于 …… 与 …… 之间"刻画了个体"上海"、"南京"、"杭州"三个城市之间的地理位置关系.

用大写字母表示谓词,用小写字母表示个体.例如,用 Q 表示谓词"是大学生",用 a 和 b 分别表示"李芳"和"张岗",则命题"李芳是大学生"和"张岗是大学生"分别可以写成 $Q(a)$ 和 $Q(b)$.

在"a 比 b 大"、"a 位于 b 与 c 之间"这些命题里,a 和 b 或者 a、b 和 c 都代表一些个体,"…… 比 …… 大"和"…… 位于 …… 与 …… 之间"是谓词.可以把它们分别表示成 $A(a,b)$ 和 $B(a,b,c)$.A 是二元谓词,B 是三元谓词.

一般地,一个由 n 个个体和 n 元谓词所组成的命题可表示为 $G(a_1,a_2,\cdots,a_n)$,其中 G 表示 n 元谓词,a_1、a_2、$\cdots$、a_n 分别表示 n 个个体.a_1、a_2、$\cdots$、a_n 的排列次序有时是重要的.例如,$B(a,b,c)$ 不能写为 $B(b,a,c)$,否则就成了命题"b 位于 a 与 c 之间".

一个单独的谓词没有明确的含义,如"…… 是大学生",这个谓词必须跟随在一个个体后才有明确的含义,并且能分辨真假.

以前所引入的联结词,在这里仍然可以用来构成复合命题.例如,若用 $Q(a)$ 表示"李芳是大学生",用 $G(b,c)$ 表示"张琦比小红高",则命题"李芳是大学生且张琦比小红高"记成 $Q(a) \wedge G(b,c)$."如果李芳是大学生,则张琦比小红高"记成 $Q(a) \rightarrow G(b,c)$."李芳不是大学生"记成 $\neg Q(a)$.同样,使用联结词"$\vee$"和"$\leftrightarrow$"可分别用来形成下面的命题

$$Q(a) \vee G(b,c)$$
$$Q(a) \leftrightarrow G(b,c)$$

一个给定的谓词,可以与某一类个体一起构成不同的命题.例如,"…… 是大学生"中,个体可以是"李芳",也可以是"张岗",像这种具体的、确定的个体称为**个体常元**,表示抽象的或泛指的(或者说取值不确定的)个体称为**个体变元**.

如 $Q(x)$ 表示"x 是大学生",这里 x 是个体变元,它可在名词范围内任意取值.设 a 表示"李芳",则 $x=a$ 时,$Q(a)$ 表示"李芳是大学生",a 是个体常元.对于谓词 Q,$Q(x)$ 实际上是个体变元 x 的函数.相应地,引入下述定义.

定义 10-3 由一个谓词和若干个个体变元组成的表达式称为**简单命题函数**.由 n 元谓词 P 和 n 个个体变元 $x_1,x_2,\cdots,x_n$ 组成的命题函数,表示为 $P(x_1,x_2,\cdots,x_n)$.由一个或若干个简单命题函数以及逻辑联结词组成的命题形式称为**复合命题函数**.简单命题函数和复合命题函数统称为**命题函数**.

例如,$(Q(x,y) \wedge Q(y,z)) \rightarrow Q(x,z)$ 是一复合命题函数.

有时将不带个体变元的谓词称为 0 元谓词,例如,$Q(a)$,$G(b,c)$ 等都是 0 元谓词,当 Q、G 表示具体的性质或关系时,0 元谓词为命题.这样一来,命题逻辑中的命题均可以表示成 0 元谓词,因而可将命题看成特殊的谓词.

命题函数并不是一个命题,只有当其中所有的个体变元都分别代之以确定的个体后才表示一个命题.但个体变元取哪些值,或在什么范围内取值,对其是否成为命题以及命题的真值是有影响的.

例如,设 $P(x)$ 表示 $2x-3=0$,在第9章中曾指出过这不是一个命题.但若 x 在实数范围内取不等于 3/2 的任一数 a,则 $P(a)$ 表示一个真值为假的命题,$P(3/2)$ 表示一个真值为真的命题.若 x 的取值范围是英文字母,则等式没有意义,不能称其为命题.

定义 10-4 在命题函数中,个体变元的取值范围称为**个体域**.

命题函数的个体域,实际上是命题函数的定义域.

例1 $P(x)$ 表示 $x^2+1=0$,若 x 的个体域为实数集,则这是一个矛盾式.若 x 的个体域为复数集,则除了 $P(i)$ 和 $P(-i)$ 是真值为真的命题外,其余情形均为真值为假的命题.

需要指出的是,谓词也有谓词常元和谓词变元之分.前面例子中的 P、Q 都有确定的意义,因此称它们是**谓词常元**.同样,也可以用大写字母表示意义不确定的谓词.如 $F(x,y,z)$ 中 F 是三元谓词,它代表了 x、y、z 三个个体之间的关系,但是什么关系,并未赋以它确定的意义,这样的谓词称为**谓词变元**.在下面的讨论中,均假设出现的是谓词常元,不讨论谓词变元的情形.

使用上面这些概念,还不足以表达日常生活中的各种命题.例如,若 $R(x)$ 表示 x 是大学生,x 的个体域为某单位的职工,那么若要表示该单位的职工都是大学生,或要表示该单位有些职工是大学生,使用仅包含谓词和个体的命题形式如何表示呢?又如,$P(x)$ 表示"x 是苹果",$Q(x)$ 表示"x 是甜的",$S(x)$ 表示"x 是酸的".x 的个体域为一切事物(或个体)的集合,若想表达"有些苹果是甜的,有些苹果是酸的"这一命题,则仅利用命题函数 $P(x)$、$Q(x)$、$S(x)$ 和联结词是无法表示的.因此,须引入量词.所谓量词,就是在命题里表示数量的词.在谓词逻辑中量词分为全称量词、存在量词和存在唯一量词.

下面来考虑这样一些命题.

(1) 所有的球都是圆的.
(2) 任何整数或者是正的,或者是零,或者是负的.
(3) 有些苹果是红的.
(4) 存在一个整数是奇数.
(5) 存在着唯一的偶素数.

命题(1)、(2)都需要表示"对所有的 x"这样的概念,为此引入**全称量词**,用符号"$\forall x$"表示.它用来表达"对所有的"、"对每一个"、"对任一个"、"凡是"、"一切"等词句.

设 $B(x):x$ 是圆的.$Z(x):x$ 是零.$N(x):x$ 是负数.$P(x):x$ 是正数.于是,命题

(1)、(2)可表示为

(1) $\forall x B(x)$ （设个体域为球的集合）

(2) $\forall x(Z(x) \lor N(x) \lor P(x))$ （设个体域为整数集合）

命题(3)、(4)都需要刻划"存在一个"、"存在一些"这样的含义.这可用**存在量词**"$\exists x$"表示,该量词表达"有某一个"、"至少存在一个"以及"某些"等词句.

设 $S(x):x$ 是红的. $Q(x):x$ 是奇数. 于是,命题(3)、(4)可表示为:

(3) $\exists x S(x)$ （设个体域为苹果的集合）

(4) $\exists x Q(x)$ （设个体域为整数集合）

另外,还有一种**存在唯一量词**,记作"$\exists ! x$",表示"存在着唯一的 x","恰有一个 x".

设 $P(x):x$ 是素数. $T(x):x$ 是偶数. 于是,命题(5)可表示为:

(5) $\exists ! x(P(x) \land T(x))$ （设个体域为整数集合）

在上述有关量词的例子中可以看出,每个包含有量词的表达式,都与个体域有关.因此,必须用文字指明个体域,否则就无法准确地表达命题含义.如前面的命题(1),$\forall x B(x)$ 表示"对一切 x 而言,x 是圆的",若不指明个体域,那么这个 x 可能是人,也可能是桌子,等等.这显然改变了命题本身的含义.

另外,含有量词的表达式的真值与个体域的指定有关.例如,前面的命题(4),$\exists x Q(x)$,个体域为整数或实数时,命题的真值为真;个体域为偶数集合时,命题的真值为假.

为此,在讨论带有量词的命题函数时,必须确定其个体域.为了方便,引入全总个体域的概念.

定义 10-5 所有的个体聚集在一起所构成的集合,称为**全总个体域**.

全总个体域,实际上就是一切事物构成的集合.在下面的讨论中,除特殊说明外,均使用全总个体域.而对个体变化的真正取值范围,用**特性谓词**加以限制.一般地,对全称量词,此特性谓词常作蕴含的前件;对存在量词,此特性谓词常作合取项.

例 2 在全总个体域中形式化下列命题.

(1) 人总是要犯错误的.

(2) 有的人用左手写字.

解 在全总个体域 D 中除有人外,还有万物,因而在 (1),(2) 符号化时,必须考虑将人先分离出来. 因此引入特性谓词 $M(x)$. 令 $M(x):x$ 是人. $F(x):x$ 犯错误. $G(x):x$ 用左手写字. 在 D 中,(1),(2) 可分别重述如下.

① 对于宇宙间一切事物而言,如果事物是人,则他要犯错误.

② 在宇宙间存在着用左手写字的人.

于是①,②的符号化形式分别为

(a) $\forall x(M(x) \to F(x))$

(b) $\exists x(M(x) \wedge G(x))$

对(1)可这样理解,全总个体域中有子集——人的集合,该子集中的每个元素具有一种性质,世间万物,只要你属于这个子集,你就必然具有这种性质. 所以是蕴含式,即特性谓词以蕴含式的前件加入(见(a)).

对(2)可这样理解,在宇宙间的万物(全总个体域)中,有一个子集——人的集合,还有另一个子集——用左手写字的人. 强调的是人,又用左手写字,所以是两个子集的交集. 特性谓词用合取项加入(见(b)).

有些初学者,常将(1)符号化为

(c) $\forall x(M(x) \wedge F(x))$

这是不正确的,将它译成自然语言,为"宇宙间的任何事物都是人并且都要犯错误". 这显然不是(1)的原义. 任何不是人的个体 S 代入后,$M(s)$ 为假,所以式(c)为假. 因此,(1)不能符号化成式(c).

另外,对前面的命题,若使用全总个体域讨论,则需引入特性谓词.

$A(x):x$ 是球.

$P(x):x$ 是苹果.

$I(x):x$ 是整数.

于是,前面的命题可表示为:

(1) $\forall x(A(x) \to B(x))$

(2) $\forall x(I(x) \to (z(x) \vee N(x) \vee P(x)))$

(3) $\exists x(P(x) \wedge S(x))$

(4) $\exists x(I(x) \wedge Q(x))$

(5) $\exists !x(I(x) \wedge P(x) \wedge T(x))$

有了量词的概念后,谓词逻辑的表达能力就更广泛、深入了. 下面举例说明如何将一些命题符号化.

例3 有些人对某些食物过敏.

解 设 $F(x,y):x$ 对 y 过敏. $M(x):x$ 是人. $G(x):x$ 是食物.

于是,命题可表示为

$$\exists x \exists y(M(x) \wedge G(y) \wedge F(x,y))$$

例4 尽管有人聪明,但未必一切人都聪明.

解 设 $F(x):x$ 聪明. $M(x):x$ 是人. 于是,命题可表示为

$$\exists x(M(x) \wedge F(x)) \wedge \neg(\forall x(M(x) \to F(x)))$$

例5 并非一切劳动都能用机器代替.

解 设 $L(x):x$ 是一种劳动. $M(x):x$ 是一种机器. $R(x,y):x$ 被 y 代替. 于是,命题可表示为

$$\neg(\forall x)(L(x) \to (\exists y)(M(y) \wedge R(x,y)))$$

例 6 将极限定义 $\lim\limits_{x \to a} f(x) = \beta$ 符号化.

定义:对任给的 $\varepsilon > 0$,必存在一个 $\delta > 0$,使得对所有的 x,如果 $|x - \alpha| < \delta$,则必有 $|f(x) - \beta| < \varepsilon$.

解 设 $P(x,y):x$ 大于 y;$Q(x,y):x$ 小于 y;取定个体域为实数集 **R**. 于是,$\lim\limits_{x \to a} f(x) = \beta$ 可表示为

$$\forall \varepsilon (P(\varepsilon, 0) \to \exists \delta (P(\delta, 0) \land \forall x (Q(|x - \alpha|, \delta) \to Q(|f(x) - \beta|, \varepsilon))))$$

10.2 谓词逻辑公式及解释

同在命题逻辑中一样,为在谓词逻辑(也称一阶逻辑)中进行演算和推理,还必须给出谓词逻辑中公式的抽象定义及解释. 为此,首先给出一阶语言的概念,所谓一阶语言是用于一阶逻辑的形式语言,而一阶逻辑就是建立在一阶语言基础上的逻辑体系. 一阶语言本身不具备任何意义,但可以根据需要被解释成具有某种含义. 本书给出的一种一阶语言记为 $\mathcal{F}$.

定义 10-6 一阶语言 $\mathcal{F}$ 的字母表定义如下.

(1) 个体变元:$x, y, z, \cdots, x_i, y_i, z_i, \cdots, i \geqslant 1$.

(2) 个体常元:$a, b, c, \cdots, a_i, b_i, c_i, \cdots, i \geqslant 1$.

(3) 函数符号:$f, g, h, \cdots, f_i, g_i, h_i, \cdots, i \geqslant 1$.

(4) 谓词符号:$F, G, H, \cdots, F_i, G_i, H_i, \cdots, i \geqslant 1$.

(5) 量词符号:$\forall, \exists$.

(6) 联结词符号:$\neg, \land, \lor, \to, \leftrightarrow$.

(7) 逗号和圆括号.

一个符号化的命题是一串由这些符号所组成的表达式,但并不是任意一个由此类符号组成的表达式就对应于一个命题. 因此,要给出严格的定义.

定义 10-7 $\mathcal{F}$ 的项的定义如下.

(1) 任何一个个体变元或个体常元是项.

(2) 若 f 是任意的 n 元函数,$t_1, t_2, \cdots, t_n$ 是任意的 n 个项,则 $f(t_1, t_2, \cdots, t_n)$ 是项.

(3) 所有的项都是有限次使用(1),(2)得到的.

例如,$x, a, b, f(x, a), f(g(a, b), h(x))$ 都是项. 其中,f, g 是二元函数,h 是一元函数. 而 $h(x, a)$ 不是项,因为 h 不是二元函数.

定义 10-8 设 P 是 $\mathcal{F}$ 的任意 n 元谓词,$t_1, t_2, \cdots, t_n$ 是 $\mathcal{F}$ 的任意 n 个项,则 $P(t_1, t_2, \cdots, t_n)$ 是 $\mathcal{F}$ 的原子公式,也称为谓词演算中的原子谓词公式.

一个命题或一个命题变元也称为谓词演算中的原子谓词公式. 也就是说,原子谓词公式是不含联结词和量词的命题函数. $n = 0$ 时,$P(x_1, x_2, \cdots, x_n)$ 也称为原子命题 P.

由原子谓词公式出发，下面给出谓词演算中的**谓词公式**（也称合式公式）的递归定义．

定义 10-9

(1) 每个原子谓词公式都是谓词公式．

(2) 如果 A 是谓词公式，则 $\neg A$ 也是谓词公式．

(3) 如果 A 和 B 是谓词公式，则 $(A \vee B)$、$(A \wedge B)$、$(A \rightarrow B)$、$(A \leftrightarrow B)$ 也是谓词公式．

(4) 如果 A 是谓词公式，x 是 A 中的个体变元，则 $\forall x A$ 和 $\exists x A$ 也是谓词公式．

(5) 只有由使用上述四条规则有限次而得到的才是谓词公式．

由定义可知，谓词公式是由原子谓词公式、命题联结词、量词以及圆括号按照上述规则组成的一个符号串．因此，命题演算中的命题公式是谓词公式的一个特例．

为了简单起见，下面讨论只含量词"$\forall x$"和"$\exists x$"的谓词公式．事实上量词 $\exists ! x$ 可以通过量词"$\forall x$"和"$\exists x$"来表示．

例如，10.1 节中例 2～例 4 所列出的表达式均是谓词公式．

下面再举几例说明如何用谓词公式（以后简称公式）表达日常语言中一些有关命题．

例 1 若张英是张华的女儿且张华是王芳的儿子，则张英是王芳的孙女．

解 设 $D(x,y)$：x 是 y 的女儿．$S(x,y)$：x 是 y 的儿子．$G(x,y)$：x 是 y 的孙女．$M(x)$：x 是人．

a：张英．b：张华．c：王芳．

于是，原命题可表示为 $(M(a) \wedge M(b) \wedge M(c) \wedge D(a,b) \wedge S(b,c)) \rightarrow G(a,c)$．

例 2 有一数比任何数都大．

解 设 $N(x)$：x 是数．$G(x,y)$：x 大于 y．

则原命题可表示成 $\exists x(N(x) \wedge \forall y(N(y) \rightarrow G(x,y)))$．

个体变元有自由变元和约束变元之分．

例 3 "x 是整数"是一命题函数，其中有个体变元 x．由于 x 的值未定，所以对它不能判断其真假．如果 x 取值 $\sqrt{2}$，就得到"$\sqrt{2}$ 是整数"，这是一个假命题；如果 x 取值 5，其结果是"5 是整数"，这是一个真命题．

例 4 "$x > y$"也不是一个命题，而是一个命题函数．其中有个体变元 x、y，由于 x 和 y 的值未定，对它也不能判断其真假．

在例 3 和例 4 中，x 和 y 的值都没有确定，当以确定的值去作代入后，就可得到一个命题．这样的个体变元称为**自由变元**．

约束变元是被量词所约束了的个体变元．

例 5 $\forall x$(如果 x 是苹果，则 x 是红的)

这已经不是一个命题函数，而是一个命题．对于其中的个体变元不需要再作代入，它的含义是确定的,它断定"一切苹果都是红的".这当然是一个假命题.

例 6 $\exists x(x$ 是偶数 $\land x > 101)$

这也不是一个命题函数,而是一个命题.它相当于说"存在有大于 101 的偶数".这是一个真命题.

例 5 和例 6 里的个体变元都是约束变元.约束变元之所以不需要作代入,是因为当变元的个体域确定以后,它的含义是确定的.

定义 10-10   在谓词公式 $\forall x A(x)$ 和 $\exists x A(x)$ 中,x 称为量词的指导变元(作用元),而公式 $A(x)$ 称为量词的辖域(作用域).在 $\forall x$ 和 $\exists x$ 的辖域中,x 的所有出现都称为约束出现,且 x 称为约束变元,$A(x)$ 中不是约束出现的其他变元的出现均称为自由出现,且称 x 为自由变元.

例 7   指出下列各公式中每个量词的辖域及每个变元的出现是约束的,还是自由的.

(1) $\forall x(P(x) \to \exists y R(x,y))$

(2) $\exists x(P(x) \land Q(x))$

(3) $\exists x P(x) \land Q(x)$

(4) $\forall x((P(x) \land \exists t Q(t,z)) \to \exists y R(x,y) \lor S(x,y))$

解   (1) $\forall x$ 的辖域是 $P(x) \to \exists y R(x,y)$,其中,$x$ 的两次出现均是约束出现,x 是约束变元.$\exists y$ 的辖域是 $R(x,y)$,其中 y 的出现是约束出现,y 也是约束变元.

(2) $\exists x$ 的辖域是 $P(x) \land Q(x)$,x 的所有出现都是约束出现,x 是约束变元.

(3) 注意区别公式(3)与(2),在(3)中 $\exists x$ 的辖域是 $P(x)$,x 在 $Q(x)$ 中的出现是自由出现.

(4) $\forall x$ 的辖域为 $(P(x) \land \exists t Q(t,z)) \to \exists y R(x,y)$,$z$ 是自由变元,x、y 和 t 都是约束变元,$S(x,y)$ 中的 x、y 是自由变元.

从上述的例子中可以看到,有时一个变元在同一个公式中既有约束出现,又有自由出现(如公式(3)中的 x,公式(4)中的 x、y).为避免由此而产生混淆,可以对约束变元进行换名,使得一个变元在一个公式中只呈一种形式出现.

显然,一个公式的约束变元的符号是无关紧要的,如在公式 $\forall x P(x)$ 中将约束变元改为 y,则公式 $\forall x P(x)$ 和公式 $\forall y P(y)$ 具有相同的意义,所以一个公式中的约束变元是可以更改的.但在更改时需要遵守一定的规则,这个规则称为约束变元的换名规则,简称换名规则.

换名规则: (1) 约束变元换名时,该变元在量词及其辖域中的所有出现均须同时更改,公式的其余部分不变;

(2) 换名时一定要更改为该量词辖域中没有出现过的符号.最好是公式中未出现过的符号.

例如,对公式 $\forall x(P(x) \land Q(x,y)) \to R(x,y)$ 中 x 换名,可换成

$$\forall z(P(z) \land Q(z,y)) \to R(x,y)$$

但不能换成
$$\forall y(P(y) \land Q(y,y)) \to R(x,y) \quad （违反规则(2)）$$

和
$$\forall z(P(z) \land Q(x,y)) \to R(x,y) \quad （违反规则(1)）$$

这两种错误的更改方式,其实质都是使公式中量词的约束范围发生了变化.

对于公式中的自由变元,也允许更改,这种更改称为代入.自由变元的代入,也须遵守一定的规则,这个规则称为自由变元的代入规则,简称代入规则.

代入规则:(1) 对于谓词公式中的自由变元,可以代入,代入时须对该自由变元的所有出现同时进行代入;

(2) 代入时所选用的变元符号与原公式中所有变元的符号不能相同.

例如,对 $(\forall y(P(x,y) \land \exists zQ(x,z))) \lor \forall xR(x,y)$ 中的自由变元 x 进行代入时,可代入为

$$(\forall y(P(u,y) \land \exists zQ(u,z))) \lor \forall xR(x,y)$$

但不能代入为
$$(\forall y(P(u,y) \land \exists zQ(x,z))) \lor \forall xR(x,y) \quad （违反规则(1)）$$

和
$$(\forall y(P(y,y) \land \exists zQ(y,z))) \lor \forall xR(x,y) \quad （违反规则(2)）$$

当多个量词连续出现,它们之间无括号分隔时,后面的量词在前面量词的辖域之中,且量词对变元的约束与量词的次序有关.

例如,在公式 $\forall y \exists x(x<(y-2))$ 中,x、y 的个体域为实数集,$\forall y$ 的辖域为 $\exists x(x<(y-2))$,$\exists x$ 的辖域为 $x<(y-2)$.该公式表示对任何实数 y 均有实数 x,使得 $x<y-2$.此命题的真值为真.若将量词次序改变为 $\exists x \forall y(x<(y-2))$,则公式表示存在一个实数 x,对任何实数 y 均有 $x<y-2$,此时公式表示的是一个真值为假的命题.

从约束变元的概念可以看出,若 $P(x_1,x_2,\cdots,x_n)$ 是 n 元谓词,它有 n 个相互独立的自由变元,当对其中 k 个变元进行约束时,则 P 成为一个有 $n-k$ 个自由变元的命题函数.例如,若用 Δ 表示任意的量词($\forall$ 或 $\exists$),则 $\Delta x_1, \Delta x_2, \cdots, \Delta x_k P(x_1,\cdots,x_k,x_{k+1},\cdots,x_n)$ 是含自由变元 $x_{k+1}, x_{k+2}, \cdots, x_n$ 的谓词.因此,谓词公式中,如果没有自由变元出现,则该公式就成为一个命题.例如,例 7 中公式(1)、(2)均是命题.

定义 10-11 设 A 是任意的公式,若 A 中不含自由变元,则称 A 为闭式.

例 7 中(1)、(2)均为闭式.而公式(3)、(4)不是闭式.事实上,仅就个体变元而言,自由变元才是真正的变元,而约束变元只在表面上是变元,实际上并不是真正意义上的变元.换言之,含有自由变元的公式在解释后仍是命题函数,还需赋值后才能成为命题,而不含自由变元的闭式一旦给出解释就成为命题了.

例 8 判断公式 $\exists x \forall y(P(x,y) \to Q(x,y))$ 的真值.

设个体域为 **Z**(非负整数集)

解 若设 $P(x,y):x<y;Q(x,y):y \geqslant 1$,则原公式是一个真命题.

若设 $P(x,y):y \neq x;Q(x,y):y=x$,则原公式是一个假命题.

换言之,在个体域 $\mathbf{Z}$ 中,公式的真假依赖于对谓词的不同解释(即不同的含义),然而,即便给谓词以确定的解释后,例如,设 $P(x,y):y>x;Q(x,y):y\geqslant 1$. 若选定的个体域为 $\mathbf{R}$(实数集合),则此时原公式是一个假命题(命题的真值发生了变化).

例 9 判断公式 $P(x,y)\rightarrow Q(x,y)$ 的真值.

解 由于公式不是闭式,确定个体域为 $\mathbf{Z}$ 以后,设

$$P(x,y):x+y=0;$$
$$Q(x,y):x>y.$$

这时,如果给个体变元赋值,令 $x=1,y=2$,则原命题为真. 如果令 $x=0,y=0$,则原命题为假.

从上面的例题可以看出,对于谓词公式,当它是闭式时,在个体域确定的情况下,该命题的真值随对谓词的解释不同而不同;当它不是闭式时,该命题的真值不但与个体域和谓词解释有关,而且还与变量的赋值有关. 因此,在谓词演算中,判断谓词公式的真值,比命题演算中判断命题的真值更复杂.

定义 10-12 $\mathscr{F}$ 的解释 I 由以下四部分组成.

(1) 非空个体域 D_I;

(2) 为每个个体常元指定在 D_I 中的取值 $\{\overline{a_1},\overline{a_2},\cdots,\overline{a_i},\cdots\}$;

(3) 为每个 n 元函数 f_i^n(第 i 个 n 元函数)指定在 D_I 上的一个特定的 n 元函数 $\overline{f_i^n}$,$i,n\geqslant 1$;

(4) 为每个 n 元谓词符 P_i^n(第 i 个 n 元谓词)指定在 D_I 上的一个特定的 n 元谓词 $\overline{P_i^n}$.

注:被解释的公式不一定全部包含解释中的四个部分.

例 10 给定解释 I 如下:

(a) 个体域 $D_I=\mathbf{Z}$(非负整数集合);

(b) $\overline{a}=0$;

(c) $\overline{f}(x,y)=x+y,\overline{g}(x,y)=x\cdot y$;

(d) $\overline{P}(x,y):x=y,\overline{Q}(x,y):x<y.$

求下列公式在解释 I 下的真值.

(1) $\forall x\exists yQ(f(a,x),y)$

(2) $\forall x(P(f(x,a),x)\wedge Q(g(x,a),a))$

(3) $\forall xP(g(x,a),x)\rightarrow Q(x,y)$

(4) $\forall y(P(x,y)\vee Q(x,y))$

解 (1) 公式(1)中没有自由变元,是闭式,在解释 I 下的意义是:对每个非负整数 x,存在 y 使得 $x+0<y$,显然这是一个真命题.

(2) 公式(2)中也没有自由变元,是闭式,在解释 I 下的意义是:对每一个非负整数 $x,x+0=x$ 并且 $x\cdot 0<0$. 因为 $0<0$ 为假,所以,这是一个假命题.

(3) 公式(3)的 $Q(x,y)$ 中,x、y 均是自由变元,故公式(3)不是闭式. 在解释 I 下

的意义是：对任意的非负整数 x，若有 $x \cdot 0 = x$，则 $x < y$. 由于蕴含式的前件 $\forall x(x \cdot 0 = x)$ 为假，所以公式(3)被解释为真命题.

(4) 公式(4)中 x 是自由变元，不是闭式，在解释 I 下的意义是：对于每个非负整数 y，$x = y$ 或者 $x < y$. 因为当 x 取 0 时，$y = 0$ 或 $0 < y$，故原式为真；x 取 1 时，原式为假. 因此，原公式是命题函数，而非命题.

从例 10 中可以看出，闭式在给定的解释中都变成了命题. 一般情况下，结论也成立.

定理 10-1 闭式在任何解释下都变成命题.

证明略.

不是闭式的公式在某些解释下也可能变为命题. 如例 10 中(3).

10.3 谓词演算的永真公式

在谓词逻辑(一阶逻辑)中同在命题逻辑中一样，有的公式在任何解释下均为真，有些公式在任何解释下均为假，而又有些公式既存在成真的解释，又存在成假的解释. 下面给出公式类型的定义.

定义 10-13 设 A 为一公式，若 A 在任何解释下的值总为真，则称 A 为永真公式(简称永真式)；若 A 在任何解释下的值总为假，则称 A 为矛盾式(永假公式)；如果至少存在一个解释使 A 的值为真，则称 A 为可满足的公式(简称可满足式).

由定义可知，永真式一定是可满足式，但反过来不一定成立. 矛盾式一定是不可满足式.

例 1 讨论下列公式的类型.

(1) $P(a) \to \exists x P(x)$

(2) $\forall x \exists y P(x,y) \to \exists x \forall y P(x,y)$

(3) $\forall x \to Q(x) \land \exists y Q(y)$

解 (1) 对任何解释 I：a 是个体域 D_I 中的元素.

当 $P(a)$ 取值为真时，$\exists x P(x)$ 也为真，此时 $P(a) \to \exists x P(x)$ 的真值为真.

当 $P(a)$ 取值为假时，$\exists x P(x)$ 可为真，也可为假，此时 $P(a) \to \exists x P(x)$ 的真值仍为真.

因此，公式 $P(a) \to \exists x P(x)$ 对于一切解释 I 总为真，它是永真公式.

(2)(a) 给定解释 I_1：个体域为自然数集 $\mathbf{N}$，$P(x,y)$：$x < y$，此时公式的前件 $\forall x \exists y P(x,y)$ 表示"对于每个自然数 x，总有自然数 y 比 x 大"是真命题，而后件表示"存在着自然数 x 比每个自然数 y 都大"是假命题. 因此，I_1 是使原公式为假的解释. 故原公式不是永真公式.

(b) 给定解释 I_2：个体域仍为 $\mathbf{N}$，$P(x,y)$：$x > y$，此时公式的前件表示"对每个自

然数 x,均有自然数 y 比 x 小"是假命题(如当 x 为 1 时,y 不存在),因此,I_2 是使原公式为真的解释,故原公式是可满足式.

(3) 对任何解释 I:个体域 D_I 中每个元素 x 不具有性质 Q,同时 D_I 中又有某个元素 y 具有性质 Q,两者互相矛盾,所以公式 $\forall x\neg Q(x) \wedge \exists y Q(y)$ 是永假式.

在一阶逻辑中,由于公式的复杂性和解释的多样性,到目前为止,还没有找到一种可行的算法来判断一个公式是否是可满足的.但对某些特殊公式还是可以判断的. 在命题演算中,有代入规则,即对重言式中的任一命题变元都可以用任一命题公式代入,得到的仍是重言式.那么对于命题演算中的重言式,其中的命题变元能否用谓词演算中的命题函数代入呢?代入后得到的谓词公式仍是永真式吗?回答是肯定的.

定义 10-14 若 $A(P_1,P_2,\cdots,P_n)$ 是含命题变元 $P_1,P_2,\cdots,P_n$ 的命题公式,$B(B_1,B_2,\cdots,B_n)$ 是以一阶公式 $B_1,B_2,\cdots,B_n$ 分别代替 $P_1,P_2,\cdots,P_n$ 在 A 中的所有出现后得到的谓词公式,则称 B 是 A 的一个代换实例.

例如,$\forall x P(x) \to (\exists x \forall y Q(x,y) \to \forall x P(x))$ 和 $P(x) \to (Q(x,y) \to P(x))$ 均是命题公式 $P \to (Q \to P)$ 的代换实例.

定理 10-2 重言式的代换实例都是永真式,矛盾式的代换实例都是矛盾式.

证明略.

例如,$P \vee \neg P$ 和 $(P \to Q) \leftrightarrow (\neg P \vee Q)$ 是重言式,若用 $\forall x P(x)$ 代替 P,用 $\exists x Q(x)$ 代替 Q,就得到谓词演算中的永真公式 $\forall x P(x) \vee \neg \forall x P(x)$ 和 $(\forall x P(x) \to \exists x Q(x)) \leftrightarrow (\neg \forall x P(x) \vee \exists x Q(x))$,又 $\neg P \wedge P$ 是矛盾式,于是其代换实例 $\neg \exists x P(x) \wedge \exists x P(x)$ 是谓词演算中的矛盾式.

需要指出的是,本章后续内容仍在一阶语言中讨论,不再一一说明.

定义 10-15 设 A 与 B 是公式,若 $A \leftrightarrow B$ 是永真式,则称 A 与 B 等值,记作 $A \Leftrightarrow B$,$A \Leftrightarrow B$ 称为等值(关系)式.

因此,一个公式 A 是永真公式相当于 $A \Leftrightarrow 1$,A 是永假公式相当于 $A \Leftrightarrow 0$. 类似地,也可以定义谓词公式之间的蕴含关系.

定义 10-16 对于公式 A 和 B,若 $A \to B \Leftrightarrow 1$,则称**公式 A 蕴含公式 B**,记作 $A \Rightarrow B$.$A \Rightarrow B$ 称为蕴含(关系)式.

当个体域是有限集合的时候,原则上来说,可以用真值表的方法来验证一个公式是否为永真公式,或者验证两个公式是否等值.

例如,设个体域 $E = \{a_1,a_2,\cdots,a_n\}$,则包含有全称量词的谓词公式 $\forall x A(x)$ 表示 a_1 有性质 A,a_2 有性质 A,$\cdots$,a_n 有性质 A. 因此

$$\forall x A(x) \Leftrightarrow A(a_1) \wedge A(a_2) \wedge \cdots \wedge A(a_n)$$

因为 $A(a_i)(i = 1,2,\cdots,n)$ 中都没有个体变元,也没有量词,所以这一合取式实际上是命题演算中的命题公式.

包含有存在量词的谓词公式 $\exists x A(x)$ 表示 a_1 有性质 A,或者 a_2 有性质 A,$\cdots$,或

者 a_n 有性质 A. 因此

$$\exists x A(x) \Longleftrightarrow A(a_1) \vee A(a_2) \vee \cdots \vee A(a_n)$$

同样地,这一析取式也是命题演算中的命题公式.

如果一个谓词公式中包含有多个量词,则可以从里到外地用上述方法将量词逐个消去,因而使公式转换成命题演算中的命题公式. 但是,当个体域中元素很多,甚至为无限集时,这个方法就变得不实际,甚至不可能了.

命题逻辑中的重言式的代换实例都是谓词逻辑中的永真公式,因此,命题演算中所列出的一些命题公式的等值式及蕴含式,也可以看成是谓词演算中的等值式和蕴含式.

例如,由 E_{11} 得

$$\forall x P(x) \rightarrow \exists x Q(x) \Longleftrightarrow \neg \forall x P(x) \vee \exists x Q(x)$$
$$A(x) \rightarrow B(x,y) \Longleftrightarrow \neg A(x) \vee B(x,y)$$

此外,由于谓词演算的公式中出现了全称量词 $\forall x$ 和存在量词 $\exists x$,因此,相应地它还有一些等值关系式和蕴含关系式. 这些关系式反映量词的特性以及量词与命题联结词之间的关系. 验证这些公式的正确性是比较困难的. 因为它不像命题演算中的公式那样可以用真值表确定,所以在给出它们时,只作一些语义解释或举一些例子,以说明它们的正确性. 当然,它们的正确性是可以得到严格证明的,这属于公理集合论研究的范围,在此不再讨论.

下面讨论量词转换律,即

$$\neg(\forall x A(x)) \Longleftrightarrow \exists x(\neg A(x)) \tag{E_{18}}$$
$$\neg(\exists x A(x)) \Longleftrightarrow \forall x(\neg A(x)) \tag{E_{19}}$$

当个体域为有限集 $E = \{a_1, a_2, \cdots, a_n\}$ 时,上述等值式可严格证明如下.

$$\neg(\forall x A(x)) \Longleftrightarrow \neg(A(a_1) \wedge A(a_2) \wedge \cdots \wedge A(a_n))$$
$$\Longleftrightarrow (\neg A(a_1)) \vee (\neg A(a_2)) \vee \cdots \vee (\neg A(a_n))$$
$$\Longleftrightarrow (\exists x)(\neg A(x))$$
$$\neg(\exists x A(x)) \Longleftrightarrow \neg(A(a_1) \vee A(a_2) \vee \cdots \vee A(a_n))$$
$$\Longleftrightarrow (\neg A(a_1)) \wedge (\neg A(a_2)) \wedge \cdots \wedge (\neg A(a_n))$$
$$\Longleftrightarrow \forall x(\neg A(x))$$

对于无穷个体域,可作语义解释如下.

如果 $\forall x A(x)$ 为真,则可以把 $\neg(\forall x A(x))$ 理解成"命题 $\forall x A(x)$ 是假的",而它与"存在某些 x, $A(x)$ 不是真的"意思等价. 而这个语句可表示成 $\exists x(\neg A(x))$,这就是说

$$\neg \forall(x A(x)) \Longleftrightarrow \exists x(\neg A(x))$$

类似地,如果 $\exists x A(x)$ 为真,则 $\neg(\exists x A(x))$ 表示"至少存在一个 x,能使 $A(x)$

为真"这个命题为假.它等价于"不存在任何一个 x 能使 $A(x)$ 为真",或者"对于所有的 $x,A(x)$ 是假的".这就是说

$$\neg(\exists xA(x))\Longleftrightarrow \forall x(\neg A(x))$$

由 E_{18},E_{19} 可知:

(1) 在谓词演算中只要有一个量词就够了;

(2) 量词前面的否定符号可深入至量词辖域内,但与此同时必须将存在量词和全称量词作对换.

还有许多其他的等价关系式和蕴含关系式,其中最常见的列于表 10-1 中.

表 10-1 各式中的 B 表示任意一个不含有约束变元 x 的公式.

表 10-1 中的其他等值关系式和蕴含关系式的正确性,可以用与 E_{18}、E_{19} 类似的方法进行讨论.例如,讨论 E_{24},命题 $\forall x(A(x) \wedge B(x))$ 可以表示成:"对于所有的 x,$A(x)$ 是真的,且 $B(x)$ 也是真的",或者是"对于所有的 $x,A(x)$ 和 $B(x)$ 都是真的".命题 $\forall xA(x) \wedge \forall xB(x)$ 可以表示成"对于所有的 $x,A(x)$ 是真的,且对于所有的 $x,B(x)$ 是真的".因此,E_{24} 成立.

表 10-1

$\neg(\forall xA(x))\Longleftrightarrow \exists x(\neg A(x))$	E_{18} } 量词转换律
$\neg(\exists xA(x))\Longleftrightarrow \forall x(\neg A(x))$	E_{19}
$\forall x(A(x) \wedge B)\Longleftrightarrow \forall xA(x) \wedge B$	E_{20} } 量词辖域的扩
$\forall x(A(x) \vee B)\Longleftrightarrow \forall xA(x) \vee B$	E_{21} 张与收缩律
$\exists x(A(x) \wedge B)\Longleftrightarrow \exists xA(x) \wedge B$	E_{22}
$\exists x(A(x) \vee B)\Longleftrightarrow \exists xA(x) \vee B$	E_{23}
$\forall x(A(x) \wedge B(x))\Longleftrightarrow \forall xA(x) \wedge \forall xB(x)$	E_{24} } 量词分配律
$\exists x(A(x) \vee B(x))\Longleftrightarrow \exists xA(x) \vee \exists xB(x)$	E_{25}
$\exists x(A(x) \wedge B(x))\Rightarrow \exists xA(x) \wedge \exists xB(x)$	I_{17} } 量词分配蕴含律
$\forall xA(x) \vee \forall xB(x)\Rightarrow \forall x((A(x) \vee B(x)))$	I_{18}

注意:表中 $\forall x(A(x) \vee B(x))$ 与 $\forall xA(x) \vee \forall xB(x)$ 不等值,$\exists x(A(x) \wedge B(x))$ 与 $\exists xA(x) \wedge \exists xB(x)$ 不等值,即 $\forall x$ 不能对 $\vee$ 分配,$\exists x$ 不能对 $\wedge$ 分配.

例如,取解释 I 为:D_I 为整数集合,$A(x):x$ 是偶数;$B(x):x$ 是奇数.在解释 I 下,$\forall x(A(x) \vee B(x))$ 的含义是"对任意的整数 x,x 或者是偶数,或者是奇数"这是一个真命题.而 $\forall xA(x) \vee \forall xB(x)$ 的含义是"或者所有的整数都是奇数,或者所有的整数都是偶数".这显然是假命题,因此,两者没有等值关系.

$\exists x$ 不能对 $\wedge$ 分配的反例,留给读者完成.

表 10-1 中的式 $E_{20} \sim E_{23}$,由量词辖域的定义,即可知它们的正确性.因为 B 中不

含有被量词所约束的个体变元 x,故 B 属于或不属于量词的辖域命题均有同等意义.
表 10-1 中的其余等值关系式和蕴含关系式留给读者讨论.

例 2　给定解释 I 为:

(a) $D_I = \{3,4\}$;

(b) $\overline{f}(x)$ 为 $\overline{f}(3) = 4, \overline{f}(4) = 3$;

(c) $\overline{P}(x)$ 为 $\overline{P}(3,3) = \overline{P}(4,4) = 0, \overline{P}(3,4) = \overline{P}(4,3) = 1$.

试求下列公式在 I 下的真值.

(1) $\exists x \forall y P(x,y)$

(2) $\forall x \forall y (P(x,y) \to P(f(x), f(y)))$

解　(1) $\exists x \forall y P(x,y) \Longleftrightarrow \exists x (P(x,3) \land P(x,4))$

$\Longleftrightarrow (P(3,3) \land P(3,4)) \lor (P(4,3) \land P(4,4))$

$\Longleftrightarrow (0 \land 1) \lor (1 \land 0) \Longleftrightarrow 0$

(2) $\forall x \forall y (P(x,y) \to P(f(x), f(y)))$

$\Longleftrightarrow \forall x ((P(x,3) \to P(f(x), f(3))) \land (P(x,4) \to P(f(x), f(4))))$

$\Longleftrightarrow (P(3,3) \to P(f(3), f(3))) \land (P(3,4) \to P(f(3), f(4)))$

$\quad \land (P(4,3) \to P(f(4), f(3))) \land (P(4,4) \to P(f(4), f(4)))$

$\Longleftrightarrow 0 \to P(4,4) \land (1 \to P(4,3)) \land (1 \to P(3,4)) \land (0 \to P(3,3))$

$\Longleftrightarrow 1 \land 1 \land 1 \land 1 \Longleftrightarrow 1$

表 10-1 中没有给出包含联结词 $\to$ 和 $\leftrightarrow$ 的等值式或蕴含式,这是因为利用表 10-1 中的定律可推出相应的关系式.

例 3　证明 $\exists x(A(x) \to B) \Longleftrightarrow \forall x A(x) \to B$ 　　　　　　　　　(E_{26})

证明　$\exists x(A(x) \to B) \Longleftrightarrow \exists x(\neg A(x) \lor B)$ 　　　　　　　　　(E_{11})

$\Longleftrightarrow \exists x(\neg A(x)) \lor B$ 　　　　　　　　　(E_{23})

$\Longleftrightarrow \neg \forall x A(x) \lor B$ 　　　　　　　　　(E_{18})

$\Longleftrightarrow \forall x A(x) \to B$ 　　　　　　　　　(E_{11})

例 4　证明 $\exists x(A(x) \to B(x)) \Longleftrightarrow \forall x A(x) \to \exists x B(x)$ 　　　　　(E_{30})

证明　$\exists x(A(x) \to B(x)) \Longleftrightarrow \exists x(\neg A(x) \lor B(x))$ 　　　　　　　　　(E_{11})

$\Longleftrightarrow \exists x(\neg A(x)) \lor \exists x B(x)$ 　　　　　　　　　(E_{25})

$\Longleftrightarrow \neg \forall x A(x) \lor \exists x B(x)$ 　　　　　　　　　(E_{18})

$\Longleftrightarrow \forall x A(x) \to \exists x B(x)$ 　　　　　　　　　(E_{11})

要注意正确使用表 10-1 中的定律.

例 5　判断下列推理是否正确.

$\forall x(A(x) \to B(x)) \Longleftrightarrow \forall x(\neg A(x) \lor B(x))$ 　　　　　　　　　(1)

$\Longleftrightarrow \forall x(\neg(A(x) \land \neg B(x)))$ 　　　　　　　　　(2)

$\Leftrightarrow \neg \exists x(A(x) \wedge \neg B(x))$ (3)

$\Leftrightarrow \neg(\exists xA(x) \wedge \exists x(\neg B(x)))$ (4)

$\Leftrightarrow \neg \exists xA(x) \vee \neg \exists x(\neg B(x))$ (5)

$\Leftrightarrow \neg \exists xA(x) \vee \forall xB(x)$ (6)

$\Leftrightarrow \exists xA(x) \rightarrow \forall xB(x)$ (7)

解 以上推理不正确,其错误在于从公式(3)到公式(4),使用了错误的关系式

$$\exists x(A(x) \wedge \neg B(x)) \Leftrightarrow \exists xA(x) \wedge \exists x(\neg B(x))$$

正确的关系是 $\exists x(A(x) \wedge \neg B(x)) \Rightarrow \exists xA(x) \wedge \exists x(\neg B(x))$ (*)

那么能否将公式(4)前的"$\Leftrightarrow$"改为"$\Rightarrow$",而得到

$$\forall x(A(x) \rightarrow B(x)) \Rightarrow \exists xA(x) \rightarrow \forall xB(x)$$

呢?也不行.因为公式(3)为 $\neg \exists x(A(x) \wedge \neg B(x))$,与蕴含关系为(*)的前件相比,多了"$\neg$"联结词,应由(*)得

$$\neg(\exists xA(x) \wedge \exists x(\neg B(x))) \Rightarrow \neg \exists x(A(x) \wedge (\neg B(x)))$$

由上可知 $\forall x(A(x) \rightarrow B(x)) \not\Leftrightarrow \exists xA(x) \rightarrow \forall xB(x)$

但有 $\exists xA(x) \rightarrow \forall xB(x) \Rightarrow \forall x(A(x) \rightarrow B(x))$

表 10-2 列出了包含联结词"$\rightarrow$"和"$\leftrightarrow$"的一些基本的等值关系式和蕴含关系式.

表 10-2

$\exists x(A(x) \rightarrow B) \Leftrightarrow \forall xA(x) \rightarrow B$	E_{26}
$\forall x(A(x) \rightarrow B) \Leftrightarrow \exists xA(x) \rightarrow B$	E_{27}
$\exists x(A \rightarrow B(x)) \Leftrightarrow A \rightarrow \exists xB(x)$	E_{28}
$\forall x(A \rightarrow B(x)) \Leftrightarrow A \rightarrow \forall xB(x)$	E_{29}
$\exists x(A(x) \rightarrow B(x)) \Leftrightarrow \forall xA(x) \rightarrow \exists xB(x)$	E_{30}
$\forall x(A(x) \rightarrow B(x)) \Rightarrow \forall xA(x) \rightarrow \forall xB(x)$	I_{19}
$\forall x(A(x) \rightarrow B(x)) \Rightarrow \exists xA(x) \rightarrow \exists xB(x)$	I_{20}
$\exists xA(x) \rightarrow \forall xB(x) \Rightarrow \forall x(A(x) \rightarrow B(x))$	I_{21}
$\forall x(A(x) \leftrightarrow B(x)) \Rightarrow \forall xA(x) \leftrightarrow \forall xB(x)$	I_{22}

表 10-2 中的各关系式,可直接用定义或用类似于例 1 和例 2 的方法证明.

例如,I_{19} 可用定义证明如下.

设命题 $\forall xA(x) \rightarrow \forall xB(x)$ 为假,则命题 $\forall xA(x)$ 为真且命题 $\forall xB(x)$ 为假,故在个体域中必存在某个 x_0 使 $B(x_0)$ 为假,但 $A(x_0)$ 为真,于是,$A(x_0) \rightarrow B(x_0)$ 为假,所以 $\forall x(A(x) \rightarrow B(x))$ 为假.因此 $\forall x(A(x) \rightarrow B(x)) \rightarrow (\forall xA(x) \rightarrow$

$\forall xB(x))$ 为永真,于是有
$$\forall x(A(x)\rightarrow B(x))\Rightarrow(\forall xA(x)\rightarrow \forall xB(x))$$
另外要提醒注意,若公式 A 不含有个体变元 x,则
$$\forall xA\Longleftrightarrow A;\exists xA\Longleftrightarrow A$$

前面曾指出,量词出现的次序直接关系到命题的意义,但也有例外. 相同量词间的次序是可以任意调动的,不同量词间的次序则不能随意调动. 两个量词间的排列次序有如下的公式:

$$\forall x\forall yA(x,y)\Longleftrightarrow \forall y\forall xA(x,y) \qquad (E_{31})$$
$$\exists x\exists yA(x,y)\Longleftrightarrow \exists y\exists xA(x,y) \qquad (E_{32})$$
$$\forall x\forall yA(x,y)\Rightarrow \exists y\forall xA(x,y) \qquad (I_{23})$$
$$\forall y\forall xA(x,y)\Rightarrow \exists x\forall yA(x,y) \qquad (I_{24})$$
$$\forall x\exists yA(x,y)\Rightarrow \exists y\exists xA(x,y) \qquad (I_{25})$$
$$\forall y\exists xA(x,y)\Rightarrow \exists x\exists yA(x,y) \qquad (I_{26})$$
$$\exists y\forall xA(x,y)\Rightarrow \forall x\exists yA(x,y) \qquad (I_{27})$$
$$\exists x\forall yA(x,y)\Rightarrow \forall y\exists xA(x,y) \qquad (I_{28})$$

"对于所有的 x 和所有的 y,$A(x,y)$ 均成立"与"对于所有的 y 和所有的 x,$A(x,y)$ 均成立."其含义是完全相同的,故 E_{31} 正确.

类似地,由定义即可知 E_{32},$I_{24}\sim I_{26}$ 的正确性.

对于"存在一个 y,使得对每个 x,$A(x,y)$ 成立",必然有"对每一个 x,存在一个 y,$A(x,y)$"成立,所以 I_{27} 正确.

例 6 由"有些动物为所有人所喜欢."必可知"每个人喜欢一些动物."反之,"每个人喜欢一些动物."不一定能有"有些动物为所有人所喜欢."

例 6 验证了 I_{27} 的正确性,同时说明了 I_{27} 的逆命题不成立. I_{28} 留给读者讨论. 更多个量词的使用方法与它们类似,这里不再赘述.

与命题演算一样,谓词演算也有对偶原理.

定义 10-17 设 A 是不含联结词"$\rightarrow$"及"$\leftrightarrow$"的谓词公式,则在其中以联结词 $\wedge$、$\vee$ 分别代换 $\vee$、$\wedge$,以量词 $\forall$、$\exists$ 分别代换 $\exists$、$\forall$,以常量 0、1 分别代换 1、0 后所得到的公式称为 A 的**对偶公式**,记作 A^D.

例如,
$$A = \forall y\exists x(P(x,y)\wedge Q(x,y))\vee 1$$
$$A^D = \exists y\forall x(P(x,y)\vee Q(x,y))\wedge 0$$

定理 10-3 (**对偶定理**) 设 A、B 是两个不含联结词"$\rightarrow$"和"$\leftrightarrow$"的谓语公式,若 $A\Longleftrightarrow B$,则 $A^D\Longleftrightarrow B^D$.

此定理的证明方法与命题演算中的相应定理的证明方法类似,故从略.

*10.4 前束范式

在第 9 章中讨论了命题演算的范式,类似地,在谓词演算中也有范式. 范式为我们研究谓词演算公式提供了一种规范的标准的形式.

定义 10-18　一个谓词公式,如果它的所有量词均非否定地出现在公式的最前面,且它们的辖域一直延伸到公式的末尾,则称此种形式的公式为**前束范式**.

前束范式可记作下述形式,即

$$Q_1 x_1 Q_2 x_2 \cdots Q_k x_k B$$

其中,每个 $Q_i (1 \leqslant i \leqslant k)$ 为量词 $\forall$ 或 $\exists$,B 为不含量词的谓词公式. 例如

$$\forall x \forall y \exists z ((R(x,y) \vee (\neg P(x))) \rightarrow (Q(y,z) \wedge (\neg P(x))))$$

任一谓词公式都可以化为与之等值的前束范式. 其步骤如下:

(1) 将联结词 $\neg$ 向内深入,使之只作用于原子谓词公式;

(2) 利用换名或代入规则使所有约束变元的符号均不同,并且自由变元与约束变元的符号也不同;

(3) 利用量词辖域的扩张和收缩律,扩大量词的辖域至整个公式.

例 1　将公式 $A: \neg \exists x (P(x) \rightarrow Q(x,y)) \rightarrow \exists y R(y)$ 化为前束范式.

解　(1) 将联结词 $\neg$ 深入至原子公式,即

$$A \Longleftrightarrow \forall x (\neg(P(x) \rightarrow Q(x,y))) \rightarrow \exists y R(y) \qquad (E_{19})$$

$$\Longleftrightarrow \forall x (\neg(\neg P(x) \vee Q(x,y))) \rightarrow \exists y R(y) \qquad (E_{11})$$

$$\Longleftrightarrow \forall x (P(x) \wedge \neg Q(x,y)) \rightarrow \exists y R(y) \qquad (E_{10})$$

(2) 换名,以便把量词提到前面,即

$$A \Longleftrightarrow \forall x (P(x) \wedge \neg Q(x,y)) \rightarrow \exists z (R(z))$$

(3) 扩大量词的辖域至整个公式,即

$$A \Longleftrightarrow \exists x ((P(x) \wedge \neg Q(x,y)) \rightarrow \exists z R(z)) \qquad (E_{26})$$

$$\Longleftrightarrow \exists x \exists z ((P(x) \wedge \neg Q(x,y)) \rightarrow R(z)) \qquad (E_{28})$$

$\exists x \exists z ((P(x) \wedge \neg Q(x,y)) \rightarrow R(z))$ 即是公式 A 的前束范式.

前束范式的优点在于它的量词全部集中在公式的前面,此部分称为公式的**首标**. 而公式的其余部分可看做是一个不含量词的谓词公式,称为整个公式的**尾部**. 为了使公式的形式更规范化,下面引入前束合取范式和前束析取范式的概念.

定义 10-19　设谓词公式 A 是一前束范式,若 A 的尾部具有形式

$$(A_{11} \vee A_{12} \vee \cdots \vee A_{1n_1}) \wedge \cdots \wedge (A_{m1} \vee \cdots \vee A_{mn_m}) \qquad (*)$$

其中,A_{ij} 是原子谓词公式或其否定,则称 A 是**前束合取范式**;若 A 的尾部具有形式

$$(A_{11} \wedge A_{12} \wedge \cdots \wedge A_{1n_1}) \vee \cdots \vee (A_{m1} \wedge \cdots \wedge A_{mn_m}) \qquad (**)$$

其中,A_{ij} 是原子谓词公式或其否定,则称 A 是**前束析取范式**.

例如，$\forall x \exists y \forall z((P(x,y) \vee \neg R(x,z)) \wedge (\neg Q(y,z) \vee \neg P(x,y)))$ 是前束合取范式；$\exists x \forall z \forall y(S(x,z) \vee (\neg P(x,y) \wedge Q(y,z)))$ 是前束析取范式.

由前面的讨论知，任一谓词公式均等值于一前束范式. 类似于命题演算中的讨论可得下述定理.

定理 10-4 每个谓词公式 A 均可以变换为与它等值的前束合取范式和前束析取范式.

证明从略.

将一个公式 A 化为前束合取范式或前束析取范式时，只需在前面求前束范式的(1)~(3)三个步骤基础上再增加下面两个步骤.

(4) 消去联结词 $\rightarrow$，$\leftrightarrow$；

(5) 利用分配律将公式化为前束合取范式或前束析取范式.

步骤(4)也可在(1)之前完成.

例 2 将公式 B：

$$\forall x(P(x) \leftrightarrow Q(x,y)) \rightarrow (\neg \exists x R(x) \wedge \exists z S(z))$$

化为前束合取范式和前束析取范式.

解 (1) 消去联结词 $\rightarrow$ 和 $\leftrightarrow$，即

$$B \Leftrightarrow \forall x((P(x) \rightarrow Q(x,y)) \wedge (Q(x,y) \rightarrow P(x)))$$
$$\rightarrow (\neg \exists x R(x) \wedge \exists z S(z)) \tag{E_{12}}$$
$$\Leftrightarrow \neg \forall x((\neg P(x) \vee Q(x,y)) \wedge (\neg Q(x,y) \vee P(x)))$$
$$\vee (\neg \exists x R(x) \wedge \exists z S(z)) \tag{E_{11}}$$

(2) 将联结词 $\neg$ 深入至原子谓词公式，即

$$B \Leftrightarrow \exists x(\neg(\neg P(x) \vee Q(x,y)) \vee \neg(\neg Q(x,y) \vee P(x))) \vee (\forall x \neg R(x) \wedge \exists z S(z))$$
$$\tag{E_{10}, E_{19}}$$
$$\Leftrightarrow \exists x((P(x) \wedge \neg Q(x,y)) \vee (Q(x,y) \wedge \neg P(x))) \vee (\forall x(\neg R(x)) \wedge \exists z S(z))$$
$$\tag{E_{10}, E'_{10}}$$

(3) 换名，以便把量词提到前面，即

$$B \Leftrightarrow \exists x((P(x) \wedge \neg Q(x,y)) \vee (Q(x,y) \wedge \neg P(x))) \vee (\forall t(\neg R(t)) \wedge \exists z S(z))$$

(4) 将量词提到公式前面，即

$$B \Leftrightarrow \exists x((P(x) \wedge \neg Q(x,y)) \vee (Q(x,y) \wedge \neg P(x))) \vee \forall t \exists z((\neg R(t)) \wedge S(z))$$
$$\tag{E_{22}}$$
$$\Leftrightarrow \exists x \forall t \exists z((P(x) \wedge \neg Q(x,y)) \vee (Q(x,y) \wedge \neg P(x)) \vee (\neg R(t) \wedge S(z)))$$
$$\tag{E_{23}, E_{21}}$$

至此，已得 B 的前束析取范式.

(5) 利用分配律化其为前束合取范式，即

$$B \Leftrightarrow \exists x \forall t \exists z(((P(x) \vee Q(x,y)) \wedge (\neg Q(x,y) \vee \neg P(x))) \vee (\neg R(t) \wedge S(z))$$

$$\Leftrightarrow \exists x \forall t \exists z((P(x) \lor Q(x,y) \lor \neg R(t)) \land (P(x) \lor Q(x,y) \lor S(z))$$
$$\land (\neg Q(x,y) \lor \neg P(x) \lor \neg R(t))$$
$$\land (\neg Q(x,y) \lor \neg P(x) \lor S(z)))$$

前束合(析)取范式为研究谓词公式提供了一种规范形式,但它的首标比较杂乱无章,全称量词与存在量词间无一定的排列规则.后来斯柯林(Skolem)对它进行了改进,使得其首标中出现的量词按一定规则排列,即每个存在量词均在全称量词前面,而且整个公式不出现自由变元,并称它为**斯柯林范式**.

例如,$\exists y \exists x \forall z((P(x,y) \land R(z)) \lor Q(y,z))$为斯柯林范式.每一谓词公式均可化成为与之等值的斯柯林范式.限于篇幅,对此就不再讨论了.

10.5　谓词演算的推理理论

利用命题公式间的各种等值关系和蕴含关系,通过一些推理规则,从已知的命题公式推出另一些新的命题公式.这是命题演算中的推理.类似地,利用谓词公式间的各种等值关系和蕴含关系,通过一些推理规则,从一些谓词公式推出另一些谓词公式,这就是谓词演算中的推理.在谓词演算中,要进行正确的推理,也必须构造一个结构严谨的形式证明,因此也要求给出一些相应的推理规则.命题演算中所使用的推理规则,都可以应用于谓词演算的推理中.除此以外,由于谓词逻辑中引进了个体、谓词和量词等,因此又增加了一些推理规则.下面介绍几个与量词有关的推理规则.

1. US(全称特定化规则)

$$\forall x A(x) \Rightarrow A(y)$$

这里的$A(y)$是将$A(x)$中的x处处代之以y.要求y在$A(x)$中不约束出现.这里自由变元y也可以写成个体常元c,这时c为个体域中任意一个确定的个体.

这个规则的意思是说,如果个体域的所有元素都具有性质A,则个体域中的任一个元素具有性质A.

2. ES(存在特定化规则)

$$\exists x A(x) \Rightarrow A(c)$$

这里c是个体域中的某个确定的个体.这个规则是说,如果个体域中存在有性质A的元素,则个体域中必有某一元素c具有性质A.但是,如果$\exists x A(x)$中有其他自由个体变元出现,且x是随其他自由个体变元的值而变,那么就不存在唯一的c使得$A(c)$对自由个体变元的任意值都是成立的.这时,就不能应用存在特定化规则.

例如,$\exists x(x=y)$中,x、y的论域是实数集合.若使用ES规则,则得$c=y$,即在实数集合中有一实数c等于任意实数y.结论显然不成立,这是因为$A(x):x=y$中的

x 依赖于自由变元 y,此时不能使用 ES 规则.另外,要注意的是,如果 $\exists xP(x)$ 和 $\exists xQ(x)$ 都为真,则对于某个 c 和某个 d,可以断定 $P(c) \wedge Q(d)$ 必真,但不能断定 $P(c) \wedge Q(c)$ 为真.

3. UG(全称一般化规则)

$$A(x) \Rightarrow \forall y A(y)$$

这个规则是说,如果个体域中任意一个个体都具有性质 A,则个体域中的全体个体都具有性质 A.这里要求 x 必须为自由变元,并且 y 不出现在 $A(x)$ 中.

4. EG(存在一般化规则)

$$A(c) \Rightarrow \exists y A(y)$$

这个规则是说,如果个体域中有某一元素 c 具有性质 A,则个体域中存在着具有性质 A 的元素.这里要求 y 不在 $A(c)$ 中出现.

有了上述这些规则,再加上命题演算中所给出的推理规则,就可以进行谓词演算中一些较为简单的推理.

下面举例说明谓词演算的推理过程.

例 1 证明 $\forall x(P(x) \rightarrow Q(x)) \wedge P(c) \Rightarrow Q(c)$.

证明

(1) $\forall x(P(x) \rightarrow Q(x))$	前提
(2) $P(c) \rightarrow Q(c)$	(1);US
(3) $P(c)$	前提
(4) $Q(c)$	(2),(3);I_{11}

这就是逻辑中的"三段论方法".例如,"所有的人都是要死的,张三是人,所以张三是要死的".

例 2 证明 $\exists x(P(x) \wedge Q(x)) \Rightarrow \exists xP(x) \wedge \exists xQ(x)$.

证明

(1) $\exists x(P(x) \wedge Q(x))$	前提
(2) $P(c) \wedge Q(c)$	(1);ES
(3) $P(c)$	(2);I_1
(4) $Q(c)$	(2);I_2
(5) $\exists xP(x)$	(3);EG
(6) $\exists xQ(x)$	(4);EG
(7) $\exists xP(x) \wedge \exists xQ(x)$	(5),(6);I_9

在使用 US、ES、UG、EG 这四条规则时,要注意严格按照它们的规定去使用,并且,从整体上考虑个体变元和常元符号的选择.尤其对于 EG 和 ES 规则的应用,要避

免选择已在证明序列前面公式中出现过的符号进行取代.

例3 指出下面推理步骤中的错误.

(1) $\exists x(F(x) \wedge G(x))$	前提
(2) $F(c) \wedge G(c)$	(1);ES
(3) $F(c)$	(2);I_1
(4) $\exists y(H(y) \wedge I(y))$	前提
(5) $H(c) \wedge I(c)$	(4);ES
(6) $H(c)$	(5);I_1
(7) $F(c) \wedge H(c)$	(3),(6);I_9
(8) $\exists x(F(x) \wedge H(x))$	(7);EG

由于在第(2)步已引入了个体常元 c,而在第(5)步应用 ES 规则时,又再次引入 c,结果推出了错误的结论. 如果在第(5)步引入个体常元 d,则由 $F(c) \wedge H(d)$ 就不会推出 $\exists x(F(x) \wedge H(x))$ 了.

例4 证明 $\forall x(P(x) \vee Q(x)), \forall x \neg P(x) \Rightarrow \exists x Q(x)$.

证明 用反证法,假设 $\neg \exists x Q(x)$ 成立.

(1) $\forall x \neg P(x)$	前提
(2) $\neg P(y)$	(1);US
(3) $\neg \exists x Q(x)$	假设
(4) $\forall x \neg Q(x)$	(3);E_{20}
(5) $\neg Q(y)$	(4);US
(6) $\neg P(y) \wedge \neg Q(y)$	(2),(5);I_9
(7) $\neg(P(y) \vee Q(y))$	(6);E_{10}
(8) $\forall x(P(x) \vee Q(x))$	前提
(9) $P(y) \vee Q(y)$	(8);US
(10) $(P(y) \vee Q(y)) \wedge \neg(P(y) \vee Q(y))$	(7),(9);I_2

因为 $(P(y) \vee Q(y)) \wedge \neg(P(y) \vee Q(y))$ 是永假公式,所以
$$\forall x(P(x) \vee Q(x)), \forall x \neg P(x) \Rightarrow \exists x Q(x)$$

例5 符号化下述命题并推出其结论.

如果一个人怕困难就不会获得成功. 每一个人或者是获得成功的或者是失败的. 有的人没有失败,所以,存在着不怕困难的人(个体域是人的集合).

解 设 $F(x):x$ 怕困难.

$G(x):x$ 获得成功.

$H(x):x$ 失败.

前提:$\forall x(F(x) \rightarrow \neg G(x)), \forall x(G(x) \vee H(x)), \exists x \neg H(x)$

结论:$\exists x \neg F(x)$

证明　　(1) $\exists x(\neg H(x))$　　　　　　　　　　　前提
　　　　(2) $\forall x(G(x) \lor H(x))$　　　　　　　　　前提
　　　　(3) $\neg H(c)$　　　　　　　　　　　　　　(1); ES
　　　　(4) $G(c) \lor H(c)$　　　　　　　　　　　　(2); US
　　　　(5) $G(c)$　　　　　　　　　　　　　　　(3),(4); I_{10}
　　　　(6) $\forall x(F(x) \to \neg G(x))$　　　　　　　前提
　　　　(7) $F(c) \to \neg G(c)$　　　　　　　　　　(6); US
　　　　(8) $\neg F(c)$　　　　　　　　　　　　　　(5),(7); I_{12}
　　　　(9) $\exists x \neg F(x)$　　　　　　　　　　　(8); EG

注意在证明过程中,(3)与(4)两步的次序不能颠倒,若先用 US 规则的 $G(c) \lor H(c)$,再用 ES 规则时,不一定得到 $\neg H(c)$.一般地应为 $\neg H(a)$,且可能 $a \ne c$,故无法推证下去.(5)与(7)的关系,类似于(3)与(4)的关系,也不能颠倒次序.

例 6　证明 $\forall x(\exists y(S(x,y) \land M(y)) \to \exists z(P(z) \land R(x,z))) \Rightarrow \neg(\exists z P(z)) \to \forall x \forall y(S(x,y) \to \neg M(y))$

证明　　(1) $\forall x(\exists y(S(x,y) \land M(y))$
　　　　　　$\to \exists z(P(z) \land R(x,z)))$　　　　　前提
　　　　(2) $\exists y(S(b,y) \land M(y))$
　　　　　　$\to \exists z(P(z) \land R(b,z))$　　　　　(1); US
　　　　(3) $\neg \exists z P(z)$　　　　　　　　　　　附加前提
　　　　(4) $\forall z \neg P(z)$　　　　　　　　　　　(3); E_{19}
　　　　(5) $\neg P(a)$　　　　　　　　　　　　　　(4); US
　　　　(6) $\neg P(a) \lor \neg R(b,a)$　　　　　　　(5); I_3
　　　　(7) $\neg(P(a) \land R(b,a))$　　　　　　　　(6); E'_{10}
　　　　(8) $\forall z \neg(P(z) \land R(b,z))$　　　　　(7); UG
　　　　(9) $\neg \exists z(P(z) \land R(b,z))$　　　　　(8); E_{19}
　　　　(10) $\neg \exists y(S(b,y) \land M(y))$　　　　(2),(9); I_{12}
　　　　(11) $\forall y \neg(S(b,y) \land M(y))$　　　　(10); E_{19}
　　　　(12) $\forall y(S(b,y) \to \neg M(y))$　　　　 (10); E'_{10}, E_{11}
　　　　(13) $\forall x \forall y(S(x,y) \to \neg M(y))$　　(12); UG
　　　　(14) $\neg \exists z P(z) \to$
　　　　　　$\forall x \forall y(S(x,y) \to \neg M(y))$　　(3),(13);
　　　　　　　　　　　　　　　　　　　　　　　　蕴含证明规则

10.6　实 例 解 析

例 1　将下面命题符号化,并且要求只能使用全称量词."没有人长着绿色头发".

解 令 $M(x):x$ 是人.

$G(x):x$ 长着绿色的头发.

命题直接符号化为 $\neg\exists x(M(x) \land G(x))$

因为 $\neg\exists x(M(x) \land G(x))$

$\Leftrightarrow \forall x \neg(M(x) \land G(x))$ (E_{19})

$\Leftrightarrow \forall x(\neg M(x) \lor \neg G(x))$ (E_{10})

$\Leftrightarrow \forall x(M(x) \to \neg G(x))$

即原命题可符号化为 $\forall x(M(x) \to \neg G(x))$

这说明一个命题符号化的表示形式不唯一.

例 2 (1) 试寻找一个闭式 A, 使 A 在某个解释 I_1 下为真, 而在另外一个解释 I_2 下为假.

(2) 试寻找一个非闭式 B, 使 B 存在解释 I, 在 I 下 B 的真值不确定, 即 B 仍不是命题.

解 (1) 令 $A = \forall x \forall y((P(x) \land Q(y)) \to S(x,y))$

在 A 中,无自由变元,所以 A 是闭式.

给定解释 I_1:个体域 D 为整数集,

$P(x):x$ 为正数; $Q(x):x$ 为负数; $S(x,y):x > y$

在 I_1 下, A 的含义为:"对于任意的整数 x 和 y, 如果 x 为正整数, y 为负整数, 则 $x > y$." 这是真命题.

给定解释 I_2 为:个体域 D 为实数集合, $P(x):x$ 为有理数, $Q(x):x$ 为无理数, $S(x,y):x \leqslant y$

在 I_2 下, A 的含义为 "对于任意的实数 x 和 y, 如果 x 为有理数, y 为无理数, 则 $x \geqslant y$." 这显然是假命题.

(2) 令 $B = \forall x P(f(x,y),x)$, B 中有自由变元 y, 故非闭式. 给定解释 I 为:个体域为 $\mathbf{Z}$(非负整数集),

$$F(x,y) = x+y, P(x,y):x = y$$

在解释 I 下, B 为 $\forall x(x+y=x)$, 当 $y=0$ 时, B 为真; 当 $y \neq 0$ 时, B 为假, 即在 I 下 B 的真值不确定.

注意: 闭式在任何解释下真值确定, 成为命题, 而非闭式则不然, 本例验证了这点.

例 3 用构造推理过程的方法证明

$\forall x((P(x) \land Q(x)) \to \exists y(R(y) \land S(x,y))) \Rightarrow \neg \exists y R(y) \to \neg \exists x(P(x) \land Q(x))$

分析 由于命题演算中的推理理论在谓词演算中均成立, 故此类结论为蕴含表达式的形式. 证明通常采用蕴含规则, 即 CP 规则. 另外, 还可对结论先作等值变换,这样可使推理过程简化.

证明 因为 $\neg \exists y R(y) \to \neg \exists x(P(x) \land Q(x))$
$\Leftrightarrow \exists x(P(x) \land Q(x)) \to \exists y R(y)$ $\hspace{2em}(E_{16})$

所以,原命题转化为证明

$\forall x((P(x) \land Q(x)) \to \exists y(R(y) \land S(x,y))) \Rightarrow \exists x(P(x) \land Q(x)) \to \exists y R(y)$

(1) $\exists x(P(x) \land Q(x))$ 附加前提
(2) $\forall x((P(x) \land Q(x)) \to \exists y(R(y) \land S(x,y)))$ 前提
(3) $P(c) \land Q(c)$ (1);ES
(4) $(P(c) \land Q(c)) \to \exists y(R(y) \land S(c,y))$ (3);US
(5) $\exists y(R(y) \land S(c,y))$ (3),(4);I_{11}
(6) $\exists y R(y) \land \exists y S(c,y)$ (5);I_{17}
(7) $\exists y R(y)$ (6);I_1
(8) $\exists x(P(x) \land Q(x)) \to \exists y R(y)$ (1),(7);CP
(9) $\neg \exists y R(y) \to \neg \exists x(P(x) \land Q(x))$ (8);E_{16}

习　题

1. 将下列命题符号化.
   (1) 凡实数均能比较大小.
   (2) 一切人不是一样高;不是一切人都一样高.
   (3) 发光的不都是金子.
   (4) 只有一个中国.
   (5) 通过两个不同点有且仅有一条直线.
   (6) 在上海高校学习的学生,未必都是上海籍的学生.
   (7) 没有一位女同志既是国家选手,又是家庭妇女.
   (8) 所有运动员都钦佩某些教练.
   (9) 对于每一个实数 x,存在一个更大的实数 y.
   (10) 某些汽车比所有的火车都慢,但是至少有一列火车比每辆汽车快.

2. 令 $S(x,y,z)$ 表示 $x+y=z$,$P(x,y,z)$ 表示 $x \cdot y = z$,$L(x,y)$ 表示 $x<y$,个体域为非负整数集.用以上所设的原子谓词公式及量词表示下列命题并判断各命题的真值.
   (1) 没有 x 小于 0;
   (2) 对于所有的 x,有 $x+0=x$;
   (3) 存在着 x,使得 $x \cdot y = y$ 对所有的 y 成立;
   (4) 存在着唯一的 x,使得 $x+y=y$ 对所有的 y 都成立.

3. 令个体域为 $\{0,1\}$,试将下列命题转换成不含量词的形式.
   (1) $\forall x F(0,x)$
   (2) $\forall x \forall y F(x,y)$

(3) $\exists x F(x) \to \forall y G(y)$

4. 令个体域为谓词公式的集合,定义其中的原子公式如下.
   $P(x):x$ 是可以证明的. $S(x):x$ 是可以满足的. $H(x):x$ 是真的.
   试将下列各式翻译成自然语言.
   (1) $\forall x(P(x) \to H(x))$
   (2) $\forall x(H(x) \vee \neg S(x))$
   (3) $\exists x(H(x) \wedge \neg P(x))$

5. 指出下列表达式中的自由变元和约束变元,并指明量词的辖域.
   (1) $\forall x(P(x) \wedge \exists z Q(z)) \vee (\forall x(P(x) \to Q(y)))$
   (2) $\exists x \forall y((P(x) \wedge Q(y)) \to \forall z R(z))$
   (3) $A(z) \to (\neg \forall x \forall y B(x,y,a))$
   (4) $\forall x A(x) \to \forall y B(x,y)$
   (5) $\exists x(F(x) \wedge \forall y G(x,y,z)) \to \exists z H(x,y,z)$

6. 对下列谓词公式中的约束变元进行改名.
   (1) $\forall x \exists y(P(x,z) \to Q(y)) \leftrightarrow S(x,y)$
   (2) $(\forall x(P(x) \to (R(x) \vee Q(x))) \wedge \exists x R(x)) \to \exists z S(x,z)$

7. 对下列谓词公式中的自由变元进行代换.
   (1) $(\exists y A(x,y) \to \forall x B(x,z)) \wedge \exists x \forall z C(x,y,z)$
   (2) $(\forall y P(x,y) \wedge \exists z Q(x,z)) \vee \forall x R(x,y)$

8. 给定解释 I 为:
   (a) 个体域 D_1 为实数集合 $\mathbf{R}$;
   (b) D_1 中特定元素 $\bar{a} = 0$;
   (c) 特定函数 $\bar{f}(x,y) = x - y, x,y \in D_1$;
   (d) 特定谓词 $\bar{P}(x,y):x = y, \bar{Q}(x,y):x < y, x,y \in D_1$.
   说明下列公式在 I 下的含义,并指出各公式的真值.
   (1) $\forall x \forall y(Q(x,y) \to \neg P(f(x,y),a))$
   (2) $\forall x \forall y(P(f(x,y),a) \to Q(x,y))$
   (3) $\forall x \forall y(Q(f(x,y),a) \to P(x,y))$

9. 下列命题中哪些是永真式,试给出证明.若不是,请给出一解释 I,使其在 I 下真值为假.
   (1) $\forall x(P(x) \to Q(x)) \to (\forall x P(x) \to \forall x Q(x))$
   (2) $(\forall x P(x) \to \forall x Q(x)) \to \forall x(P(x) \to Q(x))$
   (3) $(\exists x P(x) \to \forall x Q(x)) \to \forall x(P(x) \to Q(x))$
   (4) $\forall x(P(x) \to Q(x)) \to (\exists x P(x) \to \forall x Q(x))$

10. 证明下列关系式.
    (1) $\exists x \exists y(P(x) \wedge Q(y)) \Rightarrow \exists x P(x)$
    (2) $\forall x \forall y(P(x) \vee Q(y)) \Leftrightarrow (\forall x P(x) \vee \forall y Q(y))$
    (3) $\exists x \exists y(P(x) \to P(y)) \Leftrightarrow (\forall x P(x) \to \exists y P(y))$
    (4) $\forall x \forall y(P(x) \to Q(y)) \Leftrightarrow (\exists x P(x) \to \forall y Q(y))$

11. 求下列各式等值的前束范式.
   (1) $\forall x P(x) \to \forall y Q(x,y)$
   (2) $\forall x(A(x,y) \to \forall y B(x,y))$
   (3) $\forall x(A(x) \to B(x,y)) \to (\exists y C(y) \to \exists z D(y,z))$
   (4) $\exists x A(x,y) \to (B(x) \to \neg \exists y D(x,y))$

12. 判断下列推证是否正确, 为什么?
$$\forall x(P(x) \vee Q(x)) \Leftrightarrow \neg \exists x \neg(P(x) \vee Q(x))$$
$$\Leftrightarrow \neg \exists x(\neg P(x) \wedge \neg Q(x))$$
$$\Leftrightarrow \neg(\exists x \neg P(x) \wedge \exists x \neg Q(x))$$
$$\Leftrightarrow \neg(\exists x \neg P(x)) \vee \neg(\exists x \neg Q(x))$$
$$\Leftrightarrow \neg \exists x \neg P(x) \vee \neg \exists x \neg Q(x)$$
$$\Leftrightarrow \forall x P(x) \vee \forall x Q(x)$$
所以 $\forall x(P(x) \vee Q(x)) \Rightarrow \forall x P(x) \vee \forall x Q(x)$

13. 求等值于下列谓词公式的前束合取范式与前束析取范式.
   (1) $(\exists x P(x) \vee \exists x Q(x)) \to \exists x(P(x) \vee Q(x))$
   (2) $\forall x P(x) \to \exists x(\forall z Q(x,z) \vee \forall z R(x,y,z))$
   (3) $\forall x(P(x) \to Q(x,y)) \to (\exists y P(y) \wedge \exists z Q(y,z))$

14. 指出下面推理的错误.
   a) (1) $\forall x \exists y(x > y)$ 前提
       (2) $\exists y(z > y)$ (1); US
       (3) $z > c$ (2); ES
       (4) $\forall x(x > c)$ (3); UG
       (5) $c > c$ (4); US
       (6) $\forall x(x > x)$ (5); UG

   b) (1) $\forall x(P(x) \to Q(x))$ 前提
       (2) $P(y) \to Q(y)$ (1); US
       (3) $\exists x P(x)$ 前提
       (4) $P(y)$ (3); ES
       (5) $Q(y)$ (2),(4); I_{11}
       (6) $\exists x Q(x)$ (5); EG

   c) (1) $\exists x(x = 0)$ 前提
       (2) $\exists y((y > 0) \wedge (y < 4))$ 前提
       (3) $c = 0$ (1); ES
       (4) $(c > 0) \wedge (c < 4)$ (2); ES
       (5) $c > 0$ (4); I_1
       (6) $(c = 0) \wedge (c > 0)$ (3),(5); I_9
       (7) $\exists x((x = 0) \wedge (x > 0))$ (6); EG

15. 用构造推理过程的方法证明:
   (1) $\neg \exists x(P(x) \wedge Q(a)) \Rightarrow \exists x P(x) \to \neg Q(a)$
   (2) $\forall x(\neg P(x) \to Q(x)), \forall x \neg Q(x) \Rightarrow P(a)$

(3) $\forall x(P(x) \rightarrow (Q(y) \land R(x))), \exists xP(x) \Rightarrow Q(y) \land \exists x(P(x) \land R(x))$

(4) $\exists xF(x) \rightarrow \forall y((F(y) \lor Q(y)) \rightarrow R(y)), \exists xF(x) \Rightarrow \exists xR(x)$

(5) $\exists xF(x) \rightarrow \forall y(G(y) \rightarrow H(y)), \exists xM(x) \rightarrow \exists yG(y) \Rightarrow \exists x(F(x) \land M(x)) \rightarrow \exists yH(y)$

16. 用蕴含推理规则证明：

(1) $\forall x(P(x) \rightarrow Q(x)) \Rightarrow \forall xP(x) \rightarrow \forall xQ(x)$

(2) $\forall x(P(x) \lor Q(x)) \Rightarrow \forall xP(x) \lor \exists xQ(x)$

17. 符号化下列命题并推证其结论.

(1) 不存在白色的乌鸦. 北京鸭是白色的. 因此, 北京鸭不是乌鸦.

(2) 所有有理数是实数, 某些有理数是整数, 因此某些实数是整数.

(3) 没有不守信用的人是可以信赖的. 有些可以信赖的人是受过教育的人. 因此, 有些受过教育的人是守信用的.

(4) 任何的蜜蜂或黄蜂, 当它们受惊或愤怒时就要刺人. 因此, 任何的蜜蜂受惊时就要刺人.

(5) 每一个买到门票的人, 都能得到座位. 因此, 如果这里已没有座位, 那么就没有任何人去买门票.

参 考 文 献

[1] Arthur Gill. Applied Algebra for The Computer Sciences[M]. Prentice-Hall, Inc. Englewood Cliffs, N. J. ,1976.

[2] J. P. Tremblay, R. Manohar. Discrete Mathematical Structures with Applications to Computer Science[M]. New York: McGraw-Hill Book Company, 1975.

[3] C. L. Liu. Elements of Discrete Mathematics[M]. New York: McGraw-Hill Book Company, 1977.

[4] D. F. Stanat, D. F. Mcallister. Discrete Mathematics in Computer Sciences[M]. Prentice-Hall, Inc. Englewood cliffs, N. J. ,1977.

[5] 徐洁磐. 离散数学导论[M]. 第 2 版. 北京:高等教育出版社,1991.

[6] 左孝凌,李为鉴,刘永才. 离散数学[M]. 第 2 版. 上海:上海科学技术文献出版社,1987.

[7] 王朝瑞. 图论[M]. 第 2 版. 北京:北京工业学院出版社,1987.

[8] 方世昌. 离散数学[M]. 第 2 版. 西安:西北电讯工程学院出版社,1999.

[9] 耿素云,屈婉玲. 离散数学[M]. 北京:高等教育出版社,2004.

图书在版编目(CIP)数据

离散数学基础(第三版)/洪　帆　主编.—武汉:华中科技大学出版社,
2009年10月(2025.1重印).

ISBN 978-7-5609-5711-1

Ⅰ.离… Ⅱ.洪… Ⅲ.离散数学-高等学校-教材　Ⅳ.O158

中国版本图书馆 CIP 数据核字(2009)第 172633 号

离散数学基础(第三版) 　　　　　　　　　　　　　　　洪　帆　主编

责任编辑:田　密　　　　　　　　　　　　　　　封面设计:刘　卉
责任校对:周　娟　　　　　　　　　　　　　　　责任监印:张正林

出版发行:华中科技大学出版社(中国·武汉)
　　　　　武昌喻家山　　邮编:430074　　电话:(027)81321913

录　排:武汉星明图文制作有限公司
印　刷:武汉市洪林印务有限公司

开本:710 mm×1000 mm　1/16　　印张:19　　　　　　　　字数:367 000
版次:2009 年 10 月第 3 版　　印次:2025 年 1 月第 30 次印刷　定价:49.00 元
ISBN 978-7-5609-5711-1/O·507

(本书若有印装质量问题,请向出版社发行部调换)